VOL. 4

A BOOK SERIES OF
MARINE AFFAIRS STUDIES

韬海论丛

第四辑

主 编／王曙光 执行主编／高 艳

中国海洋大学出版社
·青岛·

图书在版编目(CIP)数据

韬海论丛. 第四辑 / 王曙光主编. —青岛:中国
海洋大学出版社,2023.10

ISBN 978-7-5670-3669-7

Ⅰ.①韬… Ⅱ.①王… Ⅲ.①海洋学—文集 Ⅳ.
①P7-53

中国国家版本馆 CIP 数据核字(2023)第 197729 号

韬海论丛 第四辑 / *TAOHAI LUNCONG DISIJI*

出版发行	中国海洋大学出版社		**网　　址**	http://pub.ouc.edu.cn	
社　　址	青岛市香港东路 23 号		**订购电话**	0532-82032573(传真)	
出 版 人	刘文菁		**邮政编码**	266071	
责任编辑	张　华　于德荣		**特约编辑**	陈嘉楠	
印　　制	青岛国彩印刷股份有限公司		**成品尺寸**	170 mm×240 mm	
版　　次	2023 年 10 月第 1 版		**印　　次**	2023 年 10 月第 1 次印刷	
印　　张	30.25		**字　　数**	480 千	
印　　数	1~1200		**定　　价**	98.00 元	

发现印装质量问题,请致电 0532-58700166,由印刷厂负责调换。

序
Preface

　　海洋对于人类社会生存和发展具有重要意义。它不仅是世界经济繁荣的基石，更是人类赖以生存的生命支持系统，在维护生物多样性和延缓气候变化等方面作出了难以取代的贡献。进入 21 世纪以来，海洋在国家经济发展格局和对外开放中的作用更加重要，在维护国家主权、安全、发展利益中的地位更加突出，在国家生态文明建设中的角色更加显著，在国际政治、经济、军事、科技竞争中的战略地位更加明显。海洋事业的发展，关系着中华民族的生存发展和国家的兴衰安危。

　　习近平总书记指出：当今世界正在经历百年未有之大变局，既是大发展的时代，也是大变革的时代。而历史上的大变局往往从海洋发起，世界因海洋而联通、因联通而发展、因发展而繁荣，海洋变局的背后是大国兴衰的历史进程。面对不确定的未来，我国应以不变应万变，加快发展经济、科技和军事装备等。当前，如何构筑全球海洋新秩序、完善全球海洋治理体系直接影响到世界的持久和平、繁荣与安全，已成为全人类需要共同思考的时代命题。

　　疫情反复、地缘政治局势紧张等因素使全球海洋治理面临新的更大的挑战，必须推动海洋法治建设，促进海洋领域的国际法律规则向更加科学、公平、合理的方向发展；深入贯彻新发展理念，推动我国海洋产业朝着高端化、绿色化、集群化与智能化方向发展，更好激活高质量发展"蓝色增长"；高度重视海洋生态文明建设，加强海洋环境污染防治，保护海洋生物多样性，实现海洋资源有序开发利用；加强互联互通、互利合作，积极搭建文明交流国际平台，促进多元海洋文化的交流对话，共同增进海洋福祉；提升走向极地深海战略新疆域的科技水平和综合实力,推动海洋科技实现高水平自立自强。与各国一道迈向平等、互利、相互尊重彼此核心利益、共同推进全人类共同利益的道路,让依海富国、以海强国、人海和谐、合作共赢的发展道路越走越顺越宽广。

中国海洋发展研究中心是国家海洋局和教育部共建的海洋发展研究机构(智库)。在国家海洋局和教育部的共同领导下,中国海洋发展研究中心始终以服务国家海洋事业发展的需要为宗旨,以打造成"高端、综合、开放、实体"的国家海洋智库为目标,围绕海洋战略、海洋权益、海洋资源环境、海洋文化、海洋生态文明等方面的重大问题开展研究;以我国海洋方面带有全局性、前瞻性、关键性问题的研究为主攻方向,以为中央和重要部门提供咨询服务为主要任务,以为国家培养海洋科研人才特别是优秀青年学者的成长提供研究平台为特殊使命,业已取得一批重要研究成果,为我国海洋事业发展提供了有力的智力支撑。

为了更加及时地反映中心专家学者的学术观点和更大程度地发挥研究成果的作用,中国海洋发展研究中心微信公众平台从 2020 年 4 月起推出"韬海论丛"半月刊栏目,以期通过专题形式聚焦中心研究人员的学术观点,共同探讨热点问题,让关心海洋的读者快速了解海洋发展研究领域的热点问题和最新研究成果。在此基础上,中国海洋发展研究中心秘书处密切关注国家在海洋领域的主要工作部署和各项政策实施,对相关领域的最新专家视点和学术成果进行归类整理、择选摘编,形成《韬海论丛》文集,以期反映学界对某一具体海洋问题的多方观点,进一步提升专家学者的学术影响力。

2023 年推出《韬海论丛》第四辑,包括"全球海洋治理""海洋法治建设""海洋经济发展""海洋生态环境""海洋软实力""海洋战略新疆域"6 个专题,希望能为从事海洋研究的同仁提供最新资讯,为关心海洋、热爱海洋的读者朋友了解有关情况提供方便。

本书的编撰工作难免有疏漏和不当之处,敬请广大读者提出宝贵意见和建议。

中国海洋发展研究中心主任　王曙光

2023 年 6 月

目 录
Contents

⚓ 海洋经济发展

⚓ 海洋生态环境

⚓ 海洋软实力

⚓ 海洋战略新疆域

全球海洋治理

理解海洋命运共同体的三个维度

■ 王义桅

论点撷萃

海洋命运共同体的提出既结合了中国传统文化的天人合一思想，又超越了西方扩张式逻辑，不仅是人类命运共同体在海洋领域的具体体现，还是人类命运共同体五大支柱——"持久和平、普遍安全、共同繁荣、开放包容、清洁美丽"世界目标——的自然组成部分，更是人与自然生命共同体的应有之义。生态文明是海洋命运共同体提出的思维基础。与此同时，海洋又是数字文明时代的重要载体，数字文明也是海洋命运共同体提出的又一重要思想基础。

海洋命运共同体是人类海洋意识的集大成者，也是人类命运共同体的重要个案，是构建"持久和平、普遍安全、共同繁荣、开放包容、清洁美丽"世界的先导，不仅为21世纪海上丝绸之路指明了方向，推动传统中华文化天人合一思想拓展到人海合一的新境界，也是应对全球气候变化的思想升华，同时还是塑造生态文明观、超越西方近代文明的文明担当，更是塑造人类文明新形态的海洋实践。海洋命运共同体汲取从海洋与人类文明兴衰到全球化的海洋文明扩张的教训，回到人类可持续发展主题，是古今中外、东西南北智慧的提炼。

海洋命运共同体既面临传统海洋治理、海洋秩序的旧矛盾，又面临数字文明观下"数字海洋"的新挑战。各国应积极寻求全球海洋绿色发展的解决路径。要推动海洋命运共同体写入联合国文件，尤其是对接联合国"海洋十

作者：王义桅，中国人民大学国际关系学院教授，习近平新时代中国特色社会主义思想研究院、当代政党研究平台、欧洲问题研究中心研究员

年",后者的愿景是"构建我们所需要的科学,打造我们所希望的海洋",旨在"推动形成变革性的科学解决方案,促进可持续发展,连接人类和海洋",是联合国促进海洋可持续发展的重要决议和未来十年最重要的全球性海洋科学倡议,将对海洋科学发展和全球海洋治理产生深远影响,这与海洋命运共同体完全形成共振、共鸣、共情。

在全世界近 200 个国家和地区之中,有 150 个国家的领土直接与海洋相连,被称为"沿海国"。全球化发展到今天,陆海内外联动,内陆与沿海的区别不再明显。随着陆地资源日益稀缺,人们开始把目光投向海洋。海洋可持续发展关系到人类可持续发展的未来。同时,海洋关乎世界和平稳定与国际秩序的走向。目前,海洋生态环境、安全环境面临"圈海运动""印太战略"等严峻挑战。海洋同时也是全球气候变化的主要调节体,关系所有国家的命运。因此,海洋治理、海洋秩序何去何从?这是海洋命运共同体提出的时代背景。

然而,当前代表性的海洋命运共同体观是将海洋作为客体看待,从人类中心主义的观点出发,或者以国际法、国际安全、国际贸易与自然资源的视角,对海洋命运共同体做自己熟悉的本专业理解,或将人类命运共同体简单运用于海洋,并未区分究竟是人类的海洋命运共同体,还是海洋的人类命运共同体。代表性观点是,海洋命运共同体内涵包括海洋利益共同体、海洋安全共同体、海洋生态共同体以及海洋和平与和谐共同体;海洋命运共同体的构建目标是建设一个持久和平、普遍安全、共同繁荣、开放包容、清洁美丽的海洋世界;"海洋命运共同体"理念的创新性话语表达,需要通过"嵌入"国际海洋法律规则加以固化,从而实现从共识性话语到制度性安排的转化。究竟如何理解海洋命运共同体?海洋命运共同体是人类命运共同体在海洋领域的应用吗?本文试图梳理这些似是而非的问题,提出必须从人类文明新形态的高度来理解海洋命运共同体。

一、是什么:海洋命运共同体的涵义

当今世界正处于百年未有之大变局。目前,传统海洋争端还没有解决,又面临全球板块化、"印太"版北约的新挑战。分裂对抗思维在陆上阴魂不散,又在海洋游荡。有鉴于此,习近平主席关心海洋、认识海洋、经略海洋,强调"推动海洋强国建设不断取得新成就";提出"海洋命运共同体"这一重要理念,"要像对待生命一样关爱海洋";倡导更新人类的海洋观,塑造海洋文明新形态。

他指出,"海洋对于人类社会生存和发展具有重要意义。海洋孕育了生命、联通了世界、促进了发展"。海洋命运共同体的提出,实现了海洋定位的三位一体,也是时间—空间—自身三个维度海洋观的集大成。

(一)时间维度:海洋生命共同体

从历史上看,人类对于海洋的认识有一个逐渐发展、不断深化的过程。

表1 人类海洋意识的发展演进

观点	时间	代表人物	主要观点	属性
天涯海角舟楫之便鱼盐之利	早期	古代沿海地区居民	海洋是隔绝陆地的屏障,"靠海吃海"	原始、单一
海洋自由论	17世纪早期	格劳秀斯	海洋不可占领,向所有国家开放	简单的海洋自由
闭海论	17世纪中期	塞尔登	沿海国有权占领其周围的海洋	封闭、占有
海权论	19世纪末	马汉	对海洋的控制决定国家兴衰	控制海洋
共有地悲剧论	20世纪中叶	哈丁	海洋是共有地,将随着自由取用而走向衰亡	共有,但前途悲观
人类共同遗产论	20世纪中叶	帕多	海洋是全人类的共同继承遗产	共同遗产、合作、共治
海洋命运共同体	21世纪		海洋是人类命运共同体的重要组成部分	开放包容、和平安宁、共建共享、人海和谐

资料来源:刘巍《海洋命运共同体:新时代全球海洋治理的中国方案》,载《亚太安全与海洋研究》2021年第4期,第37页。

在古代,人类总以为自己所在的地方是世界的中心,大洋是世界的尽头;16 世纪之后,人类才认识到世界大洋之大,但是,对海洋的利用只局限于海面;20 世纪之后,人类才认识到大洋之深;20 世纪晚期,人类才能进入深海,认识到大洋深部与人类社会的密切关系。

回顾历史,地理大发现和航海技术的进步掀起了欧洲人环球探险、开发勘探海洋的浪潮。17 世纪初,有"海上马车夫"之称的荷兰,因不满葡萄牙海洋扩张政策以及西班牙、葡萄牙两国擅自吁请教皇划定海洋势力范围,将葡萄牙战船作为捕获物扣押,并授权当时颇负盛誉的国际法学者雨果·格劳秀斯(Hugo Grotius)阐明"海洋自由"的思想,为荷兰海洋政策辩护。格劳秀斯指出,自然孕育万物,给人以理性的启迪。从自然法角度讲,"人类共有物"可被划分为两类:有形有限与无形无限。这些东西原本是无主的,都可以为人所有、所用,但由于属性不同而适用于不同原则;前者可以通过法律形式确定其公有性质,而后者系全体人类之共同财产,无法也无须为个体所占有,适用全人类自由使用原则。据此,格劳秀斯提出,大海不识主权者。

格劳秀斯的思想引发了一场有关"海洋自由"的思想大辩论。英国学者约翰·塞尔登(John Selden)提出,上帝将对海洋中鱼群的支配权交给了亚当,就意味着将海洋本身交给了亚当,英国人作为亚当的后裔自然是其海洋支配权的继承人。他认为,英国及其历代君王应永享对其周边海域的排他性主权和管辖权。葡萄牙法学家弗莱塔(Seraphim de Freitas)则提出了海洋"有效治理原则"。他认为,海洋与空气一样为人类所共有,但在保留海洋人类共有属性与地位的同时,应适度引入主权国家对陆地领土的"有效管辖"原则,将部分航行与捕鱼权让渡给部分国家,以实现对海洋资源的"准占有"和"有效治理"。苏格兰国际法学家威廉·威尔伍德(William Welwod)在其《海洋法概览》中也指出,在远离各国陆地且不受海岸限制的大洋(great ocean)上,应实行航行自由,但近海海域不能与大洋相提并论。基于苏格兰东海岸渔民的捕鱼传统,他们理应当拥有对近海 100 英里的捕鱼权。

关于"海洋自由"的这场思想论战,最终将学者们的视野聚焦到海洋作为全球公域所具有的"排他性利益"(exclusive interests)与"包容性利益"(inclusive interests)之间的矛盾上来。塞尔登主张主权国家对海洋行使"排他性主权";弗莱塔主张将海洋的治理权让渡给主权国家,以保障海洋"包容性利益"的实现;威尔伍德主张将海洋划分为"公海"与"领海",以对"排他性利益"与"包容性利益"作出调和。这场辩论促使格劳秀斯在《战争与和平法》中对其早期理论进行了反思,正式提出了"公海自由"与"近海主权"的双向原则。

有关"海洋自由"的辩论使"全球公域"(global commons)开始进入学者的理论研究视野。当然,上述学者的海洋思想均系资本主义原始积累与对外扩张的产物,具有浓重的"西方中心主义"印记,其目的都是为本国的海洋权益辩护,或是对海洋所蕴含的"排他性利益"与"包容性利益"作出于己有利的暂时协调,其思想虽为国际海洋法制度作出重要贡献,但在当时也进一步激起了资本主义列强瓜分海洋及类似全球公共领域的欲望。

沧海桑田,时移世易。当今世界,正经历着从内陆文明走向海洋文明、海洋商业文明走向海洋工业文明的大交替,从工业文明迈向生态文明、数字文明的大飞跃。

人类的海洋商业文明起源于海岛及海边的国家或地区,典型如古巴比伦文明中的腓尼基;古希腊文明中的爱琴海、地中海沿岸及岛屿上的诸多城邦及小国;古罗马文明中的迦太基、罗马、高卢、英伦三岛;历史上的丹麦、瑞典、挪威三个"北欧海盗"国家。这些国家通过海上商道从事海外贸易,征服和掠夺其他国家。

人类的海洋工业文明起源于全球化,而凸显于可持续发展时代。随着"碳中和"目标日益普及,各国纷纷把目光投向陆地之外的新疆域。海洋已经成为世界各国高科技竞争的新热点,越来越受到人们的高度重视与关注,内陆文明纷纷走向海洋,可以说,谁拥有海洋谁就拥有未来。21世纪是人类开发"海土"的世纪,人类将进入海洋工业文明的新纪元。

人类重估"海土"价值,处于"第二次地理大发现"的前夕。不同于第一次地理大发现时海洋只是作为商路、殖民扩张的通道,如今海底的价值凸显出来。人类进入了新海洋时代——"深海时代"或曰"海洋时代2.0"。海权论之父阿尔弗雷德·塞耶·马汉(Alfred Thayer Mahan)曾把全球海洋命名为"一条广阔的高速公路,一个宽广的公域"。如今,海洋不再只是全球公域的组成部分,而是在孕育着下一轮全球化的动力。正是看到这一点,一些国家掀起了与工业革命前期"圈地运动"类似的"圈海运动"。"圈海运动"吹响了海洋商业文明向海洋工业文明迈进的号角。与此同时,新一轮海底光缆、数字海洋建设又在制造新的、更致命的数字壁垒和数字鸿沟,世界日益被联通还是被分割？人类究竟是在进步还是在倒退？

为了避免工业文明和西方"分割"的逻辑从陆地搬到海洋,从海面深入到海底,为树立海洋生态文明观、数字文明观,中国提出了海洋命运共同体理念。

(二)空间维度:人与海洋命运共同体

海洋学家把海分为三类:边缘海、内陆海和地中海。从海洋命运共同体来看,这种区分不存在,甚至不考虑海洋与大陆的分隔。因为海洋命运共同体不只是从空间上超越陆权—海权的地缘政治观,而是上升到生产空间—生活空间—生态空间三位一体的地缘政治观。

生产空间。历史反复昭示,向海而兴,背海则衰。当今世界,随着地球人口的日益增加,生活环境恶化与水土大量流失,地球上的陆地已不堪重负,而海洋正在成为人类第二生存空间。海洋拥有丰富的资源和广阔的领域:海洋占地球面积的71%,其中矿物资源是陆地的1000多倍,食物资源超过陆地1000倍。海洋和沿海资源及产业的市场价值每年达3万亿美元,约占全球国内生产总值(GDP)的5%,超过30亿人的生计依赖于海洋和沿海的多种生物。世界各国通过海洋产业创造的价值接近全球GDP的1/10,若按国家和地区计算,海洋堪称世界第八大经济体。

生活空间。古代中国对海洋价值的理解概括起来是两句话,即"兴渔盐之利,行舟楫之便"。今天,我们更加认识到,海洋对于全人类的生存以及生活环境具有格外重要的意义。我们生存所需的水资源以及舒适的生活气候,甚至我们呼吸的氧气,从本质上讲都是由海洋提供和调控的。妥善管理海洋资源,对促进可持续发展至关重要。但是,由于全球环境污染和温室效应愈加严重,导致海洋酸化和沿海水域环境持续恶化,这将对全球生态系统功能和生物多样性造成不利影响。

生态空间。海洋是人类文明的发源地,自身也是地球最大的生态体系。海洋是生物多样性的重要来源。现在地球上已知物种中超过四分之一是海生。有些科学家认为,只在海洋可能就有2000万种生物,不过大部分尚未被发现。已知的鱼类约有2.87万种,还在不断发现新物种,但同时也有很多种灭绝。世界上最大的生物是蓝鲸,可以长到33米长、140吨重(但它不是鱼)。海水温度上升1℃～2℃,就可能杀死一整片珊瑚礁的生物。

海洋命运共同体既超越了中华民族的海洋价值取向,更超越了近代西方扩张式的海洋文明观,其强调海洋是连接人类命运的天然载体。海洋是各大陆、岛屿天然的联系纽带,是人类命运的载体。地球表面的约 71% 被水覆盖,其中约 96.54% 的液态水存在于海洋中,大气与大洋之间、河流湖泊与大洋之间、大洋与大洋之间相互连通。

小小一枚海贝,竟是最早的全球性货币。澳门大学历史系教授杨斌在《海贝与贝币:鲜为人知的全球史》一书中指出,作为货币的海贝构建出了一个存在超过 2000 年、横跨亚非欧大陆的"在商业和文化上紧密联系的世界",即"贝币世界"。在这个"贝币世界"中,云南贝币的崩溃和黑奴贸易的昌盛有着息息相通的隐蔽联系;同时,突破了以往学者的认知,杨斌指出,海贝虽然流通各地,但并没有成为中国最早的货币,因为在此"地方性"战胜了"全球性"。"在全球性和地方性两种势力的相互博弈中,促使海贝成为第一种全球性货币。"

2019 年,习近平主席在集体会见出席中国人民解放军海军成立 70 周年多国海军活动外方代表团团长时指出,"我们人类居住的这个蓝色星球,不是被海洋分割成了各个孤岛,而是被海洋联结成了命运共同体,各国人民安危与共……中国提出共建 21 世纪海上丝绸之路倡议,就是希望促进海上互联互通和各领域务实合作,推动蓝色经济发展,推动海洋文化交融,共同增进海洋福祉。我们要像对待生命一样关爱海洋"。

海洋命运共同体要树立海洋权利(right)观而非海权(power)观。这是我们赋予海洋新的使命,四通八达的海洋载的不是大炮去征服别人,载的是世界各国联系的桥梁和纽带。

(三)自身维度:人类命运共同体的海洋实践

从海洋的国际法地位角度来看,海洋本身是个互联互通的共同体。太空、极地、深海成为人类尚未充分认知的三大疆域。相比于太空、极地,海洋中 95% 的水域尚未被探索过,人类对海洋的认识远远不如对火星的认识,这就为人类探索海洋提供了巨大空间。

海洋资源不是取之不尽、用之不竭的,海洋生物多样性决定了海洋生态系统一旦被破坏,其修复周期长达几百年甚至需要更长的时间。这与陆地上十年树木、百年树林的生态环境不同,如果把陆上的思维方式搬到海洋,将造成海洋不可承受之重。因此，我们必须保护海洋的生态，保护人类赖以生存的自然环境。

海洋不仅孕育了生命、蕴藏资源，还是调节全球气候变化的主体。近代人类中心主义把海洋当客体对待，海洋不断遭到破坏和污染，人类却试图让海洋自愈。所以，现在对待海洋既要考虑发展还要考虑治理，在开发中保护，在保护中发展，且人类越来越要补偿海洋发展、反哺海洋。

海洋与人类发展息息相关，海洋关系到人类的未来，并塑造我们的世界观。当前，全球海洋形势严峻，过度捕捞、环境污染、气候变化、海平面上升、海洋垃圾等问题时有发生，很大程度上制约着人类社会和海洋的可持续发展，因此，进一步完善全球海洋治理已成为国际社会共同面临的重要课题。

1988 年，在巴黎召开的"面向 21 世纪"第一届诺贝尔奖获得者国际大会上，75 位诺贝尔奖得主围绕"21 世纪的挑战和希望"议题展开讨论，得出的重要结论之一是：人类要生存下去，就必须汲取中国儒家先贤之智慧。可持续发展，从生态环境领域到人类文明高度，需要呼唤东方智慧。海洋命运共同体就是人类文明可持续发展的理念。

古罗马哲人吕齐乌斯·安涅·塞涅卡（Lucius Annaeus Seneca）说过，我们是同一片大海的海浪。水循环的一切都将重归海洋。浮游藻类制造了大气中 80% 的氧气，没有藻类就没有生命。英国历史学家阿诺德·汤因比（Arnold Joseph Toynbee）在《人类与大地母亲》中写道，可以把大地母亲发展到海洋母亲的高度，她是孕育你的海洋母亲，她不是你征服的奴婢。这就是我们现在对海洋命运共同体的一个很重要的认识。

海洋本身是命运共同体，是人类某些活动破坏了海洋生态体系。海洋中一部分的变化会给整个海洋系统和地球生态系统造成影响。保护海洋是人类文明可持续发展的根基，为了海洋的可持续发展，也必须保护海洋。

总之，作为人类命运共同体的重要组成部分，海洋命运共同体从全新的视角阐释了人类与海洋和谐共生的关系，为全球海洋使用发展明确了方向。海洋命运共同体的提出，旨在实现时间—空间—自身维度海洋观的三位一体：从时间维度看，海洋推动了工业—基督教文明的全球扩张，塑造海洋型全球化，如今迈向深海时代，我们呼吁构建蓝色伙伴关系；从空间维度看，海洋是各大陆、岛屿天然的联系纽带，是人类命运的载体，"21 世纪海上丝绸之路"正在打造陆海联通的全球伙伴网络；从自身维度看，海洋自身是地球最大的生态体系,对全球气候变化和可持续发展的意义重大。海洋命运共同体的三大涵义可概括为——海洋自身是生命共同体,人与海洋是命运共同体,海洋是人类命运共同体的天然纽带。

二、为什么:为何构建海洋命运共同体

当今世界正经历百年未有之大变局。习近平总书记指出,"人类社会再次面临何去何从的历史当口,是敌视对立还是相互尊重? 是封闭脱钩还是开放合作? 是零和博弈还是互利共赢? 选择就在我们手中,责任就在我们肩上。人类是一个整体,地球是一个家园。面对共同挑战,任何人任何国家都无法独善其身,人类只有和衷共济、和合共生这一条出路"。

传统上,中华文明具有典型的内陆文明特质。海洋文明能否展现、如何展现和合共生的逻辑? 人与自然生命共同体的生态文明观为此指明了方向。我们对人类命运共同体和海洋命运共同体的涵义和认识有一个不断深入的过程。

(一)为海洋强国梦正名

中国推动建设什么样的世界? 发展起来的中国如何与世界相处? 首先是回应外界对新时代的中国与世界如何互动和相处的关切,回答中华民族伟大复兴的目标不是赶超美国,也不是回到汉唐,而是在中国与世界命运共同体基础上构建人类命运共同体。作为新时代坚持和发展中国特色社会主义的基本方略,坚持推动构建人类命运共同体被写入党章和宪法。

海洋命运共同体的提出是对海洋强国梦的理念阐释。中国传统海洋观是天下观的延伸。在郑和第三次下西洋的时候,明成祖给了他一封敕书,让他带给西洋各国头目和番王。书中写道:"朕奉天命君主天下,一体上帝之心,施恩布德,凡覆载之内,日月所照,霜露所濡之处,其人民老少,皆欲使之遂其生业,不致失所。今遣郑和赍敕普谕朕意。尔等顺天道,恪守朕言,循理安分,勿得违越,不可欺寡,不可凌弱,庶几共享太平之福。若有撑诚来朝,咸锡皆赏。故兹敕谕,悉使闻之。"

这与西方扩张型海洋观形成鲜明的对照。同时,中国传统海洋观折射内陆型文明的局限,即以陆观海、以海观洋,而不是以洋观洋、以天下观天下。

梁启超先生在《地理与文明之关系》一文中指出,"海也者,能发人进取

之雄心者也……彼航海者，其所求固自利也，然求之之始，却不可不先置利害于度外，以性命财产为孤注，冒万险于一掷也。故久于海上者，能使其精神，日以勇猛，日以高尚，此古来濒海之民，所以比于陆居者，活气较胜，进取较锐，虽同一种族而能忽成独立之国民也"。

理解海洋命运共同体，要克服传统中国以陆观海、以海观洋的内陆文明思维，确立以洋观洋、以天下观天下的新海洋观。理解海洋命运共同体，同时也要走出西方"陆权—海权对抗"论，防止人类中心主义带来的陆地灾难在海洋重演，避免进入深海时代、数字海洋时代继续"强者更强、弱者更弱"的悲剧。中国的海洋强国梦不是重复西方列强崛起于海洋的殖民扩张逻辑，而是共建"21世纪海上丝绸之路"，构建海洋命运共同体。

（二）为全球海洋治理正道

其次是回答"世界怎么了，我们怎么办"这一时代之问的"中国方案"，及时回应了"建设一个什么样的世界、如何建设这个世界"的重大时代命题，即通过"一带一路"国际合作，推动全球互联互通伙伴网络，构建人类命运共同体。

古代，欧洲流行罗马帝国皇帝恺撒的名言是"我来，我看见，我征服"（I come，I see，I conquer）。近代，欧洲殖民者也奉行恺撒的名言，在世界进行大肆掠夺。西方自然观导致海洋成为殖民、扩张的工具。如今，海洋发展面临不可承受之重，海洋命运共同体的提出，呼唤所有国家将海洋视为生命起源之地、连接大陆的天然纽带，呼唤探索新的全球海洋治理观。

2017年6月，中国在联合国首届海洋可持续发展会议上正式提出蓝色伙伴关系（Blue Partnership）的倡议，旨在推动"珍爱共有海洋、守护蓝色家园"的国际合作，以有效应对非传统的海洋危机问题，重点经营中国—欧盟蓝色伙伴关系、中国—东盟蓝色伙伴关系、中国—太平洋岛国蓝色伙伴关系、中国—北极国家蓝色伙伴关系、中国—南美国家蓝色伙伴关系，深度参与国际海洋治理机制和相关规则制定与实施，推动建设公正合理的国际海洋秩序，推动构建海洋命运共同体。

《中华人民共和国国民经济和社会发展第十四个五年规划和2035年远景目标纲要》指出，"坚持陆海统筹、人海和谐、合作共赢，协同推进海洋生态保护、海洋经济发展和海洋权益维护，加快建设海洋强国……积极发展蓝色伙伴关系,深度参与国际海洋治理机制和相关规则制定与实施,推动建设公正合理的国际海洋秩序,推动构建海洋命运共同体"。

海洋命运共同体的提出,提示我们全球海洋治理不能只思考谁来治理、治理什么、如何治理等问题,更要思考为谁治理、靠谁治理等问题。中国坚持以人民为中心的发展思想,同时在国际上推动构建人类命运共同体。海洋命运共同体为海洋治理正道,中国倡导共商共治共享的新型治理观。

《中共中央关于党的百年奋斗重大成就和历史经验的决议》指出:"推动建设新型国际关系,推动构建人类命运共同体,弘扬和平、发展、公平、正义、民主、自由的全人类共同价值,引领人类进步潮流。"习近平主席同外国领导人通话时一再强调,"新冠疫情再次证明,只有构建人类命运共同体才是人间正道"。

(三)为全球海洋秩序正法

海洋命运共同体不是经略海洋,而是倡导海洋与人类不可分割的命运观。"要秉持和平、主权、普惠、共治原则,把深海、极地、外空、互联网等领域打造成各方合作的新疆域,而不是相互博弈的竞技场。"

具体来说,中国提出海洋命运共同体的三大使命。

一是要解决陆海地理环境造成的天然不平等的发展问题。海洋推动了资本的全球扩张,塑造了海洋型全球化——1492年哥伦布发现新大陆开创的全球化,是基督教文明殖民世界,塑造了西方中心论,海上的物流主要集中在大西洋航线上。从人类社会共同发展角度来看,近代以来,欧洲人开创的全球化本质上是海洋型全球化,主要依靠贸易,而90%的贸易都是通过海上进行的,产业链于是主要分布在沿海地区,内陆地区和内陆国家普遍落后。世界上67%的人口生活在距离海岸400千米范围内,全球GDP的61%来自海洋和距离海岸线100千米之内的沿海地区。海洋作为载体造成了天然的不公平,虽然依靠目前技术,如海铁联运正在逐步在缩小差距,但远远不够,因为这个问题是海洋载体本身自带的优势造成的。海底通信已经成为信息时代最重要的基础设施。99%以上的国际数据通过海底光缆进行传输,每天经它们完成的交易额高达10万亿美元。毫不夸张地说,掌握了海底光缆,也就掌握了世界上主要的经济、信息、财富的流动渠道。海底光缆是联通世界还是分割世界?强者联接在一起,弱者被边缘化?数字海洋建设,要充分发挥"数据使用而非占有、数据越用越值钱"的特点,破除全球板块化之"不通则痛"。我们自古讲"利当计天下利"。走出近代,实现陆海联通,推动全球化朝向开放、包容、普惠、平衡、共赢的方向发展,使其成为21世纪海上丝绸之路和海洋命运共同体的重要使命。

二是构建和谐海洋,促进人与海洋和谐发展。古代人类对海洋的认识仅停留在海面,对海底世界基本上处于未知状态。海洋约占地球表面积的71%,公海约占世界海洋水域的61%,属于能够挖掘、开发、利用的公共海域。21世纪的海洋观倡导人海合一,推动构建人类命运共同体,就是希望公海不再重复海洋圈地运动的悲剧。这正是"21世纪海上丝绸之路"冠名"21世纪"的深远意义。

虽然我们对海洋还是处于探索阶段,但陆地日益有限的资源已经枯竭,所以现在很多新资源的开发方向转向海洋。开发海洋资源的同时应重视保护海洋生物多样性,不仅要把海洋作为资源,而且要考虑海洋的可持续发展,实现海洋资源的有序开发利用,为子孙后代留下一片碧海蓝天。

三是命运共同体努力为各国谋取共同安全发展。过去的霸权国借助海洋,将自身的规则推向了全球。所以今天的国际贸易等制度,基本建立在曾经的海洋文明的基础之上。这是一种扩张式的文化,海洋成为霸权国扩张便利的载体。

中国提出的海洋命运共同体反对海上霸权,是要统筹安全与发展海洋,开发和保护海洋,构建新型海洋伙伴关系和海洋秩序。中国还特别提出全球发展倡议、全球安全倡议。前者坚持发展优先、共同发展、可持续发展观;后者倡导共同、综合、合作、可持续安全观,与西方国家的共同发展观和共同安全观也有很多相似之处,为解决发展赤字、破解安全困境提供了重要理念和思想引领。两项倡议都提出要践行真正的多边主义,坚持遵守联合国宪章宗旨和原则,维护以联合国为核心的国际体系。坚持对话而不对抗、包容而不排他,摒弃冷战思维、反对单边主义,不搞集团政治和阵营对抗。

海洋命运共同体的提出,着眼于传统海洋秩序的不公正、不合理和不可持续,强调各国各地区命运与共,都有机会且都有能力经略海洋、治理海洋、维护海洋秩序,为全球海洋秩序正法。

三、怎么办：海洋命运共同体的构建之道

从人类社会共同发展的角度来看，实现陆海联通，开拓深海时代和公共海域，已成为建设21世纪海上丝绸之路和海洋命运共同体的重要使命。从全球海洋治理的角度来看，构建海洋命运共同体不能只思考谁来治理、治理什么、如何治理等问题，更要思考为谁治理、靠谁治理等问题。因此，海洋命运共同体可以从三个方面进行构建。

首先，各国要从自己做起，避免自身行为产生的负外部性，走和平发展道路，维护海洋安全秩序，通过构建蓝色伙伴关系，肩负起构建人与自然生命共同体的责任。

当前，以海洋为载体和纽带的市场、技术、信息、文化等合作日益紧密，中国提出共建21世纪海上丝绸之路倡议，就是希望促进海上互联互通和各领域务实合作，推动蓝色经济发展，推动海洋文化交融，共同增进海洋福祉。中国从同周边邻国积极探讨开展海上渔业合作和资源共同开发、设立多个亚洲合作基金为地区海上合作提供动力，到提出共建21世纪海上丝绸之路倡议、积极促进沿线国家互联互通和经济融合发展；从支持配合国际社会打击各种非法渔业活动、有效实施伏季休渔政策，到与多个国家在海洋环保、防灾减灾、应对气候变化、蓝碳、海洋酸化、海洋垃圾治理等方面开展交流与合作，始终致力于同各国一道打造和平海洋、合作海洋、美丽海洋。

习近平主席指出："海洋的和平安宁关乎世界各国安危和利益，需要共同维护，倍加珍惜。中国人民热爱和平、渴望和平，坚定不移走和平发展道路。中国坚定奉行防御性国防政策，倡导树立共同、综合、合作、可持续的新安全观。中国军队始终高举合作共赢旗帜，致力于营造平等互信、公平正义、共建共享的安全格局。海军作为国家海上力量主体，对维护海洋和平安宁和良好秩序负有重要责任。大家应该相互尊重、平等相待、增进互信，加强海上对话交流，深化海军务实合作，走互利共赢的海上安全之路，携手应对各类海上共同威胁和挑战，合力维护海洋和平安宁。"

中国大力践行绿色发展理念，促进海洋生态系统的养护和修复。全国近30%的近岸海域和37%的大陆岸线纳入生态保护红线管控范围，累计建立各级海洋保护区270余处、面积1200多万公顷，"蓝色海湾""南红北柳""生态岛礁"等重大生态修复工程加快推进。中国积极推进海洋环境保护、

海洋生态系统与生物多样性、海洋政策与管理等多方面国际合作,同葡萄牙、欧盟、塞舌尔等建立蓝色伙伴关系,推动成立东亚海洋合作平台、中国—东盟海洋合作中心等区域性平台,在 21 世纪海上丝绸之路沿线国家推广应用自主海洋环境安全保障技术。

构建海洋命运共同体,彰显中国高举多边主义旗帜,推动各方共护海洋和平、共筑海洋秩序、共促海洋繁荣的负责任大国担当。中国坚决维护和支持《联合国海洋法公约》权威和在全球海洋治理中的作用,促进实现海洋环境共同维护、海上安全共同保护、海上争端和平解决。在南海问题上,中国与东盟国家积极致力于全面有效落实《南海各方行为宣言》,推动"南海行为准则"磋商不断取得新进展。中国始终是全球海洋治理的建设者、海洋可持续发展的推动者、国际海洋秩序的维护者,愿同各国一道,本着相互尊重、公平正义、合作共赢精神,深度参与全球海洋治理,共同践行海洋命运共同体理念,为实现海洋可持续发展作出贡献。

其次,海洋命运共同体建设要超越传统海洋文明观,树立生态文明海洋观。

1902 年,梁启超在《论学术势力之左右世界》一文中提出,"天地间独一无二之大势力,何在乎?曰智慧而已矣,学术而已矣"。人类命运共同体是通古今中外、东西南北的大学问,海洋命运共同体是这一大学问的神秘而熟悉的个案。

黑格尔在其《历史哲学》绪论"历史的地理基础"一节,刻画了海洋文明的哲学画卷。他这样描述:大海给了我们茫茫无定、浩浩无际和渺渺无限的观念;人类在大海的无限里感到自己的无限的时候,他们就被激起了勇气,要去超越那有限的一切。大海邀请人类从事征服,从事掠夺……船——这个海上的天鹅,它以敏捷而巧妙的动作,破浪而前,凌波以行——这一种工具的发明,是人类胆力和理智的最大光荣。这种超越土地限制、渡过大海的活动,是亚细亚各国所没有的,就算他们有更多壮丽的政治建筑,就算他们自己也以大海为界——就像中国便是一个例子。在他们看来,海只是陆地的中断,陆地的天限;他们和海洋不发生积极的关系。

黑格尔描述的海洋文明超越了征服和掠夺,体现了"海纳百川,有容乃大"的文明精髓——比海洋更广阔的是天空,比天空更开阔的是人的心胸。因此,海洋命运共同体的提出是从分割到联通、从征服对抗到和合共生、从合法思维到合情合理合法思维方式的升华。一是分割思维到联通思维,从排他性历史观走向共享历史观。近代国际海洋法带来了海洋新秩序,也遭遇时空体系混乱。被誉为"海洋宪章"的《联合国海洋法公约》也存在缺陷,有关历史性权利、岛屿与岩礁制度、群岛制度、直线基线、大陆架外部界限、用于国际航行的海峡、国际海底开发制度等方面的规定,存在不足。再比如,我们强调南海诸岛自古是中国领土,这种纵向合情合理的思维遭遇横向合法性的质疑,呼吁我们建立南海共享历史观和未来观。习近平主席指出:"这个世界,各国相互联系、相互依存的程度空前加深,人类生活在同一个地球村里,生活在历史和现实交汇的同一个时空里,越来越成为你中有我、我中有你的命运共同体。"二是和合共生思维超越征服对抗思维。《联合国海洋法公约》序言写道:"各海洋区域的种种问题都是彼此相关的,有必要作为一个整体来加以考虑。"这就要从罗马帝国"我们的海"(Mare Nostrum)上升到最大的我们,即人类。三是合情合理合法思维超越合法思维。我们的目标是星辰大海。如果太空代表诗与远方,那么海洋则代表故乡与留恋。从逻辑上看,法律服务资本、保护既得利益,从而难以制约强者,如自由航行,对于内陆国家有多大意义? 中国要树立大爱思维,共同开发海洋资源,共享海洋文明成果。通过陆海联通,消除自然不平等,阻止后天不平等的传递和强化。

处于人类命运共同体新阶段的国际法,当然不同于"后威斯特伐利亚会议时代"的传统国际法,国际社会的整体利益和共同利益日益独立于主权国家及其相互之间的"个体"利益,成为人类命运共同体生存和发展应当予以优先保护的利益。"共商、共建、共享""国际公共利益优先保护""可持续发展"等原则上升为国际法不同领域的基本原则。国际法的精神和价值追求也发生相应变化,从"二战"之前追求国际社会和平,到"二战"之后促进国际经济合作,直至人类命运共同体阶段更加重视对国际共同和整体利益的保护,国际法也随之从"共存国际法",历经"合作国际法"走向"共享国际法"的新阶段。这一阶段性转型,不仅要求国际法理论深度创新,而且对网络、数据、外空、海洋、极地等领域的共商、共建、共享机制提出了新的使命。

从人类文明史看,"一带一路"建设正在开创"天人合一""人海合一"的人类新文明。2014 年 6 月,国务院总理李克强在希腊雅典出席中希海洋合作论坛并发表了题为《努力建设和平合作和谐之海》的演讲,全面阐述了中国新型海洋观,得到了欧洲各方的积极响应。一是建设"和平"之海。中国倡导与其他国家一道,共同遵循包括《联合国海洋法公约》在内的国际准则,通过对话谈判,解决海上争端,谋取共同安全和共同发展。反对海上霸权,确保海上通道安全,共同应对海上安全威胁以及海盗、海上恐怖主义、特大海洋自然灾害和环境灾害等非传统安全威胁,寻求基于和平的多种途径和手段,维护周边和全球海洋和平稳定。二是建设"合作"之海。中国积极与沿海国家发展海洋合作伙伴关系,在更大范围、更广领域和更高层次上参与国际海洋合作,共同建设海上通道、发展海洋经济、利用海洋资源、开展海洋科学研究,实现与世界各国的互利共赢和共同发展。其中,共建"21世纪海上丝绸之路"是中国建设"合作"之海的建设性之锹。三是建设"和谐"之海。中国始终强调尊重海洋文明的差异性、多样性,在求同存异中谋发展,协力构建多种海洋文明兼容并蓄的和谐海洋,从而维护海洋健康,改善海洋生态环境,实现海洋资源持续利用、海洋经济科学发展,促进人与海洋和谐发展,走可持续发展之路。

中国是世界上最大的贸易国,奉行不结盟政策。中国希望与作为"海上霸主"的美国建设新型大国关系,这就要求中国提出21世纪海洋合作新理念,创新航运、物流、安全合作模式,通过特许经营权、共建共享港口等方式,推进海上与陆上丝绸之路对接。"21世纪海上丝绸之路"贵在"21世纪"——中国既不走西方列强对海洋掠夺、殖民,导致冲突不断的老路,也不走与美国海洋霸权对抗的邪路,而是寻求有效规避传统全球化风险,开创人海合一、和谐共生、可持续发展的新型海洋文明。不仅如此,"21世纪海上丝绸之路"主张开放、包容,不去挑战现有海洋秩序,而是推动海洋秩序朝向包容、公正、合理、可持续的方向发展。

再次,构建海洋命运共同体,要推行切实可行、包容有序的国际合作机制。

首要的是秉持共商共建共享的全球治理观。正如习近平主席指出的,"世界各国乘坐在一条命运与共的大船上,要穿越惊涛骇浪、驶向光明未来,必须同舟共济,企图把谁扔下大海都是不可接受的"。人类命运与共、休戚相关,没有哪个国家能够独自应对人类面临的各种挑战。中国一贯秉持共商共建共享的全球治理观,倡导国际关系民主化,坚持国家不分大小、强弱、贫富一律平等。中国主张世界命运应该由各国共同掌握,国际规则应该由各国共同书写,全球事务应该由各国共同治理,发展成果应该由各国共同分享。各国携手建设相互尊重、公平正义、合作共赢的新型国际关系，共同构建人类命运共同体。

2017年，第七十一届联合国大会通过关于"联合国与全球经济治理"决议，将中国提出的共商共建共享原则纳入其中。"共商共建共享是全球治理的应有之义。"全球海洋治理，要改变强者来治理、为强者治理的逻辑，探讨切实可行机制，实现共商共建共享的治理目标。要高举多边主义旗帜，捍卫以联合国为核心的国际体系，维护以国际法为基础的国际海洋秩序，坚持尊重各方合理的海洋利益诉求，通过对话弥合分歧，通过谈判化解争端，以海洋命运共同体理念为引领，深化各领域海洋合作，推动蓝色经济发展行稳致远，推动世界经济高质量复苏，推动设立"联合国海洋十年规划"金砖国家协调中心，协调金砖五国共同参与"联合国海洋十年规划"，并酝酿合作发起"金砖国家海洋与气候预测"旗舰项目。

最后，构建海洋命运共同体，要妥善应对诸多挑战。

一是如何处理现存的海洋主权争端。解决海洋主权争端的依据是国际法，人类命运共同体可发挥什么作用？一些国家以构建海洋命运共同体的名义要求中国放弃南海岛屿主权和主权权益，将海洋命运共同体与主权对立起来，将理念与法律运用两个不同层面的问题混为一谈。对此，习近平主席指出："海纳百川、有容乃大。国家间要有事多商量、有事好商量，不能动辄就诉诸武力或以武力相威胁。各国应坚持平等协商，完善危机沟通机制，加强区域安全合作，推动涉海分歧妥善解决。"二是如何处理海洋命运共同体理念与美国海上霸权关系。就以南海为例，美西方以所谓的"南海航行自由"攻击中国的岛礁计划"威胁"其海上军事霸权体系。中国与东盟谈判的南海行为准则（COC）如何约束美国？如何应对"印太战略"对"21世纪海上丝绸之路"的抵制？三是如何处理海洋国家与内陆国家关系以及海洋强国与弱国的关系。"向海而兴,背海而衰"。如何应对离海洋远近对国家造成的不平等？如中日有东海海洋权益划分之争，涉及大陆架自然延伸与中间线的冲突。法国是世界第二大海洋大国，因为殖民遗产声称自己是太平洋国家、"印太"国家（有太平洋属地、留尼汪等海外领地、领土），派军舰来南海"维护航行自由"，中国如何应对？后发国家、海洋弱国的主权权益如何维护？

日本学者高坂正尧援引英国人观点宣称，（西式的）民主国家才是海洋国家。这一论述将专制—自由的二元对立话语体系移植到海洋，暗含的逻辑是海洋命运共同体只是(西式的)民主国家的,再次暴露其西方殖民体系塑造的国际法、国际话语体系的殖民性和掠夺性,根本无法企及人类命运共同体的包容性,也反衬了人类命运共同体还原世界多样性的意义。美国提出的"印太战略"再次印证了西方的傲慢与偏见。这些挑战,既具有一般领域的普遍性,又具有海洋的特殊性。海洋命运共同体的构建之道见表2。

表 2　海洋命运共同体的构建之道

	出发点	问题	理念
时间维度	生命起源于海洋	视海洋为客体	人海合一
	全球化成于海洋(海洋型全球化)	海洋霸权	
	生态海洋、数字海洋	壁垒、鸿沟	
空间维度	生活空间:人与海洋生命共同体	海洋权益争端	构建蓝色伙伴关系
	生产空间:可持续发展	国际海洋法	
	生态空间:人海和谐	海洋生态恶化	
自身维度	海洋可持续发展	不公正不合理的海洋秩序	共商共建共享新型全球治理

资料来源:作者自制。

四、结语

海洋命运共同体的提出既结合了中国传统文化的天人合一思想,又超越西方扩张式逻辑,不仅是人类命运共同体在海洋领域的具体体现,还是人类命运共同体五大支柱——"持久和平、普遍安全、共同繁荣、开放包容、清洁美丽"世界目标——的自然组成部分,更是人与自然生命共同体的应有之义。"绿水青山也是金山银山"之绿水,自然也包括海洋。海洋命运共同体是习近平生态文明思想的重要成果:"生态文明是人类社会进步的重大成果。人类经历了原始文明、农业文明、工业文明,生态文明是工业文明发展到一定阶段的产物,是实现人与自然和谐发展的新要求。历史地看,生态兴则文明兴,生态衰则文明衰。古今中外,这方面的事例众多。"或者说,生态文明是海洋命运共同体提出的思维基础。与此同时,海洋又是数字文明时代的重要载体,数字文明也是海洋命运共同体提出的又一重要思想基础。例如,海底光缆的铺设、走向塑造不同国家和地区的数字安全,制造数字壁垒和信息鸿沟。

海洋命运共同体是人类海洋意识的集大成者,也是人类命运共同体的重要个案,是构建"持久和平、普遍安全、共同繁荣、开放包容、清洁美丽"世界的先导,不仅为21世纪海上丝绸之路指明了方向,推动传统中华文化天人合一思想拓展到人海合一的新境界,也是应对全球气候变化的思想升华,同时还是塑造生态文明观、超越西方近代文明的文明担当,更是塑造人类文明新形态的海洋实践。海洋命运共同体汲取从海洋与人类文明兴衰到全球化的海洋文明扩张的教训,回到人类可持续发展主题,是融古今中外、东西南北智慧的提炼。

海洋命运共同体是习近平生态文明思想的海洋实践,是人与自然生命共同体的写照,既面临传统海洋治理、海洋秩序的旧矛盾,又面临数字文明观下"数字海洋"的新挑战。第七十五届联大主席博兹克尔(Volkan Bozkir)呼吁:"我们与海洋的关系必须改变。建设可持续的海洋经济是我们时代最重要的任务和最大的机遇之一。"联合国教科文组织政府间海洋学委员会(IOC)执行秘书弗拉基米尔·拉宾宁(Vladimir Ryabinin)认为,保护海洋不仅关乎海洋,还关乎人类。各国应积极寻求全球海洋绿色发展的解决路径。要推动海洋命运共同体写入联合国文件,尤其是对接联合国"海洋十年"(2021—2030),后者的愿景是"构建我们所需要的科学,打造我们所希望的海洋",旨在"推动形成变革性的科学解决方案,促进可持续发展,连接人类和海洋",是联合国促进海洋可持续发展的重要决议和未来十年最重要的全球性海洋科学倡议,将对海洋科学发展和全球海洋治理产生深远影响,这与海洋命运共同体完全形成共振、共鸣、共情。

文章来源:原刊于《当代亚太》2022年第3期。

海洋强国的历史镜鉴及中国的现实选择

■ 朱锋

论点撷萃

　　世界上各大海洋强国的海权发展历史经验对于今天的中国海权建设及海洋强国战略的实施具有重要的借鉴意义。历史表明，没有强大的海军就无法支撑海洋强国的地位。但近现代史同样充分说明，如果只有海军单一维度的发展也无法成为海洋强国，而海军力量发展后如果一味穷兵黩武，甚至疯狂地进行对外侵略和扩张，更是曾经一度的海洋强国的穷途末路。

　　纵观大航海时代以来的海洋强国的沉浮兴衰，海洋强国崛起和延续的基础要素，永远是海洋经济、海洋科技、海洋规则、海洋文化、海军力量等综合力量的综合作用，而能否引领全球工业化进程更是海洋强国背后的决定性动力，单纯某一领域的发展并不能持续支撑海洋强国的地位。要建立和形成海军实力、海上商业能力、海洋科技和资源开发与环境保护等领域内的规则与技术优势，更是要依靠高效的、开放的和有竞争力的国家治理体制机制作为支撑。当前，中国正面临着不断深化的大变局时期，世界与中国都处于大变革的时代。世界百年未有之大变局加速演进，世界之变、时代之变、历史之变的特征更加明显。我国发展面临新的战略机遇、新的战略任务、新的战略阶段、新的战略要求、新的战略环境，需要应对的风险和挑战、需要解决的矛盾和问题比以往更加错综复杂。中国特色海洋强国建设需要在海洋科技、海洋经济、海军建设、思想风气、规则塑造等领域综合协调发展的任务

作者：朱锋，南京大学国际关系学院执行院长、南海研究协同创新中心执行主任，教授，中国海洋发展
　　　研究中心研究员

也更为迫切和艰巨。但只要全国上下坚定信心，在习近平新时代中国特色社会主义思想的指引下，中华民族伟大复兴的事业将不断向前发展。执着地建设海洋强国、推进海洋治理体制机制的创新和发展，更加科学、深入地推进陆海统筹，全面提升中国的海洋科技、海洋规则、海洋经济、海洋资源保护和海洋商业拓展的历史高度，中国的海洋强国建设将为中华民族伟大复兴提供持续动力。

自"大航海时代"以来的500多年间，世界海洋强国的崛起如同潮水般起伏更迭。从葡萄牙、西班牙、荷兰等早期海洋强国崛起到英国成为世界领先的海洋霸主，再到"二战"后美国全球海洋霸权地位的确立，欧美国家工业化起步和发展的历史，就是海洋经略和海洋扩张的历史，更是经典的海洋强国兴衰起伏的历史。中国共产党第十八次全国代表大会首次提出了海洋强国战略，建设海洋强国首次成为中国特色社会主义事业的重要组成部分。实施这一重要部署，对维护国家主权、发展与安全，实现新时代中国特色社会主义发展，进而实现中华民族伟大复兴都具有重大而又深远的战略意义。系统梳理和总结近现代以来世界海洋强国崛起的成功经验与历史逻辑，在21世纪的时代背景和推动建立人类命运共同体的征程中探究中国向海图强和推进中国特色的海洋强国建设之路，无疑具有重要的借鉴意义。落实好习近平总书记关于建设海洋强国的系列重要论述精神，需要客观把握世界百年未有之大变局的时代特点，走出具有中国特色的海洋强国之路。

一、大航海时代以来西方海洋强国的历史镜鉴

地理大发现开启了人类探索海洋的"大航海时代"，各国远洋活动的兴起形成了海上贸易路线的全球延伸。这不仅打破了传统的地缘隔离和区域分离，实现了跨海、跨国、跨洲的商业、文化和社会往来，更是世界范围内"全球化"进程的开端。"大航海时代"促进了世界各地的交流与商贸联系，也使得海洋的重要性大大增强。海洋不再是不同国家、社会和文化之间隔离的屏障，而是成了彼此链接的通道。这期间，葡萄牙、西班牙、荷兰成为第一批海洋强国。但自近代以来海洋强国崛起的历史动力是工业革命和工业化进程的开启。英国在18世纪中期开始引领了人类历史上第一次工业革命——蒸汽机革命，完成了从工场手工业向机器大生产的转变，工业化的生产力让

英国成为当时世界第一的工业强国,英国作为世界海洋强国才具有了真正的实力保障。19世纪60年代开始的第二次工业革命,使人类进入电气化时代。内燃机的发明更使得远洋轮船在航速和运载量上得到了快速发展,近代通信、导航和海洋探测技术的发展,则给海上商业和军事力量提供了强大支撑。

19世纪大国海洋博弈的方式因科技进步发生了质变,铁甲舰队规模、通信技术、舰载火力、部署规模和续航能力都有了实质性的跃升,欧美大国的海军力量和海上商业运行能力出现了历史性飞越,海上军事博弈与对抗在欧洲、美洲和亚洲之间首次全面展开。世界各国之间经济隔阂也在19世纪后期被全面打破,自1870年开始,世界贸易首次进入了"国际化"时代,几乎没有一个国家可以自绝于全球贸易之外。但需要指出的是,全球贸易的开启和第二波工业化的深入,既标志着世界财富交易和财富增长的新里程,又标志着海上军事力量发展的新高度。欧美国家围绕着海洋势力范围、海外殖民地的竞争日益激烈,财富和国力的竞争最终导致了1914—1918年的第一次世界大战和1939—1945年的第二次世界大战。英国在"一战"后的海上霸主地位进一步巩固,但"二战"全面催生了美国位居世界第一的国内科技和工业制造能力的军事转化。"二战"结束后,美国取代英国成为海上霸主。客观来说,大航海时代以来的海洋强国崛起都存在以下几个方面的共同点:经略海洋的国家意识和社会风气、向海图强的商业运营方式以及不同时代节点在工业化进程和海洋科技发展上引领地位,以及迅速将工业化和科技发展转化为海上军事和商业力量的投资和创新机制。17世纪以来的海洋强国的崛起历程,是西方列强海外殖民、掠夺和扩张的过程,是西方列强间无休止的战乱和争霸的过程。这同时也是现代海洋秩序与规则产生的过程,更是欧美国家的宗教、意识形态海外输出和扩张的过程。

国家治理机制与能力建设对于海洋强国的建设和发展具有重大的战略性引领作用。在"大航海时代"成为海洋强国的葡萄牙,其成功崛起就源于国家层面对航海的推动。葡萄牙历史学家萨拉依瓦指出,葡萄牙不是第一个从事航海事业的国家,但它首先将航海作为国家计划,因此葡萄牙的航海大发现是一个国家行为。葡萄牙积极支持对未知海域的探索,甚至通过开放王室森林为造船提供木料,同时采取多种手段培养海洋领域人才,最终形成了走向海洋的国家风气。17—19世纪,科学技术发展水平处于领先地位并在 19 世纪上半叶成为世界上第一个工业国的英国,具有深厚的海洋文化与经略海洋的国家风气。早在 8 世纪,英国就出现了海洋小说《北奥武弗》,此后大量杰出的海洋文学作品涌现,代表性的有《乌托邦》(1516 年)、《鲁滨孙漂流记》(1719 年)、《格列佛游记》(1726 年)等,这些文学作品反映了英国的海洋文化。美国耶鲁大学历史学教授保罗·肯尼迪曾指出,英国通过维护其商业和海军力量,加上维持欧洲均势,找到了长期成为世界一流强国的秘诀。而经略海洋的国家风气则是重要推动力,克伦威尔领导下的英国政府于 1651 年就颁布了《航海条例》。英国法学家塞尔登在《领海的完全权利》提出了海洋的主权,指出"海可被视为所有物,海当然是英国国王的所有物"。而正是英国具有高度重视海洋的国家风气,加之保护贸易通道的需求,建立一支强大海军并寻求海上霸权才成为必需。

武力保护航道及贸易是海洋强国谋求海上霸权现实需求。从海洋强国崛起及更迭的历史看,贸易是最直接的影响因素。最早成为海洋强国的葡萄牙于 1498 年从海上航线抵达印度卡利库特后,建立了与印度之间的贸易路线,此后长时间垄断了香料贸易。为了维持对香料与奴隶贸易的垄断地位,保证皇室获取稳定的资源与财富,葡萄牙采取了凭借军事力量实行贸易垄断,再用贸易垄断获得的巨额利润维持其军事优势的做法。西班牙为了能够有效保护商贸船队,维护其在中南美洲的利益,建立了一支"无敌舰队",并最终于 1581 年击败葡萄牙成为世界海洋强国。1588 年,西班牙舰队远征英国失利,也带来了自身军事实力的削弱,其海上强国的地位最终被英国与荷兰所取代。建立一支与经济发展和贸易需求相匹配的海军对于海洋强国至关重要。当然如果一个国家过多地把资源用于军事目的而不是用于财富创造,特别是借军事力量来获取财富的巨资超过对外扩张所带来的潜在利益,则该国的国力就会相对被削弱;而一个国家的海军力量明显弱于海上贸易的需求,同样会造成海洋强国地位的丧失。例如,荷兰海军实力相比于其贸易规模偏弱,就逐渐使其丧失了海洋强国的地位。美国学者伊曼纽尔·沃勒斯坦指出,曾经称霸于世界经济的荷兰之所以昙花一现,主要是因为它的军事实力在当时的大国中最为衰弱。

获取财富与资源是推动海洋强国建设与发展的根本动力。"大航海时代"以来崛起的海洋强国,无一不是将海洋作为获取财富和资源的渠道与场所,其中最为典型的是荷兰与英国。荷兰爆发了世界上最早的资产阶级革命,为海上商业贸易的展开提供了制度优势,也使得荷兰的海上贸易迅速扩展至加勒比海、非洲、东印度及地中海。荷兰一度垄断东方贸易,甚至控制波罗的海的航运,成为"海上马车夫"。英国也是如此,1640年,英国爆发资产阶级革命为其提供了发展商贸的制度环境,英国开始将建立世界贸易霸权作为目标。法国启蒙思想家伏尔泰曾指出:"英格兰人之所以强大,是因为自从伊丽莎白时代以来,所有的党派一致赞成重商的必要性。同一个议会一边斩国王之首,一边若无其事地忙于海外商栈的业务。"英国与荷兰对海上贸易权的争夺也引发了两国的冲突,英国发动三次英荷战争打败荷兰,取代了荷兰的海上霸主地位,最终"荷兰的海运贸易大部分为英国人所接替,英国已经变成了世界上的领袖海军和商业强国"。海洋强国崛起的历史表明,海洋强国的崛起以维护商贸、促进经济增长为出发点,以建立强大海军武装力量为凭借手段。

宗教因素与思想引领是建设海洋强国的重要助推力。"大航海时代"欧洲海洋强国的崛起具有明显的宗教烙印,无论是西班牙还是葡萄牙,将天主教传播到异教徒生活的地域是开辟海上航线的重要精神驱动力。英国在击败荷兰获得海上霸权后,其殖民地遍布全世界,如何维护这一遍布世界的贸易网高效运行,支撑其海上霸主地位? 英国小说家乔治·奥威尔将英国海洋强国地位能够长期维系归因于其在殖民地采取了"权力下移"的方法,传播文化而不直接对殖民地加以统治,同时对文化采取百花齐放的宽容态度,因此,英国仅使用500人就能够治理印度及其3亿人口。美国海洋强国的崛起之路具有典型的思想引领特征。美国军事理论家马汉在《海权对历史的影响(1660—1783年)》一书中提出了海权观念。马汉认为海洋是国家间武装冲突的场所,海权之历史,虽然不全是,但主要是记述国家与国家之间的斗争,国家间的竞争和对抗常常会导致战争的暴力行为。而一国为了确保本国的利益,会采取各种手段实施垄断以限制外国贸易,或者直接采取诉诸武力的办法。美国于19世纪末接受马汉海权论思想,并将其作为美国军事思想的支撑与建军的原则。在马汉海权论的指导下,美国海军建立远洋舰队,谋求并建立海上霸权。美国以军事力量为基础,综合运用政治、经济、外交等手段,达成了控制海洋目的。直至今天,美国在西太平洋、北大西洋及印度洋海域建立的军事同盟及推行的政策,都是马汉海权论的现实体现。

自大航海时代以来,海洋一直是海上强国争夺霸权的舞台。自500年前的地理大发现开始,纵观历史发展,葡萄牙、西班牙、荷兰、英国、法国、美国等国的崛起都清楚地表明,近现代以来的大国崛起常常离不开海权的争夺和海上影响力、控制力的竞争。大航海时代以来大国的兴衰历史清楚地表明,通常只有领先于世界工业化和科技创新进程的海洋强国才能够发展为真正意义上的世界强国,因为只有海上强国才能获得世界性的市场和资源,才能在市场和资源的财富竞赛中胜出。海上强权地位的获取是大国实力的重要标志,获得海洋霸权的国家更是将塑造和主导海洋秩序作为维护利益的主要手段。英、美两国在 18 世纪至 19 世纪的发展模式表明,以强大的海军力量保持对他国形成压制与威慑就能在地缘战略对抗中胜出,并能够保证海上通道和力量投送的安全,这是近现代以来海上霸权确立的主要途径,更是大国的实力标志。

二、"二战"后海洋强国建设的必要路径:海洋科技、海洋商业、海洋规则能力

第二次世界大战是海洋强国崛起途径的分水岭。"二战"前通过强大海上力量诉诸武力是获取海权的主要途径。1939 年,时任德国驻英国大使狄克逊指出,德国与英国重新发生战争的原因在于德国想获得与英国同样世界强国的地位。德国海军总司令雷德尔提出,德国应当坚持海军优先的原则,并应把战场转向海洋。"二战"时期,德国集中海上力量对英美交通线实施打击,双方在大西洋进行了持续近六年惨烈的大西洋之战。英国前首相丘吉尔指出:"在整个战争过程中,大西洋战役一直是举足轻重的因素。我们一刻都不能忘记,不论在陆地、在海洋、在天空或其他任何地方发生的一切都最终与大西洋战役的结果息息相关。那个可怕的、从不间断的苦难的历程——我们经常处于极度的困境和挫折中,而且总是面临着无形的危险。最终偶然和戏剧般地走上了光明的大道。"第二次世界大战结束后的雅尔塔体系重新塑造了国际政治格局与秩序,也塑造了海洋领域开发与利用新的理念,单纯通过发展海上军事力量并挑战其他海上强国不再是海洋强国的崛起途径。即使获得了海上霸权的美国,也无法使用武力来解决海洋领域的全部问题,海军在处理国际事务中的威慑力大大下降。

"二战"结束后,虽然存在美苏冷战,但在和平与发展成为时代主题的背景下,推进海洋科技、海洋经济发展,塑造海洋规则成为海上强国维持大国地位的必要条件。海洋科技的发展是建设海洋强国的先决条件。从全球技术发展的历史看,"二战"结束的同时也兴起了第三次科技革命,此次科技革命以原子能、计算机等领域的发明与运用为主要标志,涉及信息技术、新能源、新材料、空间技术与海洋技术等诸多领域。作为全球海洋霸权国的美国引领了第三次科技革命,同时也在海洋科技领域取得了一系列成果。20 世纪 60 年代之前,美国海洋科技的发展呈现以技术为中心的特点,进入 20 世纪 70 年代后转变为以开发与保护海洋资源为中心。20 世纪 90 年代后,美国海洋科技发展呈现大数据、跨学科的特点,同时提出"保持与增强美国在海洋科技领域的领导地位"的战略目标。进入 21 世纪以来,美国成立了海洋政策委员会,并推出了一系列应用海洋科技的政策,促使海洋科技向经济的转化。苏联在"二战"结束后确定了全国利用海洋资源定期会议机制,在海洋学委员会的具体指导下确定了海洋科技发展的重点。进入 20 世纪 50 年代,苏联开始自主研发科研船,20 世纪 60 年代中期,苏联海洋研究船的数量与美国相当,在吨位上超过美国。进入 20 世纪 70 年代,苏联已经形成了完善的科考船体系,据俄罗斯学者发表的《"尤里·加加林"号科学考察船的历史》一文披露,"尤里·加加林"号航程达 32000 千米,设有 86 个实验室,可载 220 名科学家执行任务。在海洋科技人才方面,20 世纪 70 年代,苏联从事全职海洋科研人员近 9000 人,人员数量为美国的 3 倍。苏联对海洋科技的重视,确保其在海洋大气、海洋水文、海洋气象预测等领域的科技水平处于世界领先地位,为与美国展开海上竞争提供了有力支撑。

海洋经济的高度发展是海洋强国的现实体现。当前,海洋产业成为美国经济发展的支柱。从地缘环境看,三面临海的美国拥有 1100 余万平方千米的专属经济区,大陆架海域提供了 30% 的石油与 20% 的天然气,为美国海洋经济的发展奠定了坚实基础。"二战"后,美国大力推进海洋资源勘探开发与海洋资源利用的产业活动,海洋经济的高度发展有力支撑了美国海洋强国地位。1974 年,美国提出了"海洋 GDP"概念与测算方法以精确定义与量化海洋经济。数据显示,20 世纪 90 年代以来,美国经济中,80% 的 GDP 受到海岸海洋经济的驱动,40% 直接受海岸经济的驱动;对外贸易总额的 95% 和增加值的 37% 通过海洋交通运输完成。自 20 世纪 80 年代以来,南极旅游业蓬勃发展。1991 年,美国国家科学基金会极地项目办公室鼓励旅游企业建立一个中心联络点。同年,7 家美国旅游运营商成立了国际南极旅游组织协会(IAATO),以"共同倡导、促进和实践安全和环保的南极旅行"为目标。国际南极旅游组织协会在成立后迅速出台《南极旅游组织者指南》,该指南在 1994 年第 18 届南极条约协商会议上成为"建议 18-1"(Recommendation XⅧ-1),从法律上将该旅游组织协会所颁发的指南确定为正式指南。目前,国际南极旅游组织协会已发展 124 个成员,世界上绝大部分的南极旅游运营商已是协会成员。"二战"结束后,苏联海上对外贸易与海洋经济开始兴起。战后苏联对于渔业高度重视,推动苏联渔业的快速发展。1955 年,苏联成为全球三大渔业国之一。战后 30 年,苏联海产品的捕获量增加近 100 倍,于1976 年达到年产量超 1 亿吨。到 1978 年,苏联捕鱼船数量居于世界首位,可以不受季节限制捕鱼及加工。1955 年至 1970 年,苏联商船吨位从 300 万吨增加至 1200 万吨。1968 年,苏联海运货运量成为对外贸易的最主要方式,占到全部对外贸易运输量的 50%。截至 1990 年,苏联商船船队规模达1800 艘,总吨位 2240 万吨,成为世界五大商船国之一。1985 年至 1990 年,苏联海上运输年利润达 2.5 亿卢布,海上贸易运输量达 3 亿吨,占苏联贸易运输量的 60%。苏联海洋经济的快速发展,为苏联海军发展提供了经济支撑与安全保障需求,也为冷战时期苏联与美国在海上抗衡、谋求海洋强国地位提供了支持。

海洋强国以海洋规则的塑造力与影响力维持。"二战"结束后,海洋领域的竞争从以武力对抗为主的"丛林法则"转向以规则塑造为主。为了争取构建符合该原则的国际海洋秩序,美国积极争夺对国际海洋治理规则的话语权和主导权。20 世纪 60 年代末至 70 年代,美国相继推出了《海洋带管理法》(1972 年)、《海洋保护区保护及研究法》(1972 年)、《海洋哺乳动物保护法》(1972 年)、《清洁水法》(1972 年)、《渔业保护管理法》(1976 年)、《外大陆架土地法修正案》(1978 年)等。1983 年,美国颁布《美国的海洋权益主张》宣布划定美国的海洋权利管辖海域,在专属经济区概念的基础上,按照美国的海域特点和《联合国海洋法公约》的内容,进一步细化和固化了美国海洋权利的国家范围。1988 年,美国又通过《总统公告》全面划分和确认了美国的领海范围。在面对 20 世纪 70 年代出现的涉及海洋法解释和应用的新型海洋争端时,美国展现出在全球海洋规则体系变革时期主动争取规则制定权的强大意识。尽管直到今天美国还没有加入《联合国海洋法公约》,但该公约通过之后,美国通过国内法机制、根据《联合国海洋法公约》原则全面更新和细化美国的领海、专属经济区等海洋权益的历程,清晰地揭示了美国的海洋权益保障在实力、规则和利益三者之间实现有效平衡的强大能力。

自 1958 年第一次联合国海洋法会议、1960 年第二次海洋法会议及 1973 年开始的第三次海洋法会议,到 1982 年《联合国海洋法公约》通过并于 1994 年 11 月生效,美国全程参与并在很大程度上主导了海洋领域世界规则的生成。新型海洋争端集中出现在 20 世纪 70 年代,彼时第三次联合国海洋法会议召开,旨在对全球海域的管理和使用规则进行一次全方位的深刻改革和重建。在磋商过程中,美国一直坚持海洋自由最大化的立场,以期新的海洋规则能充分发挥自身的海洋力量优势。会议期间,国际社会对海洋规则如何确定产生了激烈的纷争,不同国家的立场相持不下。以扩大海洋管辖权为例,发展中国家纷纷要求将各国对海洋的主权扩展至 200 海里,而以美国为首的发达国家则反对此主张,认为扩大海洋管辖权损害海洋自由。当会议进入中期阶段,美国发现扩大海洋管辖权的趋势无法阻挡时,迅速调整立场,退而求其次,转为支持 200 海里的专属渔区,而非主权权利更多的专属经济区。与此同时,美国基于自身利益并未签署《联合国海洋法公约》,在国际海洋领域推行所谓"航行自由行动""国际水域"等理念,其本质上是为了维护自身的海洋强国地位,将对在海洋领域于本国有益的规则单方面适用,推广至国际领域的举措。苏联也积极通过海洋规则的设计维护海洋利益。联合国海洋法会议期间,苏联积极推行 12 海里领海方案,支持其成为十八国集团方案蓝本并提交第二次联合国海洋法会议,第三次联合国海洋法会议就 12 海里领海方案达成一致,其最终成为《联合国海洋法公约》的基本原则。与此同时,在黑海《蒙特勒公约》与《多瑙河航行制度公约》等区域性海洋公约领域,苏联也重视以规则塑造提升海洋领域的影响力。

三、21 世纪海洋强国建设:实力与规则并重、科技与创新引领

冷战结束后,俄罗斯的海上实力被大大削弱,难以支持其与美国继续展开海洋领域博弈。而美国在海洋科技与海洋经济领域取得进一步发展,后冷战时代的美国海军基于美国以实力与规则形成的海洋强国地位强势介入全球海洋事务,成为美国维持海上霸权地位的象征。

庞大的海洋经济体量及全球部署的海军力量支撑当代美国海洋强国地位。从 2007 年美国颁布的《绘制美国未来十年海洋科学路线图(2007—

2017)》与2018年颁布的《美国海洋科学与技术：十年愿景（2018—2028）》对比看，美国首次将海洋科技发展与国家经济和安全目标直接挂钩，明确提出以海洋科技服务于国家发展为核心。这也表明美国为了维持海洋强国的地位，正在推进海洋科技向现实生产力的经济转化。具体地看，美国海洋科技的开发与利用体现在海洋探测和资源利用两个领域。在海洋探测领域，2013年9月，美国机构间海洋观测委员会公布了《综合海洋观测系统的新十年》报告，该报告规划了美国综合海洋观测系统（IOOS）的愿景。当前，美国具备在1500米深海完成油气钻探与开发能力，同时在海下感应、深海勘探、深潜机器人、无人船舶等领域处于世界领先地位。在海洋资源利用方面，美国已经具备大型海上潮流发电、波浪能量转换及海水淡化等能力，同时美国加大海洋生物医药的研发，形成了伍兹霍尔、佛罗里达、巴尔的摩与斯克里普斯四大海洋生物研究中心。2000年7月25日，美国国会通过《海洋法案》，时任美国总统克林顿于8月7日签署该法案，决定成立国家海洋政策委员会。该委员会负责促进与协调国家海洋政策、加强海洋资源管理、促进政府与机构间的密切合作、向总统与国会提出决策建议，进一步促进美国在海洋及沿海活动方面的领导地位。2010年，美国根据《关于海洋、海岸带与五大湖管理的行政令》，成立了国家海洋委员会以替代海洋政策委员会。美国国家海洋委员会下设海洋资源管理委员会与海洋科学、教育、技术和运营委员会。国家海洋委员会在运营时强调决策过程的透明度、开放性与问责制，并积极引入新思维、外部视角以确保能够保证国家在海洋领域决策的合理性。根据美国国家海洋和大气管理局（NOAA）国家海洋经济项目（NOEP）公布数据，2010年美国的海洋经济直接解决就业280万人、创造产值达2580亿美元，同时另有260万个工作岗位及3750亿美元产值由相关海洋产业间接创造。2015年，美国海洋经济解决就业人口320万、创造产值达3200亿美元。目前，美国已经形成了海洋建筑、海洋生物资源、海洋矿业、船舶制造、滨海旅游、海洋交通运输六大产业。这些产业为美国提供了稳定的就业与产值。

在海洋权益未定的南极区域，美国也积极与7个主权声索国组成垄断集团，借助垄断集团的集团优势获得制度性话语权，构成"知识型垄断"。其主要切入点有两个，一是高水平的海洋科研，二是高科技引导下的环境保护。在具体的实践中，海洋科研往往与海洋环保相互作用，共同致力于巩固美国作为海洋强国的地位和利益优势。首先是利用科研。冻结领土所有权主张之后,科考与科研是南极唯一受到鼓励的活动。《南极条约》签署后,美国的政策目标始终是维持和强化南极条约体系,支持美国的南极项目,保持美国在南极积极而有影响的存在,这种实质性存在既包括长期持续不断的实践活动、考察设施、后勤保障,也包括研究队伍与科研投入。科研是国家参与南极事务的"资本",是国家获得南极权利最重要的来源之一。由于南极极端的气候条件,任何一个国家都无法独自完成科考与科研,美国凭借强大的极地科研能力、基础设施建设以及后勤保障能力,获得南极事务国际领导地位。在世界范围内,美国南极科学研究站在科学前沿,水平最高,规模最大,这源于美国南极利益的驱使和政策的强有力支撑。其次是环境保护与美国的极地干预。在1991年《南极条约环境保护议定书》签订后,环境保护成为南极治理中的压倒性议题,成为南极政治中的"政治正确"。不过,协商国保护南极环境的主要工具是设立南极保护区,这打开了利用环境保护区巩固主权优势的新空间,存在一些国家趁机"圈地",或者通过管理实践进行实际控制的可能。垄断集团是南极保护区系统建设的主要推手。美国积极联合盟友参与保护区的划设,同时排除异己,反对特定国家的保护区建设。在被美国传统视为"后院"的南太平洋海域,美国采取的策略是联合盟友设立保护区,垄断集团之间彼此认可对方的保护区议案。目前,南大洋已经建立两个海洋保护区,分别是英国于2009年设立的南奥克尼群岛南大陆架海洋保护区,以及美国和新西兰于2016年设立的罗斯海地区海洋保护区。罗斯海地区海洋保护区面积超过155万平方千米,是世界上面积最大的公海保护区,其中72%的面积是彻底禁渔区,其余海域不允许任何非法捕鱼活动。

　　进入21世纪,美国的海洋强国地位以规则与实力维系。规则制定与强大海军成为美国在海洋领域维护自身利益重要工具。美国在全球海域将规则与实力有机融合。美国海军已经遍布世界各地,并且控制了全球海洋战略要道或海域,形成了对各个大陆的包围之势,美国"国际水域"制度的制定与实施就是为保证美军的军事机动自由从而寻求全球海洋霸权而服务的。随着中国经济的发展,美国将印太方向作为军事力量部署的重点。中美两国海洋领域表现为竞合状态,即在竞争中合作,在合作中竞争。2021年1月20日,拜登政府上台后,在中国政策方面强调"竞争、冲突与合作"三结合,也是美中之间竞合状态的反映。南海是中美两国海军海上博弈的集中体现地域。近年来,美国海军将南海作为实施"航行自由行动"的重点区域,且呈现航行次数与规模有不断增加之势。2018 年,美国海军的"航行自由行动"从单舰航行发展为双舰编队,2019—2020 年,美国海军进一步加大在南海地区的所谓"航行自由行动",年均达到 9 次,实施强度也达到了历史最高水平。2022 年 4 月 1 日,美国国防部发布所谓年度"航行自由行动"报告,2021 年度美军在全球实施了 37 次"航行自由行动",其中,28 次发生在亚太地区。美军在南海自由航行行动 7 次,其中针对中国的达 5 次。

与此同时,美军积极在南海区域展开单边、双边及多边军事演习。2020 年 9 月 9 日,中国国务委员兼外长王毅以视频方式出席第十届东亚峰会外长会时指出,仅 2020 年上半年,美国就派出 3000 架次军机、60 余艘军舰,包括多批次轰炸机和双航母编队,不断在南海炫耀武力,强化军事部署,甚至在与其毫不相干的争议海域横冲直撞,肆意推高地区冲突风险,正在成为南海军事化的最大推手。2022 年 1 月 24 日,在南海海域,美国海军一架 F-35C 战机在"卡尔·文森"号航空母舰降落时发生事故。2022 年 6 月 29 日至 8 月 4 日,美国主导的全球最大规模"环太平洋-2022"军演展开。此次演习美国邀请了 26 国参与,参演装备包括约 40 艘水面舰艇及潜艇,170 架战机及 2.5 万名士兵。2014 年、2016 年,美方曾经两次邀请中方参与"环太平洋"军事演习,而自 2018 年以来,美方以南海问题为借口不再邀请中方参与"环太平洋"军事演习。美国当前借助其强大的海军力量拉拢盟军在印太地区孤立中国,其本质上也是为了维护美国基于实力与规则的海洋霸权体系。

四、中国海洋强国建设的路径选择:走中国特色海洋强国之路

自党的十八大报告首次提出建设海洋强国的战略任务以来,围绕中国海洋强国战略的理论探索与现实建设一直在推进。德国历史学家利奥波德·冯·兰克指出,在大国的互相作用与更替中蕴藏着世界历史的秘密。历史上曾经崛起的海洋强国的发展之路不能复制,但却存在可学习借鉴之处。正如习近平主席在亚洲文明对话大会开幕式上的主旨演讲中指出,文明因多样而交流,因交流而互鉴,因互鉴而发展。我们要加强世界上不同国家、不同民族、不同文化的交流互鉴,夯实共建亚洲命运共同体、人类命运共同体的人文基础。中国需要基于自身实际,借鉴其他国家的历史经验,走出一条中国特色的海洋强国之路。中国特色的海洋强国建设需要大力发展海洋

科技、推进海洋经济、建设一支强大海军、形成向海图强的风气、主动塑造未来海洋规则体系。

大力发展海洋科技。习近平总书记强调,要发展海洋科学技术,着力推动海洋科技向创新引领型转变。建设海洋强国必须大力发展海洋高新技术,要依靠科技进步和创新,努力突破制约海洋经济发展和海洋生态保护的科技瓶颈。要搞好海洋科技创新总体规划,坚持有所为有所不为,重点在深水、绿色、安全的海洋高技术领域取得突破,尤其要推进海洋经济转型过程中急需的核心技术和关键共性技术的研究开发。海洋强国崛起的历史表明,科技的研发与运用能够改变人类征服与利用海洋的方式,也直接影响着海洋强国的延续与更迭。推进海洋强国战略要加强海洋科技的研发与创新,在海洋基础研究、应用研究、高技术研究等领域不断探索,解决海洋领域的重大科学问题,形成开发海洋资源的新技术体系。同时,需要加强海洋科技人才的培养,促进"海洋大科学"人才研究团队的生成。海洋科技的发展在引领海洋经济的同时,也要着眼海洋领域面临的开发过度、污染、生物多样性降低、气候变化等方面问题,加强合作与研究,用科技的手段确保开发与利用海洋的可持续性。

推进海洋经济健康有序发展。海洋经济是指开发与利用海洋的各类产业及相关经济活动的总和。发展海洋经济是建设海洋强国的基础与核心。开发海洋是推动我国经济社会发展的一项战略任务,加快发展海洋产业,不仅能够有效促进海洋渔业、油气、盐业、矿业、化工业等产业的发展,对于形成新的国民经济增长点,确保国家经济协调健康发展也有重要意义。中国是海洋经济大国,根据《2021年中国海洋经济统计公报》,2021年中国的海洋经济在新冠肺炎疫情冲击后出现强劲复苏,全国海洋生产总值首次突破9万亿元,达到90385亿元,比上年增长8.3%,比同期的GDP增速快0.2个百分点。海洋经济对国民经济增长的贡献率为8.0%,占沿海地区生产总值15.0%。从海洋经济主要产业的贡献来看,滨海旅游业、海洋交通运输业和海洋渔业为前三位。2021年,上述三大类产业的贡献率分别为44.9%、21.9%和15.6%,合计在海洋经济中的占比超过八成,达到82.4%。相比而言,虽然海洋生物医药业的增加比上年增长18.7%,达到494亿元,但在海洋经济中的占比只有1.5%;海上风电新增并网容量达到上年的5.5倍(1690万千瓦),全年增加值比上年增长30.5%。由此可见,我国的海洋经济市场需求广阔，发展潜力巨大。为此，需要合理统筹海洋产业布局，充分利用海洋科技成果，将其与相关产业发展有机融合，通过推进海洋经济的健康有序发展，夯实建设海洋强国事业的基础。

建设和发展强大的海上军事力量。在历史上，海军建设曾经是中国军事力量体系建设的短板。近代史上外敌频繁的海上入侵，给中华民族造成了深重灾难。世界海洋强国崛起的经验表明，建设一支强大海军是海洋强国的基础与保障。随着中国海洋强国战略的推进，海军将承担越来越多维护国家海外利益与人民群众生命财产安全的使命。习近平总书记在视察海军机关时指出，建设强大的现代化海军是建设世界一流军队的重要标志，是建设海洋强国的战略支撑，是实现中华民族伟大复兴中国梦的重要组成部分。近年来，海军的装备体系建设与作战能力建设都取得了长足的进步。无论从海军装备的数量还是吨位看，中美海军之间的力量差距进一步缩小。当前，中国海军力量的发展与美国谋求全球霸权的意图，使中美在海洋领域表现为对抗为主的竞争状态。在亚太地区，美国主导建立了"美日印澳"四国机制。"四国机制"的主要针对目标是中国，在此框架下，美国牵头在南海频繁组织的高密度、实战性升级的各种舰机巡弋和演习的目的也是在海上与中国实施竞争。2021年3月12日，美国总统拜登、时任日本首相菅义伟、印度总理莫迪和时任澳大利亚总理莫里森出席了"四国机制"视频峰会，并发表联合声明称四国希望继续推进合作，将合作重点从军事演习和人道主义援助扩展到更多领域，以维持印太地区的稳定与繁荣。这是"四国机制"首次举行领导人级别会议，此次峰会讨论了一系列重要的地区议题，包括"南海和东海不受胁迫的航行自由、朝鲜核问题以及缅甸的政变与暴力镇压"等，宣称四国将继续重视发挥"国际法在海洋领域的作用，促进包括海上安全在内的合作，以应对东海和南海海洋秩序面临的挑战"。"四国机制"的主要针对对象是中国，这也从侧面反映出中美海洋博弈面临复杂的形势。未来中国海军将在亚太地区乃至全球海洋范围内面临美国海军的挑战。建设一支与推进海洋强国战略相匹配，能够有效应对海上安全挑战，维护海上经济利益的海上军事力量成为历史必然。

建设和发展向海图强的体制机制。建设海洋强国除了国家意志与顶层设计，还需要社会民众的广泛认可和参与。中国民众总体上的海洋意识较为淡薄，直至党的十八大提出建设海洋强国，民众对海洋的关注度才有所上升。中国建设海洋强国需要形成经略海洋的文化氛围,需要加强海洋意识宣传以促进全民观念的形成,进而形成经略海洋、利用海洋、维护海洋的国家风气。东西方文化与社会风气的不同也带来了海洋观念的不同,西方强调武力征服获取海上霸权,中国则强调和平与合作的"和合"观念。构建海洋命运共同体理念的提出符合中华优秀传统价值理念,是中国自古以来的亲仁善仁、协和万邦精神的当代彰显。构建海洋命运共同体是中国在全球海洋事务领域提出的"中国理念"。这一中国理念需要在中国的表率作用下具体化为海洋治理的"中国方案",更需要在各国的共同参与和努力下落实为将全球海洋变成真正意义上的"合作之海、和平之海与友谊之海"的"世界行动"。构建海洋命运共同体理念应成为全民共同的海洋意识,当在国家层面与民族范围内形成向海图强的风气后,将会吸引大批人才投入海洋开发与建设之中,海洋强国事业才会形成凝聚力与向力心。

引领和塑造未来海洋规则。英、美等海洋强国的崛起与维持表明,规则对于稳定海洋强国地位至关重要,"二战"之后的海洋权益争端大都是基于规则展开。当前中美海上竞争也大多表现为规则之争。第一,应当重视海洋规则的塑造。海洋强国建设应以法律法规、政策规划的形式确立海洋战略的地位和实施细则。制定和出台海洋基本法以及海洋强国相关政策文件,以保证海洋强国战略得以顺利实施的国家意志力体现。第二,要着眼未来强化海洋立法和实施细则。随着中国海洋贸易与对外交往的增多,诸多海洋问题都会出现。第三,需要顶层设计、整体布局谋划海洋相关法律与实施规则。要基于现实形成避免冲突规则。在 2014 年 4 月 22 日至 23 日举行的第 14 届西太平洋海军论坛年会上,《海上意外相遇规则》获得通过。《海上意外相遇规则》对海军舰机的法律地位、权利义务以及海上意外相遇时的海上安全程序、通信程序、信号简语、基本机动指南等作了规定。《海上意外相遇规则》对于减少和平时期各国海空军事行为的误解误判、避免海空意外事故、维护地区安全稳定具有十分积极的意义。2021 年 12 月 15 日至 17 日,中美两军以视频会议形式举行了本年度(2021)的海上军事安全磋商机制会议。国防部发言人在例行记者会上表示,中美双方就当前中美海空安全形势进行了交流,对《中美海空相遇安全行为准则》执行情况进行了评估,讨论了改进中美海上军事安全问题的措施,并就 2022 年机制会议有关事宜初步交换了意见。2022 年 6 月 10 日,在第十九届香格里拉对话会期间,中国国防部长魏凤和与美国国防部长奥斯汀举行会谈,双方认为应增进战略互信,管控好矛盾分歧。中国国防部长魏凤和指出,和平与发展的时代主题正面临严峻挑战,习近平主席提出的全球发展倡议和全球安全倡议为人类战胜危机指明了正确方向,亚太的和平稳定需要地区国家共同努力维护。与此同时,中国还需要主动参与北极航道开辟与建设、北极地区开发、深海与海底资源开发等规则的制定,以取得未来开发与利用海洋的话语权。为加强海洋事务的统筹规划和综合协调,可在适当时机设立高层次议事协调机构国家海洋委员会,负责研究制定国家海洋发展战略,统筹协调海洋重大事项。

五、结语

世界上各海洋强国的海权发展历史经验对于今天的中国海权建设及海洋强国战略的实施具有重要的借鉴意义。德国存在主义哲学家雅斯贝尔斯指出,把历史变为我们自己的,我们遂从历史进入永恒。在历史上,荷兰曾因未能建设一支与海洋经济发展相适应的海军力量最终使强国地位易主;英国海洋强国历史说明海军制海权的相对性、局限性以及国家综合实力无法在"二战"前后抗衡美国崛起的力量相对性;美国以马汉海权思想为指引,自19世纪末开始重视海军力量建设,但美国霸权崛起的核心要素还是其19世纪初期以来并不急于介入列强争霸,而是通过招揽全球人力资源,在工业化进程中治理体制、基础研究和科技创新等方面占据世界前沿之后,通过自身强大的制造业和科技研发实力,在日本偷袭珍珠港事件后完成全球海空军事力量最大的"爆发性"发展,而最终一跃成为世界海洋霸主。美国的海洋强国崛起,说到底,是"适应时代变化"最终成为海权强国。荷兰是最早的海洋力量的探索者,但历史表明,没有强大的海军就无法支撑海洋强国的地位。但近现代史同样充分说明,如果只有海军单一维度的发展也无法成为海洋强国,而海军力量发展后如果一味穷兵黩武,甚至疯狂地进行对外侵略和扩张,更是曾经一度的海洋强国的穷途末路。明治维新后,日本是首先实现海上力量崛起和工业化进程的非西方国家,但军国主义日本的下场是被永远钉在了人类的耻辱柱上。

纵观大航海时代以来的海洋强国的沉浮兴衰,海洋强国崛起和延续的基础要素,永远是海洋经济、海洋科技、海洋规则、海洋文化、海军力量等综合力量的综合作用,而能否引领全球工业化进程更是海洋强国背后的决定性动力,单纯某一领域的发展并不能持续支撑海洋强国的地位。要建立和形成海军实力、海上商业能力、海洋科技和资源开发与环境保护等领域内的规则与技术优势,更是依靠高效的、开放的和有竞争力的国家治理体制机制而培育、支撑和形成的。当前,中国正面临着不断深化的大变局时期,世界与中国都处于大变革的时代。世界百年未有之大变局加速演进,世界之变、时代之变、历史之变的特征更加明显。我国发展面临新的战略机遇、新的战略任务、新的战略阶段、新的战略要求、新的战略环境,需要应对的风险和挑战、需要解决的矛盾和问题比以往更加错综复杂。中国特色海洋强国建设需要在海洋科技、海洋经济、海军建设、思想风气、规则塑造等领域综合协调发展的任务也更为迫切和艰巨。但只要全国上下坚定信心,在习近平新时代中国特色社会主义思想的指引下,中华民族伟大复兴的事业将不断向前发展。执着地建设海洋强国、推进海洋治理体制机制的创新和发展,更加科学、深入地推进陆海统筹、全面提升中国的海洋科技、海洋规则、海洋经济、海洋资源保护和海洋商业拓展的历史高度,中国的海洋强国建设将为中华民族伟大复兴提供持续动力。

文章来源:原刊于《人民论坛·学术前沿》2022 年第 17 期。

《联合国海洋法公约》的"海洋宪章"地位：发展与界限

■ 施余兵

论点撷萃

当今世界面临"百年未有之大变局"，在《联合国海洋法公约》签署40周年的今天，各国关于海洋的竞争愈发激烈，我国面临的周边海洋局势也愈发紧张。如何准确地认识《公约》作为"海洋宪章"这种提法的科学性和适当性，既是一个重要的理论问题，也是一个亟待解决的实践问题。

首先，《联合国海洋法公约》仅仅是提供了一个关于多数海洋利用问题的法律框架，有些问题很难在其框架内予以解决。尽管《联合国海洋法公约》具有一些"宪章"性质的要素，但严格意义上讲它并不是一个"宪章"或"宪法"，它仅仅是一个框架公约。

其次，《联合国海洋法公约》作为"活的条约"具有充分的条约法和判例法依据，并可以通过其规定的修订程序、制定执行协定、它的缔约国会议、它的"并入条款"、联合国粮农组织和联合国大会等机构，以及国际裁判机构的演化解释等路径予以实现。然而，它作为一个"活的条约"，其解释和适用也有自己的界限。《联合国海洋法公约》在海洋划界法律制度、海洋执法法律制度、国际渔业法律制度、海洋环境保护制度、"区域"内矿产资源的勘探和开发制度、海洋安全法律制度等方面均取得了较大发展的同时，也遇到了诸多挑战，在尝试解决这些挑战的过程中出现了国际裁判机构管辖权扩大、过度运用演化解释等趋势，并继而产生判例不一致、"公约至上论"等更多的问题。

作者：施余兵，厦门大学法学院教授，厦门大学南海研究院副院长

此外,专属经济区制度和人类共同继承财产原则作为支撑《联合国海洋法公约》成为"海洋宪章"地位的重要基石,其近年来的发展和实践也逐渐背离了发展中国家的预期,并导致发达国家与发展中国家之间利益的平衡逐渐朝着有利于发达国家的方向倾斜。

总而言之,《联合国海洋法公约》的"海洋宪章"地位随着其发展和新兴海洋问题的出现,正受到越来越多的冲击,其局限性越发显现。正确认识《联合国海洋法公约》的"海洋宪章"地位,对于国际社会更好地推动目前的BBNJ国际协定谈判以及国际海底区域开发规章都有着重要的意义。

一、问题的提出

《联合国海洋法公约》(以下简称《公约》)于1982年12月10日通过并开放签署,并于1994年11月16日正式生效。作为海洋领域最重要的一部国际条约,《公约》的通过是第三届联合国海洋法会议历时9年、11个会期、15次会议,才达成的重大成果。其包括17个部分、320个条款、9个附件,以及2个执行协定,被国际社会广泛称为"海洋宪章"(Constitution for the Oceans)。

经过40年的发展,《公约》在"区域"内矿产资源的勘探和开发制度、国际渔业法律制度、海洋环境的保护和保全制度等方面都取得了一定的发展。然而,随着海洋科技的发展和人类利用海洋的能力的增强,《公约》在实施中也遇到了诸如气候变化、海洋环境安全、沿海国管辖权扩大(Creeping Jurisdiction)等方面的挑战。也正因为如此,一些学者提出了未来是否需要召开第四届联合国海洋法会议,以及《公约》是否可以继续承担"海洋宪章"职能的疑问。

目前,关于《公约》"海洋宪章"法律地位的讨论主要包括两种观点。第一种观点认为《公约》属于"海洋宪章",能够解决所有海洋法问题,是现代海洋法的唯一依据。持这种观点的主要包括美国、菲律宾等国家以及部分学者,这种观点也被称为"《公约》至上论"。例如,菲律宾外交部部长恩里克·马纳罗(Enrique A. Manalo)在2022年7月12日的一份声明中指出,由《公约》充分规制的事项无须适用一般国际法。第二种观点认为《公约》提供了一个解决大多数海洋法利用问题的法律框架,但并不能解决所有的海洋利用问题。例如，罗宾·丘吉尔（Robin Churchill）和沃恩·劳恩（Vaughan Lowe）认为，没有一个条约文本可以涵盖所有的海洋法问题，《公约》仅仅是提供了一个关于多数海洋利用问题的法律框架，还需要习惯国际法规则以及其他与污染和航行有关的国际条约的补充。可见，关于《公约》"海洋宪章"法律地位的讨论涉及《公约》与一般国际法的规则和原则之间的关系，也涉及《公约》解释和适用的边界问题，是一个重要的理论和实践问题。本文从《公约》"海洋宪章"地位的确立着手，在厘清《公约》"海洋宪章"地位含义的基础上，从《公约》作为"海洋法律框架"的宪章地位、《公约》作为"活的条约"的理论与实践，以及《公约》与发展中国家利益这三个视角对这一问题进行探究。

二、《公约》"海洋宪章"地位的确立

目前国内外不少学术论文将《公约》直接认定为"海洋宪章"。事实上，这一提法有其特殊的时代背景和内涵，兼具法律和政治特征。

（一）《公约》"海洋宪章"地位的提出

一般认为，《公约》作为"海洋宪章"的说法，最早是由在1980年至1982年期间担任第三次联合国海洋法会议主席的许通美（Tommy Koh）大使于1982年12月《公约》刚刚通过时提出。1982年12月6日至11日，在第三次联合国海洋法会议的最后一期会议上，许通美大使做了致辞。他在讲话中指出，通过谈判他们达成了"能够经得住时间考验的一个综合性的海洋宪章（a comprehensive constitution for the oceans which will stand the test of time）"，并给出了如下八点理由。

第一，《公约》可以促进并维护国际和平与安全，因为各国一致同意对沿海国在领海、毗连区、专属经济区和大陆架上所享有的权利进行限制，这取代了《公约》通过之前沿海国过度的且互相冲突的海洋主张。第二，《公约》通过专属经济区的地位、领海的无害通过制度，以及通过用于国际航行的海峡和通过群岛海道的通行制度等各国的重要妥协，促进了航行自由这一国际社会的利益。第三，国际社会在对海洋生物资源的养护和最优利用方面的利益，由于《公约》规定的专属经济区相关的条款的实施，将会得到增强。第四，《公约》包含了有关保护和保全海洋环境免受污染损害的一些重要的

新的规则。第五,《公约》有关海洋科学研究的新的规则在开展科学研究的国家和相关沿海国之间保持了一个公正的平衡(equitable balance)。第六,《公约》在和平解决争端以及防止各国通过使用武力解决争端方面,由于第十五部分"导致有拘束力裁判的强制程序",而使得国际社会的利益得以推进。第七,《公约》成功地将适用于国际海底区域资源的人类共同继承财产原则,转化为公正、可行的机构和安排。第八,《公约》通过一系列制度设计确保一定程度上的国际公正,包括200海里以外大陆架资源开发的缴费机制(第82条)、确保内陆国和地理不利国获得同一分区域或区域的沿海国专属经济区内相关生物资源的权利、沿海国渔民捕鱼和远洋渔民捕鱼的关系,以及国际海底区域资源开发的惠益分享安排等。

2022年4月29日,在纪念《公约》通过40周年的高级别联大会议上,许通美大使发表了主旨演讲。他认为,《公约》具有强大生命力并且值得庆祝主要基于八点原因:《公约》终结了之前海洋法领域的混乱和单边主义;创设了包括国际海洋法法庭(以下简称"ITLOS")、国际海底管理局和大陆架界限委员会在内的三大机构;赋予所有国家保护和保全海洋环境的义务;对维护海洋和平作出贡献;包含强制争端解决机制;作为一个后殖民条约,发展中国家在该条约制定中扮演了主要的角色;《公约》是一个活的文件(living document),可以应对新的发展和挑战;《公约》为应对气候变化和海平面上升提供了应对的法律工具。不难看出,上述八个方面的原因实际上对许通美大使于1982年给出的八大理由进行了提炼和概括,从《公约》的作用、重要制度以及前瞻性的视角阐释了其"海洋宪章"地位,是对《公约》"海洋宪章"地位的再次确认。

戴维·安德森(David Anderson)法官将许通美大使1982年12月的讲话中提及的《公约》之所以可以被称为"海洋宪章"所包括的八个方面的原因概括为六点:广泛的参与性、议题的综合覆盖性、与《联合国宪章》的一致性、符合国际社会的利益、"人类共同继承财产"的概念,以及体现了国际公平。安德森法官认为,宪章或宪法(Constitution)通常是指一国或一个国际组织的根本大法,其典型的例子是《联合国宪章》。这是因为《联合国宪章》既是联合国作为一个组织的宪章,也设立了规制国家之间关系的一些基本原则和规则。他认为,无论是《公约》还是其1995年《执行1982年12月10日〈联合国海洋法公约〉有关养护和管理跨界鱼类种群和高度洄游鱼类种群的规定的执行协定》(以下简称《鱼类种群协定》),都具有与"宪章"相关的一些要素。例如,《鱼类种群协定》"比照适用"了《公约》第十五部分的争端解决机制,同时,海洋自由也受到了来自区域渔业管理组织所采取措施的限制。

(二)"海洋宪章"地位的含义

根据许通美大使对《公约》"海洋宪章"地位的解释,并结合安德森法官对该解释的阐释,《公约》"海洋宪章"地位的含义可以概括为以下三个方面:

第一,从内容上看,《公约》终结了之前海洋法领域的混乱和单边主义,对所有海洋和海域内活动构建了一个法律框架,一个"多元结构的新海洋制度"。这一框架将各海洋区域的种种问题作为一个整体来加以考虑,几乎涉及国际经济秩序的各个方面,并成为"国际经济新秩序的重要内容"。

第二,从实施上看,《公约》是一个"活的条约(living treaty/instrument)",包括在缔约时尚未出现的问题在内的所有海洋问题都可以在《公约》的框架内予以解决。许通美大使认为,1995 年《鱼类种群协定》包含了可持续渔业发展的一些新的原则,并填补了《公约》的一项空白;此外,目前正在谈判的国家管辖范围以外区域海洋生物多样性(以下简称"BBNJ")的养护和可持续利用国际协定亦可望成为《公约》框架下的一个新的执行协定,从而可以解决《公约》面临的一些新的挑战。换言之,《公约》通过其执行协定可以应对和解决新的挑战,并永葆活力。

第三,从目的和效果看,《公约》是由发展中国家主导推动的,其各项制度旨在实现国际社会的公平公正。《公约》谈判之时,正值广大发展中国家摆脱殖民走向完全独立的时期,发展中国家在条约谈判中发挥了主导作用,《公约》的各项制度有利于发展中国家,有利于实现国际社会的公平公正。

可以说,以上三个方面的要素构成了许通美大使所提倡的《公约》"海洋宪章"地位的基石。下文将对这三个方面进行考察,以期对《公约》是否经受了时间的考验、能否继续承担"海洋宪章"职能进行初步评估。

三、《公约》作为"海洋法律框架"的宪章地位

1973 年 11 月 16 日,联合国大会第 3067(XXⅧ)号决议决定,"海洋法会议的任务应为通过一项公约,处理一切有关海洋法的问题,在执行这一任务时,应顾及大会第 2750C(XXV)号决议第二段中所列的主题及委员会正式

核准与海洋法有关的题目和问题清单,并考虑到海洋区域的各项问题都是密切相关的,应当通盘加以审议"。《公约》序言指出,"认识到有需要通过本公约,在妥为顾及所有国家主权的情形下,为海洋建立一种法律秩序,以便利国际交通和促进海洋的和平用途,海洋资源的公平而有效的利用,海洋生物资源的养护以及研究、保护和保全海洋环境"。上述文件表明,《公约》在缔结之初,就致力于规制一切海洋法问题,并因此建立一种新的海洋法律秩序。而缔结后的《公约》所包括的 17 个部分、320 个条款、9 个附件,以及嗣后缔结的 2 个执行协定,也充分表明《公约》确实已经在形式上构建起一个海洋法律框架。那么,这样一个框架能否解决所有海洋法问题呢?一般认为,这里面存在应然和实然的差别。丘吉尔和劳恩认为,《公约》仅仅是提供了一个关于多数海洋利用问题的法律框架。事实上,有些问题,如大陆国家远洋群岛问题、历史性权利问题、智能船舶问题等就很难在《公约》的框架内予以解决。

那么,《公约》作为一个综合性的海洋法律框架是否等同于"海洋宪章"呢?对这一问题可以从"宪章"所构建的法律秩序的视角进行考察。

首先,任何"宪章"性质的文件都必须能够确立一种法律秩序,在国内层面表现为调整统治阶级与被统治阶级之间的关系,而在国际层面表现为各国即便没有加入该文件也会受该文件的约束。一方面,《公约》序言部分勾勒出《公约》致力于构建国际经济新秩序的条约目的,然而,"海洋宪章"的定位要求《公约》不应仅限于构建海洋经济秩序,还应该涵盖海洋政治、军事等其他方面。另一方面,《公约》对各国的拘束力尚未达到"宪章"或"宪法"的要求。就一国而言,"宪章"或"宪法"是由一国的最高权力机关制定的,具有最高的法律效力,违反宪法的法律或规章通常会归于无效;而《公约》是第三次联合国海洋法会议制定的,是外交会议的产物,而非被授予立法权的宪法大会所制定。非缔约国违反《公约》并不会必然违反国际法,这是因为《公约》作为条约,其生效基于国家同意,通常情况下,只有缔约国才受到《公约》条款的法律拘束。尽管《公约》的部分条款已经成为习惯国际法规则,但目前包括美国、哥伦比亚、土耳其等在内的很多国家还没有加入《公约》,距离其所有条款均成为习惯国际法规则显然还有很长的路。此外,国际法上"持续反对者"规则的存在也阻碍了《公约》中已成为习惯国际法规则的条款对所有国家均发生效力。

其次，"宪章"性文件所确立的法律秩序应该具备综合性争端解决和优于其他任何条约与协定这两大特征。《公约》第十五部分确立的争端解决机制已经被"比照适用"于1995年《鱼类种群协定》，这一争端解决程序虽然在实践中存在管辖权扩大和突破国家同意原则的倾向，然而，该程序在国际上还是存在一定数量的国家支持。关于《公约》与其他条约和协定的关系问题，《公约》第311条规定了在各缔约国间，《公约》应优于1958年4月29日签订的日内瓦海洋法公约，但并不改变各缔约国根据与《公约》相符的其他条约而产生的权利和义务；而《公约》第237条规定了《公约》的规定不影响各国根据先前缔结的关于保护和保全海洋环境的特别公约和协议所承担的特定义务，也不影响为了推行《公约》所载的一般原则而可能缔结的协议。《联合国宪章》第103条则规定，"联合国会员国在本宪章下之义务与其依任何其他国际协定所负之义务有冲突时，其在本宪章下之义务应居优先"。相比之下，《联合国宪章》所规定的义务优先于其他任何条约和协定，而《公约》下的义务则仅优先于部分协定，并不完全满足国际"宪章"所应具备的基本特征。

或许正是基于以上考虑，安德森法官认为，尽管《公约》具有一些"宪章"性质的要素，但严格意义上讲它并不是一个"宪章"或"宪法"，它仅仅是一个框架公约。

四、《公约》作为"活的条约"的理论与实践

《公约》作为"活的条约"是许通美大使提出的《公约》之所以成为"海洋宪章"的重要原因之一。这一提法与演化解释的概念密切相关，然而，其内涵并不仅限于演化解释，而是有着更为丰富的内涵和法理基础，并在长期的实践中取得了一定的发展，同时面临着一些挑战。

(一)《公约》作为"活的条约"的理论基础

《公约》作为"活的条约"与演化解释相关，其具有条约法和判例法上的依据，并包括至少六个方面的实现路径。

1. 条约法依据

在国际法上，关于条约解释的一般规则主要来自1969年《维也纳条约法公约》第31条和32条的规定。一般认为，这些规则体现了该条约缔结之前业已存在的习惯国际法。第31条和32条规定了条约解释的要素，包括"通

常意义""上下文""目的及宗旨""补充资料"等。其中,第31(3)条规定了条约解释还必须考虑到"(甲)当事国嗣后所订关于条约之解释或其规定之适用之任何协定;(乙)嗣后在条约适用方面确定各当事国对条约解释之协定之任何惯例;(丙)适用于当事国间关系之任何有关国际法规则"。该条款甲和乙项要求根据某条约解释和适用时的相关协定或任何惯例来解释该条约,体现的正是演化解释(Evolutive Treaty Interpretation)的精神。同时,第31(3)条丙项所指"任何有关国际法规则",以及第31(1)条所指之"通常意义",如果适用条约解释和适用时的有关国际法规则或通常意义,也属于演化解释的范畴。简而言之,演化解释就是根据缔约方的原始意图,按照条约解释和适用时的通常意义来解释条约条款。不难看出,《维也纳条约法公约》的相关规定为演化解释提供了法律基础。

《维也纳条约法公约》也为《公约》的演化解释提供了法律依据。以气候变化为例,在1982年《公约》刚缔结时,气候变化尚未成为国际社会关注的问题,因此气候变化以及后来在气候变化领域广泛适用的"共同但有区别的责任原则"并没有被纳入《公约》。然而,在气候变化已经成为一个普遍接受的国际问题的今天,现有文献已经倾向于认为气候变化对海洋的影响问题应该适用《公约》的相关规定。甚至有文献认为,国家之间的气候变化争端也可以通过《公约》第十五部分的争端解决机制予以解决。这就涉及对《公约》相关条款的解释和适用需要贯彻演化解释的思路,例如,对《公约》第1(1)条和第192条所涉"海洋环境"的界定,对第194、207、212条所涉"污染"的解释等。从另一个视角看,《公约》能够解决在其谈判和缔结时无法预知的新的挑战,也是其作为一个"活的条约"的重要判断指标。

2. 判例法依据

关于演化解释的国际裁判实践可以追溯至1971年国际法院"纳米比亚(法律结果)咨询意见案"。该案的演化解释依据的主要是涉案的嗣后协定和嗣后惯例,但国际法院的说理体现了演化解释。例如,"对于本法院在本案中的评估而言,所有这些考虑都是密切相关的。应关注的是,解释某一文件的首要必要性是按照其缔结时的缔约方意图,因而本法院有义务考虑。《国联盟约》第22条包括的概念包括这一事实即:'现代世界所致力于达到的条件'和有关人民'福祉与发展',不是静止的,而是演变的定义,因此,'神圣之托管'的概念也是如此。"此外,国际法院的咨询意见报告明确指出,法律文件必须"按照该文件被解释时所处的主要的法律框架来解释和适用"。

1978年国际法院"爱琴海大陆架案"在判决中首次确立了演化解释的适用要件,即由条约用语的"一般性"和条约的"无限期性"所构成的适用演化解释的一般规则,前者可以通过考察条约用语的通常意义和缔约资料以判断立法意图来获得,而后者则需要分析条约的目的和宗旨来判断。该案判决书指出,"希腊加入文件所采用的'希腊领土地位'表述一旦确认,作为一般术语包含了一般国际法下领土地位的概念具有的任何事项,这必然产生这一假定,即旨在使其含义随法律演变而演变以适应任何时期特定有效法律的表述"。该案确立的有关演化解释的适用条件也在后续其他判例中得到了体现。

3. 实现路径

《公约》作为"活的条约",在实践中可以通过多种方式予以实现。

第一,《公约》第312条至第316条规定了正式的《公约》修订程序。其中,第312条和第313条规定了除"区域"内活动的修正案以外的其他内容的一般修正案,第312条规定了会议审议机制,而第313条则规定了以"缔约国一票否决权"为特征的简化修正程序。此外,第314条规定了对《公约》专门同"区域"内活动有关的规定的修正案,但相关规定必须结合1994年通过的《联合国大会决议第48/263号关于执行1982年12月10日〈联合国海洋法公约〉第十一部分的协定》(以下简称《1994年执行协定》)附件二第四节的规定,由国际海底管理局的大会在理事会的建议下对相关"区域"内的措施进行审查。

第二,通过制定《公约》的执行协定来解决《公约》面临的新挑战和新问题。《公约》的《1994年执行协定》实际上对《公约》第十一部分的相关内容进行了修订,而1995年《鱼类种群协定》则对《公约》第五部分和第七部分的相关规定进行了补充和完善。目前正在进行的国家管辖范围以外区域海洋生物多样性的养护和可持续利用的国际协定谈判已经进入政府间谈判第五次会议,未来将产生《公约》的第三份执行协定。

第三,通过《公约》的缔约国会议对部分《公约》条款进行实际上的修订。根据《公约》附件二和附件六的规定,《公约》的缔约国会议承担的主要职责包括选举ITLOS的法官并决定法官和书记官长的薪金、津贴和酬金,决定法庭的开支,以及选举大陆架界限委员会的委员。然而,在实践中,由于早期批准《公约》的发达国家数量不足,以及各国在推举本国委员等方面存在的困难,《公约》的缔约国会议推迟了《公约》规定的第一次选举法庭法官和委员会委员的时间,同时,也放宽了《公约》附件二第 4 条规定的沿海国提交大陆架外部界限的划界申请必须在《公约》对该国生效十年内的时间限制。这些实践实际上起到了未经《公约》的正式修订程序便修订了《公约》的法律效果。

第四,依据《公约》的"并入条款"(Rules of Reference),通过外部标准的发展来实现扩大《公约》适用范围的目的。《公约》中部分条款,如第 21(4)条、第 94(5)条、第 211(2)条、第 211(5)条等,均包含"一般接受的国际规章、程序和惯例"或类似表述。根据条约解释,这些表述指向国际海事组织所通过的相关条约的具体规定。换言之,依据《公约》的这些"并入条款",随着国际海事条约的修订以及相关国际航运规章和标准的提升,《公约》的适用范围也得到了扩展。

第五,通过联合国粮农组织、联合国大会等机构发展《公约》的相关制度。联合国粮农组织下设渔业委员会,承担养护和管理渔业,包括审议世界渔业发展以及给发展中国家提供协助等职能,其通过的相关法律文书可能会影响《公约》的解释和适用。联合国大会能够为海洋法,包括《公约》的讨论和谈判提供国际场所,其要求联合国秘书长每年发布的海洋法发展报告,以及根据 1999 年 11 月 24 日联大第 54/33 号决议建立的海洋和海洋法非正式磋商进程等机制,对促进《公约》相关内容成为习惯国际法规则作出了重要贡献。

第六,国际裁判机构对《公约》条款的演化解释。如前文所述,国际法院、ITLOS,以及《公约》附件七仲裁庭等国际裁判机构通过对《公约》条款的演化解释,在一定程度上发展了《公约》和国际海洋法。

(二)《公约》作为"活的条约"的界限

近 40 年来,《公约》在通过各种路径取得长足发展的同时,也面临着诸多质疑。其中,最典型的问题是,《公约》作为一个"活的条约",其解释和适用的界限在哪儿? 笔者认为,《公约》的解释和适用至少应该遵循以下三个方面的界限。

第一,并非所有的《公约》条款都可以进行演化解释,判断的依据是相关用语是否具有"一般性"特征,以及是否符合相关条约准备资料所体现的精神。这一点对于国际裁判机构公正审理案件尤为重要。2016 年 7 月 12 日发布的南海仲裁案所谓裁决对《公约》第 121(3)条岛礁法律地位的界定违反了条约用语的通常意义,并与《公约》谈判时的准备资料相左,是不当演化解释的反面典型。也正因为如此,国际法院前院长吉尔伯特·纪尧姆(Gilbert Guillaume)认为,南海仲裁案仲裁庭"并没有解释《公约》文本;它完全改写了《公约》第 121 条)"。

第二,对《公约》条款的演化解释必须遵循《公约》规定的"一揽子交易"中所体现的基本原则。迈克尔·伍德(Michael Wood)曾指出,"最重要的是,通过对《公约》的解释或外部标准的发展等方式对《公约》进行的改变和适应,必须与一揽子交易中所包含的基本原则保持一致"。伍德没有对"基本原则"进行界定,但举了航行自由作为一个例子。笔者认为,这些基本原则应该是对《公约》各项制度的建构起到核心作用的原则。除了航行自由原则之外,还应该包括陆地支配海洋原则、公海自由原则、人类共同继承财产原则,以及争端解决中的国家同意原则等。

第三,依据《公约》的"并入条款",通过外部标准的发展来扩大《公约》适用范围时必须严格遵守适用的条件,即满足"一般接受的国际规章"的要求。根据 2000 年国际法协会伦敦会议的报告,判断是否达到"一般接受"最主要的标准应该是某个法律文件内具体的规则或标准的接受程度,而不是该法律文件作为一个整体是否达到"一般接受"的标准。在此基础上,判断一个国际规章是否被"一般接受"即等同于判断某个法律文件内的具体规则是否被"一般接受"。一些国际法学者在其论著中对"一般接受"的界定也作出了类似的解读。例如,詹姆斯·哈里森(James Harrison)就赞成 2000 年国际法协会伦敦会议判断"一般接受"应该着眼于法律文件内具体规则的观点。J. 阿什利·罗切和罗伯特·W. 史密斯(J. Ashley Roach 和 Robert W. Smith)认为,一个国际协议或文书是否被"一般接受"与某条约内的具体规则是否被"一般接受"是两个不同的问题,某个规则被"一般接受"并不意味着整个条约均达到"一般接受"的地位。此外,判断"一般接受"的程度时还必须考虑相关的国际海事组织或其他国际组织通过的条约规范的缔约国数量应该处于较高的水平,且这些缔约国作为船旗国的商船船队总和在世界商船船队的吨位中占较高比例。准确地界定《公约》中"一般接受的国际规章"的具体要求有利于更好地将《公约》的外部标准引入《公约》。

（三）《公约》作为"活的条约"的实践检视

厘清了《公约》作为"活的条约"的理论基础和适用边界后，就有必要对《公约》在这个方面的实践进行考察和评估。一般认为，《公约》通过 40 年以来，在海洋划界法律制度、海洋执法法律制度、国际渔业法律制度、海洋环境保护制度、"区域"内矿产资源的勘探和开发制度、海洋安全法律制度等方面均取得了较大发展。然而，《公约》在发展过程中也遇到了一些挑战，在尝试解决这些挑战的过程中出现了国际裁判机构管辖权扩大、过度运用演化解释等趋势，并继而产生判例不一致等更多的问题。

首先，《公约》第十五部分"争端的解决"在实践中出现了一些问题，特别是一些国际裁判机构借《公约》作为"活的条约"之名扩大其管辖权，违反国家同意原则，但裁判缺少上诉或审议等司法救济机制等问题。例如，在 ITLOS 第 21 号案"次区域渔业委员会向 ITLOS 提起的咨询意见案"庭审中，关于 ITLOS 全庭是否对咨询意见的申请有管辖权的问题，各方存在较大的争议。德国认为，ITLOS 全庭（不仅仅是海底争端分庭）对另一方提起要求其发表咨询意见的请求具有管辖权，其中一个理由就是"ITLOS 是一个活的/不断发展的机构（a living institution）"。另一些国家则对此表示反对。例如，澳大利亚认为，国际法庭和仲裁庭的管辖权是基于国家同意原则，而同意主要体现在 UNCLOS 的具体条款之中。英国在庭审中也表示，所谓"活的法律文书（living instrument）"在管辖权问题上并不会发挥任何作用。尽管面临各国巨大的分歧，ITLOS 最终仍然裁定其对该咨询案享有全庭管辖权。

在《公约》的"法律适用条款"与管辖权之间的关系问题上，也出现了不一致的国际判例。《公约》第 288（1）条规定，"第二八七条所指的法院或法庭，对于按照本部分向其提出的有关本公约的解释或适用的任何争端，应具有管辖权"。第 293（1）条规定，"根据本节具有管辖权的法院或法庭应适用本公约和其他与本公约不相抵触的国际法规则"。根据国际法的一般原则，包括第 293（1）条在内的法律适用条款并不会扩大国际裁判机构的管辖权。换言之，法院或法庭不得通过第 293（1）条中规定的"与《公约》不相抵触的国际法规则"来扩大自己的管辖权。在"杜兹吉特·廉正"号仲裁案中，仲裁庭认为,其对于在《公约》中没有规定的义务的违反问题,包括人权义务,没有管辖权;因此裁定,其无权决定本案中圣多美是否违反了基本的人权义务。本案中仲裁庭对此问题的裁定与相关国际判例保持了一致,即拒绝法庭通过《公约》第293(1)条来变相地扩大其管辖权。例如,混合氧化物核燃料工厂案、查戈斯海洋保护区仲裁案、"北极日出"号仲裁案等。然而,其他一些国际判例,如"赛加"号商船(第2号)案、圭亚那苏里南仲裁案,以及"弗吉尼亚·G"号商船案等案件,则通过援引《公约》第293(1)条扩大了法院或法庭的管辖权。这种对《公约》第293(1)条与法庭管辖权之间的关系进行了不同的解释和适用的判例也引起了学术界的一些讨论。有学者认为,这种对《公约》第293(1)条进行的不同解释和适用的国际判例可能会最终损害《公约》下的争端解决机制。笔者认为,上述不当实践尽管不涉及条约的演化解释,但却是在人权法得到大力发展的背景下,通过不当适用法律适用条款将《公约》外的人权法律"纳入"《公约》并据此扩大了国际裁判机构的管辖权,实质上起到了将《公约》不当发展为"活的条约"的作用。

一些西方学者还撰文鼓吹国家之间的气候变化争端也可以通过《公约》第十五部分的争端解决机制予以解决。例如,2012年,为了纪念《公约》缔结30周年,艾伦·博伊尔(Alan Boyle)撰写了《气候变化的海洋法视角》一文,该文首先提出了在《公约》第十五部分的争端解决机制下解决气候变化争端的议题。2017年,尤卡瑞·塔卡姆拉(Yukari Takamura)在ITLOS成立20周年的研讨会上,做了题为《气候变化与海洋法:赋予法庭的新的角色?》的主题演讲。这些主张片面夸大《公约》下争端解决机制的作用,但却忽视了1992年《联合国气候变化框架公约》体系自身争端解决机制的前置作用、气候变化争端的识别、一国在《公约》下承担减缓气候变化义务的法律依据,以及在如何界定"适格的起诉国""被诉国""因果关系""损害赔偿的标准"等方面的法律障碍。

其次,在《公约》与一般国际法规则之间的关系问题上,出现了所谓"《公约》至上论"的论调,主张《公约》是解决包括南海争端在内的所有海洋问题的唯一国际法依据,排除一般国际法的适用。《公约》序言规定,"确认本公约未予规定的事项,应继续以一般国际法的规则和原则为准据"。尽管序言的条款本身并不具有法律拘束力,但它既是《公约》缔约国的缔约意图和谈判共识,也是《公约》条款在解释和适用中应该遵循的基本原则。如前文所述,《公约》仅提供了一个关于多数海洋利用问题的法律框架,但有些问题,包括大陆国家远洋群岛问题、历史性权利、智能船舶等问题就很难在《公约》的框架内予以解决。

此外,随着海洋科技的发展以及人类利用海洋能力的增强,一些新出现的海洋问题,如智能船舶的问题、BBNJ 的养护和可持续问题,因为无法通过《公约》得到有效的规制,而亟待通过新的条约或国际文书予以应对。事实上,未来 BBNJ 国际协定的签署并不能像部分学者宣称的那样可以证明《公约》是"活的条约"。这是因为尽管 BBNJ 国际协定被冠以《公约》的第三次执行协定,但这一"执行协定"的称谓与《1994 年执行协定》一样,更多的是一种立法技术。《1994 年执行协定》实际上对《公约》进行了修订,而未来的 BBNJ 国际协定所规制的海洋遗传资源、公海保护区等事项是《公约》完全没有规制的事项,这一点不同于 1995 年《鱼类种群协定》对《公约》专属经济区和公海的渔业资源进行的补充规定。

五、《公约》与发展中国家利益

雪莉·V. 斯科特(Shirley V. Scott)认为,《公约》有两项最为重要的创新,一是首创了专属经济区制度,二是适用于国际海底区域的"人类共同继承财产"的概念。由于这两项制度主要是由发展中国家在谈判中大力推动的,其创立在缔约时被视为体现和维护了发展中国家的利益,并实现了南北阵营在《公约》中利益的平衡和国际社会的公平公正,这也是许通美大使认为的《公约》成为"海洋宪章"的重要原因。然而,随着《公约》的发展,发展中国家逐渐发现,这两项制度的发展和实践逐渐背离了发展中国家的预期,发达国家与发展中国家之间利益的平衡逐渐朝着有利于发达国家的方向倾斜。

（一）专属经济区制度与发展中国家利益

专属经济区制度是第三次联合国海洋法会议期间,主要由发展中国家主张和推动建立的制度。1947 年 6 月,智利和秘鲁先后发布宣言,宣布建立 200 海里的管辖海域,目的是保护和控制该区域内的生物资源和行使主权。这一行为,引起其他拉美国家效仿,1952 年 8 月,智利、秘鲁和厄瓜多尔三国共同签署发表《有关海洋区域之圣地亚哥宣言》,宣布对邻接这三国海岸延伸至少 200 海里海域行使专属主权和管辖权。而专属经济区的名称则是由包括肯尼亚在内的非洲国家和13个拉丁美洲国家共同努力的结果。经过广大发展中国家的共同努力，最终专属经济区制度被纳入《公约》。1985年，国际法院在"利比亚/马耳他大陆架案"判决中认定，专属经济区制度已经是习惯国际法之一部分。

发展中国家推动设立专属经济区制度之初意在更好地维护本国海洋权益，特别是控制和获取专属经济区的自然资源。然而，《公约》的发展和各国的实践使得专属经济区制度设立的初衷难以得到很好的实现。

据统计，200海里专属经济区占全球海洋总量的35%～36%，然而全球可以主张专属经济区，且专属经济区面积最大的前七个国家（美国、法国、印度尼西亚、新西兰、澳大利亚、俄罗斯、日本）中只有一个是发展中国家（印度尼西亚），而其他发展中国家主张的专属经济区很多面积较小且资源较为匮乏。斯科特认为，发达国家是这项制度的真正获益者，他们在第三次联合国海洋法会议期间，是以牺牲发展中国家利益为代价来作为一个整体获益的。

专属经济区制度的设立也导致世界一些地区的海洋争端剧增。例如，在中国的南海、东海海域，中国与周边国家因为《公约》的通过而产生了更多的海洋划界争端、渔业资源争端、海底油气资源的勘探和开发争端等。中国在专属经济区海域主张的在《公约》通过之前就业已存在的历史性权利，被由菲律宾单方面提起的南海仲裁案仲裁庭裁定不符合《公约》的规定，这一国际仲裁实践对《公约》条款以及相关的一般国际法规则进行了错误的解释和适用，也损害了发展中国家的海洋权益。

此外，发展中国家根据《公约》享有的对其专属经济区的部分主权权利和管辖权也受到了一些发达国家的挑战，其安全利益难以得到保障。例如，沿海国对外国船舶在其专属经济区开展的海洋科学研究活动享有专属管辖权，且有权要求外国船舶在其专属经济区的航行不损害其和平、安全和良好秩序。然而，美国等西方国家将其军舰在发展中国家专属经济区内开展的具有海洋科学研究性质的活动主张为军事测量或水文调查，认为该活动属于航行自由的一部分而规避沿海国的监管。同时，美国将《公约》下的专属经济区单方面认定为"国际水域"，并据此挑战发展中国家对其专属经济区的"过度海洋主张"。然而，这些所谓"过度海洋主张"仅仅反映了美国单方面对于《公约》条款的解读，并不具有国际法依据。一方面，"过度海洋主张"以美国自创的"国际水域"和"国际空域"概念为依据，缺乏《公约》规范的基础和国际法上的实在法依据。美国认为，一国军舰在另一国专属经济区内享有与公海相同的航行自由。正如山姆·贝特曼(Sam Bateman)所指出的，美国这一主张曲解了《公约》第58条第3款所明确提及的，其他国家在专属经济区活动时应遵守的"适当顾及"沿海国的权利和义务。另一方面，"过度海洋主张"理论无视在《公约》序言和正文中所规定或体现的，包括习惯国际法在内的一般国际法在《公约》生效后继续发挥效力的客观事实。相反，该理论将历史性权利、大陆国家为其远海群岛划定直线基线、群岛整体性等主张一律认定为违反《公约》和国际法的主张。例如，美国多次挑战中国划定的西沙群岛直线基线、挑战中国对专属经济区内的外国军舰从事的具有海洋科学研究性质的军事测量和情报收集等活动的管控等。可见，发展中国家在第三次联合国海洋法会议期间争取的有关专属经济区制度的权益，在实践中进一步受到西方国家的限制，其海洋权益空间进一步受到挤压。

（二）人类共同继承财产原则与发展中国家利益

人类共同继承财产原则自1967年由马耳他常驻联合国代表阿尔维德·帕尔多(Avid Pardo)在联合国大会正式提出发展至今，已经成为一个相对比较成熟的原则。目前，关于人类共同继承财产原则的法律内涵的观点主要包括"三要素说""五要素说""六要素说"，以及其他介于两者之间的观点。持"五要素说"观点的主要代表就是最早系统地从法律角度阐述人类共同继承财产原则的帕尔多，他认为这一原则包含五大要素："(1)人类的共同遗产不得被占有，而应该对整个国际社会开放；(2)要求建立一个所有使用者都可以参与的管理系统；(3)包括一种积极的惠益分享，不仅仅是经济上的，而且包括共同参与管理和技术转让等涉及的利益，因此完全颠覆了传统的国家间关系以及发展援助的概念；(4)共同遗产的概念包含了和平利用的目的，要尽政治上可以取得的方式去实现；(5)要考虑到未来人类的利益，因此需要保护环境。"

上述"五要素说"也可以简化为：不得据为己有、共同管理、利益共享、和平利用，以及环境保护。相比而言，帕尔多的"五要素说"也是在国际上认可度最高的学说。目前，人类共同继承财产原则已经被《公约》第136条和1979年《月球协定》第11条明确规定。

人类共同继承财产原则总体上是有利于发展中国家利益的，其被纳入

《公约》下的"区域"法律制度也是包括七十七国集团在内的广大发展中国家共同努力的结果。然而,这项原则在《公约》下的发展和国家实践却经历了一个不断被削弱的过程,在大国博弈下,发展中国家的合法权益不断被挤压。

首先,《公约》签署之后,其第十一部分及其包含的人类共同继承财产原则遭到包括美国在内的主要西方发达国家的反对,导致批准或加入《公约》的发达国家数量达不到《公约》生效的要求。为了吸引更多的发达国家加入《公约》,发展中国家被迫再次妥协,以人类共同继承财产原则受到进一步削弱的方式通过了《1994年执行协定》。事实上,在第三次联合国海洋法会议期间,七十七国集团建议在"区域"资源的开发上采用与人类共同继承财产原则较为匹配的单一开发制,即由国际海底管理局代表全人类统一行使开发"区域"内矿产资源的权利。后来,在美国的提议和发达国家与发展中国家的妥协下,单一开发制为平行开发制所取代,即国际海底管理局成立企业部代表全人类进行"区域"资源的开发,而缔约国及其实体在管理局允许后亦可开发"区域"矿产资源。然而,平行开发制对缔约国及其实体有关财政义务、生产政策和技术转让等方面的要求,仍然受到了发达国家的反对,美国、英国、德国、日本等国拒绝加入包含平行开发制的《公约》,并通过其国内立法的方式允许国家向私人企业颁发"区域"资源勘探和开发许可证,严重背离了人类共同继承财产原则。考虑到美国并不愿意接受《公约》中包含各国妥协的成果,而倾向于认定《公约》中对其有利的条款为习惯国际法,1989年联合国海洋法事务副秘书长南丹指出,"将《公约》人为地分为深海采矿条款和其他条款这两部分,只会导致习惯国际法概念的滥用,并在同时耽误国际社会寻求解决那些尚没有获得普遍接受的条款的努力"。在此背景下,以七十七国集团为代表的发展中国家再次妥协并组织了新一轮谈判,最终达成《1994年执行协定》。由于该协定取消了发展中国家可以获得的利益共享和强制性技术分享的权利,发达国家占据多数席位的理事会获得了更多话语权,人类共同继承财产原则被进一步削弱。

其次,1994年至今,国际海底制度在取得进一步发展的同时,人类共同继承财产原则被进一步削弱。一般认为,人类共同继承财产原则在《公约》中主要体现在平行开发制和管理局权力架构两个方面。然而,近年来国际海底管理局推出的勘探规章引入了"联合企业安排",同时,一些发达国家公司通过借用发展中国家公司的"壳"得以事实上侵占保留区,这些都冲击和架空了平行开发制,导致人类共同继承财产原则的分配失衡,进一步损害了发展中国家的利益。

六、结语

当今世界面临"百年未有之大变局",在《公约》签署40周年的今天,各国关于海洋的竞争愈发激烈,我国面临的周边海洋局势也愈发紧张。在以美国为代表的部分西方国家和部分南海沿岸国动辄拿《公约》指责我国的情况下,如何准确地认识《公约》作为"海洋宪章"这种提法的科学性和适当性,既是一个重要的理论问题,也是一个亟待解决的实践问题。

研究表明,《公约》作为"海洋宪章"的说法,最早是由在1980年至1982年期间担任第三次联合国海洋法会议主席的许通美大使提出,其主要原因可以概括为三个方面。第一,从内容上看,《公约》对所有海洋和海域内活动构建了一个法律框架,一个"多元结构的新海洋制度";第二,从实施上看,《公约》是一个"活的条约",包括在缔约时尚未出现的问题在内的所有海洋问题都可以在《公约》的框架内予以解决;第三,从目的和效果看,《公约》是由发展中国家主导推动的,其各项制度旨在实现国际社会的公平公正。本文基于国际法理论和国际实践,对上述三个方面进行了考察并得出一些初步结论。

首先,《公约》仅仅是提供了一个关于多数海洋利用问题的法律框架。有些问题,如大陆国家远洋群岛问题、历史性权利、智能船舶等问题就很难在《公约》的框架内予以解决。尽管《公约》具有一些"宪章"性质的要素,但严格意义上讲它并不是一个"宪章"或"宪法",它仅仅是一个框架公约。

其次,《公约》作为"活的条约"具有充分的条约法和判例法依据,并可以通过《公约》规定的修订程序、制定执行协定、《公约》的缔约国会议、《公约》的"并入条款"、联合国粮农组织和联合国大会等机构,以及国际裁判机构的演化解释等路径予以实现。然而,《公约》作为一个"活的条约",其解释和适用也有自己的界限,包括演化解释必须考察相关用语是否具有"一般性"特征,以及是否符合相关条约准备资料所体现的精神;必须遵循《公约》规定的"一揽子交易"中所体现的基本原则;以及依据《公约》的"并入条款",通过外部标准的发展来扩大《公约》适用范围时必须严格遵守适用的条件,即满足"一般接受的国际规章"的要求。在对《公约》的相关实践进行考察和评估后发现,《公约》通过 40 年以来,在海洋划界法律制度、海洋执法法律制度、国际渔业法律制度、海洋环境保护制度、"区域"内矿产资源的勘探和开发制度、海洋安全法律制度等方面均取得了较大发展的同时,也遇到了诸多挑战,在尝试解决这些挑战的过程中出现了国际裁判机构管辖权扩大、过度运用演化解释等趋势,并继而产生判例不一致、"公约至上论"等更多的问题。

此外,专属经济区制度和人类共同继承财产原则作为支撑《公约》成为"海洋宪章"地位的重要基石,其近年来的发展和实践也逐渐背离了发展中国家的预期,并导致发达国家与发展中国家之间利益的平衡逐渐朝着有利于发达国家的方向倾斜。

总而言之,《公约》的"海洋宪章"地位随着《公约》的发展和新兴海洋问题的出现,正受到越来越多的冲击,其局限性越发显现。正确认识《公约》的"海洋宪章"地位,对于国际社会更好地推动目前的 BBNJ 国际协定谈判以及国际海底区域开发规章都有着重要的意义。正如安德森法官所述,"目前任何全球性'宪章'均远未达到其应达到的地位,与可能带有意识形态要素的宪政概念相比,治理是一个更为一般、更广的概念"。从这个角度看,《公约》确立了全球海洋治理的框架可能是更为准确的表达。

文章来源:原刊于《交大法学》2023 年第 1 期。

论 IAEA 在海洋放射性废物治理中的作用与局限

——聚焦日本福岛核污水排海事件

■ 余敏友，严兴

论点撷萃

国际放射性废物规制的历史表明，海洋放射性废物治理是艰巨的国际任务，不仅需要各主权国家、国际组织，甚至其他非国家行为体共同参与，而且需要以协调的方式通力合作。单一国际组织无力推动国际社会实施普遍有效的管控，也无法在制度中发挥决定性影响力。放射性废物治理涉及陆源污染和船源污染，不仅是科学问题，也涉及政治、经济、社会、法律等系列因素。寄望于单个国际组织解决所有问题，既缺乏国际法理据，也不具备现实可行性。

绝大多数国际组织尚未发展至可自我赋权的阶段，更不具备独断专行的能力。在全球治理进程中，国际协调仍旧是国际组织发挥的最主要作用。如没有来自成员国的明确授权，国际组织的行动将面临合法性与正当性挑战。《国际原子能机构规约》未赋予 IAEA 针对放射性废物处置的决策权，《乏燃料管理安全和放射性废物管理安全联合公约》《伦敦倾废公约》《公海公约》《联合国海洋法公约》等公约的赋权也是辅助性的。日本希望 IAEA 的背书能为其单方决策提供正当性，使 IAEA 陷于违法的境地。

日本的决策有其背后的政治动机，但 IAEA 应该以真为要，以法为据，以史为鉴，以人为本，在福岛核污水问题上，作出经得起历史检验的负责行

作者：余敏友，武汉大学法学院教授，中国海洋发展研究中心研究员；
严兴，武汉大学法学院博士

动,真正为福岛核问题的妥善解决恪尽职守。第一,应继续发挥 IAEA 在福岛核污水方面的技术援助和监督作用。第二,应借鉴已有国际合作机制与经验,进一步发挥 IAEA 在国际原子能体系中的主导作用,对涉及福岛核污水定性的科学问题开展协调,充分利用各机构自身优势,形成高效的合作体系。第三,在定性与合法性等关键问题尚未解决时,IAEA 应敦促日本善意履行其国际义务,不得擅自实施核污水排海活动。

2021 年 4 月 13 日,日本政府召开内阁会议,正式决定在两年内将福岛核电站的上百吨核污水排入太平洋,引发国际社会舆论哗然。同日,国际原子能机构(International Atomic Energy Agency,IAEA)总干事格罗西(Rafael Mariano Grossi)对日本的决定表示"欢迎",并称 IAEA 已经准备好为监测和审查该计划的安全和透明执行提供技术支持。日本政府随后多次援引 IAEA 表述,为自身决策"正名"。尽管 IAEA 在原子能和平利用方面的专业指导性地位得到公认,但福岛核污水不是传统意义的放射性废水,其排放所涉及领域也不限于原子能的和平利用。IAEA 已于 2022 年 2 月派遣专家组,对福岛的核污水释放计划进行评估,并发布了首份报告。在全球海洋放射性废物治理中,厘清 IAEA 与其他国际组织的地位与作用,对管理、监督以至阻止核污水排放至关重要。

将海洋视为废物处置场所是人类利用海洋的方式之一,自 1946 年人类首次将低放射性废物排放入海以来,相关实践已有数十年。随着人类对放射性废物危害性认识的逐步深化,国际社会通过国际组织和国际条约开展合作,逐步严格规制放射性废物的排海行为。在当今国际法体系中,原子能法、海洋法虽均有涉及放射性废物治理,但相互协调不够。福岛核污水不是常规的放射性废物,对其妥善处理,不仅涉及与海洋法和原子能法有关的条约规定,而且涉及多个国际机构。IAEA 虽然占据重要地位,但也不能忽视国际放射防护委员会(International Commission on Radiological Protection,ICRP)、经合组织核能署(Organization for Economic Cooperation and Development-Nuclear Energy Agency,OECD-NEA)、联合国核辐射效应科学委员会(United Nations Scientific Committee on The Effect of Atomic Radiation,UNSCEAR)、国际海事组织(以下简称"IMO")和联合国粮农组织(以下简称"FAO")等机构的职能与作用。

针对日本企图让 IAEA 为其排放核污水的决定背书,下文首先论证 IAEA 在全球放射性废物治理体制中没有排他权,接着分析 IAEA 与其他相关国际组织在日本核污水排海事件的作用,最后得出结论并提出建议。对于福岛核污水,国际社会只有在既有基础上充分开展国际合作,协调职能,提升治理效率,才能有效应对。

一、IAEA 既没有全球放射性废物治理的排他权,更无垄断权

1954 年,第 9 届联合国大会通过第 810 号决议,正式启动建立 IAEA 的程序。《国际原子能机构规约》(以下简称《规约》)1956 年在联合国总部通过,1957 年 7 月生效。1957 年 10 月,以"促进原子能和平利用,避免其用于军事目的"为宗旨的 IAEA 正式建立。作为原子能领域功能较为完善的专门性政府间国际组织,IAEA 自成立以来便在处理放射性废物领域发挥引领作用。放射性废物源自于工农业生产、国防、医疗、教育、科研等多项领域,其处置问题是原子能产业无法回避的难点,也是现有技术难以妥善解决的瓶颈。废物处置方式取决于其放射水平、半衰期以及各国所拥有的处理技术,但一般分为陆地深埋和海洋处置两类,后者又可分为海洋倾倒和近海排放。探讨 IAEA 在放射性废物规制的具体地位,既应聚焦其《规约》的相应条款,也应注意《规约》并非赋予 IAEA 职能的唯一渊源。实践表明,国际社会可通过若干形式,赋予 IAEA 以《规约》外的权责,以便其进一步落实"扩大原子能对世界和平、健康及繁荣的贡献"的目标。现有国际文件显示,尽管 IAEA 在放射性废物规制方面发挥主要作用,却没有批准并决定放射性废物排放的权力。

(一)对《国际原子能机构规约》赋予 IAEA 涉及放射性废物治理职能的分析

《规约》自制定以来,先后于 1963 年、1973 年和 1989 年进行过三次修订,当前适用的是 1989 年 12 月 28 日通过的版本。《规约》第 3 条 A 款明确规定了 IAEA 的七项职能,放射性废物的规制涉及其中多项,最关键的是制定并适用保护人类健康和财产免受危险的安全标准。相应标准适用于三类活动,即 IAEA 自身实施的活动、IAEA 支持实施的活动,以及经当事国请求,基于双边或多边条约,或当事国在原子能领域所实施的活动。IAEA 据此制定了一套保护人类和环境免受电离辐射有害影响的安全标准体系。该

体系体现了当前国际社会在和平利用原子能方面的共识,包括《安全基本法则》《安全要求》和《安全导则》三种文件。

《安全基本法则》阐述了原子能和平利用过程中防护与安全的基本目标及原则,为整套标准体系奠定基础。IAEA 先后于 1993 年 6 月、1995 年 3 月和 6 月出版了《关于核装置安全的安全标准》《关于放射性废物管理安全的安全标准》《关于辐射防护和辐射源安全的安全标准》。2006 年,IAEA 出台新的《安全基本法则》,将原内容优化为 10 项新原则,保持相互之间的协调性,明确了适用于所有放射性废物规制活动的安全原则。IAEA 希望通过统一原则,确保所有缔约国的共同遵循。

为保障人类及环境免受电离辐射损害,《安全要求》以《安全基本法则》为依据,设计制定了一套统筹兼顾、协调一致的安全要求。如果相应的要求无法满足,则必须采取措施达到或恢复所定的安全等级。《安全要求》又进一步分为《一般安全要求》(General Safety Requirements)和《具体安全要求》(Specific Safety Requirements)。其中,2009 年出台的《一般安全要求》第五部分涉及放射性废物的处置前管理活动,2011 年出台的《具体安全要求》第 SSR-5 号文件直接规制放射性废物处置活动。2018 年修订的第 SSR-6 号文件则对包含放射性废物在内的一切放射性物质的运输活动进行规制。其他《安全要求》文件也在原子能利用方面与放射性废物管理有关。

《安全导则》整合了 IAEA 关于如何落实上述安全基本法则和要求的建议和指导。该类文件又分为《一般安全导则》(General Safety Guides)与《具体安全导则》(Specific Safety Guides),包含数十份与放射性废物相关联的文件。此外,为了解释上述两类文件的科学基础,IAEA 还出版了《系列技术报告》(Technical Report Series)。

上述三类文件尽管在实践中对原子能领域各项活动具有重要指引作用,但在法律上没有国际法意义的约束力。各国只有通过将其转化为国际条约或国内法,方可赋予其强制执行效力。除制定并适用安全标准外,《国际原子能机构规约》赋予 IAEA 的援助、信息交流、专家培训、建造设施等职能,也没有直接赋予其批准、决定放射性废物排放的权力。

(二)对其他国际法文件赋予 IAEA 处理放射性废物相应职责的分析

除《国际原子能机构规约》赋予的职能外,原子能法与海洋法中也有相关条约赋予 IAEA 与放射性废物规制相关的权利,但相应的授权范围仅限于各国际条约本身有权决定的事项,且仅对缔约国具有法律约束力。

在原子能领域,鉴于 IAEA 安全标准的"软法"属性,为构建统一的国际法基础,国际社会在 1997 年 9 月制定《乏燃料管理安全和放射性废物管理安全联合公约》,以加强全球范围内的放射性废物管理安全。该公约是涉及放射性废物规制具有法律约束力的唯一国际文件,有力地促进乏燃料和放射性废物管理制度的发展。各缔约国承诺,在国内实施严格的安全措施,就已实施的措施编写"国家报告"并提交所有缔约方审议。IAEA 作为该公约的秘书处,有权召集和筹备缔约方会议,并向各缔约国收集、转送相应资料。

在海洋法领域,虽有某些条约赋权 IAEA,但在权利明确性方面有不同程度的差异。在放射性废物规制层面,1958 年《公海公约》要求缔约国参照主管国际组织制定的标准与规章,采取具体措施防止可污染海水的放射性废料倾倒活动,同时要求缔约国与国际组织开展合作,避免因使用放射性物质导致海水污染。

海洋倾倒是 20 世纪 70 年代各国处置放射性废物的主要方式。1972 年在伦敦制定的《防止倾倒废物和其他物质污染海洋的公约》(以下简称《伦敦倾废公约》),对海洋污染物建立黑/灰名单制度,对倾倒行为实施管控。列入该公约附件一(黑名单)的物质,被禁止倾倒入海洋。该附件将 IAEA 指定为放射性废物领域的国际主管机构,并赋予其根据公共卫生、生物或其他理由,明确不宜在海上倾倒的"高放射性废物"和"其他放射性物质"。IAEA 在 1974 年首次确定的"高放射性废物"名单于 1976 年获得了《伦敦倾废公约》缔约方协商会议通过,1978 年修订本随后也获得了通过。

对于未被列入附件一的放射性废物,附件二要求《伦敦倾废公约》各缔约国充分考虑 IAEA 的建议和指导。列入附件二(灰名单)的放射性废物倾倒需获得缔约国的"特许",并遵循《伦敦倾废公约》规定的要求。为进一步确保倾倒的安全性,IAEA 可以对倾倒条件、形式、数量以及程序等环节提出建议,对放射性废物的封装、选址、监测、作业、环境评估等多方面设置具体规范。

随着放射性废物倾倒规则逐年细化,各缔约国要求 IAEA 发挥更积极的作用。1993 年,《伦敦倾废公约》第 16 届缔约方协商会议通过修正案,将除被 IAEA 视为满足"最低特许标准"(de minimis)条件外的所有放射性废物纳入附件一,禁止对其实施海上倾倒活动,大幅缩小了合法倾倒的放射性废物范围。第19届缔约方协商会议要求 IAEA 进一步明确"最低特许标准"的概念与要求,对"可免于辐射管制"或"需要实施具体评估"的材料作出更具体的指引。

根据前述要求,IAEA 在 1988 年颁布《辐射源与实践的管控豁免原则》,建立豁免辐射管制物质的一般原则;1999 年颁布《放射性排除和豁免原则在海上处置中的适用》,明确了针对《伦敦倾废公约》放射性废物倾倒行为的管控豁免(exemption)和排除(exposure)指引。2003 年,IAEA 进一步制定了《依据 1972 年〈伦敦公约〉确定海上处置材料的适当性:放射性评估程序》,确立判定"最低特许标准"或"无放射性"物质的 6 步程序。该程序基于"保护人类健康"的目的,采用"预防性方式"(precautionary approach),标准更为严格,选取模型和假设对拟处置物质在近海的辐射剂量显示更高。随后,缔约方协商会议再次要求 IAEA 就"放射性废物对周边环境及动植物的具体影响"进行评估。2015 年 IAEA 公布《依据 1972 年〈伦敦公约〉及 1996 年议定书确定海上处置材料的适当性:放射性评估程序》,采用了与 2003 年文件类似的方法,阐述了海洋动植物辐照剂量的"最低限度"的概念、原则、标准和程序,填补了辐照对海洋动植物影响方面的空白。

除上述公约外,1982 年《联合国海洋法公约》第十二部分明确了缔约国在海洋环境保护领域的权利与义务。该公约文本涉及一系列国际组织,在绝大多数情况下,文本以"主管机构"指代各机构。1996 年,联合国秘书处海洋事务和海洋法司认为,包括 IAEA 在内的至少 20 个机构,可被视为"主管或相关的国际组织",《联合国海洋法公约》的相应条款赋予了上述机构权责,以促进全球海洋治理。《联合国海洋法公约》第十二部分,与 IAEA 相关的条款达 17 条之多,涉及通报、国际合作、应急计划制定、信息交换、标准订立、技术援助、发展中国家优惠待遇、污染监测、定期报告、环境评估、陆源污染、国际海底区域污染、倾倒污染、大气污染的规制与执行等事项。需要注意的是,该公约赋予 IAEA 的职能,主要是提供平台、实施监督等辅助作用,而非决策。上述条款多采用"通过主管国际组织"的表述,强调缔约国应将包括 IAEA 在内的国际机构作为自身履行公约义务的方式之一,作为落实海洋环境保护具体行动的保障。

此外,国际上还有若干区域性海洋公约,其内容与 IAEA 在放射性废物规制方面存在关联。例如,1974 年《保护波罗的海地区海洋环境公约》要求缔约方组成委员会,直接或通过包括 IAEA 在内的国际组织,促进旨在研究、实施推进评估、补救波罗的海地区污染的方案。1981 年《保护东南太平洋海洋环境和沿海地区公约》要求缔约各方直接或通过与主管国际组织合作,制定、采用和实施有效的规则和标准,并构建适当的监督体系。1992 年《保护东北大西洋海洋环境公约》要求缔约各方在制定与放射性废物相关的计划与措施时,应考虑"适当国际组织"的建议与监督程序。但上述区域性公约同样未赋予 IAEA 对于放射性废物处置方式的决定权。

(三)在原子能领域与 IAEA 有密切合作关系的国际放射防护委员会、经合组织核能署和联合国核辐射效应科学委员会

实践中,IAEA 反复强调上述三个机构在原子能领域的重要作用,并与这三个机构保持密切的合作关系,不仅在其出版的系列安全标准文件援引后者材料,更分享数据资源,设立机构间沟通协调机制,避免职能重叠,提升协作效率。

1. 国际放射防护委员会

该组织的前身是成立于 1928 年的"国际 X 射线和镭保护委员会"(International X-ray and Radium Protection Committee,IXRPC)。1950年,委员会对组织结构进行改革,更名为"国际放射防护委员会"。该组织的宗旨是"保护人类、动物和环境免受电离辐射的有害影响"。作为由各国权威专家共同组成的学术机构,该组织现今拥有来自 30 多个国家的 250 多位专家,就电离辐射防护的各类问题提供建议和指导。

在探索放射性物质对人类和环境的影响方面,该组织的影响力不逊于 IAEA。自成立以来,该委员会公布了 150 多份出版物,其对辐射给人类造成伤害的分析和应对建议,已构成包括日本在内的多国辐射保护政策、法规、指南和实践的基础,也得到包括 IAEA 在内国际组织的广泛承认。针对放射性物质的排除和豁免问题,该组织《1990 年度建议》提出,在不需要纳入管控的辐射源或辐射暴露中,应尽量避免实施过度的监管程序。该建议实际上构成了放射性物质"豁免"和"排除"概念的渊源。1996 年,IAEA 根据该组织的建议,重新修订《国际电离辐射防护与辐射源安全的基本安全标准》,纳入约 300 种放射性核素的豁免概念、标准、活动浓度和数值。

直至 2003 年，IAEA 制定的"最低特许标准"判定原则、标准及程序均仅基于"保护人类健康"目的，并未考虑放射性废物对周边环境及动植物的具体影响。国际放射防护委员会为探索后一问题，在 2005 年设立委员会，致力构建对特定生物区系动植物辐射影响的评估体系。国际放射防护委员会《2007 年度建议》指出，在制定新的安全标准时，应考虑新的生物、物理信息及趋势，并在其 2008 年《环境保护：参考动植物的概念及运用》中制定新的研究方法，基于代表不同环境的若干"参考动植物"概念来研究辐射对各类生物的影响。该研究方法对后续同类研究影响深远。前述 IAEA《依据 1972 年〈伦敦公约〉及 1996 年议定书确定海上处置材料的适当性：放射性评估程序》就借鉴了该方法。

2. 经合组织核能署

该核能署是经合组织的半自治性政府间机构，成立于 1958 年，其宗旨是通过国际合作，帮助成员国维护和发展相应的科学、技术和法律等基础，从而安全、环保和经济地实现对核能的和平利用。

经合组织核能署在放射性废物规制方面作出了突出的贡献。20 世纪 60—80 年代，在该核能署构建的合作框架下，经合组织部分成员国曾在东北大西洋数次实施放射性废物联合倾倒活动。这是迄今为止在该领域开展的唯一国际联合行动。该核能署为其提供了统一的操作程序，涉及风险评估、制定倾倒地点选择规则、设计放射性废物贮存容器、选择运输船舶等内容，并设立监督制度。

为增强对东北大西洋倾倒评估的科学性，经合组织 1977 年通过决议，设立了"海洋倾倒放射性废物多边咨询与监测机制"。根据该决议，核能署应至少每五年对各国提出的倾倒场所作出适宜性评估，并对先前已视为合适的场所进行复审。核能署 1979 年组建海洋和辐射防护领域的专家组，详细审查东北大西洋的倾倒场所的适宜性与安全性。专家组建议，对特定场所设立科学的方案，增进对海洋环境中放射性核素转移过程的了解，为今后的评估提供更可靠、全面的科学基础。该建议直接促成了 1981 年"协调研究和环境监测项目"（Coordinated Research and Environmental Surveillance Programme，CRESP）的设立。

CRESP 项目是经合组织核能署在放射性废物规制方面的另一重要贡献。该项目历时 14 年，是全球首个针对核废料释放至海洋的放射性核素的科研项目。CRESP 的研究对象,不仅包括海洋倾倒放射物,而且扩展至成员国沿海排放的放射性废物,因此对福岛的核污水处理更有借鉴意义。

CRESP 项目专家构成也为解决同领域的难题提供参考。该项目由成员国和国际组织代表共同组成的执行组指导各项工作,设立地球化学和海洋物理学、生物学、模型开发以及放射学等四大领域的任务组实施评估。15 个国家 IO 和 IAEA 与 IMO 参与项目工作,在沉积物与海水的相互作用、沉积物的放射性物质转移、海水的垂直混合机制、涡流扩散数据、深海食物链的识别及潜在暴露途径等关键领域,获得了宝贵的研究经验。该项目还为各国方案协调、资源和设备共享、国际考察交流等提供国际平台,极大地促进了区域合作。

20 世纪 60 年代以来,经合组织核能署与 IAEA 持续开展合作。同国际放射防护委员会类似,核能署制定的文件可作为 IAEA 文件的重要渊源,核能署与 IAEA 在各环节对接,信息共享,共同制定原子能领域的新文件。在放射性废物治理方面,IAEA 与经合组织核能署于 1988 年对辐射源或实践可免于管制的问题达成了共识。随后,两机构联合制定的《辐射源与实践的管控豁免原则》,确立了豁免的一般标准,明确了放射防护目标的个人和集体剂量值等细节。在信息共享方面,IAEA 与核能署就数据库服务签署协定备忘录,授权部分非经合组织核能署的 IAEA 成员国访问核能署数据库。在国际合作方面,为避免职能重叠,IAEA 与核能署每年定期会谈,为未来的合作制定路线图。

3. 联合国核辐射效应科学委员会

该委员会成立于 1955 年,其职能是对地球上的电离辐射来源及电离辐射导致的生物效应科学数据信息进行系统的收集、分析和评价,并向联合国提交报告。与 IAEA 等组织不同,该委员会本身无权制定放射性标准,也无权就核试验提出任何建议,其报告仅为制定保护人类和环境的建议和标准提供科学依据。

该委员会的研究涉及核能产业链的全过程。放射性废物处理作为核循环的重点环节之一,属于该委员会的研究对象。该机构的《电离辐射的来源、影响及风险》系列出版物,被视为评估放射风险的权威科学依据。此外,该委员会还针对包括广岛和长崎的核爆事件、切尔诺贝利核事故和福岛核事故等重大国际关注事件,作出过专门的辐射评估报告。

（四）对在全球海洋放射性废物治理中与 IAEA 有密切合作关系的 IMO 和 FAO 的分析

全球海洋环境治理体系涉及多个国际组织，各组织相互间存在职能重叠。在放射性废物治理领域，除 IAEA 外，IMO 和 FAO 也在不同层面上发挥作用，共同维护海洋环境和生态系统。

1. IMO

IMO 是海事领域的主要国际组织，制定了 50 多项国际条约和数百项准则与建议。尽管海洋污染防治并非 IMO 的初心，但自 1975 年海事组织大会赋予其治污职能以来，该组织对海洋环保领域的影响日益增大，并与放射性废物治理存在交集。总体而言，IMO 对放射性废物治理的影响，体现在对船源污染和倾倒污染防治两大方面，其主要影响形式可归纳为三类：一是推动国际海事规章、标准和程序的发展；二是为创设、执行和审查国际规则构建、维持国际机制；三是厘清和完善既有的国际法原则和规范。通过上述方式，IMO 不仅可对缔约国进行约束，而且对海事领域的各个从业者产生直接影响。

在倾倒污染方面，IMO 不仅是 1972 年《伦敦倾废公约》的拟定机构，也是历届缔约方协商会议的承办方，履行秘书处职能。IMO 为维持和改进《伦敦倾废公约》体系贡献甚多。例如，IMO 协助第 16 届缔约方会议在 1993 年通过修正案，禁止低放射性废物的倾倒。三年后，IMO 又协助缔约方协商会议通过《〈防止倾倒废物及其他物质污染海洋的公约〉1996 年议定书》，对 1972 年公约予以实质性修改，将既有的"黑/灰名单"制度改为"黑/白名单"制度，还引入了"污染者付费"和"预防原则"等国际环境法原则，推进倾倒污染防治体系的发展。

若一国希望进行放射性废物倾倒活动，则不可避免要实施放射性物质的海上运输。在海上运输安全方面，IMO 的前身政府间海事协商组织（IMCO）在 1974 年制定了《海上人命安全公约》，并在 1978 年通过了《关于 1974 年国际海上人命安全公约之 1978 年议定书》，二者共同构成对商船最为重要的海上安全法律体系。《海上人命安全公约》第 7 章对放射性物质海上运输活动予以规制。1965 年，IMCO 制定《国际海运危险货物规则》，以保障船舶载运危险货物和人身、财产安全，防止事故发生。2002 年，IMO 通过决议，将规则并入《海上人命安全公约》第 7 章，使之成为具有约束力的国际文件。合并后的《海上人命安全公约》适用于海上各种危险货物运输,并将其分为九大类、20小类,其中第7类涉及放射性物质,并对包装、集装箱运输、积载、不兼容物质之间的分隔等方面设置具体要求。

值得注意的是,IAEA的防护理念为,只要放射性物质采用了符合标准的包装,其运输即是安全的。《国际海运危险货物规则》第7类中采用与IAEA相同的标准,体现了该理念。但是IMO认为,除包装外,运载该类物质的船舶及设施也需要符合特殊的标准。为此,IMO与IAEA、联合国环境规划署(UNEP)组建联合工作组,共同起草了《国际船舶安全载运包装的辐放射核燃料、钚和高放射性废料规则》。该规则在1993年以海事组织大会决议的形式获得通过,并于2001年被纳入《海上人命安全公约》体系,具有法律约束力。其中,IMO发挥自身在船舶设计和海上运输方面的专业性和权威性,针对放射性废料运输的船舶设计、遭受损害后的稳定性、防火以及结构阻力等问题提出建议,对IAEA文件进行补充。上述实践体现两大机构的国际协作性,也反映出该问题的解决,需要两大机构共同应对。

2. FAO

FAO并非应对海洋环境问题的专门机构,其宗旨是"实现所有人的粮食安全,确保人们能够定期获得充足的优质食物,拥有积极健康的生活"。在放射性废物治理方面,FAO的作用主要体现在探索放射性污染对海洋生物资源,尤其是可作为消费品生物资源的影响。

1988年,FAO与世界卫生组织(WHO)共同设立国际食品法典委员会(the Codex Alimentarius Commission),联合制定《食品和饲料中污染物和毒素通用标准》,为发生核紧急情况后食品所含放射性核素标准提供基本指导。1995年,两机构对标准进行修订,并在2006年增加覆盖的放射性核素数目。FAO也与IAEA有合作关系。早在1964年,两机构就设立合作项目,就粮食、动物疾病防治等领域的核能技术利用开展合作。针对日本福岛核事故,FAO、IAEA和WHO曾共同就日本核应急和食品安全问题进行联合答疑。

二、IAEA与其他国际组织在日本核污水排海事件中的作用

在福岛核污水处理上,IAEA的地位十分明确,不仅没有针对倾倒合法性问题的决定权,且无权干涉经济、政治、社会等领域的研究。

（一）IAEA 与其他组织在核污水排海合法性方面的作用

日本政府单方面作出的排海决定是权衡的结果。首先，日本长期以来与 IAEA 保持密切的合作关系。2009 年 7 月，时任日本政府代表天野之弥当选 IAEA 总干事，使日本对该机构的影响力达到顶峰。然而，天野之弥于 2019 年病逝，日方会在天野之弥的政治遗产耗尽之前，为解决福岛核污水问题争取有利空间。其次，日本现有的污水贮存方式并非毫无风险，最初使用的储罐存在设计缺陷，容易在各种风险（尤其是地震）中出现事故。近年也出现了储罐老化导致核污水泄漏的事例。设施维护的高成本使日本政府及东京电力公司无意维持此开销。最后，从放射性废物规制制度的发展趋势看，国际社会对该类物质的限制标准愈发严格。在核事故阶段，日本政府已有向海洋持续排放核污水的实践，当时未引起国际社会的广泛关注。但随着人类环保理念的普及，尤其是对生物多样性和生态系统脆弱性认识的深化，日本面临的国际压力与日俱增。故此，日本不惜铤而走险，希望将核污水排海变为既成事实。日本政府的决定，一定程度上可满足其政治利益，希望 IAEA 为其背书。

日本政府的行为在国际法上不具备合法性。国际组织的职能与权限，遵循"法无授权即禁止"的原则，不得擅自扩大职权。当前，无论是有约束力的国际条约，还是仅有建议属性的国际组织文件，均未赋予 IAEA 在放射性物质处置的决定或背书的权限。相反，历史表明，对于影响国际社会的倾倒实践，最终还需以国际条约作为合法性依据。福岛核污水并非传统的放射性废水，现有文件不能予以有效规制，国际社会需要制定新的条约，对该类污水进行处置。若日本最终决定通过倾倒方式排污，《伦敦倾废公约》体系可能需作出针对性修订。包括经合组织核能署在内的机构认为，IMO 管理相应事项更为合适。若日本坚持通过陆源管道排污，鉴于当前尚未有针对陆源污染的全球性国际条约，IAEA 可与 IMO 协作召开会议，呼吁国际社会寻求妥善解决方案。

在核污水定性及合法性问题妥善解决前，IAEA 应发挥自身监督职能，敦促日本中止核污水排海行动的实施。相应做法不仅是国际法中"善意"（good faith）原则的要求，也有先例可循。早在 1983 年召开的《伦敦倾废公约》第 7 届缔约方会议上，基里巴斯和瑙鲁等太平洋岛国已提出全面禁止放射性废物海上倾倒活动。芬兰等北欧国家认同上述两国的观点，但建议将全面禁止的时间推迟至 1990 年，设立过渡期。西班牙认为由于放射性废物对人类健康和海洋环境的影响评估不足，要求在必要的研究和评估完成以前，暂停相应倾倒。即便是英国、德国和荷兰等拥有核技术的国家，也对全面禁止的决议持开放态度，呼吁 IAEA 通过国际合作设立专家组，进行深入研究。

值得注意的是，日本当时即对可致全面禁止海上处置放射性废物的提案表示"强烈反对"，认为并无任何科学证据表明，既有的放射性废物倾倒制度对人类健康和海洋环境造成损害，进而认为，基里巴斯的提案存在大量的错误或存疑观点，因此建议国际主管部门与 IAEA 开展充分合作进行研究。"强烈支持"基里巴斯和瑙鲁提案的绿色和平组织认为，放射性废物处置对海洋环境带来潜在危害。该类物质的海上处置决定不应只依据科学证据进行判断，因为这也涉及政治、社会、道德方面的问题。最终，会议通过决议，呼吁各缔约国在特定专家组出台最终报告前暂停实施放射性废物倾倒活动。

1985 年，专家组得出的结论为"在放射性废物处置中适用国际接受的辐射防护原则时，没有科学依据证明海洋倾倒选项与其他的可选方案存在区别"。但考虑到放射性物质倾倒问题涉及多个领域，第 10 届缔约方会议设立"放射性废物处理政府间专家组"（Intergovernmental Panel of Experts on Radioactive Waste Disposal，IGPRAD），并设立了两个工作组，分别对自然科学和社会科学问题做进一步研究。IAEA 仅为其中的自然科学组专家提供技术援助。

（二）IAEA 与其他组织在福岛核污水定性方面的作用

2011 年以来，各国际机构持续关注福岛的核事故。除 IAEA 外，上述各机构均曾发布与福岛核事故相关的文件。也有机构设立专门项目，对福岛问题进行跟踪。例如，国际放射防护委员会设立第 84 号任务组，负责汇编福岛事故有关辐射防护系统的经验教训，随后又设立第 90 号任务组，研究环境源外部辐照（包括核事故引起的辐照）的剂量转换系数，并要求第 93 号任务组对既有的核紧急情况出版物进行更新。

联合国核辐射效应科学委员会针对福岛的核问题设立了独立项目，并多次发布针对性文件。2014 年，该委员会发布了题为《2011 年日本东部大地震和海啸后核事故造成的辐射接触水平和影响》的年度报告。该报告阐述了日本人在事故后遭受辐射的情况，以及辐射诱发人类健康风险与环境风险的影响，对周边海洋与陆地生态系统实施独立评估。报告认为，核事故发生后，无人居住的海洋地物和陆地的生物群体的辐射暴露量普遍较低，尚未出现急迫性的辐照影响。但由于地区差异，局部区域也出现了例外情况。辐射对海洋环境及生物的影响集中在高放射性污水排放区。总体上看，该报告与当时世卫组织和 FAO 等机构的评估基本一致。

2021 年，联合国核辐射效应科学委员会发布题为《福岛核电站事故造成的辐射接触水平和影响：自 2013 年科委会报告以来发布信息的含义》的年度报告。该报告基于 2013 年后的信息，对放射性物质在大气、海洋、陆地的分布情况作出修正评估，并对该类物质给人类健康与海洋生物的影响做进一步分析。其中，该委员会发现在福岛附近海域已经出现海洋生物种群因遭受辐射而产生细胞遗传学、生理和形态学方面的有害影响。报告也注意到个别文件认为辐射已对特定区域的大量生物种群产生影响。值得注意的是，该委员会报告所采用的模型和方法，与 IAEA 实施评估的方法存在差异，为科学评估、对比放射性造成的生物影响带来更多元的结论。

经合组织核能署分别于 2013 年、2018 年和 2021 年发布技术报告，对福岛核事故的问题持续追踪。值得注意的是，2021 年发布的《福岛第一核电站事故十年后：进展、教训与挑战》报告，具体探讨了核污水的来源、处理原则、既有措施和现行处理技术。令人关注的是，除氚元素外，该报告指出碳-14 也无法通过现有技术（ALPS 多核素移除系统）有效清除，而任何放射性物质的排海都将引发公众对政府决策与食品安全的担忧。

福岛核事故后，FAO 与世卫组织联合发布《核事故和食品放射性污染》报告，阐述食品放射性污染的来源、种类和对人体健康的影响等内容。2021 年 5 月，两机构又联合发布了《日本核事故对海产品安全的影响》，指出放射性物质已通过高、低放射性污水，受污染的雨水和大气粉尘等媒介进入海洋，测出福岛周边部分鱼种的放射性水平已经超标。

然而，既有报告主要针对福岛核电站事故阶段所产生的影响，涉及善后阶段和处理方案的报告数量和深度相当有限。核污水排海计划作为日本政府单方决策，其影响具有全球性，是对国际社会的新挑战。既然在事故发生阶段，上述机构各显所长，对福岛的核事故多领域研究作出了贡献，在善后阶段,各机构似乎没有理由回避新的挑战,在核污水问题继续开展合作,共同探讨真正可行的处理方案。

诚然,针对福岛核污水处理问题,各机构存在职能重叠。若 IAEA 愿意发挥领域核心机构的作用,借鉴与上述机构的既往合作经验,统筹协调福岛核污水的定性研究,无疑将有利于提高效率,形成科学的合作安排,有助于推动核污水问题的真正解决。相反,若 IAEA 默认日本推行的单方面处理模式,将自身影响力凌驾于其他国际机构,不仅可能出现力有未逮的后果,更可能破坏相关机构多年来的合作实践,辜负国际社会对 IAEA 的信赖。

历史上,《伦敦倾废公约》缔约会议中的国际合作可为福岛核污水的定性问题提供借鉴。尽管该公约赋予 IAEA 对高放射性废物的定义权和对低放射性废物排放的建议权,但 IAEA 并未独揽大权。相反,IAEA 与 IMO、经合组织核能署和联合国环境规划署等机构密切合作,不断对定义和建议进行审查。

IAEA 既有协调国际机构的能力,也有在历史上推动国际合作的先例。联合国于 1969 年设立海洋污染科学问题联合专家组(Joint Group of Experts on the Scientific Aspects of Marine Environmental Protection, GESAMP)就海洋环境保护的科学问题向联合国系统提供咨询。该机构专家由联合国特定的专门机构提名,具备多学科背景。IAEA 要求 GESAMP 构建适当的模型,用于评估黑名单中的废物倾倒入海后的放射性核素浓度。GESAMP 模型不仅成为 IAEA 的决策依据,也对经合组织核能署的 CRESP 项目研究产生重要影响。如今,GESAMP 已有 50 多年历史,其赞助机构也比 20 世纪 80 年代更为多元,在全球海洋污染防治,以及全球海洋生态系统评估方面的经验更胜以往,应在包括福岛核污水等问题上发挥更积极的作用。

三、结论及建议

国际放射性废物规制的历史表明,海洋放射性废物治理是艰巨的国际任务,不仅需要各主权国家、国际组织,甚至其他非国家行为体共同参与,而且需要以协调的方式通力合作。单一国际组织无力推动国际社会实施普遍有效的管控,也无法在制度中发挥决定性影响力。放射性废物治理涉及陆源污染和船源污染,不仅是科学问题,也涉及政治、经济、社会、法律等系列因素。寄望于单个国际组织解决所有问题,既缺乏国际法理据,也不具备现实可行性。

绝大多数国际组织尚未发展至可自我赋权的阶段,更不具备独断专行的能力。在全球治理进程中,国际协调仍旧是国际组织发挥的最主要作用。如没有来自成员国的明确授权,国际组织的行动将面临合法性与正当性挑战。《国际原子能机构规约》未赋予 IAEA 针对放射性废物处置的决策权,《乏燃料管理安全和放射性废物管理安全联合公约》《伦敦倾废公约》《公海公约》《联合国海洋法公约》等公约的赋权也是辅助性的。日本希望 IAEA 的背书能为其单方决策提供正当性,使 IAEA 陷于违法的境地。

日本的决策有其背后的政治动机,但 IAEA 应该以真为要,以法为据,以史为鉴,以人为本,在福岛核污水问题上,作出经得起历史检验的负责行动,真正为福岛核问题的妥善解决恪尽职守。

第一,应继续发挥 IAEA 在福岛核污水方面的技术援助和监督作用。确保 IAEA 的"安全标准"及其他技术文件在福岛核问题上的可适用性,并敦促日本政府与东京电力公司落实国际、国内标准,提升日本行为的透明度和可信度,推动后续核电站退役解体工作的有序进行。

第二,应借鉴已有国际合作机制与经验,进一步发挥 IAEA 在国际原子能体系中的主导作用,对涉及福岛核污水定性的科学问题开展协调,充分利用各机构自身优势,形成高效的合作体系。对于核污水可能涉及的政治、法律、经济和社会问题,IAEA 应积极配合相应的国际主管机构(或国际会议),为核污水的妥善处理谋求国际共识。在专家组或委员会的设立上,应参考 GESAMP、IGPRAD 和 CRESP 的经验,确保专业技术的权威性、人员构成的多元性和机构设置的科学性。

第三,在定性与合法性等关键问题尚未解决时,IAEA 应敦促日本善意履行其国际义务,不得擅自实施核污水排海活动。对当前存在的核污水泄漏风险,IAEA 应要求日本政府和东京电力公司实施科学的措施,避免泄漏风险加剧,并对现有贮存设备的维护实施有力监督。

文章来源: 原刊于《太平洋学报》2022 年第 5 期。

BBNJ 协定下能力建设和海洋技术转让问题研究

■ 张丽娜

 论点撷萃

国家管辖范围以外区域海洋生物多样性养护(BBNJ)和可持续利用的国际协定(以下称"BBNJ 协定")的谈判议题有四项,即海洋遗传资源及其惠益分享、包括海洋保护区在内的划区管理工具、环境影响评价、能力建设和海洋技术转让。其中,能力建设和海洋技术转让属于跨领域问题,对其他三个议题具有重要影响。通过能力建设和海洋技术转让,可以提升各国特别是发展中国家的履约能力,BBNJ 协定也能得到更高效的执行。然而,从目前的谈判看,各国对能力建设和海洋技术转让问题仍存在较大争议。

中国海洋科技仍处于发展中国家水平,不仅需要引进海洋技术,更需要进行海洋能力建设。BBNJ 协定下的能力建设和海洋技术转让规则倾向于保护发展中国家利益,其中的国家驱动模式、机制安排、供资保障等规则契合发展中国家的根本需求,也符合中国的利益诉求。中国认为,能力建设和海洋技术转让是提升发展中国家养护和可持续利用国家管辖范围以外区域海洋生物多样性能力的重要手段,对实现海洋环境保护和可持续发展目标不可或缺。因此,中国应团结广大发展中国家,发挥影响力,增强话语权,切实维护好国家利益。具体而言,我国在谈判中可秉持以下立场:首先,积极推动相关规则的达成。其次,积极推进规则的升级。最后,确保规则的有效实施。

作者:张丽娜,海南大学法学院教授国家管辖范围以外区域海洋生物多样性（BBNJ）养护和可持续利用的国际协定（以下称"BBNJ 协定"）的谈判议题有四项，即海洋遗传资源及其惠益分享、包括海洋保护区在内的划区管理工具、环境影响评价、能力建设和海洋技术转让。其中，能力建设和海洋技术转让属于跨领域问题，对其他三个议题具有重要影响。通过能力建设和海洋技术转让，可以提升各国特别是发展中国家的履约能力，BBNJ 协定也能得到更高效的执行。然而，从目前的谈判看，各国对能力建设和海洋技术转让问题仍存在较大争议。考虑到BBNJ 协定是以《联合国海洋法公约》（以下称《公约》）为基础并将作为《公约》的执行协定而存在，本文首先梳理《公约》关于能力建设和海洋技术转让的相关规定及不足，然后分析 BBNJ 协定下能力建设和海洋技术转让规则的内容及各方的争议，最后探讨规则的协调路径及我国对能力建设和海洋技术转让问题的应采取的立场。

一、《公约》关于能力建设和海洋技术转让的规定及不足

（一）《公约》关于能力建设和海洋技术转让相关规定的梳理

在《公约》中，能力建设和海洋技术转让作为两个彼此独立又密切关联的术语被广泛使用。《公约》第十一部分（"区域"）、第十二部分（海洋环境的保护和保全）、第十三部分（海洋科学研究）和第十四部分（海洋技术的发展和转让）从不同侧面规定了缔约国有关能力建设和海洋技术转让的义务。

具体而言，在能力建设方面，《公约》鼓励和推进发展中国家参与海洋科学研究，重视人力资源的开发。《公约》规定，各缔约方应直接或通过国际组织，在世界各国，特别是发展中国家，设立国家海洋科学技术中心、区域性海洋科学技术中心，以鼓励和推进这些国家进行海洋科学研究，提高其利用和保全本国海洋资源的国家能力。发展中国家的能力建设离不开人的因素，《公约》关于此问题的规定体现在两个方面：一是提供人员培训，通过训练和教育发展中国家国民，特别是最不发达国家国民的方式，发展人力资源；在海洋科学和技术研究的各领域，特别是海洋生物学，提供各层次训练和教育方案，包括生物资源的养护和管理、海洋学、水文学、工程学、海底地质勘探、采矿和海水淡化技术等；为发展中国家和技术较不发达国家提供各种方案，加强它们的研究能力。二是进行人员交换。具体包括：提供技术专家；组织

有关科学技术的区域会议、研讨会、座谈会等;促进科学工作者、技术和其他专家的交流交换。

在海洋技术转让方面,《公约》促进数据和信息的获取和分享,鼓励发展海洋技术和进行技术转让。《公约》强调,缔约国应促进海洋科学技术的资料和情报的取得、处理、评价和传播,通过适当方式公布和传播海洋科学研究知识,促进资料和情报的流通以及知识的转让,特别是向发展中国家流通与转让海洋科学研究知识和资料。此外,缔约国还应提供获取信息的便利活动,以实现信息共享;发展技术设施,以促进海洋技术的转让。

在能力建设和海洋技术转让的国际合作方面,《公约》规定了合作层级和合作方案等内容。就合作层级而言,具体包括:促进各个层级合作,特别是区域、次区域和双边合作;促进国家与包括国际海洋科学技术中心在内的国际组织的合作,以及促进这些国际组织之间的合作;推行各种计划,并促进联合企业安排和其他形式的双边和多边合作。就合作方案而言,具体包括:通过现有的双边、区域或多边的方案进行海洋技术发展和转让的国际合作;为海洋研究和发展在国际上筹集适当的资金;制订技术合作方案,以便把一切种类的海洋技术有效地转让给在海洋技术方面可能需要并要求技术援助的国家,特别是发展中内陆国和地理不利国;制订有关保护和保全海洋环境以及防止、减少和控制污染的研究方案;推动制定海洋技术转让的方针、准则和标准;通过主管国际组织确保全球或区域性国际方案之间的协调。

(二)《公约》关于能力建设和海洋技术转让规定的不足

从以上梳理可以看到,虽然《公约》对缔约国的能力建设和海洋技术转让的方式和手段作出了规定,但仍然存在很多不足。首先,能力建设和海洋技术转让的语义和类型模糊。《公约》认识到了能力建设和海洋技术转让对各国的重要性,并在许多条文中进行了规定,但没有对"能力建设"和"海洋技术转让"等术语进行界定。不仅两者的内涵和外延不清晰,而且两者之间的关系也比较含糊。这为 BBNJ 协定下关于能力建设和海洋技术转让问题的谈判埋下了隐患。BBNJ 协定如何界定"能力建设""海洋技术""海洋技术转让""能力建设和海洋技术转让",是谈判各方首先需要解决的问题。事实上,BBNJ 协定草案的讨论就是从"用语"开始的,这其中涉及这些概念或定义的界定和解释,同时,BBNJ 协定草案也讨论了能力建设和海洋技术转让的类型。这说明《公约》在此方面存在漏洞，BBNJ 协定需要进行弥补。

其次，《公约》对能力建设和海洋技术转让的规定大部分属于政策性宣誓，不具有可执行性。《公约》虽然用很多条文，甚至是专门章节，规定了能力建设和海洋技术转让问题，但这些条文规定的基本上都是软性义务，用语大多是"鼓励""促进""便利"或类似表述，各国在能力建设和海洋技术转让方面缺少硬性承诺。由此，我们可以看出，《公约》缔约国虽然对这些问题给予了大量的关注，但并没有取得实质性的共识，甚至还存在较大分歧。这些分歧必然会被延续到 BBNJ 协定谈判中，成为 BBNJ 协定下能力建设和海洋技术转让谈判议题中不能回避的问题，甚至是难题。

最后，《公约》没有设立能力建设和海洋技术转让的执行机构，缺少实施保障。除第十一部分规定了国际海底管理局的作用外，《公约》没有提供任何与能力建设和海洋技术转让相关的体制机制的细节，如支持技术转让的财政机制、确定技术需要或请求援助的方式、信息共享、培训机会和获取数据的实际安排以及监测和审查程序。缺乏执行机制是许多国家关切的问题。《公约》的这一缺陷需要在 BBNJ 协定中予以补正，否则，BBNJ 协定的目标将难以实现。

二、BBNJ 协定下能力建设和海洋技术转让规则的内容及争议

（一）BBNJ 协定下能力建设和海洋技术转让规则的内容

由于《公约》在能力建设和海洋技术转让方面的规定存在许多不足，BBNJ 协定需要对这些规则进行改进和完善，以确保各国有能力参与国家管辖范围以外区域的海洋遗传资源开发利用、划区管理工具使用和环境影响评价等活动，从而使 BBNJ 协定能有效执行。基于此，BBNJ 协定谈判伊始就关注了能力建设和海洋技术转让问题。特设工作组和筹备委员会对能力建设和海洋技术转让问题的讨论主要集中在：①强调能力建设和海洋技术转让对发展中国家的重要性；②将能力建设和海洋技术转让与供资机制、信息交换机制相联系；③举例说明能力建设和海洋技术转让的类型；④加强能力建设和海洋技术转让方面的国际合作。

在 BBNJ 协定政府间会议谈判阶段，各国对能力建设和海洋技术转让的讨论更加详细和具体。五次谈判涉及了能力建设和海洋技术转让问题的各

个方面,包括能力建设和海洋技术转让的目标、类别和模式、供资、监测和审查,相关意见主要体现在 BBNJ 协定最新草案的第五部分"能力建设和海洋技术转让"下的六个条文中。BBNJ 协定草案第 42 条规定了能力建设和海洋技术转让的目标,即帮助缔约方执行 BBNJ 协定,支持发展中缔约国参与海洋遗传资源开发、划区管理工具使用和环境影响评价等活动;发展各缔约方,特别是发展中国家在 BBNJ 方面的海洋科学和技术能力;增加、传播和分享关于 BBNJ 的知识。第 43 条规定了有关能力建设和海洋技术转让的合作,借鉴了《公约》《巴黎协定》《名古屋议定书》和《关于汞的水俣公约》的相关规定。为实现 BBNJ 协定的目标,缔约方应在全球、区域、次区域、部门等各层面以各种形式开展合作,包括与私营部门、传统知识拥有者等利益攸关方建立伙伴关系。在合作中,应充分考虑发展中国家的特殊需求和特殊国情。

BBNJ 协定草案第 44 条和第 45 条分别规定了能力建设和海洋技术转让的模式以及海洋技术转让的其他模式。条款的内容主要借鉴了《公约》《巴黎协定》和《名古屋议定书》。在该模式下,各国应确保有需求和要求的发展中国家进行能力建设,并促进海洋技术向它们转让。能力建设和海洋技术转让应由国家驱动,充分考虑发展中国家的需求和优先事项,最大限度地提高效率和取得成果。海洋技术转让的其他模式除了借鉴上述三个文件外,还参考了《联合国气候变化框架公约》和《生物多样性公约》的有关规定,力图确保根据公平有利条款,按照共同商定的条款和条件,开展海洋技术转让,并应适当顾及包括海洋技术拥有者、供应者和接受者在内的相关方的一切合法利益。

有关能力建设和海洋技术转让的类型,BBNJ 协定草案第 46 条进行了规定,虽然借鉴了《公约》《海洋技术转让标准和准则》《联合国气候变化框架公约》和《名古屋议定书》的有关规定,但内容存在较大区别。BBNJ 协定草案将"能力建设和海洋技术转让"作为整体进行分类,而其他公约是将"能力建设"和"技术转让"分别作出分类。为实现 BBNJ 协定目标,能力建设和海洋技术转让类型需要明确,并应具有开放性,该类型可以包括但不限于人力、科学、技术、组织、机构和资源能力等。能力建设和海洋技术转让类型需定期评估和改进。第 47 条规定了监测和审查机制,主要借鉴了《巴黎协定》的监测和审查机制,但缺少透明度框架及透明度安排。监测与审查的内容包括:审查发展中国家在能力建设和海洋技术转让方面的需求和优先事项;

根据客观指标衡量绩效,并对能力建设和海洋技术转让活动的产出、进展和实效以及能力建设和海洋技术转让取得的成功和面临的挑战等进行分析;对进一步加强能力建设和海洋技术转让提出建议。从监测与审查的目标看,其与能力建设和海洋技术转让模式相匹配,是使其顺利实施的重要保障。

除此之外,在 BBNJ 协定草案"用语""信息交换机制""资金机制"部分也规定了能力建设和海洋技术转让问题。"用语"部分规定了"海洋技术"和"海洋技术转让"术语。"信息交换机制"部分规定了为能力建设和海洋技术转让提供便利。"资金机制"部分规定了为能力建设和海洋技术转让活动和方案安排基金。

(二)BBNJ 协定下能力建设和海洋技术转让规则的争议

经过五轮的政府间谈判,BBNJ 协定下能力建设和海洋技术转让规则的框架及主要内容基本成形,各方在许多方面达成了共识,但仍有一些问题尚未解决,存在争议,归纳起来主要有如下几个方面。

第一,对用语的争议。BBNJ 协定草案第 1 条是"用语",即对相关用语进行解释和界定。该条规定了"海洋技术"和"海洋技术转让"两个用语,其解释均来自《海洋技术转让标准和准则》的规定。关于这两个用语的争议,主要有两个方面:一是有国家认为这两个用语的存在没有必要,如欧盟、美国、韩国等认为应将其删除。二是有些国家对用语的解释不认同,如委内瑞拉等国对"海洋技术转让"的定义进行质疑,指出不仅应定义"技术",而且应定义"转让"。另外,拉丁美洲核心集团(The Core Latin American Group)等认为应增加"能力建设"用语,巴基斯坦也认为应对"能力建设"和"海洋技术转让"的概念或定义作出规定。从最新的 BBNJ 协定草案看,这两个术语仍处于待定状态。对"海洋技术""海洋技术转让""能力建设"等用语进行解释和概括比较困难,而且,这些用语与各国享有权利和承担义务的内容直接相关,所以各国对用语较为关切,分歧明显。

第二,在合作的几个方面存在争议。从五次政府间谈判来看,各国之间的争议主要体现在三个方面:其一,合作的依据。欧盟及其成员国认为合作应以《公约》为依据;美国等认为合作应以 BBNJ 协定为依据并与《公约》第十四部分相符;拉丁美洲核心集团认为合作应以 BBNJ 协定作为依据。其二,合作的性质。这方面的分歧主要体现在合作的强制性与自愿性问题上。以欧盟、美国为代表的发达国家坚持在自愿性基础上开展能力建设和海洋技术转让合作;而发展中国家认为能力建设与海洋技术转合作应为强制性。其三,合作的参与方。这方面的争议主要在于能力建设和海洋技术转让的合作方是否应包括私营部门。菲律宾等发展中国家支持私营部门参与能力建设和海洋技术转让合作;日本、韩国等不主张私营部门参与。各国关于合作安排的不同观点,在某种程度上反映了它们对于 BBNJ 协定下能力建设和海洋技术转让合作的态度。总体而言,发达国家在国际合作中不愿意承担强制性义务,而发展中国家持相反观点。如果以《公约》为基础进行国际合作,其合作义务显然是自愿性的,而且,《公约》也没有涉及私营部门参与国际合作的规定。

第三,有关能力建设与海洋技术转让的模式,各国存在不同意见。例如,针对能力建设和海洋技术转让的自愿性与强制性,欧盟、美国、日本等发达国家不支持施加强制性义务,而七十七国集团等则坚持强制性与自愿性并行。关于需求和优先事项的评估问题,欧盟认为,所有缔约国的需求和优先事项都可以在适当情况下进行需求评估;而印度尼西亚、韩国等多数国家认为,需求评估针对的应是发展中国家。拉丁美洲核心集团和菲律宾等认为需求评估应以个别、次区域和区域为基础进行;美国等则不主张以个别、次区域和区域为基础进行需求评估,而是主张以适当方式进行。此外,关于推动能力建设和海洋技术转让模式实施的方式,各国也有不同看法。菲律宾、韩国等认为,可以由缔约方会议建立一个评估机构;欧盟认为,缔约方会议可以制定和通过包括与需求评估有关的能力建设和海洋技术转让模式指南;美国认为,如有必要,缔约方会议可以制定并通过能力建设和海洋技术转让的详细模式、程序和准则。模式的建立是 BBNJ 协定下能力建设和海洋技术转让的核心问题,其不仅包括实体问题,也包括程序问题。在以发展中国家的需求为导向的模式中,评估是不可或缺的环节,同时对项目的实施情况进行跟踪也同样重要;机制安排是执行保障,其中贯穿国家义务的履行问题。如果相关模式建立在自愿基础上,那么,能力建设和海洋技术转让规则与《公约》相比将没有实质性改进,发展中国家也不愿接受。

第四,发达国家与发展中国家代表对海洋技术转让的其他模式存在较大分歧。上文提到的自愿性与强制性分歧在该问题下也同样存在。欧盟、美国、日本等认为技术转让应是自愿的;七十七国集团等坚持技术转让应以自愿和强制并行的方式存在。有关技术转让的条款和条件,欧盟、美国、加拿大等认为,海洋技术转让应以共同商定的条款和条件进行;七十七国集团等则认为,应以包括减让和优惠条款在内的公平和最有利条款为基础进行。就技术转让与知识产权保护的关系而言,欧盟等认为,在实施技术转让过程中,要确保对知识产权的充分有效保护。印度尼西亚等强调,为实现BBNJ的目标,缔约国的知识产权法应促进和鼓励海洋技术向发展中国家转让。菲律宾、伊朗等认为知识产权不应排斥和限制技术转让。也有国家认为没有必要规定技术转让,如韩国。海洋技术转让的其他模式实质上是商业模式下的技术转让,该问题涉及知识产权保护、技术转让合同以及技术转让的强制性。从目前的情况看,是否需要在BBNJ协定下对这些内容进行全面规定,仍有待商榷。

第五,各国对于能力建设和海洋技术转让类型的规定形式存在不同的观点。第一种观点是,在BBNJ协定文本中直接规定。如欧盟主张,在BBNJ协定文本中列出一份能力建设和海洋技术转让类型的简易清单,同时缔约方会议可以提供相关指南,但无须作为BBNJ协定的附件。第二种观点是,无须在正式文本中规定,只需要在附件中列明。太平洋岛国发展中国家即做此主张。缔约方会议还可以对附件中的规定进行改进。日本也主张在附件中规定简单的指示性清单即可,不需要附属机构对清单进行改进。第三种观点是前两种观点的折中。七十七国集体、非洲集团、加勒比共同体、拉丁美洲核心集团主张,既要在BBNJ协定文本中规定指示性清单,同时也应在BBNJ协定附件中进行补充规定,即规定其他类型的能力建设和海洋技术转让。而且,相关机构可以对清单进行完善。还有一种折中的观点,与前者不同,该观点认为应在BBNJ协定文本中规定能力建设和海洋技术转让的类型,同时以附件的形式对这些类型做更详细的规定。韩国、印度尼西亚持此种观点。能力建设和海洋技术转让的类型十分重要,其与前文讨论的用语关系密切,如果在用语部分对"海洋技术""海洋技术转让""能力建设"等进行解释,那么,关于能力建设和海洋技术转让类型的规定应与前文的用语相呼应,以避免前后矛盾。如果前文不对相关用语进行解释,那么,此处关于类型的规定就是能力建设和海洋技术转让的范围依据。因此,能力建设和海洋技术转让类型的规定成为各国关注的焦点。

第六,各国对于监测和审查机制的争议。针对该机制的必要性问题,支持自愿转让海洋技术的国家,如日本、韩国和俄罗斯等,反对监督条款的设置;而七十七国集团则认为,能力建设和海洋技术转让是强制性义务,需要监测和审查。同意设立监测和审查机制的国家,对是否需要设立一个附属机构作为该机制的负责机构也存在争议,如欧盟、加拿大、俄罗斯等不主张建立附属机构;而挪威认为附属机构可以执行包括监督和审查在内的多项任务。在第五轮政府间会议结束后,BBNJ协定草案修改稿就监测与审查条款,增加了两个备选方案,即"能力建设和海洋技术转让工作组""能力建设和海洋技术转让委员会"。为配合对能力建设和海洋技术转让的监测和审查,各国需要提交报告以说明提供和接受能力建设和海洋技术转让的情况。对此,七十七国集团等认为应强制提交并公开报告;美国、澳大利亚等认为报告的提交和公开都应是自愿的;欧盟则认为监督和审查的模式应由缔约方会议决定。监测和审查是BBNJ协定下能力建设和海洋技术转让模式顺利运行的保障,其涉及监测和审查的主体、对象和内容等,各国争议也主要围绕这些问题展开。

需要说明的是,BBNJ协定草案第51条规定了信息交换机制,第52条规定了资金机制。这两个条款与能力建设和海洋技术转让的关系十分密切,是能力建设和海洋技术转让顺利实施的重要保障。各国对这两个条款的内容也存在许多争议,但由于篇幅所限,在此暂不讨论。

三、BBNJ协定下能力建设和海洋技术转让规则的协调路径

BBNJ协定下的能力建设和海洋技术转让问题涉及的内容较多,辐射的范围较广。该问题虽然是BBNJ协定谈判的新议题,但其也具有复杂的历史渊源。谈判各方,特别是发展中国家,对此给予了高度的关注。如何平衡各方利益,化解争议,对BBNJ协定的最终签署至关重要。本部分针对上述争议点进行分析,探讨解决方案。

(一)慎用"海洋技术"和"海洋技术转让"术语的解释

BBNJ协定草案第1条的两个用语"海洋技术"和"海洋技术转让"来自《海洋技术转让标准和准则》的规定。本文建议慎用这两个术语的解释,理由如下:

首先,从目的来看,《海洋技术转让标准和准则》的目的在于实施《公约》

第十四部分"关于海洋技术发展和转让"。BBNJ 协定的目的在于更好地处理国家管辖范围以外区域海洋生物多样性的养护和可持续利用问题。由于目的不同,两者所指的"海洋技术"和"海洋技术转让"的含义不完全相同。

其次,从两者的法律性质来看,《海洋技术转让标准和准则》不具有强制性法律拘束力,只具有指导意义。而 BBNJ 协定将是具有法律拘束力的国际文书。政府间海洋学委员会对"海洋技术"和"海洋技术转让"的解释均采用列举的方法,罗列海洋技术和海洋技术转让的内容,但海洋技术本身是在不断发展变化和更新的,对上述两个用语的修改具有灵活性和便易性,相比之下,BBNJ 协定若采用这两个用语,其修改需要经过复杂烦琐的程序,从而无法保证对海洋技术最新发展的跟进。

最后,从解释的难易程度看,《公约》附件三第 5 条曾对"区域"勘探开发"技术"做了界定,但随后的《关于执行〈联合国海洋法公约〉第十一部分的协定》(以下称《执行协定》)第五节"技术转让"第 2 条明确该条规定不适用。目前尚没有国际公约对这两个术语进行解释,因此,BBNJ 协定对其进行解释的难度较大。

另外应该明确的是,即便不对这两个术语进行界定,也不会影响其使用,因为 BBNJ 协定第 46 条规定了能力建设和海洋技术转让的类型,该条会详细规定能力建设和海洋技术转让的内容,从而明确 BBNJ 协定下能力建设和海洋技术转让的范围,弥补《公约》的缺陷。同时,《海洋技术转让标准和准则》对这两个术语的规定也可以作为参考和指引。因此,第 1 条用语中不规定"海洋技术"和"海洋技术转让",不影响这两个术语在 BBNJ 协定中的使用。

(二)加强能力建设和海洋技术转让的国际合作

国际合作在促进海洋遗传资源的保护和可持续利用上发挥着重要作用,在能力建设和海洋技术转让方面,缺少国际合作将大大削弱 BBNJ 协定的执行效果。只有建立良好的合作关系,才能实质性地推进能力建设和海洋技术转让的发展,确保 BBNJ 协定目标的实现。针对各方争议,应从以下方面着手应对:

第一,以 BBNJ 协定为基础,推进务实合作。BBNJ 协定与《公约》关系十分密切,该协定序言中规定,"本协定各缔约国,回顾《公约》中的相关条款,包括保护和保全海洋环境的义务,强调指出,必须尊重《公约》所载之权利、义务和利益的平衡……"同时,BBNJ 协定第 2 条亦规定,"本协定的宗旨是通过有效执行《公约》的相关条款以及进一步的国际合作和协调,确保国家管辖范围以外区域海洋生物多样性的长期养护和可持续利用"。据此,BBNJ 协定中能力建设和海洋技术转让合作以《公约》为依据有一定的道理。但应该注意的是,BBNJ 协定是相对独立的新文书,其能力建设和海洋技术转让合作是基于新文书的需求而规定的,因此,能力建设和海洋技术转让合作应以 BBNJ 协定为依据,只有这样,合作的目标才更加明确具体,才更有利于 BBNJ 协定的执行。

第二,以自愿合作为基础,增加强制合作。广大发展中国家在资源、信息、技术等方面的获得和拥有并不占优势,甚至有很大一部分国家缺乏对海洋生物资源的开发建设能力。而发达国家凭借自身的高新技术优势和充足的资金,在海洋遗传资源的开发与研究方面一直处于领先地位。可见,两者存在较大的差距,如果不在双方之间展开合作,不仅无法促进 BBNJ 协定的执行,更会在 BBNJ 协定的执行过程中加大此种差距,违背 BBNJ 协定制定的初衷。从《公约》的相关规则看,能力建设和海洋技术转让方面的国际合作都是以自愿为基础的,但其实施的实际效果却并不尽如人意。因此,BBNJ 协定应汲取教训,在推动自愿合作的基础上,适当增加强制合作义务,特别是在发展中国家的特殊需求,如信息分享、人员培训等方面,增设强制合作义务的规定。

第三,以国家参与为主,鼓励私营部门参与。能力建设和海洋技术转让主要是在国家驱动模式下进行的,同时,BBNJ 协定下的权利义务主体主要是国家,合作主要是在国家之间开展。但私营部门也不应被忽视,私营部门的范围较广,鼓励私营部门参与国际合作,有利于创新合作渠道和合作方式。《海洋技术转让标准和准则》指出,"关于海洋技术转让应充分利用新的、现有的或预期的合作计划,包括成员国、适当的国家间组织、政府和非政府组织及/或私营实体之间的合资企业和伙伴关系"。《生物多样性公约》第 16 条规定,"每一缔约方应酌情采取立法、行政或政策措施,以期私营部门为第 1 款所指技术的取得、共同开发和转让提供便利,以惠益于发展中国家的政府机构和私营部门,并在这方面遵守以上第 1、2 和 3 款规定的义务"。《小岛屿发展中国家快速行动方式》在序言中强调:"我们重申致力于小岛屿发展中国家可持续发展。要实现这一目标,唯有结成广泛联盟,人民、政府、民间社会和私营部门务必全体携起手来,共同努力,为今世后代实现我们希望的未来。"《坎昆协议》也指出,应促进和便利政府、私营部门、非营利组织和学术界及研究界在缓解和适应技术的开发和转让方面的合作。由此可见,一些国际公约及文件对于私营部门参与能力建设和技术转让的国际合作持肯定态度。

（三）优化能力建设和海洋技术转让的模式

国家驱动下的能力建设和海洋技术转让应以各国的需求为导向,特别是发展中国家的需求应被充分考虑。因此,要对需求的必要性、紧迫性和优先性进行评估,以便作出进一步的安排。为确保国家驱动下的能力建设和海洋技术转让模式发挥效用,需要执行机构具体负责实施。因此,各国应充分认识设置该模式的目标,确保该模式有效运作,并在此基础上,化解各方争议。

第一,适当规定强制性义务。BBNJ协定的目标之一是确保发展中国家有能力落实BBNJ协定下的各项规定,以实现对国家管辖范围以外区域海洋生物多样性的养护和可持续利用。能力建设和海洋技术转让的模式就是为实现这一目标而设立的。强调国家驱动,就是强调国家的责任和义务。如果坚持在自愿基础上向发展中国家提供能力建设和海洋技术转让,这一模式的价值将大打折扣。因此,发达国家应在能力建设和海洋技术转让方面作出实质性承诺,促进BBNJ协定下能力建设和海洋技术转让条款的有效实施。

第二,主要对发展中国家的需求和优先事项进行评估。对需求和优先事项的评估是开展能力建设和海洋技术转让的关键要素,对需求和优先事项评估会使能力建设和海洋技术转让更具有针对性。由于能力建设和海洋技术转让的目标是确保各缔约方,特别是发展中国家执行BBNJ协定,因此,评估应着重解决发展中国家需求和优先事项问题。发展中国家的需求和优先事项是主要评估对象,当然,也不宜将其他国家完全排除在外。在具体评估中应注意三个问题:①应在个案需求的基础上进行逐案评估;②不能重复;③既可自行评估,也可借助第三方机构进行评估。

第三,设立专门机构。在BBNJ协定下的体制安排中设有缔约方会议,缔约方会议对能力建设和海洋技术转让的执行负有责任。建议在缔约方会议下设立能力建设和海洋技术转让委员会(或工作组)作为其附属机构,专门负责能力建设和海洋技术转让工作。专门机构的工作内容和具体职责由缔约方会议决定。

(四)推进海洋技术转让的其他模式

海洋技术转让的其他模式不再强调国家驱动,其他模式下的海洋技术转让是以市场交易进行的。因此,需要明确以下问题:

首先,海洋技术转让应以自愿为基础。市场驱动下的海洋技术转让不同于国家驱动模式,其强调的是市场行为。国家在这类技术转让中起辅助作用,主要是从市场规范性、市场秩序等方面进行监管。其他模式下的海洋技术转让不宜采用强制方法实施,如果涉及强制性海洋技术转让问题,最好通过国内立法解决,如可在国内法中规定强制实施许可制度等。

其次,海洋技术转让应以合同为依托。海洋技术转让应通过签订技术转让合同进行,合同条款内容应以双方约定为主,国家可以对技术转让合同条款进行监管,监管的内容以"反垄断"或"反不正当竞争"为标准。从现有的国际技术转让规则看,TRIPS协定的规定具有一定代表性,TRIPS协定规定的与技术转让有关的内容主要是契约性许可中对反竞争行为的控制,具体包括:独占性返授条件、禁止对有关知识产权的有效性提出异议的条件、强迫性的一揽子许可证。这样看来,发展中国家主张的"公平和最有利条款"在实践中可能不好操作。可以考虑换个角度进行规定,比如,规定合同中不得含有歧视性条款、阻碍发展中国家海洋经济和海洋技术发展的条款等。

最后,不规定知识产权问题。知识产权与海洋技术转让关系十分密切,没有知识产权保护,海洋技术转让无从谈起;过度的知识产权保护又会限制海洋技术转让的实施。因此,需要在知识产权保护与海洋技术转让之间建立一定的平衡关系。就BBNJ协定的目标而言,其无意解决这些问题。在国际层面,知识产权问题应由世界知识产权组织和世界贸易组织进行规制。BBNJ协定不宜对知识产权问题进行过多回应,但可以在条款中规定"知识产权不应成为海洋技术转让的阻碍"。

(五)明确能力建设和海洋技术转让的类型

BBNJ协定明确规定能力建设和海洋技术转让的类型非常重要,因为在

"用语"部分不宜对"海洋技术"和"海洋技术转让"进行界定,同时,"用语"部分没有对"能力建设"进行解释。从其他公约看,能力建设和技术转让都是分别规定的,是两个不同的概念。因此,明确规定"能力建设和海洋技术转让"的类型有助于加深各国对此概念的理解,同时也有助于 BBNJ 协定的实施。为此,建议在 BBNJ 协定文本中对能力建设和海洋技术转让的类型作原则性规定,并在附件中以列举的形式作开放性规定。在 BBNJ 协定文本中规定能力建设和海洋技术转让的类型十分必要,一方面,能力建设和海洋技术转让的类型应具有明确性和权威性,以条文形式进行固定,缔约方由此可获得明确指引;另一方面,能力建设和海洋技术转让实操性较强,类型应具体清晰,以便实施和执行,所以需要通过附件形式进行一一列举。另外,考虑到经济社会的变化和海洋科学技术的发展,各国对能力建设和海洋技术的需求会发生变化,附件清单不宜封闭,而应具有开放性,可以根据实际情况对其删减、修改和补充。因此,规定能力建设和海洋技术转让类型应采用原则性和灵活性相结合的方式,以满足缔约方特别是发展中国家的需求。

(六)建立能力建设和海洋技术转让的监测和审查机制

监测和审查机制是确保能力建设和海洋技术转让有效实施的重要保障。具体而言,其目的在于:审查发展中国家在能力建设和海洋技术转让方面的需求和优先事项;根据客观指标衡量绩效并对能力建设和海洋技术转让活动的产出、进展和实效,以及能力建设和海洋技术转让取得的成功和面临的挑战等进行分析;对进一步加强能力建设和海洋技术转让提出建议。对此,各方需要达成以下共识:第一,充分认识监测和审查的必要性。没有监测和审查机制,能力建设和海洋技术转让的目标难以实现。BBNJ 协定应汲取《公约》实施的教训,为能力建设和海洋技术转让的实施提供保障机制。第二,设立专门机构。能力建设和海洋技术转让监测和审查是复杂且专业的问题,需要专业人员和专业机构参与。为此,建议在缔约方会议下设置能力建设和海洋技术转让委员会,该委员会前文已经提及,在此不赘述。第三,规定报告义务,报告义务应具有一定的强制性,报告主要是针对缔约方,包括提供国和接受国。报告的义务虽然是强制的,但报告的简繁要求应与各缔约方的能力水平相对应。另外,应该进行透明度安排,如规定报告的内容应具有透明度。

四、余论:中国的立场选择

中华人民共和国成立 70 多年来,在海洋科学的诸多领域取得长足进展。中国海洋科技在深水、绿色、安全的海洋高技术领域取得了突破,部分装备已处于国际领先水平。但是,由于我国海洋技术水平起点较低、起步晚,在新兴技术领域,我国仍处于后进阶段,如在潜标领域尚处仿制阶段,关键核心技术未取得突破。总体来看,中国海洋科技仍处于发展中国家水平,不仅需要引进海洋技术,更需要进行海洋能力建设。BBNJ 协定下的能力建设和海洋技术转让规则倾向于保护发展中国家利益,其中的国家驱动模式、机制安排、供资保障等规则契合发展中国家的根本需求,也符合中国的利益诉求。在 BBNJ 协定谈判之初,中国就对能力建设和海洋技术转让议题高度重视,派代表团参与了历次 BBNJ 特设工作组会议、筹委会会议和政府间会议,并对能力建设和海洋技术转让问题发表了意见。中国认为,能力建设和海洋技术转让是提升发展中国家养护和可持续利用国家管辖范围以外区域海洋生物多样性能力的重要手段,对实现海洋环境保护和可持续发展目标不可或缺。因此,中国应团结广大发展中国家,发挥影响力,增强话语权,切实维护好国家利益。具体而言,我国在谈判中可秉持以下立场:

首先,积极推动相关规则的达成。BBNJ 协定草案中规定的能力建设和海洋技术转让规则立足于发展中国家的现实需求,照顾了发展中国家的基本利益,特别是小岛屿发展中国家、最不发达国家、内陆国和地理不利国家以及有特殊需求的国家的基本利益。能力建设和海洋技术转让规则的达成,能够切实提升发展中国家在养护和可持续利用国家管辖范围以外区域海洋生物多样性方面的内生能力。中国作为发展中国家的一员,应发挥积极作用,尽力化解各方矛盾,针对争议问题,寻求解决方案,促进规则的达成。

其次,积极推进规则的升级。长期以来,能力建设和海洋技术转让规则一直处于软法状态,实施效果不佳。BBNJ 协定下的能力建设和海洋技术转让规则以《公约》为基础,以确保 BBNJ 协定的执行为导向。国际多边体制的运行一定要保障其成员的直接或间接的参与。如果能力建设和海洋技术转让规则只是重复现有规则,没有实质性的改进,发展中国家将无法有效地参与 BBNJ 多边体制的运行,BBNJ 协定的目标将无法实现。因此,中国应与广大发展中国家通力合作,在 BBNJ 能力建设和海洋技术转让规则的谈判中争取主动,推进规则向前发展。

最后,确保规则的有效实施。能力建设和海洋技术转让规则应具有可操作性,因此,保障机制的设置非常重要。中国应与发展中国家一起着力推动 BBNJ 协定下能力建设和海洋技术转让的监测和审查机制、信息交换机制和资金机制的建设,弥补现行国际规则的不足,确保 BBNJ 协定下能力建设和海洋技术转让规则的执行,推动 BBNJ 协定最终目标的实现。

文章来源: 原刊于《武大国际法评论》2022 年第 6 期。

海洋法治建设

百年未有之大变局下的
国家海洋安全及其法治应对

■ 张海文

论点撷萃

海洋安全是国家安全的重要组成部分，维护海洋安全和海洋权益是建设海洋强国的核心内容。海洋法治作为应对海洋安全的战略选择，是中国特色社会主义法治体系的重要组成部分。以习近平法治思想和总体国家安全观为指导，加强我国海洋法治建设，应当明确海洋法治涉外性极强的鲜明特征，在全面依法治国的总体布局中"坚持统筹推进国内法治和涉外法治"，将海洋强国建设、实现海洋安全纳入法治轨道。

在百年未有之大变局下，我们必须坚持底线思维，做好风险预测和防范预案。"海上安全"和"海洋安全"经常被运用于国际关系、外交政策、海洋法律等领域和海洋维权等语境，但迄今既无权威的官方定义，也没有为人们普遍接受的学术定义，导致各国的理解和实践不同。对于中国而言，需要立足于总体国家安全观，准确研判百年未有之大变局下我们面临的海上安全威胁和安全问题。我国海洋安全所面临的挑战是多方面的，具有长期性和复杂性。既有的海洋安全挑战未解，又叠加百年未有之大变局下的新挑战，这要求我们要以宏大的国际视野和世界眼光，将习近平法治思想和总体国家安全观贯彻落实到海洋法治建设特别是涉外法治中去，在海洋领域展示法治的国家核心竞争力。

切实维护我国海洋安全，亟须完备的法治保障。总体上看，经过70余年

作者：张海文，自然资源部海洋发展战略研究所所长，二级研究员，中国海洋发展研究中心海洋权益研究室主任

海洋法治建设

的发展,我国的海洋法律体系基本形成。但从全面依法治国、加快建设海洋强国高度看,仍然存在诸多薄弱环节和法治短板,海洋法治建设任重而道远。

全球海洋治理进入一个新的历史时期,大趋势是对话与合作。从周边海洋看,主旋律仍将是斗争与合作并存的变奏曲。从国内需求看,我国正处于实现中华民族伟大复兴历史进程关键期,也是加快建设海洋强国关键期,亟须采取统筹谋划国家海洋法治发展战略、进一步完善海洋法律体系、加强涉外海洋法治能力建设等必要措施,快速提升维护国家海洋安全能力、推动海洋法治建设、提升维护国家海洋安全的法治化水平。

一、问题的提出

当前,国际格局正在进行深刻调整,全球治理体系正在发生深刻变革,世界百年未有之大变局进入加速演变期,和平与发展虽然仍然是时代主题,但是不稳定性不确定性更加突出。处在这一重大变局中的全球海洋治理体系也不例外,正处于快速调整过程中。21世纪是海洋世纪,我国与其他国家一样面临传统海洋安全和非传统海洋安全风险相互影响的挑战。各沿海国之间既有海洋岛屿争端、海域划界争端、海洋军事竞争等传统海洋安全挑战,又共同面临全球气候变化、海平面上升、海洋酸化、海洋污染、海洋生态系统退化和海洋自然灾害等非传统海洋安全挑战。面对快速变化的局势,习近平强调:"大变局带来大挑战,也带来大机遇,我们必须因势而谋、应势而动、顺势而为。"在百年未有之大变局下,如何有效维护我国海洋安全? 这是我们必须直面的一个重大问题。

习近平法治思想和总体国家安全观为构建新时代我国海洋安全观和促进海洋法治建设提供了根本遵循。习近平全面阐述了"总体国家安全观"所涉及各个方面之间的关联性,强调"当前我国国家安全内涵和外延比历史上任何时候都要丰富,时空领域比历史上任何时候都要宽广,内外因素比历史上任何时候都要复杂"。总体国家安全体系包括政治安全、国土安全、军事安全、经济安全、文化安全、社会安全、科技安全、信息安全、生态安全、资源安全、核安全等,具有全面覆盖性,其中各个安全与海洋安全都有着密切关系。习近平明确指出:"二十一世纪,人类进入了大规模开发利用海洋的时期。海洋在国家经济发展格局和对外开放中的作用更加重要,在维护国家主权、安全、发展利益中的地位更加突出,在国家生态文明建设中的角色更加显著,在国际政治、经济、军事、科技竞争中的战略地位也明显上升。"党的十九大报告明确提出要加快建设海洋强国。海洋安全是国家安全的重要组成部分,维护海洋安全和海洋权益是建设海洋强国的核心内容。海洋法治作为应对海洋安全的战略选择,是中国特色社会主义法治体系的重要组成部分。以习近平法治思想和总体国家安全观为指导,加强我国海洋法治建设,应当明确海洋法治涉外性极强的鲜明特征,在全面依法治国的总体布局中"坚持统筹推进国内法治和涉外法治",将海洋强国建设、实现海洋安全纳入法治轨道。

二、百年未有之大变局下国家海洋安全面临的新挑战

历史经验告诉我们:海安才能国安,海不安则国必难安。在百年未有之大变局下,我们必须坚持底线思维,做好风险预测和防范预案。"海上安全"和"海洋安全"经常被运用于国际关系、外交政策、海洋法律等领域和海洋维权等语境,但迄今既无权威的官方定义,也没有为人们普遍接受的学术定义,导致各国的理解和实践不同。对于中国而言,需要立足于总体国家安全观,准确研判百年未有之大变局下我们面临的海上安全威胁和安全问题。

(一)从总体国家安全观视角看,我国周边海域面临严峻的海洋安全形势

总体国家安全观主要包含 11 个方面的安全,其中政治安全、国土安全、军事安全、科技安全、生态安全、资源安全及核安全等在海洋领域的直接体现,构成通常所说的海洋安全问题。

我国周边海域在地理范围上是指黄海、东海和南海以及往外的西北太平洋和北印度洋,其中西北太平洋方向直到第一岛链和第二岛链之间的海域,最外侧包括太平洋岛国附近海域和印度洋北部海域。总体上看,我国周边海洋局势尚属稳定可控,周边国家都有维护地区和平与稳定的政治意愿。但从总体国家安全观和国家海洋法治建设的要求看,我国海洋安全至少面临以下五方面的挑战。

其一,国土安全面临来自海上方向的威胁和挑战。从明代开始的名为"海禁"实则有海无防,到清朝的西方列强逼迫"开放"沿海城市"门户",到民国时期的日寇入侵,到新中国成立初期薄弱的海防和收复台湾岛受阻,再到

如今仍有不少岛礁被邻国侵占、部分西方国家时常拿台湾问题做文章,无不警示着我们:来自海上方向的威胁和挑战始终是我国领土完整和国家安全的短板。

其二,美国国家安全战略带来的挑战。近年来,美国发布了多个针对我国的国家安全战略。例如,2017年12月美国国会通过并由特朗普签署的《国家安全战略报告》强调"以力量维护和平";2021年12月,美国国会研究服务局向国会提交的《新一轮大国竞争:国防问题对国会的影响》报告,提出美国要加强在亚太地区的军事力量部署,强调要发展新的作战概念。这些都对我国的海洋安全带来挑战。

其三,海上军事安全面临的现实挑战。一是美国实施新的军事战略,改变以往在南海独自开展军事行动的做法,拉拢日本、澳大利亚、欧洲国家和印度等组建所谓的"五眼联盟"、AUKUS等军事小团伙,唆使这些国家派遣航母、准航母以及其他军舰和军用飞机进入东海和南海,开展联合军事活动。二是美国制定新战略,重新整合"海上三军"力量。2020年12月美国海军、海军陆战队和海岸警卫队联合发布《海上优势:集成化全域海军力量的存在》,首次将我国列为唯一长期战略竞争对手,明确将中美海上关系定义为"对抗",强调"海上三军"将作为一个整体进行建设和运用,形成从深海到太空、从远洋到陆地、从网络空间到电磁频谱的全域优势。实践中,美国已将海岸警卫队船舶派往南海,配合其海军舰船在南海开展行动。

其四,政治安全面临的政治外交法律战。除了军事手段等"硬实力"之外,美国还出台新战略,综合运用政治外交法律等"软实力"干扰和破坏南海地区的安全。2021年4月美国参议院外交关系委员会通过的《2021年战略竞争法案》,重申美国对印太地区和世界各地盟友及伙伴的承诺,提出要重塑美国在国际组织和其他多边论坛中的领导地位。同时,美国还运用意识形态、多双边外交、发表声明等手段,歪曲和否定我国的南海权利主张,从政治外交和法律层面支持和配合其在南海的军事活动。

其五,我国周边海域面临复杂的非传统海洋安全问题。随着全球气候变化加速,我国和世界各国共同面临越来越多的非传统海洋安全问题。在周边海域、世界其他海洋和南北极地区,我国与其他国家共同面临近岸海洋生态系统退化和近海资源枯竭、海洋污染和环境恶化、全球气候变化、南北极冰盖快速融化、海平面上升、海洋酸化、海洋自然灾害、海上意外事故、海上犯罪活动、疫情引发的港口管控以及日本核污染水排海等诸多挑战。这些挑战都不是任何一个国家凭一己之力可以解决的,国际社会必须携手合作才有可能妥善应对。

需要明确的是,我国与周边海洋国家积极开展多方面合作,建立了若干政治外交、军事和法律等领域的双边、多边对话机制,其中中国与东盟签署的《南海各方行为宣言》、第50届东盟外长会正式通过的《南海行为准则》框架、《南海行为准则》单一磋商文本草案的正式形成,为维护南海海洋安全、进一步拓宽合作空间发挥了重要作用。但与此同时,在应对非传统海洋安全挑战方面,仍然存在合作意愿不强、未建立有效区域治理机制、未明确合作渠道和路径等问题。

(二)从涉外法治视角看,我国参与全球海洋治理面临复杂的形势

改革开放以来,我国积极参与全球海洋治理,其中非常重要的途径是积极参与制定涉海国际条约和国际新规则的多边谈判。但由于多方面原因,我国海洋法治的历史比较短、海洋法治意识比较薄弱,在国际法治领域仍然处于比较弱势的地位。

其一,加强我国海洋法治建设十分重要和紧迫。"二战"之后,西方海洋强国除了继续使用舰船枪炮等硬实力之外,还综合运用政治外交手段,主导构建战后国际海洋秩序,夺取现代海洋制度性权利。国际法治成为西方海洋强国"软实力"的重要载体。特别是美国对国际法合则用、不合则弃,通过设计和炒作所谓的南海航行自由等法律议题,进行搅局。西方国家的这些举动,从反面说明加强我国海洋法治建设,扩大我国海洋法治领域的国际影响力,是何等的重要和紧迫。

其二,参与国际海洋法新规则的谈判仍然面临许多困难。近年来,我国积极参与了多个国际海洋新规则的谈判,主要包括:制定国家管辖海域外生物多样性养护和可持续利用协定(以下简称"BBNJ协定")的谈判、制定国际海底区域矿产资源开发规章的谈判;在《南极条约》体系下,开展南极地区划设更多的海洋保护区的磋商进程;北极治理由政治方式为主逐渐转变为规则治理和法治化,构建北极法律体系的进程已经启动。这些国际海洋新规则的出台,将极大地改变现有国际海洋政治地理格局和国际海洋法律秩序。但总体上看,欧盟和美国等西方势力掌握着谈判议题设置的主动权和新规

则制定的主导权。

其三,我国在实施《生物多样性公约》《气候变化框架公约》等国际条约过程中面临的战略挑战。西方国家占有先发优势,借环保名义,以扩大解释国际公约规定为手段,积极推动划设公海保护区,力图运用国际法治维持和巩固其掌控世界海洋秩序的主导地位和影响力。欧美等国通过高层外交、国际会议等多种方式和途径,无视其他一些国家的反对和质疑,力推在《生物多样性公约》和《气候变化框架公约》下设定到 2030 年保护地球表面积 30% 陆地和海洋的目标(简称"3030 目标")。此举将极大地压缩包括我国在内的新兴海洋国家未来在公海的战略空间。西方海洋强国以生态环境保护等作为推手,与国际政治和国际法治相互配合,想方设法谋取自身利益。在这样的背下,我国怎样面对全球海洋治理中的生态环保问题和履行条约义务问题,如何认识生物多样性保护和应对气候变化等科学问题背后的战略实质,切实通过深度参与全球海治理,提升全球海洋治理的国际话语权,重塑公平公正的国际海洋法治环境,尚存在能力不足的问题。

综合以上,我国海洋安全所面临的挑战是多方面的,具有长期性和复杂性。既有的海洋安全挑战未解,又叠加百年未有之大变局下的新挑战,这要求我们要以宏大的国际视野和世界眼光,将习近平法治思想和总体国家安全观贯彻落实到海洋法治建设特别是涉外法治中去,在海洋领域展示法治的国家核心竞争力。

三、国家海洋安全存在的法治短板

切实维护我国海洋安全,亟须完备的法治保障。总体上看,经过 70 余年的发展,我国的海洋法律体系基本形成。但从全面依法治国、加快建设海洋强国高度看,仍然存在诸多薄弱环节和法治短板,海洋法治建设任重而道远。

(一)科学立法层面,缺少"海洋基本法"

维护我国海洋安全,加快建设海洋强国,法治应对、法治保障的首要之义是有法可依。目前,我国海洋法律体系基本建成,但尚不完备,还缺少一部统领海洋法治建设、从根本上为维护我国海洋安全提供法律依据的"海洋基本法"。

21 世纪是海洋世纪,世界主要沿海国都积极地以法律的形式巩固和维护各自的海洋主张和权益,其中最全面立法就是制定一部综合统筹的海洋基本法。从域外看,加拿大于1997年制定《加拿大海洋法》,通过国内立法的形式将《联合国海洋法公约》赋予沿海国的权利具体化,为本国的海洋权益维护提供法律支撑。英国于2009年颁布了《英国海洋法》,这是一部长达上百个条款的综合性海洋基本法律。周边海洋邻国日本和越南也先后通过了海洋基本法,为统领其海洋事业发展提供全面的法治保障。其中,日本依据其基本法每5年更新一版海洋行动计划,以确保海洋基本法的各项制度得以实施。

党的十八大、十九大报告均对建设海洋强国作出战略部署。加快建设海洋强国既是全面建成中国特色社会主义现代化强国奋斗目标的重要组成部分,也是中华民族实现伟大复兴中国梦的重要标志。加快建设海洋强国是国家战略,是国家治理体系和治理能力在海洋领域的重要体现。但在海洋法治层面,至今尚未能将此战略转化为法律形式,未能实现海洋国家战略的法治化并制定"海洋基本法"。在海洋战略领域,我国长期以来多以政策性文件代替法律,先后制定实施了《中国海洋21世纪议程》《全国海洋开发规划》《全国海洋功能区划》《全国海洋经济发展规划纲要》等规划性文件,但这些政策性文件由于不具有法律效力,无法起到国家战略应有的对国家社会整体运行的指导功能。鉴于此,亟须出台"海洋基本法",从根本上破解海洋战略实施无法可依的局面。

(二)严格执法层面,部分重要海洋法律缺乏可操作性

通过法治的方式维护国家海洋安全是必然选择,执法必严则是根本要求。1982年签署、1994年生效的《联合国海洋法公约》(简称《公约》)是世界各国经过长达十年谈判的成果,是各方利益统筹协调的结果,对各国在世界海洋里拥有的权利和义务有明确的规定,是各国海洋立法和海洋执法的国际法重要依据。根据我国法律规定和实践,需将《公约》所规定国际法原则和各项制度通过国内立法方式转化为国内法治。我国《领海及毗连区法》《专属经济区和大陆架法》的主要内容就是将《公约》赋予沿海国的权利和义务转化为国内法。但是,从这两部法律的内容看,主要是将《公约》相关制度及具体条款内容移植过来,原则性强、权利宣示明确,但缺乏保障相关法律制度得以实施的具体措施和办法。

《领海及毗连区法》第 6 条第 2 款规定："外国军用船舶进入中国领海,须经中华人民共和国政府批准。"但自 1992 年 2 月 25 日该法颁布实施至今已 30 年,从未发布配套实施条例,没有对外国军用船舶进入中国领海报请中国政府批准的程序和手段作出明确规定,导致该条款在实践中无法操作、无法贯彻实施。该条款的立法目的主要是对我国政治立场的重申,旨在加强对外国军用船舶进入我国领海的管理,维护我国领土完整和领海安全。因此,该条款是宣示性条款而不是可操作性的实施条款。

《专属经济区和大陆架法》第 8 条规定："中华人民共和国主管机关有权在专属经济区和大陆架的人工岛屿、设施和结构周围设置安全地带,并可以在该地带采取适当措施,确保航行安全以及人工岛屿、设施和结构的安全。"自 1998 年 6 月 26 日该法颁布实施至今已 24 年,却从未发布配套实施条例,没有明确国务院哪个部门是该事项的主管机关,也没有进一步规定设置安全地带的相关程序和具体操作规范要求等。该条款照抄了《公约》的原文,只完成了将国际法转化为国内法的步骤,但之后并未予以细化配套立法,导致该条款不具有可操作性。事实上,这个条款若能得以实施,对于维护我国海上油气勘探平台等设施免受他国非法侵扰,维护我国海洋权益和海洋安全具有十分重要的现实意义。此外,我国海上风电发展迅速,已经有企业提出拟到我国专属经济区建设海上风电机,但由于该条款至今无细化规定,不知该按照什么程序向哪个主管机关提交相关申请材料,不利于海洋可再生能源的开发利用。

(三)公正司法层面,缺乏运用国际法治手段积极维护我国海洋权益的能力

和平解决国际争端是处理当代国际关系的国际法基本原则。在《联合国宪章》《公约》以及各国海洋法律中,各国均承诺应通过政治外交和法律等和平手段解决国家间海洋争端。从国际实践看,积极司法,通过各种法律途径解决海洋权益纠纷,是许多沿海国家(包括西方海洋强国、许多发展中小国以及我国周边海洋邻国)常用的做法。积极司法也应成为我国海洋法治的重要内涵之一。对于我国与外国之间的海上纠纷,如对渔船渔民的抓扣等,要学会积极利用法律方式,依据《公约》和我国相关海洋法律所规定的各类争端解决方式(包括国内诉讼和国际诉讼,国内仲裁和国际仲裁,以及调解等手段)进行处理和解决。对于我国与邻国之间岛屿及海洋权益争端,则

应依据现实情况,通过采取加强民事活动、行政管理与执法、司法管辖与审判、军事存在与威慑等综合手段,强化我国在海洋争议区域的主权和管辖权,为未来争端的解决不断积累对于我国有利的态势和证据。对于严重侵害我国海洋权益的国内外个人、企业和组织,除了依法给予行政处罚之外,还要引入诉讼机制,在海洋权益法律保护领域中增加公益诉讼,追究损害国家海洋权益的单位和个人的法律责任。

从目前看,我国处理海洋纠纷和海洋权益争端的途径和手段还比较单一,侧重在传统的政治外交和海上执法等方面,积极司法、涉外法治的意识和能力均严重不足。

(四)全民守法层面,国民海洋意识仍显薄弱

提高全民特别是"关键少数"领导干部和主管机关的海洋意识是倡导和实现全民守法、加快建设海洋强国的必备条件。当前,中国经济已发展成为高度依赖海洋的开放型经济,对海洋资源、空间的依赖程度大幅提高,在管辖海域外的海洋权益也需要不断加以维护和拓展。这些都需要通过海洋法治来规范和协调。但我国国民海洋意识仍较薄弱,很多人只有"陆地国土"概念而没有"海洋国土"概念,只有"岛屿争端"概念而对海洋权益和海洋重要性的认识并不全面;对海洋法治的认知就更为有限。在统筹中华民族伟大复兴战略全局和百年来有之大变局的重要历史关头,迫切需要全民族树立海洋战略意识,从战略高度统筹推动海洋事业的全面发展,最终实现建设海洋强国的战略目标。

四、提升我国海洋安全法治水平的路径

全球海洋治理进入一个新的历史时期,大趋势是对话与合作。从周边海洋看,主旋律仍将是斗争与合作并存的变奏曲。从国内需求看,我国正处于实现中华民族伟大复兴历史进程关键期,也是加快建设海洋强国关键期,亟须采取必要措施,快速提升维护国家海洋安全能力、推动海洋法治建设、提升维护国家海洋安全的法治化水平。

(一)统筹谋划国家海洋法治发展战略

历史是最好的教科书,也是最好的清醒剂。回顾中国近代有海无防、海洋弱致国弱、遭受西方列强践踏主权和司法权的历史,面对百年未有之大变

局,着眼于中华民族伟大复兴的光明前景,我们更深切地感受到维护国家海洋安全、加强海洋法治,可为加快建设海洋强国提供强有力的法治保障。百年未有之大变局是整个人类社会正在经历的一场深刻的变革,在这一变革中,中国的发展深刻地影响着世界,同时中国的发展也离不开世界。毫无疑问,海洋作为连接全球的血脉,作为国与国之间、地区与地区之间的连接体,将始终贯穿贯通这一变革。"放眼现代世界,除了极少数例外,绝大多数国家之间都存在领土、领海方面的争议。有争议是常态,解决争议不可能一劳永逸,更不可能一揽子式全部解决。"而海洋法治作为一种法治形态,是国际法治和"法治中国"建设的重要组成部分,是解决各种海洋纠纷、实现海洋持久和平的根本之道。习近平法治思想作为中国特色社会主义法治建设和中国特色社会主义法治体系的思想结晶,以宽广的世界眼光和国际视野,以对人类总体命运的深切关怀,统筹国际法治和国内法治谋划全面依法治国,为处于百年未有之大变局战略前沿的海洋法治建设提供了根本遵循。深入贯彻习近平法治思想特别是关于海洋法治建设的思想,谋划和推动海洋法治建设才能行稳致远。

其一,牢固树立海洋法治意识。站在百年未有之大变局和中华民族伟大复兴战略全局的高度看,海洋法治建设作为全面依法治国和"法治中国"建设的有机组成部分,不仅对法治建设本身具有直接影响,而且对国家总体安全具有直接影响。法治意识是法治建设深层的思想基础,但回到现实中,在立法、司法、守法、执法和普法的各个层面,在各级各部门的法治思维和法治方式中,都不同程度存在着海洋法治意识不强的问题。海洋法治要切实肩负起应对百年未有之大变局、凝聚中国智慧和中国价值、维护国际法治秩序、保障国家总体安全、引领和推动全球治理变革的时代使命,必须深刻把握习近平法治思想和总体国家安全观内含的海洋法治思想,站在法治战略高度认真对待和统筹规划海洋法治建设,在立法、司法、执法、守法和法治思维与法治方式的各个环节,全面系统地植入海洋法治意识,为补齐全面依法治国海洋法治的短板奠定思想基础。

其二,加快海洋法治建设的战略布局。习近平强调要"坚持统筹推进国内法治和涉外法治"。涉外海洋法治作为我国涉外法治建设的重要内容,既涉及涉外海洋立法,也涉及国内适用国际条约;既面临被他国提起海洋争端国际诉讼和仲裁的风险,也有我国起诉他国的可能;涉外海洋法治既是一个国际法律问题,更是国际政治的重要内容。为此,要在全面依法治国的战略布局中谋划海洋法治建设,在"法治中国"建设总体规划中统筹国内法治与涉外法治,在法治国家、法治政府、法治社会、法治军队的各个领域,系统地而不是零碎地、全面地而不是局部地植入海洋法治的内容。要着力加强海洋法治能力建设,把海洋法治能力建设作为国家治理体系和治理能力建设现代化的重要内容,在国家层面要有海洋法治能力建设的规划,在沿海地区各级各部门,要建立健全针对涉及海洋法治的党政机关、工作部门、专业机构的考核评价机制。在普法规划上,一方面要发挥宪法的统领作用,强化海洋法治在宪法教育中的权重;另一方面,要把海洋法治置于同生态法、民商法、经济法等高度来对待,在全体国民心中树立海洋法治极端重要这一意识。

(二)进一步完善海洋法律体系

科学完善的海洋法律体系是海洋法治建设的前提和基础。目前我国海洋法律体系虽然已基本形成,但离科学立法的要求尚有距离,与海洋强国的战略要求也不相称。具体来说,我国的海洋法律体系至少还有以下三个方面需要完善。

其一,不断完善法律体系,填补涉海法律的空白。建议加快立法进度,特别是尽快出台那些早已纳入相关立法计划却迟迟未能出台的涉海法律,包括"海洋基本法""海岸带保护与管理法""南极活动管理法"等,并考虑启动"海洋经济与科技促进法"的立法调研。在党的十八大、十九大报告已确立加快建设海洋强国战略的背景下,须举全国之力予以贯彻落实。而只有以法治为依托,尽快制定和实施"海洋基本法",建立健全相关法律体系,才能为加快建设海洋强国提供有力的法治保障。当前我国社会经济发展进入高质量发展的新阶段,沿海地区将继续发挥重要引领作用,也将承载更大的环境与资源压力,制定"海岸带保护与管理法"和"海洋经济与科技促进法"等将为实施陆海统筹战略、落实新理念、构建新格局保驾护航。此外,尽快进行有关南极立法,既是履行《南极条约》的国际义务,也是对我国越来越多的赴南极活动进行依法管理。

其二,尽快修订已不适应经济社会发展的相关法律法规。例如,修订《海洋环境保护法》,将其名称改为"海洋生态与环境保护法",内容上作大幅度的增加和修订。党的十八大以来关于生态文明建设的许多战略部署和新理念,以及 2017 年机构改革相关部门职责调整等都应及时在新修订的法律中得到体现。国务院于 1996 年发布的《涉外海洋科学研究管理规定》只对外国人来我国管辖海域开展海洋科学研究活动进行管理,但未对我国船舶和人员赴外国管辖海域从事海洋科学研究活动作任何规定。近年来,我国涉海科研机构和高校越来越多需赴外国管辖海域进行海洋科学研究调查,因无相关法律规定和管理,易发生外交事件。同时,随着海洋科技快速发展,智能化的海洋科学调查设备和装备也越来越多地投入海试和应用,易引发新的纠纷,因此需尽快修订该规定。

其三,尽快出台相关法律的实施细则或实施条例,为严格执法提供保证。例如,《领海及毗连区法》中关于外国军舰无害通过领海问题,为运输危化品或有毒有害物质的船舶制定分道航行制度;《专属经济区和大陆架法》关于人工岛屿、设施和构筑物设置安全区问题等。

(三)加强涉外海洋法治能力建设

从百年未有之大变局的视角看,国与国之间竞争的主要内容之一是规则之争。谁能在国际新制度、新规则的制定中占据有利位置,谁就能赢得更多的制度性权利和未来发展的主动权。当前,全球海洋治理进入一个新的历史时期,大趋势是依靠越来越多的国际规则来协调各方利益,规范各方行为。从周边海洋看,主旋律仍将是斗争与合作并存的变奏曲,"法律战"仍将是主要斗争方式之一。党的十九届四中全会强调要"加强国际法研究和运用",十九届五中全会强调要"加强国际法运用"。加强涉外法治人才队伍建设,增强涉外海洋法治能力,是贯彻落实习近平法治思想的重要举措,也是建设现代化治理体系的重要任务。具体来说,至少在以下四个方面亟须加强。

其一,高度重视涉海"法律战"对我国的影响。在国际话语权方面,我国目前还处于比较弱势的地位。2010 年美国以"航行自由"为由挑起所谓的南海问题以来,不断抛出诸如南海防空识别区等多个伪命题,特别是借助其鼓动菲律宾挑起的南海仲裁案,利用其操控的各类国际舆论平台,掀起了一波又一波针对我国南海权利主张的"法律战"和"舆论战",恶意歪曲我国在南海的权利主张,污蔑攻击我国在南海行动的合法性。近年来,美国政府和国会每年都发布针对南海和东海的"声明""报告",并煽动南海周边国家采取各种行动,企图逐渐做实裁决结果,对我国国家形象和南海权益造成了一定损害。建议设立高层级的涉外海洋法治建设领导小组,领导和统筹协调涉外法治和南海"舆论战""法律战"应对等工作,以及组织编制涉外法治人才培养规划等。

其二,亟须培养一大批涉外法治人才队伍。从底线思维出发,我国面临周边海洋争端再次被提起国际诉讼或仲裁的可能。从长计议,我国亟须大批既有可靠的政治素质又有深厚专业知识,还有丰富临场经验、具有实战能力的专业人才队伍。从专业领域的要求看,涉及国际法、海洋法、南海和东海历史、国际政治以及翻译等多个学科。为了能在短时期内有效应对我国参加国际海洋诉讼实战经验不足的"卡脖子"问题,应设立国家应对海洋国际诉讼专项,开展应急式、补救式的"国家队"建设,针对周边海域争端,加紧逐一开展实战演练和研究,并提出应对预案。

其三,进一步创新政策助推涉外海洋法治交流与合作。一是修改相关政策和管理措施,为促进涉外海洋法治的交流与合作提供良好的政策环境。二是出台创新政策,为鼓励和支持引进"外脑"(国外知名海洋法专家)提供良好的政策环境和可操作性制度,充分发挥外国专家的国际影响力,快速补齐我国在海洋法领域严重欠缺的国际影响力"短板",打破目前基本上由美国掌控的针对我国的涉海"舆论战""法律战"局面。三是出台政策,支持相关部门开展指定性国际捐赠,使我国年轻专业人员可短平快获得国外实践机会。例如,原国家海洋局以指定捐赠方式,派年轻人去国际涉海组织和机构工作和实习,这是一举多得、合作共赢的实践经验,既帮助相关国际组织解决人员和经费不足的困难,又使我国年轻人得到学习国际经验、积累国际人脉的机会。这也是日本等国的成功经验,可以快速地培养国际型人才。

其四,加强相关部门外派工作人员的国际法和海洋法培训。在外交和军事等涉海部门外派干部行前培训内容里普遍增设国际法和海洋法课程,培养外派人员宣介中国海洋立场。

文章来源:原刊于《理论探索》2022 年第 1 期。

中国与《联合国海洋法公约》40年：历程、影响与未来展望

■ 杨泽伟

论点撷萃

中国与《联合国海洋法公约》40年的互动历程，可以分为三个阶段：中国与第三次联合国海洋法会议阶段（1973—1982年）、批准《联合国海洋法公约》前中国的有关实践阶段（1982—1996年）、批准《联合国海洋法公约》后中国的有关实践阶段（1996年至今）。

《联合国海洋法公约》作为国际社会利用海洋和管理海洋的基本文件，构建了新的海洋国际秩序，因而被称为"海洋宪章"。因此，中国参与《联合国海洋法公约》的缔结、签署和批准的实践，必然导致它对中国产生多方面的影响。它不但促进了中国对全球海洋治理的参与、推动了中国涉海法律制度的完善，而且使中国与海上相邻或相向国家间的海域划界争端更加复杂、中国海洋权益的拓展受到更多限制。

因此，正视《联合国海洋法公约》相关制度对中国的不利影响，吸取中国与《联合国海洋法公约》互动过程中的教训，并在适用《联合国海洋法公约》时予以重视，这是中国海洋权益维护的重要一环。中国不应成为国际海洋法律秩序的被动接受者，中国的立场不能以意识形态为取舍标准，中国的主张不能只局限于短期利益的考量等。

虽然《联合国海洋法公约》对中国有消极影响，但是《联合国海洋法公约》拥有近170个缔约方所体现出来的普遍性和影响力以及中国作为负责任

作者：杨泽伟，武汉大学国际法研究所教授，国家高端智库武汉大学国际法治研究院团队首席专家，中国海洋发展研究中心研究员

的大国等因素,决定了中国难以作出退出《联合国海洋法公约》的决定。因此,进一步调适与《联合国海洋法公约》的关系是中国未来的必然选项。中国国家身份的转型决定了中国与《联合国海洋法公约》的关系将更加密切,中国需要对一些与《联合国海洋法公约》有关的国内海洋法律政策作出调整,海洋法发展的新挑战和新议题为中国海洋权益的拓展提供了重要的机遇。

1982 年 12 月 10 日,中国在牙买加蒙特哥湾签署了《联合国海洋法公约》(以下简称《公约》),成为第一批签署《公约》的国家。回顾中国与《公约》40 年的互动历程,分析《公约》对中国的深远影响,总结中国与《公约》互动中的经验教训,展望中国与《公约》的未来发展,无疑对中国"加快建设海洋强国"具有非常重要的意义。

一、中国与《公约》40 年历程的回顾

中国与《公约》40 年的互动历程,可以分为以下三个阶段。

(一)中国与第三次联合国海洋法会议(1973—1982 年)

1971 年 10 月,中华人民共和国恢复了在联合国的合法席位。12 月 21 日,第 26 届联大通过了第 2881(XXVI)号决议,接纳中国参加"和平利用国家管辖范围以外的海床洋底委员会"(the Committee on the Peaceful Uses of the Sea-Bed and the Ocean Floor beyond the Limits of Present National Jurisdiction,以下简称"海底委员会")的会议。1972 年 3 月,中国代表在海底委员会全体会议上发言阐明中国政府关于海洋权问题的原则立场。1973 年 12 月,第三次联合国海洋法会议在纽约联合国总部召开。1974 年 7 月,在第三次联合国海洋法会议第二期会议实质性协商的一般性辩论中,中国代表阐释了中国政府在海洋法几个重大问题上的一贯态度和主张,如新的海洋法律制度必须符合广大发展中国家的利益等。1982 年 4 月,第三次联合国海洋法会议就《公约》进行表决,中国代表投了赞成票。总之,中国政府一直派代表全程参加了第三次联合国海洋法会议历期会议,积极参加对海洋法各实质事项的审议,并就海洋科学研究、领海、国际海底区域、公海、专属经济区、海洋环境保护、大陆架以及争端解决等诸多方面提出正当合法主张,为制定《公约》作出了自己的贡献。

（二）批准《公约》前中国的有关实践（1982—1996 年）

按照《第三次联合国海洋法会议最后文件》决议一"关于国际海底管理局和国际海洋法法庭筹备委员会的建立"，1983 年 3 月国际海底管理局和国际海洋法法庭筹备委员会（以下简称"筹委会"）正式设立。中国作为成员，派代表全程参加了筹委会的会议。1991 年 3 月，经筹委会批准，中国大洋矿产资源研究开发协会登记为先驱投资者。中国还参加了《关于执行 1982 年 12 月 10 日〈联合国海洋法公约〉第十一部分的协定》（以下简称《执行协定》）的磋商。该磋商是在联合国秘书长的推动下，旨在弥合发达国家与发展中国家在国际海底区域开发制度方面的分歧。中国在磋商中的基本做法是："不反对各方对公约海底部分的修改意见，实事求是地阐述我国对所有问题的看法，支持秘书处的有关建议，同意在维护人类共同继承财产的原则下制订有利于促进深海底开发的措施。"1994 年 7 月 28 日，在《执行协定》表决时，中国投了赞成票。此外，1995 年 8 月联合国通过了《执行 1982 年 12 月 10 日〈联合国海洋法公约〉有关养护和管理跨界鱼类种群和高度洄游鱼类种群的规定的协定》（以下简称《鱼类种群协定》），以促进"跨界鱼类种群和高度洄游鱼类种群"的长期养护和可持续利用。中国也参加了《鱼类种群协定》的协商，投票赞成该协定，并于 1996 年 11 月 6 日签署了该协定。

（三）批准《公约》后中国的有关实践（1996 年至今）

1994 年 11 月，《公约》正式生效。1996 年 5 月，中国批准了《公约》。中国一直非常重视《公约》的核心地位和重要作用。40 年来，中国政府忠实地履行《公约》义务，并通过资金援助、人员协助和后勤保障等方式，支持按照《公约》规定设立的有关机构的工作，帮助提高发展中国家的海洋能力建设，积极推动国际海洋法律秩序的变革。

中国与国际海底管理局（以下简称"海管局"）保持着良好的合作关系。作为勘探合同方和海管局理事会成员，中国一向重视海管局的工作。1996 年，中国成为海管局第一届理事会 B 组成员。2004 年 5 月，中国成功当选为理事会 A 组成员，并一直延续到现在。中国还积极参加了海管局《国际海底区域内多金属结核规章》《国际海底区域内多金属硫化物规章》《国际海底区域内富钴铁锰结壳规章》的制定。例如，中国代表在参加《国际海底区域内多金属结核规章》审议中明确提出，该规章应鼓励有条件的国家或实体，特别是发展中国家进入国际海底区域活动。又如,2011 年在海管局第 17 届会议期间,中国代表团关于富钴结壳勘探区、开采区面积的建议被海管局采纳,解决了富钴结壳资源面积问题,从而使富钴结壳探矿和勘探规章最终得以通过。在 2012 年第 18 届会议上,海管局提出了"制订国际海底区域内多金属结核开发规章的工作计划",并把它作为管理局工作计划中的优先事项。中国积极投入海管局有关"开发规章"的制定工作。例如,2019 年中国政府在"开发规章"草案评论意见中指出,"开发规章"草案虽然对企业部申请开发工作计划以及与其他承包者的联合安排等作出了规定,但内容过于简略,操作性不强,因而应进一步澄清"健全的商业原则"的含义和标准、尽快制定成立联合企业的标准和程序等。2020 年 10 月 20 日,中国政府还就海管局三份标准和指南草案提交了评论意见。

此外,在 2015 年 6 月联大第 69/292 号决议中,联合国表示将开启《国家管辖范围以外海域生物多样性养护和可持续利用问题国际协定》的谈判工作。该协定被各主权国家和学术界普遍看作《公约》的第三个执行协定。中国代表团积极参与谈判工作进程,通过单独发言或参加"77 国集团+中国"发言表达立场,为推动谈判进程贡献中国方案。

二、《公约》对中国的影响

《公约》作为国际社会利用海洋和管理海洋的基本文件,构建了新的海洋国际秩序,因而被称为"海洋宪章"(constitution for oceans)。因此,中国参与《公约》的缔结、签署和批准的实践,必然导致《公约》对中国产生多方面的影响。

(一)《公约》对中国的积极影响

1. 促进了中国对全球海洋治理的参与

首先,中国与涉海多边国际机构的合作进一步密切。1977 年,中国加入了联合国教科文组织政府间海洋学委员会。1982 年签署《公约》后,中国政府积极参加相关的涉海国际组织、合作机制和行动计划,推动海洋领域的国际合作。例如,中国政府派代表主动参加国际海事组织、联合国粮食及农业组织等机构主持的关于全球海洋治理体系变革的工作。1989 年 10 月,中国被选为国际海事组织 A 类理事国,这是中国成为世界八大海运国的重要标志;2017年12月,张晓杰在国际海事组织第119届会议上当选为国际海事组织理事会主席。此外,中国代表吕文正、唐勇还先后当选了联合国大陆架界限委员会委员。

1996年国际海洋法法庭成立后,赵理海、许光建、高之国和段洁龙先后担任该法庭的法官。值得注意的是,2010年在国际海洋法法庭海底争端分庭受理的第一个咨询案"国家担保个人和实体在'区域'内活动的责任和义务问题"(Responsibilities and Obligations of States Sponsoring Persons and Entities with respect to Activities in the Area, Request for Advisory Opinion submitted to the Seabed Disputes Chamber)中,中国政府提交了"书面意见"(written statement),阐释了中国的基本立场,如担保国未履行《公约》义务、有损害事实发生并且二者之间存在因果关系的情形下,担保国才承担赔偿责任等。2013年,在国际海洋法法庭受理的全庭首例咨询意见案"次区域渔业委员会(就非法、未报告和无管制捕捞活动的有关问题)请求咨询意见"(Request for an Advisory Opinion submitted by the Sub-Regional Fisheries Commission, SRFC, Request for Advisory Opinion submitted to the Tribunal)中,中国提交的"书面意见"强调法庭的咨询管辖权缺乏充分的法律基础,因而反对法庭的咨询管辖权。

此外,作为"先驱投资者",中国大洋矿产资源研究开发协会早在2001年就与海管局签订了勘探合同,在东北太平洋海底获得了一块矿区的专属勘探权和优先开采权,成为国际海底区域多金属结核资源勘探开发的承包者之一。2017年5月,中国大洋矿产资源研究开发协会和中国五矿集团公司分别与海管局签署了勘探合同延期协议和多金属结核勘探合同。2019年7月,在海管局第25届会议上,北京先驱高技术开发公司提交的多金属结核勘探工作计划获得批准。此次获批勘探区位于西太平洋国际海底区域,面积约7.4万平方千米。截至2022年1月,中国实体在国际海底区域获得了五块专属勘探矿区。

其次,中国参与全球海洋治理的区域实践更加主动、积极。中国积极构建蓝色伙伴关系并在北太平洋海洋科学组织等区域性国际组织倡导蓝色经济合作,如中国政府出资修建了APEC海洋可持续发展中心、IOC海洋动力学和气候培训与研究中心等,从而为中国积极参与有关涉海国际组织合作提供了重要的保障。此外,2002年中国和东盟成员国共同拟定了《南海各方行为宣言》。2011 年,中国和东盟成员国一道又制定了《落实〈南海各方行为宣言〉指导方针》。目前,中国正在与东盟国家一起努力,共同草拟"南海行为准则"。值得一提是,2017 年中国政府正式发布了《"一带一路"建设海上合作设想》,目的是与 21 世纪"海上丝绸之路"沿线各国开展全方位、多领域的海上合作。

最后,中国参与全球海洋治理的双边实践日趋多元。一方面,中国特别重视与周边国家的海洋合作。例如,2000 年 3 月,中、日两国签订了新的《中日渔业协定》(2000 年 6 月 1 日生效);2000 年 8 月,中、韩两国签署了《中华人民共和国和大韩民国政府渔业协定》(2001 年 6 月 30 日生效);2000 年 12 月,中、越两国正式签署了《中国和越南关于在北部湾领海、专属经济区和大陆架的划界协定》和《中国和越南北部湾渔业合作协定》。2005 年 12 月,中国与朝鲜签署了《中华人民共和国政府和朝鲜民主主义人民共和国政府关于海上共同开发石油的协定》,作为海域划界前的临时性安排。2008 年 6 月,中、日双方达成了《东海问题原则共识》。2015 年,中、韩两国正式启动海域划界谈判。2018 年 11 月,中国与菲律宾签署了政府间《关于油气开发合作的谅解备忘录》等。2018 年,中、日两国先后签署了《中日防务部门海空联络机制谅解备忘录》和《中华人民共和国政府和日本国政府海上搜寻救助合作协定》等。另一方面,中国注重与大国或地区开展有关全球海洋治理的活动。例如,中国与欧盟不但签订了《关于在海洋综合管理方面建立高层对话机制的谅解备忘录》(2010 年),而且还推动构建"蓝色伙伴关系"、设立"中国—欧盟蓝色年"(2017 年)等。就加强极地领域合作问题,中国还与冰岛、澳大利亚、丹麦、德国、新西兰等国家分别签署了谅解备忘录和联合声明。

另外,中国还积极探索与发展中国家的合作。例如,中国与牙买加共建了首个海洋环境联合观测站,与马尔代夫、南非、塞舌尔、坦桑尼亚等国建立了比较稳固的双边海洋合作机制,并与孟加拉国、印度、斯里兰卡和巴基斯坦等国签署了有关的海洋合作谅解备忘录等。

2. 推动了中国涉海法律制度的完善

中国参与《公约》的缔结,并签署和批准《公约》,无疑有助于中国涉海法律制度的发展和完善。一方面,制定、实施有关涉海的国内法律制度,是履行《公约》义务的客观要求。例如,《公约》第 300 条明确规定,缔约国应该善意履行公约义务,并不能滥用公约赋予的权利。《维也纳条约法公约》第 26

条也提出:"凡有效之条约对其各当事国有拘束力,必须由各该国善意履行。"另一方面,涉海法律制度的发展和完善,也是中国积极参与全球海洋治理、依法有效地维护海洋权益的必然选择。

因此,20世纪80年代以来,中国加快了涉海立法进程,先后推出了有关港口管理、防止海洋污染、领海、专属经济区、海峡、船舶管理、大陆架和保护水产资源等方面的法律法规。例如,在领海、毗连区、专属经济区和大陆架方面,有1992年《领海及毗连区法》、1996年《中国政府关于领海基线的声明》、1998年《专属经济区和大陆架法》,构建了中国领海、毗连区、专属经济区和大陆架制度;在防止海洋污染、保护海洋环境和海港方面,有1982年《海洋环境保护法》(1999年12月25日、2013年12月28日、2016年11月7日和2017年11月4日修订)、1983年《防止船舶污染海域管理条例》和《海洋石油勘探开发环境保护管理条例》、1985年《海洋倾废管理条例》(2011年1月8日和2017年3月1日修订)、2003年《港口法》等;在海上交通安全和海洋科学研究方面,有1984年《海上交通安全法》(2016年11月7日和2021年4月29日修订)、1990年《海上交通事故调查处理条例》、1993年《海上航行警告和航行通告管理规定》、1993年《船舶和海上设施检验条例》、1996年《涉外海洋科学研究管理规定》等;在海洋资源的保护与利用方面,有1982年《对外合作开采海洋石油资源条例》(2001年9月23日、2011年1月8日和2011年9月30日修订)、1986年《渔业法》(2000年10月31日、2004年8月28日和2013年12月28日修订)、1987年《渔业法实施细则》、1989年《水下文物保护管理条例》、1993年《水生野生动物保护实施条例》、2001年《海域使用管理法》、2009年《海岛保护法》、2016年《深海海底区域资源勘探开发法》《最高人民法院关于审理发生在我国管辖海域相关案件若干问题的规定(一)》和《最高人民法院关于审理发生在我国管辖海域相关案件若干问题的规定(二)》、2021年《中华人民共和国海警法》等。

(二)《公约》对中国的消极影响

虽然《公约》大体上体现了当时各主权国家在海洋问题上的共识,但毋庸置疑的是《公约》中的一些条款是存在很大缺陷的。《公约》对中国的消极影响,主要体现在以下两个方面。

1. 中国与海上相邻或相向国家间的海域划界争端更加复杂

首先，《公约》导致中国与邻国大陆架划界分歧严重。中国在批准《公约》时作出如下声明：中国与海岸相邻或相向的国家，以国际法为基础，通过协商的方式，依据公平原则划分彼此间海域分界线。然而，《公约》第74条规定，"海岸相向或相邻的国家，为公平解决专属经济区的划界问题，应该按照《国际法院规约》第38条所指的国际法，通过签订国际协议来划分彼此间的专属经济区。"《公约》第83条涉及"海岸相向或相邻的国家大陆架界限的划定"问题，其规定也与《公约》第74条相似。可见，《公约》规定的有关海岸相向或相邻的国家间海域划界原则，是模糊不清的。因此，各主权国家可以对《公约》第74条和第83条作出有利于本国的解释，从而导致各主权国家对海域划界原则存在重大分歧，并进一步加剧相互间的冲突。例如，关于东海大陆架划界问题，中、日两国在划界原则、冲绳海槽是否构成东海大陆架的自然分界线等方面有重大的分歧。

其次，《公约》构建的专属经济区和大陆架制度成为南海周边国家对中国南沙群岛主张主权的法律基础。例如，2009年5月6日，越南政府和马来西亚政府一起向联合国大陆架界限委员会提交了"有关南海南部区域的200海里外大陆架划界案"；5月7日，越南又向联合国大陆架界限委员会提交了"有关南海北部200海里外大陆架划界案"。对此，中国政府向联合国秘书长提交了反对声明，并明确指出：越马联合划界案和越南划界案所涉200海里外大陆架区块，严重侵害了中国在南海的主权、主权权利和管辖权。

最后，《公约》设计的复杂的争端解决程序可能会成为打压中国的工具。根据《公约》第298条之规定，2006年8月中国政府向联合国秘书长提交了以下声明："关于《公约》第298条第1款第(1)(2)和(3)项规定的有关海域划界、领土争端、军事活动等方面的任何国际争端，中国政府不接受《公约》规定的国际司法裁判或仲裁裁决。"然而，2013年1月菲律宾援引《公约》第287条和附件七的规定，单方面将中菲在南海有关领土和海洋划界的争议包装为若干单独的《公约》解释或适用问题提起仲裁(以下简称"南海仲裁案")。虽然中国政府一再申明不接受、不参与的严正立场，但是仲裁庭执意推进仲裁程序，并于2016年7月作出裁决。"南海仲裁案"仲裁庭越权裁决，其裁决缺乏事实和法律依据，因而是无效的，没有拘束力。诚如外交部声明所指出的："中国在南海的领土主权和海洋权益在任何情况下不受仲裁裁决的影响,中国反对且不接受任何基于该仲裁裁决的主张和行动……在领土问题和海洋划界争议上,中国不接受任何第三方争端解决方式,不接受任何强加于中国的争端解决方案。"

2. 中国海洋权益的拓展受到更多限制

首先,中国在公海上享有的传统的捕鱼自由受到更多约束。众所周知,传统海洋法主张公海捕鱼绝对自由。然而,《公约》对公海捕鱼作了限制性的规定,如各主权国家的公海捕鱼自由必须受其参加的条约义务之约束,每一个主权国家采取必要措施以养护公海生物资源等。另外,根据《公约》第118条的规定,有关国家还可以设立区域渔业组织,以养护和管理公海区域内的生物资源。目前,有较大影响的区域渔业管理组织主要有大西洋金枪鱼养护国际委员会、中西部太平洋渔业委员会、南极海洋生物资源养护委员会、美洲间热带金枪鱼委员会、印度洋金枪鱼委员会、北太平洋溯河鱼类委员会、养护南方蓝鳍金枪鱼委员会、中白令海峡鳕资源养护与管理安排、东南大西洋渔业组织、西北大西洋渔业管理组织、东北大西洋渔业委员会、地中海综合渔业委员会等。值得注意的是,事实上中国渔民已被排除在某些区域的捕鱼之外,主要是因为中国还没有加入有关区域渔业组织。

此外,《鱼类种群协定》也在某种程度上修改了传统的公海捕鱼自由原则,给捕鱼国施加了与沿海国合作的诸多义务,以更好地养护和管理跨界鱼类种群和高度洄游鱼类种群。特别是《鱼类种群协定》还授权作为渔业管理组织成员的缔约国在公海上有登临和检查《鱼类种群协定》另一缔约国渔船的权利。这一规定突破了公海上船旗国对其属下渔船享有专属管辖权的传统规则,对现代公海渔业秩序的发展影响巨大。

其次,中国难以充分享有专属经济区和大陆架制度赋予沿海国的各种权利。比如,依据《公约》的规定,专属经济区的最大宽度可以达到200海里,大陆架的外部界限可以达到350海里。因此,在理论上中国可以在黄海、东海分别主张200海里专属经济区和350海里大陆架。然而,黄海和东海的宽度均不足400海里,且分别与朝鲜、韩国和日本相向。这就意味享有《公约》赋予的最大范围的专属经济区和大陆架,对中国而言是难以实现的。事实上,关于中国专属经济区的外部界限,目前中国政府也没有正式公布。值得注意的是2009年5月,中国政府向联合国秘书长提交了"中国关于确定200海里以外大陆架外部界限的初步信息";2012年12月,中国正式提交了"中国东海部分海域 200 海里以外大陆架外部界限划界案"。虽然上述"初步信息"和"划界案"均仅涉及中国东海部分海域 200 海里以外大陆架的外部界限,但均遭到日本的反对。

最后,中国渔民因专属经济区的渔业专属管辖权导致与其他沿海国的冲突时有发生。《公约》第 62 条规定,其他国家的国民,在沿海国的专属经济区内捕鱼时,应该遵守沿海国有关养护措施等方面的法律规章。因此,中国渔民在其他沿海国的专属经济区海域进行捕鱼作业时,屡遭驱赶、扣船、扣人、罚款甚至人身伤亡。根据有关资料的统计,韩国仅在 2004—2007 年间,就以"非法作业"名义扣留了中国渔船达 2037 艘,并逮捕了 20896 名中国船员,收缴了总额为 213.55 亿韩元(约合 1.19 亿元人民币)的保释金。近年来,一些国家不加区别地将所有进入邻国与之有争议海域的外国渔船都称为"未经许可、未报告、无管制问题"渔船,并采取抓扣、炸船等措施进行打击处置,进一步激化了有关的冲突和争端。此外,中国的航行权也因《公约》的生效受到更多的限制。原因是随着专属经济区制度的确立、沿海国管辖权的扩大,不但公海的范围明显缩小了,而且对各国的航行权施加了更多的限制条件。

三、中国与《公约》40 年的主要教训

其实,在第三次联合国海洋法会议召开的过程中,中国政府代表团慢慢意识到,在客观上讲中国的海洋权益与广大第三世界国家的主张并不是一样的。例如,沈韦良代表就曾经直言不讳地指出,《公约》中的一些制度设计是有问题的,或者说是有重大瑕疵的,如大陆架定义、相邻或相向国家间海域划界的原则,就是其中比较典型的例子。因此,正视《公约》相关制度对中国的不利影响,吸取中国与《公约》互动过程中的教训,并在适用《公约》时予以重视,这是中国海洋权益维护的重要一环。

(一)中国不应成为国际海洋法律秩序的被动接受者

毋庸讳言,在以《公约》为核心的国际海洋法律秩序的建构中,"中国所倡议的新规则寥寥无几"。如前所述,中国政府虽然派代表自始至终参加了第三次海洋法会议,但是在涵盖 1 个序言、17 个部分、9 个附件、共 320 条的庞大《公约》体系中打下中国印记的地方比较少见。首先,在议题设置方面,

中国主要是支持大多数发展中国家的要求,很少主动提出有关议案。诚如1973年3月在海底委员会第二小组委员会会议上,中国代表团发言时表示:"中国政府坚决支持许多中小国家代表团的意见,在第三次联合国海洋法会议上应该制订一个新的全面的海洋法公约"。而反观地中海的岛国马耳他,早在1967年8月,其常驻联合国代表阿维德·帕多(Arvid Pardo)就提出,国际海底区域应被看作人类共同的财产,为全人类的福利服务。帕多的建议产生了重大的影响。联合国大会的一些决议,先后肯定了帕多提出的"人类共同继承财产"的主张,该主张被载入《公约》第136条,成为支配国际海底区域的原则。其次,在约文起草方面,中国对会议纷繁复杂的议题所涉及的法律问题没有系统、深入的研究,缺少这方面的法律专家来起草公约条文。最后,在缔约谈判能力方面,由于1971年才恢复中华人民共和国在联合国的合法席位,之前中国政府代表团参加多边外交的实践并不多,没有构建全球秩序的经验,因而对国际会议的程序或议事规则不太熟悉。此外,中国政府派遣参加第三次联合国海洋法会议的代表团成员只有20人左右,人数比丹麦、瑞士等中等国家的还少。

进入21世纪以来,虽然中国积极参与国际海洋法律秩序的变革,但是在联合国等有关国际立法机构中,中国主动提出原创性的国际法议题进行讨论的情形仍然比较少见,且鲜有中国政府代表或者中国籍的委员作为专题报告人和牵头人的情形。

(二)中国的立场不能以意识形态为标准

在第三次联合国海洋法会议期间,中国代表团在大会发言时一再强调,国际社会有关海洋权益的斗争,本质上就是侵略与反侵略、掠夺与反掠夺、霸权与反霸权,是广大的第三世界国家反对超级大国海洋霸权主义、捍卫国家主权和维护民族权益的斗争;中国政府和中国人民与广大的第三世界国家的政府和人民有着相似的遭遇,肩负共同的使命,因而中国旗帜鲜明地站在广大第三世界国家一边,坚决反对超级大国的侵略、颠覆、控制、干涉和欺负。可见,在当代国际海洋法律秩序的建构中,中国主要以意识形态的因素作为取舍标准,支持发展中国家的主张。作为发展中国家,中国属于第三世界,中国旗帜鲜明地支持第三世界国家扩大200海里海洋权益的斗争是当时特定国际政治环境决定的,符合中国在国际政治中的战略和利益。

然而,单纯地基于意识形态的考量不一定有利于中国海洋权益的维护。例如,在《公约》有关国际海底区域开发制度的磋商中,中国政府坚决反对超级大国提出的"平行开发制度",明确支持七十七国集团提出的"单一开发制度",即由海管局进行统一开发和管理的主张。1976 年 8 月,中国代表在发言中提出,七十七国集团修正案的基本原则就是"国际海底区域"内的一切活动的决定权由海管局掌握,由海管局安排有关活动,中国政府认为这不但是合理的,也是必要的,它有利于维护"国际海底区域"的全人类共同财产原则……超级大国提出的"平行开发制度"的目的,就是要搞独立王国,摆脱海管局的控制,并最终把国际海底及其资源变成超级大国的私有财产。

目前中国五矿集团等有关实体经海管局核准已在国际海底区域总共获得了五块专属勘探矿区,成为国际海底区域资源开发的积极参与者,因而中国支持发展中国家有关"单一开发制度"的上述立场和主张,明显不符合中国当下的国家利益。

(三)中国的主张不能只局限于短期利益的考量

中国代表团在第三次联合国海洋法会议上的立场主要基于下列三方面的考虑:一是维护我国民族利益;二是支持发展中国家的要求;三是反对海上霸权。其实,在当代国际海洋法律秩序的建构中,如果只局限于国家短期利益的考量,而缺乏对长远利益的战略性思考,必将导致国际海洋法律秩序中的某些规则成为中国实施海洋强国战略的障碍和桎梏。

例如,关于军舰通过领海问题,中国代表团曾经提出在"联合国海洋法公约草案"第 21 条中增添规定"沿海国有权制定规章,外国军舰通过其领海时须经核准"。对此,赵理海教授在中国批准《公约》前就一针见血地指出:"从长远计,根据对等原则,要求外国军舰通过领海必须事先同意,未必对我国有利"。又如,关于海管局的性质,中国代表认为海管局应是共同管理的组织,而不只是一个官僚机构,其作用不应限于登记、颁发许可证;应能直接地或通过合同、合资经营或其他合伙契约的形式从事开发活动,并使它始终保持对此活动的完全和有效的控制……应保证各个主权国家,特别是发展中国家能够公平地分享开发的利益;鉴于仅有海管局才能代表整个国际社会全人类的利益,因而《公约》应规定由海管局对国际海底区域资源进行开发,并明确反对由超级大国按"平行开发制"进行开发。然而,上述主张也并不符合拥有国际海底区域五块专属勘探矿区的中国目前的国家利益。

近年来在"开发规章"的起草过程中,中国政府反复强调"应当注重保障承包者的权利"。例如,2017年8月海管局召开第23届会议理事会,中国代表在有关"开发规章"草案的发言中就明确指出:"'开发规章'应妥善处理有关各方的权利义务关系。一是要保证承包者、海管局和缔约国三方权利、责任和义务的平衡;二是要确保承包者权利和义务的平衡,承包者是'人类共同继承财产'原则启动实施和有效运作的关键,其正当合法权益,特别是其优先开发权和矿物所有权等合法权利,应得到有效保障。"又如,针对"开发规章"草案,中国政府在提交的评论意见中多次强调,"开发规章"的核心内容不但要详细规定承包者须承担的有关义务,而且要对承包者享有的有关权利予以明确规定,如承包者的优先开发权利。然而,现今的草案明显缺乏对承包者应享有权利的规定,这是失之偏颇的。可见,中国应注意短期利益与长远利益的平衡,避免国际海洋法律秩序中的一些规则成为实现中华民族伟大复兴的桎梏。

四、中国国家身份的转型与《公约》关系的未来展望

虽然《公约》对中国有消极影响,但是《公约》拥有近170个缔约方所体现出来的普遍性和影响力以及中国作为负责任的大国等因素,决定了中国难以作出退出《公约》的决定。因此,进一步调适与《公约》的关系是未来中国的必然选项。

(一)中国国家身份的转型决定了中国与《公约》的关系将更加密切

如前所述,中国是以发展中国家的立场和身份参加第三次联合国海洋法会议的。然而,目前中国国家身份正在发生转型。首先,中国承担的国际义务已经接近甚至超过发达国家。以联合国会员国应缴会费的分摊比例为例,根据2018年12月联大的决议,从2019年至2021年这三年,中国应缴纳的联合国会员国分摊比例是12.01%,仅次于美国,位于第二;关于联合国维和行动的费用摊款比例,中国达到了15.2%,仅次于美国,也位居第二。而按照2021年12月24日联大通过的会员国会费分摊方案,从2022年开始分摊额在2%以上的国家有:美国为22%,中国为15.254%,日本为8.033%,德国为6.111%,英国为4.375%,法国为4.318%,意大利为3.189%,加拿大为

2.628%,韩国为 2.574%,西班牙为 2.134%,澳大利亚为 2.111%,巴西为 2.013%。可见,中国的贡献已远超日、德、英、法、意等发达国家。其次,中国与发达国家海洋利益的共同因素日益增多。例如,针对海盗、海上恐怖主义活动、海洋微塑料污染的防治、气候变化引起的海平面上升和海洋能源资源的开发等海上非传统安全问题,中国正逐步与发达国家建立相应的应对协调机制。又如,从 2008 年 12 月开始,中国海军先后派遣多批次舰艇赴亚丁湾、索马里海域执行护航任务;2015 年中国运用军舰在也门亚丁湾进行撤侨行动。这些均表明在海外利益的保护中,中国也日益注重运用国家力量来维护公民的合法权益。最后,中国是国际法治的坚定维护者和建设者。中国倡导以实现"海洋命运共同体"为宗旨,以构建和谐海洋秩序为目标,主张按照包括《公约》在内的国际法,通过谈判或协商等政治或外交的方法解决争端。可见,中国的角色和地位的日益凸显,意味着中国在国际海洋法律秩序变革中将逐渐由"跟跑者"转变为"领跑者"。

(二)中国需要对一些与《公约》有关的国内海洋法律政策作出调整

2012 年中国共产党第十八次全国代表大会报告明确提出,中国应"坚决维护国家海洋权益,建设海洋强国"。2017 年中国共产党第十九次全国代表大会报告进一步强调,要"加快建设海洋强国"。因此,对一些与《公约》有关的国内海洋法律政策作出调整,是中国"加快建设海洋强国"的应有之义。

一方面,修改《领海及毗连区法》,对航行自由采取更加开放、包容的态度。中国《领海及毗连区法》第 6 条规定,必须经过中国政府批准,外国军用船舶才能进入中国领海。中国政府在批准《公约》时,也附带了类似声明。然而,目前承认军舰在领海的无害通过权已成为国际社会的主流观点。在已批准《公约》的 160 多个国家中,26 个国家对《公约》中关于军舰无害通过的规定提具声明;而明确要求外国军舰通过本国领海必须事先通知或事先获得本国批准的,只有 12 个国家。事实上,联合国秘书长在联大报告中也多次呼吁就军舰无害通过作出限制性声明的缔约国撤销相关声明和主张。因此,进一步修改、完善国内有关航行自由的法律制度,既是主动适应以《公约》为核心的国际海洋法律秩序的客观要求,也是主动构建中国航行自由话语体系的关键步骤。

另一方面,积极参加国际(准)司法活动,进一步密切与国际海洋法法庭等国际司法机构之间的关系。如前所述,中国对国际海洋法法庭已有的两个咨询意见案均提交了"书面意见",表达了中国的立场,迈出了"谨慎参与国际(准)司法活动"的重要步伐。事实上,近些年来中国对国际(准)司法机构的态度更加积极。特别是就世界贸易组织争端解决机制而言,自从中国加入世界贸易组织以后,中国从完全的"门外汉"成长为"优等生"。2019年,中国共产党第十九届四中全会也明确提出"建立涉外工作法务制度,加强国际法研究和运用"。鉴于中国面临的海洋争端的复杂性,中国政府可以基于引起船舶和船员扣押的海洋争端的具体情况,按照《公约》的相关规定,合理地利用国际海洋法法庭的临时措施与船舶和船员迅速释放程序,以更好地保护中国船舶和船员的利益。

(三)《公约》的模糊性规定使中国应当更加重视《公约》的解释问题

首先,《公约》在历史性权利、岛屿与岩礁制度、专属经济区的军事活动和海盗问题等方面的规定过于原则或模棱两可。这既是多边条约较为普遍的一个现象,也是《公约》历经9年艰苦谈判,经过不同利益集团之间的斗争和妥协所取得的结果,是一种无奈的选择。

其次,国际社会对《公约》的相关条款和制度规定作出解释和适用的实践,有利于澄清《公约》中的一些模糊规定,也是对《公约》编纂的海洋法的进一步诠释和发展。事实上,"《公约》作为时代的产物,一直处于发展过程中"。例如,1994年《执行协定》不但是对《公约》第十一部分作出了根本性的修改,而且实质上构成了对国际海底区域制度的新发展,并成功地弥合了发展中国家与发达国家之间的诸多严重分歧。又如,1995年《鱼类种群协定》在某种程度上修改了传统的公海捕鱼自由原则。此外,国际社会正在进行的《国家管辖范围以外海域生物多样性养护和可持续利用问题国际协定》的谈判表明,有关新的海洋法规则和制度正在酝酿产生中。

最后,近年来诸如国际海洋法法庭等国际司法或准司法机构的越权、扩权现象日益突出。例如,国际海洋法法庭在2013年"次区域渔业委员会(就非法、未报告和无管制捕捞活动的有关问题)请求咨询意见"的全庭首例咨询意见案中,自赋全庭咨询管辖权,扩权倾向明显。又如,2013年菲律宾单方面发起的"南海仲裁案",不但体现了菲律宾对《公约》有关条款的曲解,而且验证了仲裁庭滥用"自裁管辖权",恶意降低《公约》强制争端解决程序的适用门槛,越权管辖非《公约》调整的事项,从而引发了国际社会对"司法扩张"的担忧。综上所述,在中国与《公约》未来的互动中,中国应更加重视《公约》的解释和适用问题,以更好地维护中国的国家权益。

(四)海洋法发展的新挑战和新议题为中国海洋权益的拓展提供了重要的机遇

一方面,随着国际关系的演变和科技的进步,以《公约》为核心的海洋法仍处在快速发展中,有关海洋法发展的新挑战和新议题不断涌现,如气候变化对海平面上升的影响、有关蓝碳问题的国际合作、国际海底区域"开发规章"的制定、"公海保护区"的法律制度构建,以及"国家管辖范围以外海域生物多样性"养护和可持续利用问题等。它们既是《公约》未来发展的新动向和新趋势,也为中国海洋权益的进一步拓展提供了难得的机遇。另一方面,中国作为新兴的海洋利用大国,深度参与国际海洋法律秩序的变革,积极应对海洋法发展的新挑战和新议题,既是"加快建设海洋强国"的需要,也是增强中国在国际海洋秩序变革中话语权的重要步骤。

文章来源:原刊于《当代法学》2022 年第 4 期。

海洋法治建设

国家管辖范围外海域的
国际法治演进与中国机遇

■ 白佳玉

论点撷萃

在国际海洋法调整各国享有管辖权海域与不属于任何国家管辖海域间关系的更迭过程中,国家管辖范围外海域法律范围、内涵、外延和规则制度不断发生变化。在国际海洋秩序深度调整和中国海洋强国建设的新时期,国家管辖范围外海域国际法问题的解决不仅潜在影响着国际海洋法治的未来发展趋势,也是中国面临的历史机遇。

国家管辖范围外海域法治发展趋势表明,在国家管辖范围外海域,国家的权力、私有的权利观已经从单一或几个主权国家进行占有发生转变,控制的权力/权利内容也发生改变,更倾向于共同的义务以及责任承担。国家管辖范围外海域的治理需要从保护全人类利益的角度,促进在国际合作的基础上共同治理,并达成责任的公平共担和利益的公平共享。而中国所提出的人类命运共同体理念在国际法层面强调主权平等、国际合作、维护全人类利益,将合作具体推向了"共商共建共享"的深层次意涵,恰恰适应了现阶段国家管辖外海域国际法治发展的需要,符合国家管辖范围外海域国际法治的发展趋向,是中国应对全球治理困境贡献的全球治理方案。

中国有必要积极参与国家管辖范围外海域治理的造法论证与后续的谈判协商及履约进程。扩大人类命运共同体和海洋命运共同体的理念传播,扩大合作范围,形成一种共治氛围;在人类命运共同体理念与海洋命运共同体理念下,促进新的国际协定的制定,注意打造多边平台上的外交关系、促

作者:白佳玉,南开大学法学院教授,中国海洋发展研究中心研究员

进各国在管辖范围外海域事项的履约。同时,注意技术差距问题,科学技术不仅影响着人类认识开发以及获取海洋资源的能力,更是国家管辖海域与国家管辖范围外海域制度革新的重要推动力。

随着 20 世纪 90 年代世界各国国家管辖范围内海域界限划定与确权活动的逐步完成,国际社会开始将目光转向国家管辖范围外海域国际法律制度的构建与完善,典型代表如国家管辖范围外海域海洋生物多样性养护和可持续利用、国际海底资源开发、新型海洋污染治理以及气候变化所造成的海洋环境与生态问题应对的法律制度建构等。在国际海洋法调整各国享有管辖权海域与不属于任何国家管辖海域间关系的更迭过程中,国家管辖范围外海域法律范围、内涵、外延和规则制度不断发生变化。由于国家管辖范围外海域具体范围的确定需首要仰赖于国家管辖范围的确定,从传统国际法视野出发,国家管辖范围外海域国际法治发展的背后隐含着国家主权与管辖权概念的发展成熟以及彼此间的相互作用关系。在国际海洋秩序深度调整和中国海洋强国建设的新时期,国家管辖范围外海域国际法问题的解决不仅潜在影响着国际海洋法治的未来发展趋势,也是中国面临的历史机遇。因此,本文首先对国家管辖范围外海域的国际法发展过程进行梳理,从宏观视角审视其思想和制度变迁,分析国家管辖范围外海域国际法治的演进特点和趋势,之后对国际社会最新讨论的四项议题进行梳理,分析当前国家管辖范围外海域国际法治发展的新趋向,进而为中国在人类命运共同体理念与海洋命运共同体理念下深度参与全球海洋治理以及构建国际话语权提供参考。

一、古典主权观的萌芽与海洋自由观的兴起

梳理国家管辖范围外海域国际法发展的过程,首先需要考察古典主权观与海洋自由观的形成背景与发展历程,探究古典主权观与海洋自由观之间的相互作用关系,从根源上追踪国家管辖范围外海域的国际法治发展过程。

（一）古典主权观的萌芽

传统的主权观念诞生于西方,最早大约可溯至古希腊。在当时,主权被认为是主权性权力的概括和表征,代表一种永久且绝对地支配和管辖的权

力,这种权力不得与其他君主或臣民共享。但无论是这种主权观念的酝酿还是人类早期围绕海洋展开的生存发展活动,都并未在海洋及相关法律思想方面产生直接贡献。直至古罗马时期,人民与君主之间谁才是最高权力拥有者之争论的产生,才被视为真正意义上古典主权概念萌芽的出现。这一时期,关于主权归属的讨论从人民开始向君主倾斜。由于当时尚不存在近现代意义上的民族国家,关于主权问题的关注更多集中于实在享有的权能,而非近现代国家交往层面的主权内涵。对于正处于奴隶制社会的古典城邦君主而言,主权具体反映为一种最高统治权,具有普遍服从的特性。受制于生产力发展水平以及航海技术的局限,人们的生活领域主要囿于大陆范围内,各城邦国家只满足于陆地上的控制权,对海洋没有主权诉求,甚至也没有控制权主张。与之相伴的,是海洋自由观的兴起。

(二)海洋自由观的兴起

在古典城邦君主的控制权尚局限于陆地范围时,理性自然法思想占据了古罗马时代的社会主流。以西塞罗为代表的自然法学派学者提出并支持"理性自然法"观点,强调各民族人民的共同性。其认为上帝将所有财产(其中自然也包括海洋)赋予全人类,而没有给予任何一个具体的人。公元2世纪前后,古罗马法学家马希纳斯(Marchinus)在其著作《罗马法典》中率先提出海洋自由的观念,主张任何人都可以依据自然法在海洋中通行和捕鱼,从而产生了关于人类在海洋中自由航行以及自由利用海洋以享有生产权利的首次专门论述。乌尔比安也认为海洋应对所有人开放。到公元6世纪前后,东罗马帝国皇帝查士丁尼(Justinian Ⅰ)在《优士丁尼法典》中首次以法律形式宣告了海洋的法律地位,即海洋是人们的共有之物,所有人都可自由利用海洋。虽然9世纪罗马皇帝曾对特定事项(如渔业和海盐业等)主张行使管辖权,但其并未针对海域本身提出权力或权利主张。至于参与海洋活动的主体多以个人或小型群体为主,城邦中的臣民与海洋之间建立起一种以沿岸或大洋中的个人或船只为圆心向外辐射的简单利用关系。由于这种利用相较于整体海洋资源蕴藏量而言几乎可以忽略不计,因而人们开始并在接下来的很长一段时间内普遍持有海洋"取之不尽,用之不竭"的观点,这对相关海洋法律制度的创设产生了重要影响。

这一阶段,人类与海洋的关系还处于"初级状态",即人类初步认识海洋、进入海洋，人们既没有实际控制海洋的能力，也因此难以产生占有海洋的观念。城邦君主对城邦臣民以及陆地一定范围内事务的管辖和控制权被赋予"绝对""永久"等属性，虽然仍未发展成为近现代国际法意义上的主权概念，但其已经摆脱一种符号性的意义而具有实实在在的权力内容。由于这种权力显著地没有脱离陆地而进入海洋范围，这无疑在很大程度上促进了海洋得以维持自然法状态和原始状态。国家管辖海域制度的空白事实上也使国家管辖范围外海域范围达到历史最大值，即陆地之外的全部海域。此时，国家管辖范围外海域的法律属性属于"共有物"而非"无主物"，其法律地位与海洋本身的自然状态高度吻合，核心原则是自由以及开放利用。虽然难以认为这一时期已经出现类似现代意义上的"公海自由"的国际法规范，但"全人类共有之物"概念的提出以及海洋自由观的兴起，建立了该时期"城邦国家"对于陆地之外海域海洋利益的初步认识，为之后整个海洋法的发展提供了理性基础。而这一时期陆地外的海域即国家管辖范围外海域的法律属性，也使得国家管辖范围外海域的国际法治事实上间接发轫于这一阶段。

二、陆地主权的延伸与国家管辖海域概念的出现

古典主权观与海洋自由观初步形成后，中世纪时期的君主初期仍然将注意力集中在其对土地的排他性占有权上。国家船舶制造等技术取得突破性进展后，欧洲各国才逐渐开始将对土地的排他性占有权延伸至海洋，国家管辖海域概念也在这一时期出现。

（一）陆地主权及其延伸

严格意义上来说，中世纪没有主权者。在以古希腊古罗马为代表的西方古代文明衰败之后，整个欧洲从奴隶社会进入封建社会。以教皇和罗马皇帝为代表的两大力量将整个欧洲都置于高度集权统治之下。位于不同地方的政治权力被分割成一个个大的领土单位，形成了无数的领土统治者和自治市，显而易见地区别于古希腊古罗马时期的"城邦国家"，但仍然不属于现代意义上的主权国家。当主权再次被人们重视的时候，它开始侧重于一种财产权，准确地说，是对土地的排他性占有权。对于中世纪的欧洲君主而言，掠夺土地是最重要的，对土地的占有和所有成为其享有主权权能的最高

表现。于是,当船舶设计和制造开始取得突破性进展时,欧洲各国对土地的排他性领有权开始向海洋方向延伸。

(二)国家管辖海域概念的出现

到 14 世纪中叶前后,有学者提出国家陆地与近海海域之间存在连带关系的观点,最为典型的就是意大利法学家巴尔多鲁提出的"国家君主有权管辖陆地的毗连水域,并对沿海 100 海里范围内的邻接岛屿享有所有权"。其门生巴尔多斯更直接指出"邻接一个国家的海域属于该国管辖的区域"。是以,国家管辖海域的概念在国际海洋法的发展历史上首次出现。

虽然古罗马时期自然法思想中也有上帝的身影,但是人们更注重上帝赋予人们的权利,倾向于认为海洋属于自然,应保持原有状态而为所有人类共享。随着古希腊古罗马城邦的灭亡,尽管中世纪的神权思想仍然认为包括海洋在内的万物属于上帝的财产,但在世俗中却存在上帝的代理人,也就是教会教皇,自然法只是作为上帝存在的证明。于是为了配合各国君主对海洋的诉求,法学家们开始倾向于将海洋作为"无主物"解释。这在一定程度上加剧了不同海洋力量之间的角逐。伴随着欧洲早期民族国家——葡萄牙和西班牙的诞生,欧洲的领土统治者和封建君主陆续根据自身的航海力量所及对陆地周围海域提出完全统治权主张,结果是欧洲诸海几乎完全处于某种权力主张之下,对海洋主张的重叠导致国家间战争纠纷频发。从 1493 年教皇亚历山大六世颁布敕令将大西洋分给葡萄牙、西班牙,促成两国签订《托德西里亚斯条约》开始,到 1529 年两国签订《萨拉戈萨条约》,整个全球海洋正式被葡萄牙、西班牙两国瓜分。国家管辖海域得到了事实上的承认,而全球层面国家管辖范围外海域的范围也几乎坍缩至最小。

回顾中世纪到地理大发现早期这一历史阶段,受宗教影响,罗马帝国崩溃之后的这个"黑暗时代"以权威代替法律,并未有效促进类似当今国际法法律制度的发展。但这一时期促使了国家管辖范围真正从陆地走向海洋,也促使了作为国家海洋权利载体的国家管辖海域的出现。虽然国家管辖范围外海域因为当时葡萄牙和西班牙对全球海洋的划分缩拢至最小,但国家管辖海域的出现促进了国家管辖范围外海域的形成以及法律地位的转变。正如有学者指出的,正是在这一阶段国家管辖海域的概念出现之后,才产生了下一阶段格劳秀斯与塞尔登关于"海洋自由"与"海洋封闭"的讨论,以及领海与公海二分法的出现,进而促进国家管辖范围外海域习惯国际法的形成。

三、领水概念的发展与海上管辖体系的初步确立

国家管辖海域概念出现以后,随着欧洲各国进入资本主义时期,领水概念也随之产生。人们开始关注国家的海洋权利并对此展开激烈讨论,其中格劳秀斯与塞尔登关于"海洋自由"与"海洋封闭"的讨论为当时的代表。该时期的讨论最终导致了公海自由原则的确立,促使了以领海和公海划分为基础的海上管辖体系的确立。

（一）领水概念的产生

随着整个欧洲进入资本主义时期,民族国家逐步取代中世纪的封建等级秩序,近现代意义上的国家以及国家主权概念随之产生。此时的国家主权不再仅仅指称君主在国内的对土地的控制和财产所有权,而是被国家概念所包括,成为国际法上国家独立自主处理其对内以及对外事务的一种最高权力,国家主权的辐射范围具有了领土的含义。作为行使国家主权具体表现的国家管辖权,开始具有立法、执法、司法等多重内涵以及属地管辖权、属人管辖权、保护性管辖权、普遍性管辖权等不同范畴。17 世纪初,荷兰法学家真提利斯正式提出沿海海岸是毗连海岸所属国家领土的延续,从而标志着领水概念的产生。领水概念的产生成为国家管辖海域具有了近现代国际法理论意义的重要标志。

（二）国家海洋权利的争论与发展

在地理大发现孕育了葡萄牙、西班牙等早期海洋国家之后,荷兰、英国也相继作为海洋大国崛起,并发生了荷兰在东印度远海上捕获葡萄牙商船的争端。格劳秀斯作为东印度公司的辩护者创作了《捕获法》,承继了古罗马自然法观点与宗教改革思想,支持海洋具有无法被占有的特性,因而认为其客观上不能成为任何人的私有财产。在格劳秀斯看来,"共同（common）"显著地区别于"公共（public）",任何单纯的"发现"或者"占有"都不足以成为主权的要素。这在一定程度上似乎反映了其反对将国家主权概念延伸至海洋的主张,因为如果作为国家主权范围内的领水,从理论上来说必然要为某个国家所占有。于是,英国法学家约翰·塞尔登发表《闭海论或海洋主权

论》,主张海洋为"无主物",宣称"其同土地一样可以被视为私有领地或财产",以证明国家海上主权的成立。"海洋自由论"与"闭海论"之争反映了主权的控制与占有属性延伸至海洋,与海洋固有的传统自由观念间发生冲突,这也变相为公海的出现以及公海自由奠定了理论基础。随着 17 世纪末英国对比荷兰海洋力量的超越,英国逐步放弃了大面积海洋主权的主张,领海与公海的区分在事实上得以确立。18 世纪初,各国均已渐渐放弃垄断性占有海洋的要求而认可海洋自由原则。待到 19 世纪初叶时,公海自由原则已得到了普遍承认。

（三）海上管辖体系的初步确立

1930 年海牙会议的讨论正式将传统领水概念改称为"领海",会议认为"领海"这个概念比"领水"更为恰当。事实上"领水"概念包括的内容更为广泛,指一国主权管辖范围下的一切水域,包括内水、内海和领海,故"领水"不能确切表明该水域的特征。"领海"概念具体反映到了 1958 年日内瓦海洋法四公约中,其最大特点即领海、公海传统二分习惯国际法的成文化。此时,全球海洋的法律地位基本可以被划分为分属沿海国主权范围内的"领海",以及不属于任何国家主权的、各国均可自由使用的"公海",国家管辖范围外海域首次以国际法律制度的方式得到确立。回顾 17—19 世纪,真正意义上的海上管辖权是伴随着领海概念而出现的,这时的海上管辖权与海上主权所覆盖的海域一致,满足了各国基于传统主权对陆地主权延伸产生的有关近海安全和防卫的需求。在整个海洋法体系中,领海和公海是最早确立的海上管辖体系。

回顾这一时期,资本主义时代航海贸易的发展带来了国家对海上自由航行的需求,同时也带来了国家对沿海国家安全和利益的关切,各国开始维护自身的海洋权利,并引发了激烈的讨论。这一时代不仅确立了公海自由原则,还通过国际谈判初步确立了以领海与公海二分法为基础的海上管辖体系。该体系首次正式对海洋进行了空间划分,国家在不同海域的海洋权利也因此产生了差别,国家管辖范围外海域首次以国际法律制度的方式得以确立。

四、现代国家海上管辖权的制度化

两次工业革命及至 20 世纪四五十年代,随着科学技术水平的迅速提高,各国开始关注海洋的经济价值,原有的海上管辖体系已经不符合当时国家对海洋资源不断扩张的需求,一系列的国家实践影响和催生了一套新的现代国家海上管辖权制度。

（一）现代国家海上管辖权的初步实践

新能源、新材料和空间技术等科技革命,大大提高了世界各国对于海洋的控制能力和开发能力,海洋的经济价值愈来愈突出,不仅反映在航行和渔业领域,还体现在海底矿物和油气资源开发等多方面。伴随着利用和开发能力不断增强的是各国争相扩张的海洋资源需求。对于国家海上主权的具体内容而言,在安全和防卫的基本需求之上,个别海洋大国率先注意到主权范围内经济利益层面的突出价值,从而强调对经济性事务的专属管辖权。具有代表性的是基于马汉海权理论兴起并且在海上具有突出控制和开发能力的美国,其从国际政治的角度直接或间接地影响了现代国家海上管辖权制度化的进程。

1945年,美国总统杜鲁门发布《关于大陆架的海床和底土自然资源的政策的总统公告》(以下简称《杜鲁门公告》),宣布美国在连接本国海岸的海上有权对渔业采取养护措施以及毗连美国海岸的大陆架底土和海床自然资源受美国管辖和控制。《杜鲁门公告》被认为系美国扩大近海管辖权的国家利益之需,但值得注意的是,其虽然直接反映了美国对经济性资源管辖权的扩张,但已经与传统主权具有的完全占有和排他性主张存在较大区别。美国强调经济性管辖权的概念而非传统主权概念可能是出于对其航行自由利益的维护,在美国不存在近海安全防卫的紧迫需求情况下,美国希望实现经济和航行利益最大化。然而,无论《杜鲁门公告》初衷为何,其客观上造成了亚非拉国家对于本国海上主权(具体表现为安全)的紧张。

（二）现代国家海上管辖权的制度化

1973年至1982年,世界各国在联合国主持下召开了第三次联合国海洋法会议。会议上形成了以主要的海洋大国、七十七国集团、群岛国、宽大陆架国家、内陆国及地理不利国等为代表的不同利益集团。最终通过的1982年《联合国海洋法公约》(以下简称《公约》)将全球海域分成领海、毗连区、专属经济区、大陆架、公海、群岛水域等具有不同法律地位的海域,使各国在不同海域享有对应的权利和义务。国家管辖海域具体性质不仅包括沿海国享有的海上主权,也涵盖进主权权利。值得注意的是,在专属经济区中和大陆架上,沿海国的权利主要表现为经济性的专属管辖权,但关于人工岛屿设施等的构建以及紧追权等规定仍体现着沿海国权利的领土性或属地性。在现代国家海上管辖权制度化后,国家管辖范围外海域国际法治也随之形成。此时,传统的公海事实上被再次分割,在剥离出了国家可以就经济事项行使主权权利以及特定事项行使管辖权的专属经济区、大陆架之后,国家管辖范围外的海床和洋底及其底土被作为国际海底区域(以下简称"区域")与公海水体部分进行分离,进而使得"区域"与公海享有不同法律地位。其中,公海具体指各国内水、领海、群岛水域和专属经济区以外不受任何国家主权管辖和支配的海洋部分。公海被规定不得处于任何国家主权主张之下,各国在公海享有航行、捕鱼等公海自由。公海生物资源养护和管理问题被单独提出,《公约》认为所有国家均有义务采取措施,同时鼓励各国积极开展相关合作。"区域"及其资源的法律地位被界定为人类共同继承财产,《公约》明确指出任何国家不应对"区域"任何部分或资源主张主权或主权权利,其上一切权利属于全人类,由国际海底管理局代表全人类行使,所有活动均应为全人类的利益而进行。至此,国家管辖范围外海域主要由公海和"区域"两大部分组成。

无论是《公约》谈判过程中对程序性事项的规定还是最终文本的达成,都充分体现了联合国意图对不同利益集团进行协调以实现各国利益平衡的意愿。1982年《公约》的生效正式确立了现代国家海上管辖权制度。经济性的专属管辖权以及大陆架制度的确立在一定程度上中和了传统主权理论中安全防卫以及领有的绝对排他性,更容易满足海洋大国对经济性利益的需求。就《公约》最终所形成的"公海"概念而言,其事实上已经远小于之前各历史阶段的公海范围。而通过《公约》的规定不难发现,各国海洋利益的平衡系通过对国家海上管辖权内容加以界定来实现。这在整体上形成了一种稳定的海洋秩序,虽然带来了诸如相邻或相向国家间专属经济区和大陆架重叠造成的潜在冲突性问题,但其在较长一段时间内较好地实现了沿海国家管辖范围内海域的权利利益与国际社会整体海洋利益的平衡。

五、国家管辖范围外海域国际法治发展新趋向

虽然《公约》对国家管辖范围内以及国家管辖范围外海域相关法律地位

以及各国权利义务等内容均作出规定，但长久以来对海洋资源所持有的"取之不尽、用之不竭"的观念以及国家管辖范围外海域所具有的"公地"效应，使各国倾向于关注对资源的占有和利用，而忽略了人类活动对海洋环境可承载力以及资源可持续开发的影响。人类对海洋自然资源利用状况的担忧一定程度上导致了对海洋可持续利用观的转变，催生了基于共同体利益（Community Interests）管理国家管辖范围外海域的公共性事务的治理逻辑。"共同体"这一概念来源于社会学，最初由德国社会学家滕尼斯（Ferdinand Tonnies）于其著作《共同体与社会》（Gemeinschaft und Gesellschaft）中提出，德文 Gemeinschaft 一词被译作"共同体"。滕尼斯的共同体概念强调亲密关系和共同的精神意识以及对社区的归属感、认同感，因此包括地域共同体、血缘共同体和精神共同体。与滕尼斯提出的共同体不同，国际共同体强调成员之间的相互依存，而这种相互依存产生了一种全体的更高的利益，在成员之间创建了共同的目标和责任，并且这种共同体可以是区域尺度的，也可以是全球尺度的。这表明国际法层面的共同体并不单纯基于血缘、地域或是精神，而是基于国家之间的相互依存关系，其内容包含了利益共同体和责任共同体两方面的内容，区别于完全基于共同利益组成的共同体，进而保障了共同体利益的长久维护。在国际实践中西方发达国家多将共同体利益局限于基于地域或基于血缘而形成的小集团区域共同体利益，而全人类共处于一个地球，海洋作为地球生命的摇篮，孕育了人类，也决定着人类的命运；海洋与人类的前途命运休戚与共，人类基于海洋的全球性问题成为利益共享、责任共担、命运与共的共同体。因此，国家管辖范围外海域涉及全人类的共同体利益，其利益范围需要兼容并包全球不同国家利益并且涉及人类生存的重要需求的利益，其国际法表达则体现为《公约》在序言部分阐述的"各海洋区域的种种问题都是彼此密切相关的，有必要作为一个整体加以考虑"。但国家管辖范围外的应然共同体利益并不意味各方应承担同等的责任，由于国家管辖范围外海域公共事务治理的特殊性和复杂性，每个国家应基于自身的义务，充分的参与治理。

各国在国家管辖范围外海域公共事务治理的不同主要体现在责任承担和惠益分享上。首先，工业革命时代，发达国家排放的污染物对大气造成损害，空气中多余的温室气体与海水作用后造成海洋酸化，气候变化对脆弱海洋生态系统和物种带来潜在影响，大气与海洋的相互作用导致气候治理与海洋治理间存在密切联系。大气与海洋构成环境的组成要素,其耦合关系使得大气变化会对海洋造成影响进而影响整体的环境。为保障时空层面的环境正义,在共同治理国家管辖范围外海域公共事务中理应适用源于《联合国气候变化框架公约》中共同但有区别的责任原则的理念精神,即一方面强调基于"共同体利益""人类共同关切之事项"的共同责任,另一方面强调发展中国家与发达国家基于不同的历史责任、技术差距等原因承担有区别的责任。发达国家拥有了工业化所带来的科学技术与资金实力,理应对海洋环境治理方面承担主要责任,这也是实质正义的体现。该逻辑进路与《公约》中有关对发展中国家的科学和技术援助,以及其他优惠待域等制度设计初衷相一致。其次,由于国家管辖范围外海域公共事务既包括环境保护责任承担方面又包括资源利益分享方面,考虑到发达国家和发展中国家在经济和海洋资源开发利用上的技术差异,为保证公平与正义,理应将共同但有区别的责任原则延伸适用于惠益分享方面,给予发展中国家关照,从而同时达到责任承担正义和利益分配正义。在国家管辖范围外海域国际法治发展新议题中,这种价值反思可以制度为载体,反映于新的规则制定中。

(一)国家管辖范围外海域海洋生物多样性的养护和可持续利用问题的国际协定谈判议题

国家管辖范围外海域海洋生物多样性的养护和可持续利用问题的国际协定(以下简称"BBNJ 国际协定")谈判源于联合国在 2015 年召开的联大第 69 次大会上通过的一项决议。该项决议旨在根据《公约》的规定就国家管辖范围以外区域海洋生物多样性的养护和可持续利用问题拟定一份具有法律约束力的国际文书,以确保《公约》关于国家管辖范围以外区域海洋生物多样性养护和可持续利用的目标得以有效实现,其尤为强调要重视作为一个整体的国家管辖范围以外海域的生物多样性养护与可持续利用。在实际谈判中,BBNJ 国际协定涉及海洋遗传资源、划区管理工具、环境影响评估、能力建设及海洋技术转让四个议题。目前,BBNJ 第五次政府间谈判正处于暂停状态,谈判基本已处于尾声阶段。就最新谈判成果而言,虽然世界主要国家均就不同议题作出了不同程度的妥协和让步,但各方分歧仍然存在。在一般规定项下,对于"人类共同继承财产"原则,发达国家不接受将这一原则予以纳入,而发展中国家则支持这一原则的适用。在海洋遗传资源议题下,发达国家与发展中国家在海洋遗传资源是否应遵循"人类共同继承财产"原则、采用货币的抑或是非货币的惠益分享模式关键问题上仍存在分歧。结合发达国家在海洋资源开发上的经济与技术优势,这些分歧或进一步表明发达国家达成海洋资源开发垄断的野心。

在划区管理工具议题下,各国已经达成通过包括海洋保护区在内的划区管理工具,对一个或多个部门或活动进行管理,以根据协定达到特定养护和可持续利用目标的共识。根据 BBNJ 国际协定最新草案,在决策机制问题上仍然存在争议,第 19bis 条规定对于划区管理工具项下的问题,一般规则采用协商一致方式,如无法达成协商一致,采用四分之三多数票决制;对于判定是否已穷尽协商一致努力,则须经三分之二多数投票决定。而多数票决制可能使得保护区更加容易建立。另外,草案文本对保护区的建立和实施都提到了"预防的应用""预防性措施",但未对"预防"这一概念作更明确的阐述,这可能为更广义的解释打开了大门,使得保护区在缺乏完全科学证据的情况下即得以建立。在此议题下,有必要警惕基于国家小团体或是对"预防"概念的扩大解释带来的国家管辖范围外海域新一轮"蓝色圈地运动"的风险。

在环境影响评估议题下,各国对于由拟议的科学与技术机构制定标准或指南,向缔约方会议提出建议达成了共识。但对于这些建议应该被视为"标准"抑或"指南"仍存在争论。"标准"具有法律约束力,而"指南"的适用可能更为灵活。在能力建设与海洋技术转让议题下,西方发达国家反对强制性技术转让与国际合作,而坚持自愿性转让的方式。在监测和审查海洋技术能力建设和转让方面,发达国家主张监测和审查,反对协议设立的委员会方式,认为缔约方会议即是一个灵活的治理结构。小岛屿国家和发展中国家则主张成立海洋技术委员会,强调成立一个具体的具有专门能力的附属机构,其召开会议频率比缔约方会议更高,无须等待缔约方会议且根据地域分布提名以实现地域公平。在这一方面,小岛屿国家与发展中国家的利益维护尚需要各方努力。

目前,BBNJ 国际协定谈判尚未完成,只有秉持从全人类共同体利益维护之初心,注意维护小岛屿国家与发展中国家的利益,方有助于敦促该协定得以公平公正的达成。即便在该协定达成后的履约过程中,也需要注意各国有关条约解释等方面的共识,避免发达国家对全人类共同体利益进行扩大解释，以保护全人类共同体利益之名行海洋圈地之实。

(二)国际海底区域矿产资源勘探开发规章的制定议题

《公约》第十一部分规定了国际海底区域的法律地位和开发制度，其中有关"区域"及其资源系属人类共同继承财产的原则逐渐发展成为习惯国际法的一部分，具有共同共有、共同管理、共同参与和共同获益四大特征。2011年，国际海底管理局决定启动"区域"资源开发规章的制定工作，目前《"区域"内矿产资源开发规章和标准合同条款工作草案》(以下简称《草案》)已历经四次拟定和反复磋商，新的《草案》文本还在制定当中。在不断修订过程中，有关"区域"环境保护的规定得以细化和强化，《草案》在全人类共同环境利益的基础上赋予担保国环境保护的一般义务，在具体资源勘探和开发活动中，赋予既有"共性"又有"区别"的环境保护义务。在惠益分享机制讨论上，亦体现了"共区原则"。2021年，瑙鲁触发了《关于执行1982年12月10日〈联合国海洋法公约〉第十一部分的协定》下的"两年规则"，加速了开发规章的制定进程，但规章能否出台仍然取决于谈判本身。

根据2019年版本的《草案》，在第十一部分"检查、遵守和强制执行"中规定了国际海底管理局的监管职权，进一步明确了《公约》授予国际海底管理局的监督检查权，明晰了担保国的担保责任，并规定了对承包者的强制执行和处罚措施等内容。但是，过多地强调承包者和担保国的义务和责任，导致承包者和担保国负担的责任过重，有悖于各国提案中普遍强调的适当惩罚。另外，《草案》并未明确提出具有可操作性的具体环境标准和做法，而对于环境标准的明晰需求已经反映在各国的提案当中。根据2019年12月的《关于"区域"内矿物资源开发规章草案的评论意见》，有建议提出需进一步澄清环境标准、环境管理系统、环境影响报告与环境管理和监测计划之间的关系，包括内容、产出、工作流程和主要实施实体。并且，企业部的设立运行等问题也尚未得到解决。故申请者如在开发规章缺位的情况下进行开发工作计划的申请，将面临诸多法律不确定性和经济风险。因此，在开发规章开放讨论的过程中，各方需要秉持人类共同继承财产的原则，从维护全人类共同体利益角度出发，在各种关系国家重要利益的问题上进一步的积极讨论，同时应强调发达国家与发展中国家在资源开发技术上的差异，注意合理设计各方在"区域"资源开发议题下的环境保护责任和惠益分享机制。

（三）国家管辖范围外海域塑料污染议题

在国际环境公共性问题领域，塑料垃圾污染系显著性问题。在全球范围内塑料已被证明占海洋垃圾的 60％～80％，在一些地区占比甚至会更高。海洋塑料垃圾最终沉积于国家管辖范围外海域，进入深海生物链，破坏深海生态系统。在现有的国际法律框架下，对此问题适用的协定是 2019 年生效的《〈巴塞尔公约〉缔约方会议第十四次会议第 14/12 号决定对〈巴塞尔公约〉附件二、附件八和附件九的修正》（以下简称"《巴塞尔公约》塑料废物修正案"），其核心理念是基于全人类共同体利益，保护人类健康和环境，使其免受危险废物和其他废物的产生和管理可能造成的不利影响。《巴塞尔公约》塑料废物修正案对海洋塑料污染的中间环节的法律介入，通过事先知情同意程序等义务性规定，约束塑料废物的跨境转移，从而保护全人类共同体利益。另外，在塑料无害化处理等技术方面，发达国家缔约方对发展中国家缔约方提供废物回收技术援助与资金支持的规定，也表达了"共区原则"的理念。

2022 年 3 月 2 日，175 个国家和地区的领导人、环境部长及其他部门的代表，在联合国第五届环境大会续会上通过了《终止塑料污染决议（草案）》，旨在 2024 年达成一项涉及塑料及其制品的生产、设计、回收和处理等各个环节且具有国际法律约束力的协议。与《巴塞尔公约》塑料废物修正案不同，该协议将涉及塑料的整个生命周期，包括可重复使用和可回收产品与材料的设计，更加强调国家间技术、能力建设和科学技术合作。而微塑料污染是一种新兴的海洋污染问题，因微塑料废片直径小于 5 毫米，在大自然循环系统的作用下其更容易进入海洋生态环境，从而对鱼类等海洋生物造成污染。因此，微塑料污染不仅威胁到海洋生态安全和可持续发展，还威胁到人类粮食安全。但目前其治理主要依据《巴塞尔公约》等条约和《塑料污染热点和促成行动国家指南》等软法，尚无针对性国际条约的达成。因此，针对海洋微塑料污染治理，同样需要基于对全人类共同体利益的保护，鼓励跨部门、跨行业的国际合作。总的来说，在海洋塑料污染防治方面，各方在依据《终止塑料污染决议（草案）》的后续谈判上，需要确保广泛的参与性，同时需要注意到发达国家与发展中国家的责任差异，从而达成一项应对塑料污染的公平协定。在微塑料污染防治方面，有必要通过专门性条约规则的制定，为各国合作搭建平台,保护以海洋为依托为人类提供优质蛋白高效供给的"蓝色粮仓"。

（四）气候变化造成的海洋酸化及海平面上升等议题

进入工业时代后,煤炭等化石燃料的大量燃烧使温室气体排放量急剧增加,温室气体进入海洋水体后,经过反应产生大量氢离子以及碳酸,导致海洋酸化。气候变化造成的全球气温变暖同样反映在了海平面上升等问题上。气候变化带来海洋环境变化后,海洋生物多样性也受到威胁。可见,气候变化在海洋领域造成了一系列全球性问题。现有国际法框架下尚不存在一套专门应对气候变化造成的海洋问题的国际法律制度,能为解决这些问题提供必要的法律基础的国际条约包括《联合国海洋法公约》《生物多样性公约》《联合国气候变化框架公约》等。《联合国海洋法公约》中有关国际海洋环境保护法律制度以及《联合国气候变化框架公约》及相关协定中有关气候变化应对的国际法律制度,在全人类共同体利益的基础上赋予各国环境保护的一般义务。但两者均缺乏具体针对气候变化造成的海洋酸化、海平面上升、海洋生物多样性丧失等问题的共识与措施。《生物多样性公约》中有关海洋生物多样性保护法律制度从海洋生物多样性养护的角度纳入了海洋酸化问题的考量,但其对气候变化造成的海洋问题关注也并不全面。因此,对国家管辖范围外海域气候变化造成的海洋问题的治理虽具有良好的国际法律基础,但仍有欠缺。而不论是《联合国气候变化框架公约》中的缔约方减排义务承担还是《生物多样性公约》惠益分享机制等,都贯穿着共同但有区别的责任原则理念。人类对气候变化造成的海洋问题治理尚处于初级阶段,基于气候变化与海洋酸化之间相互作用的关系,前期人们在气候治理上达成的共识理应适用至共同治理气候变化影响造成的国家管辖范围外海域海洋酸化等问题,以"共商共建共享"原则促进合作,同时注意考量发达国家与发展中国家的差异,遵循"共同但有区别的责任"原则分配国家的义务和责任。

六、国家管辖范围外海域国际法治发展特点与中国机遇

通过对国家管辖范围外海域的国际法治发展历程的回溯,以及对国家管辖范围外海域国际法治新兴议题发展趋势的分析,可总结出国家管辖范

围外海域国际法治的发展特点,进而为中国推进国家管辖范围外海域国际法治发展和深度参与全球海洋治理提供有益的建议。

（一）国家管辖范围外海域国际法治发展特点

纵观整个国家管辖范围外海域的国际法治发展历程,随着人类海洋科学技术水平的提升,陆上主权逐渐向海上延伸,海洋也从原始海洋的开放与自由状态发展到几乎全部处于各国名义上的"控制"之下,再到领海、公海二分国际海上管辖权体系的初步形成,最终使得国家管辖范围外海域首次以国际法律制度的方式得以确立。第二次世界大战后,《公约》将海上管辖权的制度化,进一步发展了国家的海上管辖权,实现了国家主权内绝对占有和排他性与海上管辖权范围内别国享有适当合理自由的平衡。国家管辖范围外海域法治发展趋势表明,在国家管辖范围外海域,国家的权力、私有的权利观已经从单一或几个主权国家进行占有发生转变,控制的权力/权利内容也发生改变,更倾向于共同的义务以及责任承担。国家管辖范围外海域的治理需要在包容各国不同的价值理念的基础上,通过良好健康的国际合作,维护全人类共同体利益。在法律上,表现为在国际规则的制定、履行与监督和科学技术进步等方面,从维护全人类共同体利益的角度出发,在各国平等谈判协商基础上实现各国共同责任承担与共同利益分配的公平,而判断公平的一个基本条件即是责任承担与利益分配上对共同但有区别的责任原则的适用。

（二）中国机遇

国家管辖范围外海域国际法治的发展趋势表明,国家管辖范围外海域的治理需要从保护全人类利益的角度,促进在国际合作的基础上共同治理,并达成责任的公平共担和利益的公平共享。而中国所提出的人类命运共同体理念在国际法层面强调主权平等、国际合作、维护全人类利益,将合作具体推向了"共商共建共享"的深层次意涵,恰恰适应了现阶段国家管辖外海域国际法治发展的需要,符合国家管辖范围外海域国际法治的发展趋向,是中国应对全球治理困境贡献的全球治理方案。"海洋命运共同体"是对人类命运共同体理念的丰富和发展,为解决全球海洋治理的困境提供了可行的理念引导与实践路径。因此,中国需在人类命运共同体理念与海洋命运共同体理念下参与国家管辖范围外海域治理。

首先,在BBNJ国际协定议题下,中国作为负责任的海洋大国,支持养护和可持续利用国家管辖范围外海域,兼顾不同地理特征国家的利益和关切,保持权利、义务的平衡,维护全人类的共同体利益,致力于实现互利共赢的目标。故在后续谈判中,应警惕西方发达国家主张背后的本质,结合中方在各议题下的主张,进一步推进各国在争议议题下的谈判,促进合意达成。在后续的履约实践中,注意与各国达成条约解释与执行的共识,避免发达国家对全人类共同体利益进行扩大解释,以新形态的"蓝色圈地运动"压缩发展中国家的发展空间。

  其次,在"区域"资源开发规章制定议题下,中国有必要继续在"区域"资源开发规章的制定中发挥"引领国"作用,既要不断提升本国有关"区域"资源的开发技术和开发能力,也要考虑其他发展中国家的利益,推动其他发展中国家间国际合作、共同参与"区域"资源的开发活动,从而进一步落实人类共同继承财产原则。结合中国2019年提交的关于《"区域"内矿产资源开发规章草案》的评论意见,在《草案》的制定中可进一步促进各方在检查活动中的权利、义务和责任的清晰与明确,避免增加承包者的负担,推进环境保护标准和有关企业部的规定丰富和细化等工作。

  再次,在国家管辖范围外海域塑料污染治理议题下,中国支持通过多边努力来应对塑料污染,就塑料(包括海洋环境中的塑料)的国际文书启动谈判,倡导以积极进取的目标和执行手段,确保广泛的参与性,同时充分承认各国不同国情和起点。故后续谈判中,中国有必要积极参与和推进有关协定的达成,坚持共同但有区别责任的原则,鼓励发达国家对发展中国家在经济和技术方面的援助,共同推进全球海洋塑料污染的防治。在微塑料治理方面,中国应推进新的有针对性的国际协定的制定,推进全球微塑料污染的共同治理,从而保护全人类的生命健康安全。

  最后,在气候变化造成的海洋酸化等议题下,发达国家对于全球气候变暖负有不可推卸的历史责任,中国立场是通过公平合理的减排标准实现责任分配正义,通过发达国家对发展中国家提供支持实现矫正正义,并强化履约机制。因此,在因气候变化造成的国家管辖范围外海洋酸化等问题治理方面,中国应结合《中国应对气候变化的政策与行动》白皮书,积极参与气候变化造成的海洋问题治理的讨论,并基于气候正义有效开展气候领域的国际合作。在责任承担问题上,基于气候变化影响造成国家管辖范围外海域海洋问题的逻辑,强调发达国家与发展中国家的责任承担的区别,促进各方在气候造成的海洋问题治理上达成公平正义目标下的合意。

(三)实施途径

为把握上述机遇,中国有必要积极参与国家管辖范围外海域治理的造法论证与后续的谈判协商及履约进程。具体可考虑以下四个方面作为落脚点。

第一,扩大人类命运共同体和海洋命运共同体的理念传播,扩大合作范围,形成一种共治氛围。中国提出的人类命运共同体理念与海洋命运共同体理念,强调通过国际合作维护全人类共同体的利益,具体体现为对海洋治理"共商共建共享",符合国家管辖范围外海域国际法治发展的趋势。因此,中国需要积极推进人类命运共同体理念和海洋命运共同体理念的传播,增强该理念的国际认同,打造蓝色伙伴关系,从而促进制度共识的达成。

第二,在人类命运共同体理念与海洋命运共同体理念下促进新的国际协定的制定。如前文所述,目前国家管辖范围外海域的海洋生物多样性养护与可持续利用及区域资源开发的规则制定方兴未艾,海洋塑料与微塑料污染治理、海洋酸化治理等方面都缺乏有针对性的专门性国际法律规范,有必要积极参与国家管辖范围外新规则的制度构建,强调全人类共同体利益的保护、共同责任的承担、共同命运的维护,促进国家实际享有的权利与其实际负担的义务相统一。

第三,在人类命运共同体理念和海洋命运共同体理念下注意打造多边平台上的外交关系,促进各国在管辖范围外海域事项的履约。对于现行国际秩序,中国既要防止西方国家将规则项下的强权政治逻辑带入国际法,又需以人类命运共同体理念为指引,维护"以国际法为基础"的国际秩序和国际体系。故国家管辖范围外海域国际法治应遵循基于国际法的国际秩序,坚持开放包容,让每个国家都能够平等地参与全球性的多边制度,通过平衡各方利益达到合作共赢的效果,而这种效果的达成依赖于各国对国际协定的履行。因此,中国可通过以联合国为核心的多边平台,积极监督和促进各国在国家管辖范围外海域相关事宜下的履约。

第四,在人类命运共同体理念与海洋命运共同体理念下注意技术差距问题,科学技术不仅影响着人类认识开发以及获取海洋资源的能力,更是国家管辖海域与国家管辖范围外海域制度革新的重要推动力。而话语权塑造与竞争往往体现在科学与政治的互动中,不论是国际协定谈判中的议题设计还是科学论证引用,其背后都可能存在国家利益的考量。中国应抓紧实现海洋技术飞越与人类命运共同体理念的转化传播,当中国通过技术飞越掌握了未来技术制度走向的国际话语权时,更有利于进一步促进国家管辖范围外海域治理公平的实现。

文章来源:原刊于《学习与探索》2023 年第 2 期。

构建新时代中国特色海洋法律体系:任务、现状和路径

■ 初北平,郭文娟

论点撷萃

构建新时代中国特色的海洋法律体系,是中国海洋法律建设不断趋于完善的历史结果,是建设海洋强国这一战略目标清晰化后的逻辑必然,是海洋领域实现全面依法治国的制度要求,具有历史的必然性和现实的必要性。

随着习近平法治思想和全面依法治国方略的提出,建设海洋强国在中华民族伟大复兴战略全局中的地位上升,以及我国海洋法律法规的完善,构建新时代中国特色海洋法律体系要求更加迫切,条件更加充分,时机更加成熟。新时代中国特色海洋法律体系应当具备新时代中国特色社会主义法律体系的根本要求,满足海洋法治服务建设海洋强国的法律需求,体现海洋法律体系的基本特征。总的来说,就是以习近平法治思想为引领,在宪法指导下,通过系统化科学立法,为维护国家海洋主权、权益和安全,为推进海洋各领域治理体系和治理能力现代化,为推动构建海洋命运共同体,提供法律依据和法律保障,妥善处理海洋事业改革与法律制度建设、推动海洋法治和维护海洋权益等关系。

当前,我国海洋法律规则建设已取得阶段性成果,初步实现了海洋各领域工作有法可依,并为维护国家海洋权益提供了有力法律保障。同时,根据建设海洋强国体系化目标,还存在缺少直接的宪法性条款和海洋基本法律、单行法和部门法直接横向协调不足、关注国家战略需要和国际形势变化的

作者:初北平,大连海事大学法学院教授;
　　　郭文娟,大连海事大学法学院博士

海洋法治建设

前瞻性立法不够等问题。新时代中国特色海洋法律体系的构建应当牢牢抓住海洋基本法立法契机,加紧搭建海洋法律体系的"四梁八柱",对内充分发挥对海洋事业改革发展的肯定和推进作用,对外运用好法律对维护海洋权益、推进海洋合作、参与全球海洋治理的积极作用。同时,密切关注国家战略需要和海洋新兴领域,有序开展前瞻性立法工作。

100年来,中国共产党领导人民持续探索、不断推进法治建设,成功走出一条中国特色社会主义法治道路,已成为党百年奋斗光辉历史和重大成就的重要组成部分。党的十八大以来,以习近平同志为核心的党中央关心海洋、经略海洋,提出建设海洋强国是实现中华民族伟大复兴的重大战略任务,将加快建设海洋强国作为新时代党的重要工作,为构建新时代中国特色海洋法律体系提供了方向和遵循。本文紧扣新时代我国海洋事业发展的中心任务,按照习近平法治思想的具体要求,阐明构建新时代中国特色海洋法律体系的必要性,明确构建新时代中国特色海洋法律体系的任务在于为实现海洋治理体系和治理能力现代化、维护国家领土主权和海洋权益、深度参与全球海洋治理提供法律保障和支撑。在此基础上,进一步分析我国海洋法律体系建设取得的成就和存在的问题,并从构建多层次涉海法律的纵向视角和进一步完善部门立法的横向视角,提出构建新时代中国特色海洋法律体系的具体建议。

一、构建新时代中国特色海洋法律体系的必要性和现实条件

1958年,全国人大常委会通过《中华人民共和国政府关于领海的声明》,向全世界公布具有法律效力的海洋权益主张,这是新中国海洋法律建设的起点。改革开放以来,我国先后制定《海商法》《海域使用管理法》《渔业法》《海洋环境保护法》,为海洋领域各项事业的发展提供法律保障。1996年5月15日,我国批准加入《联合国海洋法公约》(以下简称《公约》),《公约》的主要制度被纳入在此前后制定的《领海及毗连区法》和《专属经济区和大陆架法》中,为构建我国海洋法律体系搭建了基础逻辑,创造了现实条件。可以说,经过60多年的建设,我国海洋法律实现了从无到有、从零散立法到初步成体系、从总体封闭到融入国际海洋法律,完成了重要基础性工作。

随着中国特色社会主义事业进入新时代,国家对海洋和海洋工作认识

不断深化,第一次明确提出"建设海洋强国",并且将其从"中国特色社会主义事业的重要组成部分",提升为"实现中华民族伟大复兴的重大战略任务"。对建设海洋强国认识的变化说明两个问题:一是新时代的海洋工作被视为一个整体,而不是被当作分散于各个领域中与海洋相关的工作来对待,进而被赋予了统一的政策目标。二是建设海洋强国在国家整体战略中由"组成部分"变为"重大战略任务",除了突出其核心利益的属性外,还隐含着从客观描述到主观判断的变化,表明对一任务重要性的认识和必须完成的坚定决心。

除海洋工作的变化外,新时代对法律体系建设也提出了新的要求。2011年3月,我国宣布中国特色社会主义法律体系已经形成。但完善这一体系的步伐并未止步。2014年10月,党的十八届四中全会通过《中共中央关于全面推进依法治国若干重大问题的决定》,提出推进科学立法,完善以宪法为统帅的中国特色社会主义法律体系。2017年11月,"全面依法治国"作为中国特色社会主义事业"四个全面"战略布局之一,成为党治国理政的根本方略。2020年11月,习近平法治思想正式形成,其核心思想"十一个坚持",其中包括"坚持建设社会主义法治体系"。梳理新时代法治建设进程的意义在于:首先,全面依法治国成为根本方略意味着包括海洋在内的各领域工作,都必须在法律指引下进行,在法律规范框架内开展。其次,依法治国,有法可依是前提,加快形成完备的法律规范体系是实现法治的必然和首要路径。没有完善的法律体系,民事主体的依法行为、行政主体的依法行政、司法主体的依法裁判都将成为"沙滩上的阁楼"。事实证明,2012年以来,我国立法速度相对之前大大加快,也说明我国推进法治体系建设的起步就是建立法律体系。最后,习近平法治思想中的观点、方法、原则,如"推进国家治理体系和治理能力现代化""统筹推进国内法治和涉外法治",与海洋工作息息相关,为完善海洋立法提供了根本遵循和具体指导。

总的来说,构建新时代中国特色的海洋法律体系,是中国海洋法律建设不断趋于完善的历史结果,是建设海洋强国这一战略目标清晰化后的逻辑必然,是海洋领域实现全面依法治国的制度要求,具有历史的必然性和现实的必要性。

二、新时代中国特色海洋法律体系的内在意涵

构建新时代中国特色海洋法律体系,必须立足于科学界定,寻求其中的规律性、普遍性认识。法律体系是客观载体,建构工作目的是通过法律制定、修订、解释工作,使独立存在的单行法律自纵向和横向两个维度形成紧密联系的系统化整体。新时代中国特色是建构工作的时代背景,法律体系的建构应当以新时代为主线和底色,同时服务于新时代中国海洋事业发展的特定需要。海洋既是对法律体系所属领域的描述,也是对体系内法律共同属性的归纳,意味着该体系内的部门法和单行法虽有具体的立法目的和任务,但更要共享海洋和海洋法律所具有的共同特质。

(一)符合中国特色社会主义法律体系的一般性要求

中国特色法律体系本身体现了结构内在统一而又多层次的科学要求,包括以宪法为统帅,以宪法相关法、民商法、行政法等法律部门的法律为主干,由法律、行政法规、地方性法规与自治条例、单行条例等三个法律层次构成。因此,中国特色海洋法律体系应当包括宪法或宪法性法律、专门海洋法律和非专门海洋法律中涉海条款,以及涉海地方性法规和专门条例。

在此基础上,习近平法治思想对推进科学立法、加快形成完备的法律规范体系进行了详细的论述,凸显了新时代的特殊意义。其对构建海洋法律体系工作的指导意义主要体现在重申宪法在法律体系中的最高地位,阐明改革和立法的辩证关系,以及对立法提出具体要求。

首先是要明确宪法对海洋法律体系建设的指导地位。宪法是国家根本法,是国家法制的最高体现,坚持以宪法为最高法律规范,是完善以宪法为核心的中国特色社会主义法律体系的最基本要求。我国现行宪法中没有直接明确与海洋相关的条款并不意味着宪法对海洋法律体系没有指导性作用,恰恰相反,宪法中大量适用于各领域的普遍原则和规范,都是构建海洋法律体系不可或缺的核心指导思想。例如,第十三届全国人大第一次会议通过的《宪法修正案》,将"生态文明"写入宪法,就为海洋生态文明建设提供了明确的宪法依据。

其次是要统筹把握海洋法律体系建设与海洋事业改革发展的关系。科学立法是妥善处理改革和法治关系的重要环节,把发展改革决策同立法决

策更好结合起来,确保国家发展、重大改革于法有据。这一要求同样适用于海洋法律体系的构建。党的十八大以来,我国海洋事业经历历史性变革,涉海顶层设计的完善、海洋行政管理体制的变革、海洋执法力量的整合等,都对海洋立法提出新的要求。海洋法律体系建设的一个重要任务就是要把经过实践检验有效的制度和实践以法律形式固定下来,在此基础上统筹谋划和整体推进海洋法律的立改废释纂各项工作。

最后是要妥善处理立法面对的一般性难题。比较突出的问题是立法工作中的部门化倾向,有的立法实际上成了一种利益博弈,不是久拖不决,就是制定的法律不大管用。海洋法律体系不是孤立于其他法律体系的"分支",海洋法律规范更不是仅限于海洋的部门法或单行法。要坚持系统观念,将海洋法律体系深刻内嵌入中国特色社会主义法律体系的整体框架中,打诵专门的海洋立法和非专门海洋立法中的涉海规定间的良性互动,共同形成有机协调的整体。

(二)满足建设海洋强国各项任务的具体需要

尽管建设海洋强国的各项规划并不完全对社会公开,但有理由相信,有关具体工作都在统一的顶层设计下,有条不紊地开展。2018年12月24日,全国人大常委会听取国家发展改革委和自然资源部《关于发展海洋经济、加快建设海洋强国工作情况的报告》。该报告提出建设海洋强国,要走依海富国、以海强国、人海和谐、合作共赢的发展道路,要实现和平、发展、合作、共赢的发展方式,对高质量发展海洋经济、建设海洋生态文明、加快海洋科技创新、构建涉海合作新格局作为四方面重要工作。在此基础上,运用法律方式参与建设海洋强国可以被进一步分解为三方面的具体任务:维护岛礁主权、海洋权益和海上安全;实现海洋经济、海洋生态、海洋科技等各个领域治理体系和治理能力现代化;推动构建海洋命运共同体,深度参与全球海洋治理。

一是维护岛礁领土主权、海洋权益和海上安全。领土主权和根据"陆地统治海洋"原则所产生的海洋权益,是国家的核心利益。岛礁领土主权以及由此派生的内水、领海等主权性质海洋权利,和其他区域性质的海洋权益,为建设海洋强国提供最根本的物质基础和地理范围。海上安全是指海洋方向的国家主权、领土完整等重大核心利益处于没有危险和不受内外威胁的状态,是维护岛礁主权和海洋权益的外延,为建设海洋强国提供安全保障。通过具有法律效力的方式,宣示本国的领土主权和海洋权利主张,规范本国主体和他国主体在相关区域内的行为,是国家主权的具体体现,也是国际法对国家恰当取得和实施权利的要求。

当前,我国与周边国家之间岛礁领土和海洋权益争端并没有得到完全解决,我们将和平作为建设海洋强国的首要发展方式,但决不能放弃正当权益,更不能牺牲国家的核心利益。在这一背景下,海洋法律体系的构建应当具备以下功能:为国家主权和海洋权益主张提供充分法律基础,为国家维护主权、海洋权益和海上安全的行动提供明确法律依据,为以和平谈判方式与直接当事国解决和管控有关领土和海洋权益争端提供相应的法律授权。

二是实现海洋各领域治理体系和治理能力现代化。推进国家治理体系和治理能力现代化是党的十九届四中全会作出的重要决定。推进国家治理体系和治理能力现代化,必须坚持依法治国,为党和国家事业发展提供根本性、全局性、长期性制度保障。完善海洋法律体系,为实现各领域海洋强国的具体任务提供制度基础,是推进海洋领域治理体系和治理能力现代化的必然要求和应有之义。

通过改革完善行政体制和政府职责体系,是实现国家治理体系和治理能力现代化的重要内容。法律规则则对转变政府职能起着引导和规范的作用,通过制定新的法律法规来规定转变政府职能已取得的成果,引导和推动转变政府职能的下一步工作,通过修改或废止不合适的现行法律法规为转变政府职能扫除障碍。

《关于发展海洋经济、加快建设海洋强国工作情况的报告》重点聚焦完善顶层设计和建立健全海洋管理体制两方面举措。海洋制度建设和海洋管理体制改革创新两方面举措是管总的,对象涵盖包括海洋经济、海洋生态、海洋科技等在内的各个海洋领域,其核心在于实现海洋各领域治理体系和治理能力的现代化。由于国内外形势发展变化的需要,近年来我国海洋行政管理体制、海洋执法体制进行了重大改革,相关海洋法律体系也应及时调整完善,确认和规范海洋领域相关体制的重大变革。

三是推动构建海洋命运共同体。海洋联通了世界,我们人类居住的这个蓝色星球,不是被海洋分割成的孤岛,而是被海洋连接成了命运共同体。由于海洋自身开放性特质,建设海洋强国必然要求深度参与全球海洋治理,推动世界各国加强海上合作。2019 年 4 月，我国提出"构建海洋命运共同体"重要理念，"十四五"规划进一步提出"深度参与全球海洋治理"，特别是要"深度参与国际海洋治理机制和相关规则制定与实施，推动建设公正合理的国际海洋秩序，推动构建海洋命运共同体"。

目前，我国在全球海洋治理各项制度和议程中占据了重要地位。我国是《公约》等一系列重要海洋国际条约的缔约国，是公海、国际海底、南北极等涉海洋国际机制的重要成员。新时代海洋法律体系建设要将"海洋命运共同体"的政策理念转化为立法思想和指导，将建设海洋强国规划中合作、共赢的发展道路和发展方式以法律方式固定下来，为维护和发展我国在全球海洋治理中的制度性权利提供坚实的国内法依据。

（三）体现海洋法律的独特性质

在中国特色社会主义法律体系中，海洋法尚未形成独立的部门法，相关的单行立法往往被列入其他法律部门。例如，《领海及毗连区法》属于宪法及宪法相关法、《海上交通安全法》《海洋环境保护法》等属于行政法。同时，海洋法律因其都处理海洋这一特定领域的事务，依然共享着相同或相似的法律特质，体现海洋法律体系内在的自治性和统一性。

一是以公法性法律为主。海洋法律对外调整我国与其他国家间的关系，对内一般调整国家与个人之间的关系，因此海洋法律一般具有公法属性，按照其规范的内容分别归属于宪法相关法和行政法类。

海洋法律的公法属性也有例外。有的海洋法律本身就属于调整平等主体的民商事法律，如《海商法》就是专门调整海上运输关系、船舶关系的法律。有的民商事法律中规定涉海条款，如《民法典》规定"依法取得的海域使用权受法律保护"。还有公法属性的海洋法律中规定民事条款的，如《海域使用管理法》规定"海域使用权人依法使用海域并获得收益受法律保护"。总的看，例外情况虽然类型较多，但数量很少，不足以改变海洋法律公法性法律的一般属性。

二是单行立法具有多重功能。以日本炮制"购买"钓鱼岛闹剧和菲律宾制造"黄岩岛"事件为标志，我国周边的海洋维权形势进入新一轮的复杂周期。与此前主要通过直接侵占岛礁和自然资源不同，周边国家更倾向于运用法律手段固化其非法所得，域外国家也企图利用法律方式否定和消解中国的领土主权和海洋权益。

在此背景下,海洋法律在制定和修订时,多将通过法律维护海洋权益作为重要的立法目的,设置具有维权效果的具体条款。例如,《海上交通安全法》作为管理船舶航行、停泊、作业的专门性法律,在2021年修订中,将"维护国家权益"增补入立法目的条款。此外,对于有的法律未明确法律适用的地域范围的,通过司法解释明确行使海上司法管辖权地域范围,明确有关法律中领域条款的对象范围。"南海仲裁案"裁决公布后不久,最高人民法院于2016年8月1日公布《关于审理发生在我国管辖海域相关案件若干问题的规定(一)》和《关于审理发生在我国管辖海域相关案件若干问题的规定(二)》,达到了通过建立司法管辖权强化海洋权益主张的效果。

三是普遍具有涉外法属性。海洋法律的涉外属性来源于其调整对象和规则来源两方面。从调整对象来说,从18世纪"公海自由"成为习惯国际法规则以来,除了内水、领海等极少部分海域以外,不存在完全依赖国内法即可进行规范和调整的对象。即便对属于国家主权范围的领海,国家在实施国内法时也受到诸如"无害通过"等国际规则的限制。另一方面,有的海洋法律,立法调整对象就是国际海洋区域或者事务,如2016年2月26日通过的《深海海底区域资源勘探开发法》,规范的是我国公民、法人或者其他组织在国家管辖范围以外海域从事深海海底区域资源勘探开发活动,立法规范对象就是具有涉外性质的。

从规则来源看,有的海洋制度本身来源于国际法。例如,我国专属经济区制度,是在我国成为《公约》缔约国后,基于《公约》授权取得并通过《专属经济区和大陆架法》予以实施的。相当一部分海洋法律的规则来自对国际法规则的转化。例如,《海商法》的"旅客赔偿责任限额"规则来自1974年《雅典公约》及其1976年议定书。个别海洋法律规定了国内法语境下直接适用条约的情况,这种情况下,有关的国际法规则成为事实上的法律渊源。如《海商法》规定,除我国声明保留条款外,当国际条约规定与国内法规定不一致时,适用国际条约的规定。

三、新时代中国特色海洋法律体系的建构现状和问题

我国现有专门海洋法律法规近百件,从法律类型上涵盖了法律、行政法规、地方性立法和部门规章,从调整对象看包括基本海洋制度、海域使用管

理、海洋环境保护、海洋资源开发利用、海上交通安全等类别。进入新时代以来,海洋专门法律和一般性法律中的海洋条款相继制定和修订,海洋的地方性法律和部门规章加快完善,为构建海洋法律体系填补了制度空白,提供了操作性规范。与此同时,对比海洋法律体系化的要求和我国海洋法律体系的现实任务,目前的海洋法律建设也还存在一些明显的问题。

(一)新时代中国海洋法律体系建设的推进情况

1. 海洋专门立法

有的专门立法具有填补特定领域空白的重要价值。例如,《深海海底区域资源勘探开发法》调整对象为我国企业、组织和个人在国家管辖范围以外海域从事深海海底区域资源勘探、开发活动,这既是第一部以深海和国际海底这一重要海洋区域为规范对象的法律,也是第一部完全以域外适用为目标的国内法,具有双重填补空白的属性。有的专门立法具有肯定改革重要成果的作用。例如,2018 年 6 月 22 日,全国人大常委会通过《关于中国海警局行使海上维权执法职权的决定》,海警队伍整体划归武警部队领导指挥,统一履行海上维权执法职责。2021 年 1 月 22 日《海警法》正式通过,确认了海警机构的职能和权限,以立法方式将海警指挥领导体制改革的成果固定下来。

2. 非专门海洋法律中的海洋条款

随着海洋事务在国家整体工作中的地位提升和我国法律管辖领域的拓展,越来越多法律中纳入了与海洋相关的条款。这其中,重要的基础性法律中纳入了与海洋相关条款值得特别关注。例如,2015 年 7 月 1 日,基于总体国家安全观制定的《国家安全法》通过,其中将维护国家领土主权和海洋权益,以及维护我国在国际海底区域和极地的利益列为维护国家安全的任务,以法律方式将海洋安全纳入国家安全的重要领域。又如,2020 年 5 月 28 日《民法典》通过,其中第 247 条规定“海域属于国家所有”,第 328 条规定“依法取得的海域使用权受法律保护”,《民法典》是新时代我国社会主义法律体系的重大成果,其中以明文规定海洋权属,为维护国家海洋权益、海洋综合开发利用和生态环境保护奠定了根本基础。

3. 海洋法律修订

修订是对已有海洋法律法规的更新和完善,近期的海洋法律修订体现出明显的需求导向和问题导向,修法速度明显加快。为了落实习近平生态文明思想,贯彻生态保护的新要求,《海洋环境保护法》于 2013 年 12 月 28 日、2016 年 11 月 7 日、2017 年 11 月 4 日连续完成了三次修订。在建设海洋强国和交通强国的总体目标下,已实施十年有余的《港口法》于 2015 年 4 月 24 日、2017 年 11 月 4 日、2018 年 12 月 29 日完成了三次修正。

4. 立法规划

立法规划体现了法律建设的方向,也有利于法律体系构建的聚焦。2018 年 9 月,十三届全国人大常委会发布本届人大任期内的立法规划共 116 件,其中包括多部海洋相关的法律。"南极活动与环境保护法"和《海上交通安全法(修改)》等被纳入"条件比较成熟,任期内拟提请审议的法律草案"(第一类项目);"海洋基本法"和《海商法(修改)》《渔业法(修改)》等被纳入"需要抓紧工作、条件成熟时提请审议的法律草案"(第二类项目)。

5. 行政法规、地方性立法和部门规章

一些海洋法律的配套措施为海洋法律的落地落实提供具体支撑。例如,《深海海底区域资源勘探开发法》实施后,有关部门先后出台《深海海底区域资源勘探开发样品管理暂行办法》和《深海海底区域资源勘探开发资料管理暂行办法》作为配套性规定。也有一些部门规范性文件在立法出台前进行先行探索。如在南极治理方面,"南极活动与环境保护法"正在制定中,在法律正式出台前,有关部门先后发布了关于南极考察活动的行政许可和环境影响评估规定,一方面在法律缺位情况下,以部门规定方式对南极活动进行管理和规范,另一方面也为法律制定提供规则基础和实践经验。

6. 缔结和加入海洋国际条约

加入条约意味着我国承担了"条约必须信守"的国际法义务,因此也就承担了协调国内法与条约义务,确保两者不相违背的责任。另一方面,我国大量的海洋法律规则是由相应的国际法规则转化而来,同时我国的国内法规则也正在一定程度上向双边乃至多边规则转化。因此,积极参与国际规则制定,加入涉海条约,协调国内法与包括条约在内的国际法,属于构建我国海洋法律体系的工作内容。

2012 年以来,我国先后批准加入《北太平洋公海渔业资源养护和管理公约》《海事劳工公约》,签署《预防中北冰洋不管制公海渔业协定》等涉及渔业、海事等领域的多边条约。值得注意的是,我国在共建"21 世纪海上丝绸之路"和构架"蓝色伙伴关系"框架内,与部分国家签订了具有双边条约性质的合作协议和备忘录,其中将我国法律关于海洋经济发展、海洋环境保护、海洋监测预报等方面的规则规定转化为双边的法律共识,在未来可能成为促进我国法域外适用,扩展中国在海洋规则领域话语权和影响力的重要方式。

(二)存在的主要问题及其影响

1. 海洋基本问题存在制度性规范缺失

海洋基本问题包括海洋主权和权利,以及海洋的基本政策、制度、原则等,其中前者是最核心问题,对外宣示国家的海洋主权和权利的边界,对内规定海洋及其资源的根本归属。我国现行宪法没有对外表明中华人民共和国领域的条款,支撑我国区域性海洋权益主张的法律依据主要来自《领海及毗连区法》和《专属经济区和大陆架法》。对内方面,宪法规定"矿藏、水流、森林、山岭、草原、荒地、滩涂等自然资源,都属于国家所有,即全民所有",没有明确提到海洋。2001年《海域使用管理法》确立了海域的物权属性,明确海域属于国家所有,2007年《物权法》重申海域属于国家所有,2020年《民法典》则继承了《物权法》的规定。

缺少规定海洋基本问题的宪法规则和基本法律,在理论和实践中产生以下影响。

一是对维护海洋主权和权利的法律支撑不足。一方面,《领海及毗连区法》和《专属经济区和大陆架法》制定时间较早,限于对有关问题的认识还不够深入,对我国的海洋权益的历史和现实反映不够全面,法律支撑作用也相应削弱。例如,《专属经济区和大陆架法》第14条规定该法有关规定不影响中华人民共和国享有的历史性权利。应当承认,立法中的历史性权利例外规定具有很强的前瞻性,为后来维护海洋权益预留了较大的政策空间。同时也要看到,广义的历史性权利还可涵盖具有完整主权属性的历史性所有权,如能在立法中大胆使用历史性所有权的表述,不但能够完整体现历史上中国政府和人民管辖开发利用南海有关海域及其资源的完整事实,还能与《公约》有关规定的表述对应,特别是能够直接引用《公约》第十五部分争端解决的例外性规定,从而以简单直接的方式避免成为有关国家歪曲解释《公约》的受害者。另一方面,2012年以来,我国政府发布《中华人民共和国政府关于钓鱼岛及其附属岛屿领海基线的声明》以及《中华人民共和国政府关于在南海的领土主权和海洋权益的声明》，较好地反映了我国基于历史事实和国际法所应享有的海洋权益，但有关政策内容未能及时以法律形式固定下来，对于维权工作也有不利影响。如《中华人民共和国政府关于在南海的领土主权和海洋权益的声明》第4条指出："中国愿继续与直接有关当事国在尊重历史事实的基础上，根据国际法，通过谈判协商和平解决南海有关争议。"这一表述表明了中国政府对涉及领土主权和海洋权益争端解决方式的选择，即直接当事国之间的谈判协商。但鉴于这一立场尚未法律化，在国内外引起中国政府是否仍有可能调整政策从而接受第三方争端解决的讨论，也助长了一些国家对我国继续发起海洋问题法律战的投机心理。

二是对内海洋权属在宪法或宪法性规定层面界定不清。宪法中提及的水流和滩涂，水流一般被理解为江河湖泊等淡水资源，滩涂兼具陆地和海洋两种属性，即便将上述两者都视为海洋的组成部分，依旧只解决小部分海洋区域的问题。通过《民法典》规定海域属于国家所有，客观上起到以基本法律补充宪法的作用。但是，同样规定在民法典和宪法性法律中的含义是不同的。民法典的定位在于调整民事法律关系，仅规定了海洋作为资源属性的层面，而不具有政治性内涵，对海洋整体的规范依然是不完善的。

2.海洋各部门法律间协调不足，多重功能效应发挥不充分

我国海洋法律法规涉及的范围较广，每部法律调整范围相对单一，基本局限在海洋治理的特定领域和特定范围，横向关联性不强，同时，由于各部门法之间效力平等且缺乏上位法提供基本原则和体系框架，在制定和实施过程中更难以形成良性联动，不但造成法律实施和适用的不便，还会给建设海洋强国带来深层次的不利影响：

一是无法充分发挥法律对推进海洋治理体系和治理能力现代化的作用。当前形势下，海洋治理必须统筹经济开发、生态保护，科技创新、综合治理等诸多关系。没有统一协调的海洋法律体系和跨越不同法律法规的基本原则与基本框架，不能为海洋治理提供充足的综合性手段，无法促进依法治海的可持续发展。

二是无法充分发挥法律对维护国家海洋权益的作用。由于立法横向协调不足，特别是部门立法对维护海洋权益的具体要求、海洋权益争端的历史事实和现状了解不清，导致无法对法律条文中相关概念进行内涵一致的解释，导致外界过度解读或误读我有关法律的具体内涵。

三是无法充分发挥法律对推动构建海洋命运共同体的作用。我国海洋法律中涉外法律规定的建设相对滞后,大量的立法依旧着眼于我国管辖海域内的治理,没有形成在海洋领域推动我国法律的域外适用和参与全球海洋治理的自觉。

3. 着眼国家整体战略的前瞻性立法还有欠缺

海洋法律体系建设必须"跳出海洋看海洋",通过海洋特定领域法律的查漏补缺、固长补短,实现通过法律方式服务国家改革发展中心任务的政策目标。

高质量发展是我国经济社会发展历史、实践和理论的统一,构建以国内循环为主体、国内国际双循环相互促进的新发展格局,是实现高质量发展的动力和保障。保障产业链供应链稳定可靠是构建新发展格局的重要内容,也是海洋运输业服务高质量发展的直接方式,这一领域传统上通过以《海商法》为主体的海事法律予以调整。随着我国在对外经济贸易形态、航运产业结构等方面的诸多调整和变化,对海事法律的完整性系统性提出更高要求。一方面由于远洋航运企业的集中性特征,对调整反垄断和反不正当竞争等政府与行业、企业关系的立法需求大大增加;另一方面,在新冠肺炎疫情全球大流行和俄乌冲突背景下,海运业在维系全球产业链供应链稳定中的地位更为突出,各国政府都高度关注通过航运专门立法进行产业规制,使其服从于国家政治外交的整体战略。上述特点和趋势表明,调整平等主体间关系的《海商法》难以完成相应的任务,而"航运法"至今尚未纳入全国人大常委会立法规划,不利于构建中国特色航运法律关系,实现海洋特定领域健康发展,更不利于保障国家产业链供应链稳定,服务高质量发展。

四、建构新时代中国特色海洋法律体系的路径

(一)以推动"海洋基本法"立法为契机,有序搭建我国海洋法律体系的总体框架

在我国法律体系中,"海洋基本法"属于基本法律和宪法类法律。通过制定"海洋基本法",可以宣示我国海洋的基本主张,明确我国海洋的基本政策,建立我国海洋的基本制度框架,理顺各种与海洋相关的法律关系,为各类涉及海洋的行为和争端解决提供规范指引。

在"海洋基本法"之下,统筹填补立法空白和既有法律的修改完善,推进重要法律制度的配套立法,并将散见于各行政条例、部门规章中的海洋相关规范进行归纳、分类、整合,形成以宪法有关原则为指导,以"海洋基本法"的具体制度为统领,覆盖近海、远海、深海、极地等多层次,包括法律、行政法规、地方性立法和部门规章的海洋法律体系。

(二)发挥已有的海洋治理制度优势,加强海洋法律体系的统筹协调

坚持党的集中统一领导,是中国特色社会主义的最大制度优势,也是推进全面依法治国和建设海洋强国的最重要保障。在维护海洋权益工作领域,党中央设立了议事协调机构,负责维护海洋权益、参与全球海洋治理等重大事项的协调和落实。在海洋法律体系建设中,同样要坚持党总揽全局、协调各方的作用,确保在立法目标上符合中国特色社会主义法律体系的总体要求和建设海洋强国的总体目标,在立法过程中,破除立法部门化、局部化、单一化的障碍,实现各海洋部门法在体系逻辑上的一致性和现实功能上的多重性。

此外,还要在更宏观的框架内坚持系统思维,做好海洋法律体系与其他法律体系的协同,包括与非专门涉海法律中的涉海条款和非专门涉海基本法律中可适用于海洋的规则、原则和精神,既要遵循一般法与特别法关系的基本法理,又要关照海洋自然环境和法律规则的特殊性。

(三)统筹推进海洋国内法治和涉外法治,提升法律建设在维护国家海洋权益和参与全球海洋治理的作用

"统筹推进国内法治和涉外法治"是习近平法治思想的重要内容,也是当前国际形势下对我国法律建设提出的时代要求。我国海洋法律具有鲜明的涉外属性,具备实践统筹推进国内法治和涉外法治要求的先天优势。在海洋法律体系建设中,应当统筹把握、综合运用国内法和国际法两种资源,有效处理海洋领域的涉外问题和涉外工作中的海洋事务。

要牢固树立对海洋领域国内法和国际法关系的正确认识。我国坚持"条约必须信守",善意履行包括《公约》在内的国际法义务。同时,《公约》不是"海洋宪章",不具备对《公约》缔结前业已形成权利和缔约国同意以外事项进行评价的效力。另一方面,海洋法律法规不仅是国际法规则产生国内法效力的载体,更是通过国家实践引导和塑造国际法规则的重要方式。

在建构海洋法律体系时,首先要坚持立法体现"主权者意志"的坚定立场,保障我国业已形成和享有的海洋权益不因国际法上空白或模糊规定而减损。其次要注重与国际法相关规则的协调,避免在规则层面直接发生国内法与我国承担的国际法义务相冲突的情况。最后要加快推进海洋领域我国法域外适用的法律体系建设,以推动海洋命运共同体建设为抓手,制定或完善公海保护区、远洋渔业、海洋旅游、海洋科学研究等领域法律和相关配套措施,实现国内法对国际规则的引导和塑造。

(四)密切跟踪海洋领域科学技术和产业市场的最新发展,科学开展前瞻性立法研究

加强海洋重点领域、新兴领域立法,围绕海洋经济高质量发展、海洋生态文明建设、海洋权益维护等领域进一步健全法律法规建设,跟踪海洋科技革命和海洋产业变革,是推进海洋法律体系建设可持续发展的必然要求。当前,以智能化、无人化为特点新一轮海洋科技革命和海洋产业变革正在发生,智能海上设备和无人船舶在军民事领域的巨大应用价值和广阔发展前景正在逐渐显现。当前,美国等西方国家都在加速相关技术研发,积极布局产业发展,酝酿将智能海上设备与无人船舶技术用于军事活动、海上运输、执法、渔业、科研、环境等诸多领域,划时代改变了人类的海洋活动方式与形态,也对经济发展、地区秩序、航行安全等方面产生了深刻影响。

面对由此而来的新情况,相关的国际法律规则尚未形成,对于我国海洋运输等相关领域法律建设来说,既是挑战也是机遇,在未来开展"航运法"等立法相关研究时,应当将相关科技和产业变革可能带来的法律影响纳入研究范畴,争取形成前瞻性立法成果。

五、结论

随着习近平法治思想和全面依法治国方略的提出,建设海洋强国在中华民族伟大复兴战略全局中的地位上升,以及我国海洋法律法规的完善,构建新时代中国特色海洋法律体系要求更加迫切,条件更加充分,时机更加成熟。新时代中国特色海洋法律体系应当具备新时代中国特色社会主义法律体系的根本要求,满足海洋法治服务建设海洋强国的法律需求,体现海洋法律体系的基本特征。总的来说,就是以习近平法治思想为引领,在宪法指导

下,通过系统化科学立法,为维护国家海洋主权、权益和安全,为推进海洋各领域治理体系和治理能力现代化,为推动构建海洋命运共同体,提供法律依据和法律保障,妥善处理海洋事业改革与法律制度建设、推动海洋法治和维护海洋权益等关系。

当前,我国海洋法律规则建设已取得阶段性成果,初步实现了海洋各领域工作有法可依,并为维护国家海洋权益提供了有力法律保障。同时,根据建设海洋强国体系化目标,还存在缺少直接的宪法性条款和海洋基本法律、单行法和部门法直接横向协调不足、关注国家战略需要和国际形势变化的前瞻性立法不够等问题。

在上述背景下,新时代中国特色海洋法律体系的构建应当牢牢抓住海洋基本法契机,加紧搭建海洋法律体系的"四梁八柱",对内充分发挥对海洋事业改革发展的肯定和推进作用,对外运用好法律对维护海洋权益、推进海洋合作、参与全球海洋治理的积极作用。同时,密切关注国家战略需要和海洋新兴领域,有序开展前瞻性立法工作。

文章来源:原刊于《太平洋学报》2023年第1期。

全球视野中的海洋生态环境损害赔偿法治建设

■ 梅宏

论点撷萃

全球视野中的海洋是一个生态系统,为命运与共的世界各国提供生态服务功能的支持。各国在维护海洋权益的同时为保障海洋生态安全开展海洋环境保护国际合作,合力预防、控制或应对海上环境风险及(或)海洋生态环境损害,并以法治方式和法治思维集结国际共识,不仅注重建立、完善公法规制与私法救济协同运作的综合性法律机制,而且基于海洋环境保护的系统性、国际性加强国际法与国内法协同创新,推动全球化的海洋生态环境损害赔偿法治建设。

全球海洋生态环境损害赔偿法治建设,是已有国际实践中国际海洋环境法治与多个国家国内海洋环境法治双向互动的理论总结,也是国际社会不断应对海洋环境国际保护的难新问题于法理层面思辨、斗争、求同存异的实践探索。基于保护海洋环境的国际共识,拟作出影响海洋环境的行为或决策的国家为了避免海洋环境风险升级、损害发生或扩大,应当充分考虑海洋环境保护的国际法律责任。

国际、国内海洋环境法治建设中的交集是国家,国家在法律中的多种属性是促进国际海洋环境法治与国内海洋环境法治沟通和协调的理论基础。在环境法整体主义思维范式指导下推动国际、国内法律系统沟通、融合,为海洋生态环境损害赔偿法治建设做好规则准备,还需要在国际实践中不断探索。

作者:梅宏,中国海洋大学法学院教授

国际法与国内法的协同创新,为全球视野中的海洋生态环境损害赔偿法治建设提供了方法论,也为相关国际实践讨论现实问题指明方向。建立、完善公法规制与私法救济协同运作的综合性法律机制,是各国海洋生态环境损害赔偿法治建设的共识,这对于全球视野中的海洋生态环境损害赔偿法治建设亦有重要的启示意义。

全球海洋是一片联通的巨大水体,其中有限的陆地虽因主权林立的国家以及地区、无主地而分界,但是海洋以其远超陆地面积的"体量",服务功能强大的生态系统,环境资源禀赋与生产力极高的区域海、海湾、海岸带,吸引着人类近海而居、向海发展、谋海济世。特别是近现代以来,航海贸易促进了不同海域的交流,科技为开发利用海洋提供支持,社会生产拉动海洋产业发展的引擎,各国政治、经济、军事乃至战争的视线不断投向海洋,人类的历史因人海关系日益密切而变化。

中国领导人通古察今,提出构建"海洋命运共同体"的理念,为全球化时代国际社会保护海洋、合作建设海洋事业贡献了政治智慧。时逢百年未有之大变局,环境与健康风险影响着整个世界,海洋生态环境损害的法治建设亦需基于海洋环境的整体性,考虑国际海洋环境法治与国内海洋环境法治的沟通与协调,而这正是海洋命运共同体应对当代海洋环境问题时具有的全局性、开创性。

一、国际环境法上有关海洋生态环境损害的法律责任

海洋生态环境损害,是人为原因造成的环境问题,其致害行为不限于破坏海洋生态、海洋水产资源、海洋保护区,还包括严重的污染海洋环境的行为,如船源污染、陆源污染、海洋倾废、海岸和海洋工程造成的海域污染,以及人为的环境风险因飓风、海啸、地震等自然原因造成的环境侵害后果。

海洋生态环境损害具备生态环境损害的一般特征与表现形式,又因海洋环境的特殊性而具有自身特点。主要表现为,海洋生态环境损害的预防和救济有自身的专业技术要求和司法程序规则,其公法规制也有别于陆地生态环境损害。

20世纪中后叶,多起海上重大溢油事故相继发生,海洋生态环境损害震惊全球。遭受重大损失的国家责无旁贷,应当向环境侵害的责任方提出赔

偿请求。这是因为,海洋环境利益受损,这种状态直接或间接地影响海洋生态系统中所有人。但是,救济海洋环境利益需要依法进行,不宜将理论上研讨的"海洋环境利益"当成实定法上确认的法益,套用民法中"权利救济"的法理主张海洋环境利益司法救济,要避免普通民事主体群起主张救济海洋环境利益的无序与无效。

国际环境法是在全球化的背景下随着环境法律移植和创新的深入发展而得以产生和演进的。其中,全球环境损害责任制度堪为缩影和写照。为应对全球海洋环境风险及其潜在的或已发生的海洋生态环境损害,国际环境法比各国国内海洋环境法更早地面对挑战,其面临的问题比一国海洋环境法的问题更加复杂;仅依据公约议定书上的规定予以敦促,约束性不强,法理斗争难以取得实质效果。凡此种种,需要在国际环境法的理论交锋与实践推动下渐进式发展。

当代国际法中的国家责任,包括国际不法行为责任与跨界损害责任。国际不法行为责任是传统的国家责任,致力于对违反国际义务的不法行为的预防和制裁;跨界损害责任是对传统国家责任的发展、补充和完善,其以严格责任为法理基础,致力于对侵害者与受害者利益失衡的纠偏。由名称可知,国际不法行为责任与跨界损害责任都是国家责任,即依据国际法要求有关国家承担的责任;是否可归责于国家的判断标准是国际法,而非相关国家的国内法;二者都是针对实际发生的损害要求相关国家承担国际法上的责任。不同在于,国际不法行为责任并非针对跨界环境损害而设立的国家责任,而且强调"不法性",即某一国家行为客观上违背该国对国际社会的义务,背离国际法规则,构成国际不法行为,故而承担不利的法律后果。跨界环境损害的国家责任(简称"跨界损害责任")的责任主体是国家,而不是侵害环境的企业或自然人;跨界损害责任以跨界损害的实际发生为要件,不考虑行为的"不法性",只要国家行为造成了跨界环境损害后果即成立跨界环境损害责任,故亦称"国际法不加禁止行为责任"。

跨界损害责任制度的出现,突破了要求国家承担责任必须满足行为的不法性这一要件,其对国际法不加禁止的行为对邻国及(或)国际公域造成人身、财产、环境损害时未尽到"适当注意"预防义务的国家要求承担赔偿责任。该制度有助于国家在其管辖或控制范围内采取预防措施,对有关风险活动经营进行实际有效监管。国际环境法发展史上首个跨界损害责任案件是特雷尔冶炼厂仲裁案(1939年),佐治亚诉田纳西铜业有限公司案等案件在国际法实践中确立了跨界损害责任。1972年联合国人类环境会议与会代表呼吁建立国际环境损害赔偿责任制度。当年发表的《人类环境宣言》中原则224与1992年联合国环境与发展大会发布的《里约环境与发展宣言》原则13声明,环境损害赔偿责任制度需要在国际法与国内法上全面建设。而10多个致力于解决全球环境问题的多边条约中规定了跨界损害责任,为该制度建立了国际法渊源。

在国际环境法中,国家的环境权利义务总结为三项:可持续发展、全球环境责任、跨境环境损害与风险预防。其中,第三项义务针对可能导致重大跨界环境损害的风险,国家有防范环境风险与消减跨界环境损害的义务。《国际法不加禁止之行为所产生的损害性后果的国际责任条款草案(预防跨界损害部分)》对"跨界损害"予以定义,并且规定"国家应采取一切适当措施以预防引起重大跨界损害的风险或将其减至最少程度"。为此,国家应当履行"适当注意"义务,且适当注意的程度随风险程度提高而相应地提高。国家违反国际法规定未履行适当注意义务,或履行了适当注意义务但仍未避免环境损害结果实际发生,则要承担跨界损害责任。

核技术等现代科技带来的各种威胁不囿于国家界限,成为全球关注的跨界环境风险。《联合国海洋法公约》第194条第2款与第198条着眼于"即将发生的损害或实际损害",尚未对防范海洋环境风险予以明文规定。

《防止倾倒废物及其他物质污染海洋公约》的缔约国认识到,海洋吸收废物与转化废物为无害物质以及使自然资源再生的能力不是无限的,故要求防止倾倒废物及其他物质污染海洋。值得注意的是,该公约1996年议定书第6条"对废物管理选择方案的考虑"明文规定了"环境风险",明确指向"对人体健康或环境造成"且达到"不适当的"程度。海洋环境风险,作为新型环境问题,开始成为国际环境条约规制的对象,这是重大进步。在应对这类风险时,议定书要求作业者提供替代方法,而且评估替代方法对人体健康或环境的风险,并将其与倾倒废物"进行再利用、再循环或处理废物"时的风险予以比较、评定,从而"考虑是否实际具备其他的处置办法"。这种风险评估、规制的方法是科学、合理的。其科学性体现在,"采取以风险评估结果为依据的措施"是《生物多样性公约》及《卡塔赫纳生物安全议定书》等国际环境法律文件进行"风险管理"时的规范做法,是当今世界认识到风险社会无法回避后果不确定的风险，也无法停止一切对环境有影响的行为，故开展风险评估，以专业评估结果为依据来决定如何采取措施。其合理性体现在，议定书"对废物管理选择方案的考虑"不再基于损害后果的考量，而是"根据对倾倒和替代办法所作的比较风险评定"。

这里所体现的思路，与50多年日益成熟的环境影响评价制度中所考虑的"替代方案""环境影响评价"有内在一致性，且针对性更强。其着眼于防范环境或健康风险，认识前提是倾倒废物或其他物质对人体健康或海洋环境的影响不确定、不可控制、无法逆转，在防止和消除海上倾倒造成的海洋污染方面可能需要在国家或区域水平上采用比国际公约或其他类型的全球协议更为严格的措施，故要求颁发倾倒废物或其他物质的许可证时更加审慎。上述第6条关于环境风险防控责任的规定虽然不尽完备，却因其着眼于"环境或健康风险"而意义重大，值得重视。据此，国际环境法加强对风险活动的环境规制，从源头预防跨界环境损害发生。

回顾生态环境损害责任进入国际海洋环境法的历程，可以看出，已有规定不仅考虑国际不法行为所致损害，还要求跨界环境损害的经营者及其国家承担赔偿责任，并且已开始针对环境风险进行环境规制。

二、海洋环境保护机制下的国家责任及启示

深刻认识海洋命运共同体理念下国家在国际、国内海洋环境保护法治建设中的义务与责任，对于完善海洋生态环境损害赔偿法治建设有重要的启示意义。

国家，是国际法的首要主体，对国际社会承担"对一切的义务"。所谓"对一切的义务"，如王曦教授定义："各国公认的，为维护人类基本道德价值和国际社会共同利益所必需的，针对整个国际社会和明确事项的，依照国际法基本准则作出一定行为或不作为的绝对的国际法律义务。""海洋命运共同体"理念下国家不仅表达一国的意志，行使一国的权利（权力），还承担国际法上国家的义务。缔结或参加有关海洋环境保护条约的国家更因"条约必守"的国际法原则而履行条约规定的国家义务。

在海洋环境风险及其损害的国际事件中，国家既可能是国际法上的追责主体，也可能是承担责任的主体。一国向其他国家追责，系因本国海洋权益遭受侵犯，而被其他国家及国际社会要求承担海洋环境保护的国际法律

责任,存在如下三种情形。

（一）国际环境法上规定的海洋环境风险管控责任

向海洋倾废及其他物质污染海洋,虽然尚未产生实际的海洋环境损害,但因国家未履行其缔结或参加条约所规定的国家义务被国际社会问责。

尽管现有的国际环境法规定在追究海洋环境风险管控责任时尚无强有力的措施,但这种法律责任的性质明确、法律依据明确,为国际社会在政治交涉、外交抗议、舆论谴责之外提供了法理斗争的武器。当前,海洋环境风险防控责任在国际法律文件中的确立可谓良好的开头,围绕日本核污染水排放计划等典型事件的国际法讨论将为这项责任制度的发展、完善提供契机。另一方面,国际环境法上的先发规定对各国环境法治具有启示意义,以往的海洋生态环境损害赔偿制度虽然注重预防理念,但未突破"损害实际发生"这一要件,其以海洋生态修复为中心的制度建设侧重于私法救济的思路,今后还需加强公法规制方面的建设。

（二）国际环境法上规定的跨界损害责任

国际环境法上规定的跨界损害责任,为海洋生态环境损害赔偿法治建设带来重要启示:环境致害行为的"不法性"是否作为海洋生态环境损害赔偿责任的归责要件呢?

我国现行《海洋环境保护法》第 89 条第 2 款,没有明确规定原因行为"破坏海洋生态、海洋水产资源、海洋保护区,给国家造成重大损失"的违法性,但因为这一条款位于该法"第九章 法律责任"中,故可以推定其指向的是不法行为。现实中,人为原因造成海洋生态环境损害也存在非违法情形。例如,陆海跨界处多个污染源因聚合效应影响了海岸带生态环境,单个致污者都可以为自己找出适法的抗辩理由。此外,还有难以查明污染或破坏原因的海洋生态环境损害等。上述情形如果适用我国现行《海洋环境保护法》第 89 条第 2 款,恐难以排除"不法性"因素而考虑海洋生态环境损害赔偿责任的构成与否。然而,一国管辖海域的环境质量或生态系统服务功能下降与海洋环境利用行为存在因果关系时,仅因行为的"不法性"难以证成就无法归责,会导致责任推诿,也将使海洋生态环境损害救济出现"盲区"。有鉴于此,国内海洋生态环境损害赔偿责任制度建设应当借鉴国际环境法上的跨界损害责任,不再以"不法性"作为海洋生态环境损害赔偿责任的归责要件。

因此,在海洋生态环境损害法治建设中,对于造成海洋生态环境损害后果的合法行为确定怎样的责任,成为一个重要问题。

众所周知,人们开发利用海洋生态系统的行为包括合法行为和违法行为,合法开发利用海洋生态系统是发展海洋经济必不可少的行为,产生的负外部性是海洋经济和社会发展过程中必然付出的成本,其导致的海洋服务功能减弱、海洋生态环境损害,可以通过建立海洋生态环境损害补偿制度来平衡各方利益。补偿的本质是通过法学的利益衡量理论和方法来实现公平、公正的法律价值,而海洋生态环境损害补偿基于合法的用海活动形成一种预防机制,旨在恢复和保护海洋生态环境,相关责任是一种预防责任,具有前置性,目的是在法律制度的保障下,用经济手段调整海洋生态资源开发和利用过程中各相关方之间的利益关系。

海洋生态环境损害补偿法律制度与海洋生态保护补偿法律制度存在明显的区别,强调的是海洋资源使用者对产生的环境负外部性的"买单",从这一角度它是一种海洋环境资源使用者的"赔偿"机制。它也不同于海洋生态环境损害赔偿的违法追责机制,强调的是对受损海洋生态环境的建设和修复,从这一角度它是一种对海洋的"保护"机制。

海洋生态环境损害补偿制度涉及的主体、范围比后者更广,尤其适应陆海跨界区域因陆源污染、船源污染、海上污染等"多因一果"造成海岸带生态环境损害时却又难以确定某一行为违法性的情形。从补偿内容看,海洋生态环境损害补偿是一种调整海洋环境资源利益相关者之间的环境利益及经济利益分配关系、将人类活动产生的环境外部性内化的制度安排。对于负外部性,政府应当对其征收因填补损害而产生的合理费用,使得产生外部性的生产者付出的成本与社会成本保持基本持平的状态。

实践中海洋生态环境损害补偿范围很广,可以扩大到来自陆源的污染。海洋生态环境损害补偿制度的补偿,可以由责任主体本身直接进行,而且补偿方式是多样的,包括经济补偿和资源补偿的方式,也可以由间接的方式进行补偿,即由国家和政府进行替代补偿,政府可以灵活选择补偿的方式。

综上,海洋生态环境损害法治建设中,对于造成海洋生态环境损害后果的合法行为人,应当责成其承担海洋生态环境损害补偿责任。与之形成对比的是,违法开发利用海洋生态系统是法律禁止的行为,可要求有关主体承担海洋生态环境损害赔偿责任。

（三）国际环境法上规定的国际不法责任

国际法上对违反国际义务的国家要求其承担国家责任。这是典型的、传统的国际法责任，兼有预防和制裁国际不法行为的性质。其与国内法上规定的海洋生态环境损害赔偿责任差别很大。两种责任针对的都是不法行为，责任形式也以损害赔偿为主，国家的角色却截然不同。当本国管辖海域遭受海洋生态环境损害时，国家是追责者，依法向责任者要求损害赔偿；当国家违反国际法上的义务构成国际不法行为责任时，国家是被国际社会问责的主体，亦即承担国家责任的主体。后者虽然不一定与海洋生态环境损害有关，却体现了国家在国际社会既是主权的维护者也是国际义务的担当者。

海水的流动性和海洋的全球通连，决定了人类活动对海洋造成的环境污染及（或）生态破坏，并不完全遵循法律上的主权边界及海洋法公约所划定的海域。国际合作应对"污染海洋环境所造成的一切损害"（包括海洋生态环境损害），主要运用私法救济手段。学者早已指出，国际公法在规制私人环境损害行为方面具有局限性，"公地的悲剧"也解释了为何各国无法就环境损害的全球赔偿责任制度达成一致意见。无论是国际法还是国内法，应对海洋生态环境损害都需要公法规制与私法救济协同运作的综合性法律机制。这是国际海洋环境保护法的发展历程对海洋生态环境损害赔偿法治建设的又一启示。

《联合国海洋法公约》的第235条第2款规定为各国建立、完善海洋生态环境损害救济制度提出了要求，由此反映出国际海洋（环境）法与国内海洋（环境）法的制度建设相互关联。

上升至国际环境法与国内环境法的基本原则而论，预防为主原则、风险防范原则与损害担责原则相辅相成，互为照应，这是当代环境问题已由环境损害扩展为环境危险、环境风险的必然要求，也是法律权利、义务、责任的逻辑关联对环境法治的要求。反映到海洋环境保护领域，国家在海洋环境国际保护中的风险防控义务与跨界损害责任，是海洋生态环境损害赔偿法治建设在国际法层面的拓展。由于海洋及其生态环境保护的国际性，以往在一国海洋环境法上规定的海洋生态环境损害赔偿责任亦应在国际海洋法上予以规定，完善海洋生态环境损害赔偿责任的国内法渊源与国际法渊源应有的联系，为各国保护海洋环境提供法理支持和法律依据。

三、全球视野中海洋生态环境损害赔偿法治建设的法理

全球视野中的海洋是一个生态系统，为命运与共的世界各国提供生态服务功能的支持。各国在维护海洋权益的同时为保障海洋生态安全开展海洋环境保护国际合作，合力预防、控制或应对海上环境风险及（或）海洋生态环境损害，并以法治方式和法治思维集结国际共识，不仅注重建立、完善公法规制与私法救济协同运作的综合性法律机制，而且基于海洋环境保护的系统性、国际性加强国际法与国内法协同创新，推动全球化的海洋生态环境损害赔偿法治建设。

全球海洋生态环境损害赔偿法治建设，是已有国际实践中国际海洋环境法治与多个国家国内海洋环境法治双向互动的理论总结，也是国际社会不断应对海洋环境国际保护的难新问题于法理层面思辨、斗争、求同存异的实践探索。

在变动不居的实践探索面前，法理分析有助于凝结共识，将基于政治智慧而表达的"海洋命运共同体"理念体现在国际法与国内法协同创新中，故此试做理论总结。

前文已述，各国海洋环境法治受到国际海洋环境法的启示，表现出越来越明显的国际化趋势。一方面，在海洋生态环境损害赔偿法治建设这个主题上，各国面临的问题不无共性，故有必要通过比较法研究在不同国家的国内法治背景下解决同一类问题，如海洋生态环境损害赔偿责任的公私法协同共治、多元参与，并考虑将这种"共性"特征引入国际海洋环境法治建设，以期在国际法上讨论如何加强公法规制手段，有效敦促事发国家防控海洋环境风险、防治海洋生态环境损害。另一方面，为应对全球海洋环境风险及其潜在的或已发生的海洋生态环境损害，国际环境法面临的问题比一国的问题更加复杂，故有可能在国际实践中率先推动海洋生态环境损害法治建设"创新求变"。国际环境法治其实是各国意志协调的产物，更集中地体现各国在利益衡量上的差别。不过，"海洋命运共同体"理念将从观念上对世界各国的实践产生影响。基于保护海洋环境的国际共识，拟作出影响海洋环境的行为或决策的国家为了避免海洋环境风险升级、损害发生或扩大，应当充分考虑海洋环境保护的国际法律责任。

国际、国内海洋环境法治建设中的交集是国家，国家在法律中的多种属

性是促进国际海洋环境法治与国内海洋环境法治沟通和协调的理论基础。

首先,国家主权原则作为国际法的首要原则,要求国家作为国内法律的最高权力主体在法治体系中行使立法权、执法权、司法权、法律监督权,作为国际法上的主体体现一国在国际事务中的独立权、平等权、自卫权与管辖权。实际工作与研究可以分领域,但国家对内对外的权利与义务、权力与责任是统一的、完整的,应当得到全面、系统的认识。当代国际关系中,任何一个国家要实现在国际法上的权利,需要履行相应的国际法义务。并且,国家在国内法上的各项权利能否形成相互促进又相互制约的关系,将对国家对外履行国际法义务、承担国家责任起到法治纠偏的作用或法失治乱的后果。举例而言,如果一国的行政权力自行其是、不受司法权和法律监督权以及公民社会参与国家治理的权利约束,那么,该政府在处理对外关系时也很可能一意孤行,置国际法义务于不顾。各国国内的法治建设是国际环境法正常运行的保障;反过来,国际环境法的每一项具有重要意义的规定,也是法治国家针对现实问题开展国际规则讨论的结晶。因此,我们应当重视国际公约及其议定书中具有启示意义的规定,并发挥其作用。

其次,国家在国际海洋环境法治实践中,不是只主张一国意志,或是在国际格局中借机行事,置国际义务于不顾,而应当考虑海洋命运共同体中的国与国之间利益休戚与共,海洋健康是世界各国共同福祉,也是共同需求。今天的国际社会早已摒弃丛林规则,重视法治建设。面对风险无法预知、损害难以救济的海洋环境,为避免一国的海洋环境治理不力影响至邻国海域以及国际海域,加强海洋环境保护的交流与合作既是现实要求,也是长远需要。国家之间在问题认识、利益衡量、应对策略等方面难免存在差别或争议,国际法为协调各国意志而生,也因其在解决实际问题中的不断发展而前进。就海洋生态环境损害赔偿法治建设而言,当今国际环境法尚未明确规定这项责任。不过,相关法理在跨界环境损害责任、国际不法行为责任中已有所体现。而且,一些国家的国内法治实践不仅解决了现实个案,还确立了相关责任及制度,产生了重要的国际影响。

国际海洋环境法与国内海洋环境法协同创新的正当性,基于二者目标的一致性:依法治理海洋环境,维护各国的根本利益和安全、和平、可持续发展的国际海洋秩序。国际海洋环境法与国内海洋环境法协同创新的可行性,系因国家可以成为二者双向互动的共同主体。海洋环境的公共属性,要求国家体现其维护海洋环境公共利益的能力；海洋环境的统一性，要求各国关心海洋、爱护海洋，为海洋环境健康发展而行动，反映在海洋生态环境损害法治上，就是要求各国履行海洋环境风险防范义务，采取环境损害预防措施，进行环境影响评估、核准、监测、通知与协商，在海洋监测、应急、修复等技术领域加强国际合作，并且要在国际海洋生态环境损害救济案件中依法责成有关主体(包括承担责任的国家)为风险、损害担责。这是海洋环境已遭受和即将面临的重大影响"催问"法治的结果，也是依据整体主义思维推动全球海洋生态环境损害赔偿法治建设的迫切需要。

在理论层面，笔者基于前文分析与论述，提出国际法与国内法协同创新的海洋生态环境损害赔偿法治建设的总体构想。

如表1所列，自左及右列出的五项责任可以统称为"全球海洋生态环境损害赔偿责任"，其法律渊源既有国内法渊源，也有国际法渊源；对于一个国家而言，应当全面考虑这五项责任。其中，国家主要作为追责主体的是其国内法上规定的海洋环境影响评价(或风险预警)的行政主体责任，以及狭义上的"海洋生态环境损害赔偿(或补偿)责任"；各国通过不断完善其国内法上行政权与司法权、法律监督权的权力结构，可以有效地保障上述责任在实践中落实。在国际社会，国家又是海洋生态环境损害赔偿法治建设中的责任承担主体，这在表1中反映为海洋环境风险防控的国家责任、国际法不加禁止行为引起的跨界损害赔偿国家责任和国际不法行为的国家责任。

应对大尺度的海洋生态环境损害问题，各国应当秉持国际环境法基本原则。基于国家资源开发主权权利和不损害国外环境责任原则，各国负有预防跨国环境损害、承担跨国环境损害责任、改善本国环境、加强国际环境合作等义务；基于国际合作原则，各国应当在保护和改善环境的能力建设方面开展合作，防止污染越境转移、预防突发环境事件、保护国家管辖范围外的环境资源、和平解决国际环境争端等；基于损害预防原则，国家应当在环境损害发生之前尽早采取措施以制止、限制或控制在其管辖范围内或控制下可能引起环境损害的活动或行为；基于风险防范原则，国家应当履行谨慎行事义务，采取适当措施防范环境风险乃至跨界环境损害的发生；基于污染者负担原则，可能或已经造成环境损害的污染者，应当承担治理污染并赔偿损害的责任；基于共同但有区别的原则，发达国家应当在环境保护方面承担更大的责任。具体到海洋环境保护国际法治，依据《联合国海洋法公约》的规定,各国一旦获知海洋环境有遭受污染的迫切风险,应立即通知其他国家和主管国际组织,尽可能合作以消除污染影响并防止或尽量减少损害。各国应采取一切必要措施,确保其管辖或控制下的活动不致使其他国家的环境遭受污染损害,并不致损害于国家管辖范围之外。

表1 国际法与国内法协同创新的海洋生态环境损害赔偿法治建设

国内法规定的海洋环境影响评价(或风险预警)的行政主体责任				
	一国的海洋生态环境损害赔偿(或补偿)责任			
		海洋环境风险防控的国家责任		
			国际法不加禁止行为的跨界损害国家责任	
				国际不法行为的国家责任
				国际刑事责任

表1以直观的方式表明,表中越靠左侧的责任越容易落实,也越有可能防范海洋环境受到不良影响。国际法与国内法的协同创新,就是通过整体主义思维下的法治建设,敦促国家基于其在国内法上环境治理主体的地位及时履行职责,从源头上预防海洋生态环境损害;当国家或其国内法人、组织的行为对海洋环境造成不良影响乃至海洋生态环境损害时,若行政救济

手段已经用尽,则国内行政部门可以代表国家依法责令环境侵害人赔偿海洋生态环境损害。从这个角度看,各国国内法上建立的海洋生态环境损害赔偿制度,为弥补政府监管生态环境之不足,提供了由行政部门追究海洋生态损害赔偿责任的路径。例如,2012年9月25日,法国最高法院对全球瞩目的"埃里卡"轮原油泄漏事故污染海岸案作出终审判决,在最高司法层级确立了生态环境损害赔偿与修复责任。为巩固判例已采取的方案、明确可赔偿的生态环境损害的种类,法国立法者在《民法典》中新增规定"生态环境损害的修复"(第1246条至第1252条),以立法的形式为修复生态环境确认了一个特别赔偿机制,体现了生态环境损害的民事责任与环境责任衔接与融合。在我国,《民法典》第1234条和第1235条针对"生态环境损害"规定了修复责任和赔偿范围,确立了生态环境修复责任制度,丰富了生态环境损害责任承担的方式,在立法上实现了建立、完善生态环境损害赔偿制度系统工程的重要一步。更早一步的立法,是环境保护单行法中为追究生态环境修复责任规定了行政执法机制。今后,我国法治建设还需要"多项立法系统推进"这一系统工程。

兼具公法和私法性质的海洋生态环境损害赔偿,始于求偿,终于责任落实。针对海洋生态环境损害赔偿与修复责任而言,其法治建设需要通过一国公法上的行政责任或国际法上的国家责任以及私法上的损害填补责任来实现。美国学者亦著文指出,大多数发达国家已认识到侵权责任作为环境风险控制手段的局限性,并开始更多依赖综合性的规制体系。表1中列出了当今国际环境法中已明文规定的海洋环境风险管控责任、国际法不加禁止行为的跨界损害赔偿国家责任、国际不法行为的国家责任。表中越靠右侧的法律责任,意味着相对应的海洋生态环境损害更趋严重。最终,当超出国际不法行为性质的国际环境犯罪行为发生时,其责任类型已超过广义上海洋生态环境损害赔偿责任的边界,进入国际刑事责任范围。

国际司法裁判的强制执行效力有限,加之国际海洋法法庭不具有强制管辖权,个案诉讼活动中对于涉案证据、司法鉴定要求之高、历时之长以及受国际社会各种现实因素的影响不容忽视,故国际法上应对海洋环境风险、海洋生态环境损害更应重视各种公法规制的手段。又由于国际法上执法主体的缺失,如何通过国际机构独立、有效地开展环境监管与环境规制,需要实践中不断总结经验,形成明确而有约束力的规则。

总之,在环境法整体主义思维范式指导下推动国际、国内法律系统沟通、融合,为海洋生态环境损害赔偿法治建设做好规则准备,还需要在国际实践中不断探索。

四、海洋生态环境损害赔偿法治建设的国际实践:日本核污染水案例

一国海域发生的严重的海洋生态环境损害,因海洋的联通性产生国际影响,这种情况并不陌生。然而,一国政府为转移其国内矛盾等,公开支持其国有公司向太平洋排放核污染水,这样的政府声明及其行动准备必然引起国际社会强烈反对。

下文关注海洋生态环境损害赔偿法治建设的国际实践,以规制日本核泄漏及核污染水排海为案例展开理论联系实际的分析。

(一)核污染水及其跨界环境风险

2011 年发生的日本福岛核电站事故,是迄今为止全球发生的最严重的核事故之一。这起事故已向海洋中释放了相当多的放射性污染物,对海洋环境造成巨大危害。十年之后,2021 年 4 月 13 日,日本政府召开内阁会议,宣布正式决定将福岛第一核电站超百万吨核污染水经过滤并稀释后排入太平洋的计划。此举在日本国内和国际社会引发了强烈担忧和关切。福岛核电站事故核污染水处置问题不只是日本国内问题,有关做法将对全球海洋生态安全、国际公共卫生体系和周边国家人民的根本利益产生严重影响。有鉴于此,国内外专家纷纷指出:"整个世界需要一起努力来阻止这一切发生。"日本不要让已然造成巨大损害的核泄漏"黑天鹅"演变成奔腾而来的核污染"灰犀牛"。

核污染水(nuclear polluted/contaminated/radioactive water)是核事故意外产生的核废料,其放射性不明,相关研究很少,特别是对这种放射性污染水的长期追踪几乎处于空白。核废水的排放标准不适用于核污染水排放。向海洋排放稀释后的废物没有任何国际法依据。若一国制定了允许稀释后废物向海排放的法律法规,则涉嫌违反该国的国际法义务。废物达标排放也无法得到国际条约或国际习惯法的支持。以稀释后的核污染水排海为例,日本在公开的政策报告中通过列举法国等国也曾实施核废水排海,试图证明核污染水处理达标后排海已经成为国际惯例甚至国际习惯。然而,

该主张并不能站住脚。这是因为，法国等国的核废水与日本的核污染水并非同一概念；废物的排放并不符合国际环境法的基本原则；排放稀释后废物的行为，即便部分国家加以实践也不构成国际惯例。

日本排放核污染水的计划目前尚未开始实施，但其已构成海洋环境风险。所谓环境风险，包含两个要素：其一，危害发生的可能性或频率；其二，危害后果的严重程度。二者相结合构成环境风险，这是一种新型的环境问题。海洋环境风险不受控制地发展下去，就会酿成海洋生态环境损害的趋势。如果按日本宣布的计划，120多万吨福岛核污染水排入太平洋，对海洋环境的影响将是区域性乃至全球性的。从这个意义上说，反对日本排放核污染水，不是与日本有任何冲突的问题，而是一个全球性环境问题。

日本政府声称的核污染水经过处理后排入海洋不会造成环境污染的言论，缺乏科学依据和中立的国际权威机构的支持，因而不具有可信性。根据现有的事实和相关研究的结论，应当推定数以百万吨的核污染水入海后将会造成严重的损害性后果。尽管这种损害性后果尚未发生，但由于海洋生态环境损害的长期性、严重性和不可逆性，国际社会不能等待行为实施和危害后果出现后才加以制约，而是应当及时阻止核污染水向海洋倾倒，并加强协商与合作，共同商讨更加安全合理的核污染水处理方案。日本当前要做的，不是极力找借口为核污染水排海的错误决定进行粉饰，而是正视国际社会的合理关切，切实履行应尽的责任和义务，以公开、透明、科学、安全的方式处置核污染水。

依据《联合国海洋法公约》的规定，各国一旦获知海洋环境有遭受污染的迫切风险，应立即通知其他国家和主管国际组织，尽可能合作以消除污染影响并防止或尽量减少损害。各国应采取一切必要措施，确保其管辖或控制下的活动不致使其他国家的环境遭受污染损害，并不致损害于国家管辖范围之外。针对福岛第一核电站堆芯熔毁带来的海洋生态环境风险，全面考量核污染水处理方案以期防范风险升级、酿成生态损害，是日本政府的当务之急。

（二）国际法对海洋倾废环境风险的规制

环境规制是海洋环境风险管控的基本工具。所谓环境规制，是指以保护海洋环境为目的，对污染海洋环境或存在这种可能的行为进行的约束、规范和控制。有关环境规制的规定具有突出的公法性质,体现了国家公权力在管控海洋环境风险方面的意志。防范放射性物质排入海洋所造成的海洋环境风险,需要环境规制的手段。而这首先取决于国际、国内立法时对于"海洋环境风险"的识别与规定。

有关海洋环境保护的国际公约对于"海洋环境损害""海洋环境危险""海洋环境风险"的规定,经历了一个发展过程。如前文述,自 2006 年 3 月 24 日开始生效的《防止倾倒废物及其他物质污染海洋的公约》1996 年议定书第 6 条明文规定了"环境风险"。然而,日本作为该议定书的缔约国,无视议定书第 6 条"对废物管理选择方案的考虑",在衡量采取电解法或其他能避免核废水放射性污染的经济成本与稀释核污染水后直排入海的方案很可能造成的中长期损失时,只考虑降低成本,不顾海洋环境风险,也与海洋环境风险管控不力有关。

国际原子能机构与日本原子能规制委员会分别基于国际法与日本国内法上确立的职责对核污染水入海的环境风险予以防范和规制,本应发挥对排污行为的制约作用。然而,现实中错综复杂的原因,使得单一的监督机制在实践中有负预期。考虑到一旦打开长期排放核污染水的"潘多拉盒子",其将造成的海洋生态环境损害不仅无法逆转,而且影响面太大,故应对这一问题的关键还是风险管控。

对此,学者主张,应该敦促日本采取国际环境法中的预防措施,启动跨境环评,与有关国家和各利害攸关方及相关国际组织进行充分协商,保证程序正义,全面公开相关信息,拿出可监督核查的安排,确保决策透明合法。要实现这些主张,谁来敦促、如何敦促是十分重要的因素。鉴于国际原子能机构重在考虑核能产业与核安全,故核污染水风险管控与环境规制工作还需要联合国体系中有执行力的环保机构、国际卫生与健康机构参与,完善第三方监督工作。针对实践中的问题,外部监督的力量应由单一向多元发展,通过多方共治、相互监督与制约,完善海洋环境风险防控机制。

(三)日本政府规制核泄漏及核污染水排海的国际环境法律责任

除了国内监管机构不独立,日本还违反了《联合国海洋法公约》《及早通报核事故公约》等规定的及时通知义务,其对福岛第一核电站的风险管控严重缺失、核污染水处理问题上国际合作缺失。日本政府在福岛第一核电站核泄漏事故之前疏于监管,在事故发生后允许东电公司将核污染水排入大海且未通知相关国家。这一系列行为间接或直接地危害了他国利益,也危害了他国管辖范围外的共同区域的利益。因此,日本政府应当承担福岛第一核电站风险管控责任以及潜在的、有可能产生的跨界环境损害责任。

在高风险的核能开发利用领域,为了履行预防这一适当注意义务,国家需要采取一系列行动措施。《核安全公约》为履行预防注意义务提供的措施是,缔约国在本国法律框架内,采取必要的立法、监督、行政措施及其他步骤,保证核安全。虽然该公约并没有为确保世界核安全建立一个统一的国际制度,但却确立了一种预防风险的激励制度。在这个制度下,以行为而非结果,对一国是否履行预防或减少风险的义务进行判断。若以"适当注意"的最低标准来检视日本政府在福岛核事故中的行为,日本政府并未尽到"适当注意"的预防义务。主权国家若未能尽到"适当注意"的预防义务,那么应独立承担因自身管理防范失职行为而导致的跨界损害赔偿责任。

从海洋命运共同体的角度思考,针对日本政府正式确定将福岛核污染水排海计划的不负责任的行为,相关国家、国际组织都应给予高度重视,督促日本履行其应尽的义务。日本在这个过程中应当进行信息公开,保障公众的知情权,与相关利益国家进行磋商,防止造成无法逆转的后果。国际社会围绕海洋生态环境损害赔偿责任的法理斗争,不仅可以求得国际共识,亦可敦促日本政府在衡量核污染水排海成本与海洋生态环境损害赔偿责任的过程中明晓"让国际社会买单"是其不能承受之重。

综上,核事故发生后,核泄漏及核污染水排放产生的海洋环境风险及至海洋生态环境损害等后果,需要国家履行其国际法上的义务。否则,因国家未履行预防义务或履行预防义务不充分,则要承担跨界环境损害责任。此情形中,归责要件既包括国家在履行预防义务上的过失,也包括跨界环境损害的实际发生。若缺少后一要件,国家只承担海洋环境风险管控责任,而这种责任的承担,主要通过国家公权力机构加强公法规制。

五、结语

本文运用整体主义思维系统论述了全球视野中的海洋生态环境损害赔偿法治建设。

首先,分析国际环境法与国内环境法中有关海洋生态环境损害赔偿的相关规定,探讨海洋环境国际保护中的国家责任对海洋生态环境损害赔偿法治建设的启示,为国际法与国内法的协同创新做好规则分析。

一方面,国际环境法规定了海洋环境风险管控责任,为国际社会在政治交涉、外交抗议、舆论谴责之外提供了法理斗争的武器。围绕日本核污染水排海计划的国际法讨论亦有助于这项责任制度的发展。另一方面,《联合国海洋法公约》也为各国建立、完善海洋生态环境损害赔偿制度提出要求,国内海洋生态环境损害赔偿责任制度建设应当借鉴国际环境法上的跨界损害责任,对于造成海洋生态环境损害后果的合法行为确定海洋生态环境损害补偿责任。

其次,论证全球视野中海洋生态环境损害赔偿法治建设的法理。

深刻认识海洋命运共同体理念下国家在国际、国内海洋环境保护法治建设中的义务与责任,基于海洋环境的整体性考虑国际海洋环境法治与国内海洋环境法治的沟通与协调。国家在海洋环境国际保护中的风险防控义务与跨界损害责任,是海洋生态环境损害赔偿法治建设在国际法层面的拓展;国内法规定的海洋环境影响评价(或风险预警)的行政主体责任与海洋生态环境损害赔偿(或补偿)责任,是国家对其管辖海域的职权与职责,也是国内法为避免本国海洋环境风险及其损害造成国际影响或跨界损害的先发要求。由此,将基于政治智慧而提出的构建"海洋命运共同体"理念体现在国际法与国内法协同创新中,形成全球视野中海洋生态环境损害赔偿法治建设的法理,完善海洋生态环境损害赔偿责任的国内法渊源与国际法渊源应有的联系。

再次,理论联系实际,以规制日本核泄漏及核污染水排海为案例,分析海洋生态环境损害赔偿法治建设的国际实践。

日本福岛第一核电站的核污染水直排入海计划,一旦付诸实施,无异于打开"潘多拉盒子"。对于近一年多来日本政府的言论与行为,有必要运用前述的全球视野中海洋生态环境损害赔偿法治建设的法理进行专题分析,有理有据地评论日本政府规制核泄漏及核污染水排海的国际环境法律责任。海洋生态环境损害的预防和救济,有自身的专业技术要求和司法程序规则,其公法规制有别于陆地生态环境损害,在国际法规制海洋倾废环境风险时尤其值得重视。我国作为日本近邻和利益攸关方,应当重视监测日本福岛核污染水渗漏对海洋环境的影响,使海洋环境监管与海洋生态环境法损害赔偿、海洋生态修复协调配合，形成完整的海洋生态保护制度联动机制。

国际法与国内法的协同创新，为全球视野中的海洋生态环境损害赔偿法治建设提供了方法论，也为相关国际实践讨论现实问题指明方向。建立、完善公法规制与私法救济协同运作的综合性法律机制，是各国海洋生态环境损害赔偿法治建设的共识，这对于全球视野中的海洋生态环境损害赔偿法治建设亦有重要的启示意义。

文章来源：原刊于《亚太安全与海洋研究》2022 年第 4 期。

海洋经济发展

全球海洋经济：
认知差异、比较研究与中国的机遇

■ 傅梦孜，刘兰芬

论点撷萃

从全球范围看，主要海洋国家对海洋经济的认识各成体系，其定义、术语、统计和分类标准有很大差异，但从这些差异中也能找到一些共性，可以作为比较研究的基础和依据，尤其是可以反映出中国在全球海洋经济中所处位置。

"海洋经济"这一概念虽然在广泛使用，但由于各国涉海产业范围、类别、程度、海洋与陆域产业关联性界限不清及政策扶持重点不同等，海洋经济定义并不一致，概念界定的国别特征十分明显，指标体系设计也存在差异，全球层面形成具有较大共识且口径范围相对统一的"海洋经济"概念仍难以在短期实现。但总体而言，从全球发展态势上看，海洋经济的重要性和战略意义愈加明显却是一个不争的事实。

在全球范围内，海洋经济已高度渗透到一些国家的国民经济体系，成为重要的经济增长点，构成拓展经济和社会发展空间的重要依托，战略地位日益突出。全球海洋科技进步在加快，海洋经济发展潜力增大，特别是产业发展格局加快调整，全球海洋经济重心加快向亚洲转移，其中造船、海洋工程装备制造、海洋金融、航运、滨海旅游等诸多海洋优势明显。

中国在发展海洋经济的征程中，因势利导、攻坚克难，取得了不平凡的成就。面向未来，应该把握特点、抢抓优势，发挥好中国海洋经济的特色，为

作者：傅梦孜，中国现代国际关系研究院副院长、研究员；
刘兰芬，中国现代国际关系研究院副研究员

海洋经济发展

推进海上丝绸之路建设和构建海洋命运共同体找准发力点、选好突破口。寻找后疫情时代中国海洋经济的蓝色机遇，需要顺势而为，加强海洋经济学研究与国际交流，传播中国关于海洋经济的理念、政策与作为；拓展蓝色伙伴关系，加强国际合作，形成利益捆绑；把海上健康丝绸之路建设置于重要位置，追求可持续发展，努力构建海洋命运共同体。

中国管辖海域面积约 300 万平方千米，大陆海岸线长 1.8 万千米，是陆海兼备的发展中大国。习近平总书记指出："我国是一个海洋大国，海域面积十分辽阔。一定要向海洋进军，加快建设海洋强国。"发达的海洋经济是建设海洋强国的重要组成部分。尤其是在"双循环"新发展格局背景下，进一步推动海洋经济高质量发展具有重要的支撑作用。当下，在全球范围，主要海洋国家和国际组织对"海洋经济"认识仍然存在巨大的差异，这对全球和各国海洋经济的研究和进一步发展带来困难。本文拟从"海洋经济"的基本概念出发，分析和比较各国的认知差异和具体内涵，找到中国所处位置以及相对优势，结合海洋经济的全球发展态势，为中国发展海洋经济、建设海洋强国探求政策思路。

一、全球对"海洋经济"的认知

随着海洋经济重要性的日益凸显，在 20 世纪 70 年代后，海洋经济逐步被纳入沿海国国家经济体系。从全球范围看，主要海洋国家对海洋经济的认识各成体系，其定义、术语、统计和分类标准有很大差异，但从这些差异中也能找到一些共性，可以作为我们比较研究的基础和依据，尤其是可以反映出中国在全球海洋经济中所处位置。

（一）各方对"海洋经济"的认知差异

海洋经济研究相对陆域问题研究存在显著的困难，表现在如下方面。

首先，各国对海洋经济的用词都不尽相同。就"海洋"和"经济"两类术语而言，"海上"（Marine）一词在澳大利亚、加拿大、法国、新西兰和英国等国广泛使用，而美国和爱尔兰等国则通常使用"大海"（Ocean）一词，欧盟、挪威和西班牙等则经常使用"海事"（Maritime）来表述。与海洋"经济"相关的术语在使用中的差异性更加突出，存在包括"海洋工业""海洋经济""海洋产业""海洋活动""海洋部门"等不同的概念范畴。

其次,"海洋经济"缺乏统一权威的定义。20世纪40年代,英国经济学家克拉克根据海洋经济利用对象的自然属性和人类利用海洋的方式,对海洋经济产业进行分类,从海洋产业的角度提出了海洋经济这个概念。一般认为,关于海洋经济最早的定义出现于1974年。当时,负责国民收入和产品账户管理的美国商务部经济分析局(BEA)提出了"海洋GDP"的估算概念,用以衡量海洋对国民生产总值(GNP)的贡献,其定义为"在生产过程中利用海洋资源"和"某些源于海洋的特性生产所需要的产品或服务活动"。2000年,美国启动的国家海洋经济计划,其海洋经济定义表述为"来自海洋(或五大湖)及其资源为某种经济直接或间接地提供产品和(或)服务"。欧盟委员会提出,海洋经济包括与海洋有关的所有部门和跨部门经济活动。经济合作与发展组织(OECD)认为海洋经济可以定义为"海洋产业的经济活动与海洋生态系统的资产、商品和服务的总和"。朱迪斯·基尔多(Judith Kildow)等海洋问题专家从学术角度提出了海洋经济的定义:"海洋经济是指发生在海洋中,从海洋中获取产出并向海洋提供货物和服务。也就是说,海洋经济可以定义为直接或间接在海洋中发生,利用海洋的产出并将商品和服务纳入海洋活动的经济活动。"从上述可以看出,关于海洋经济概念的定义可以说是五花八门,莫衷一是。

第三,全球关于"海洋经济"的统计数据参差不齐。全球范围看,海洋经济统计数据存在缺失、滞后、平行可比较性严重不足等问题,原因在于前面所提到的涉及海洋经济及相关领域的术语存在不同,这影响了对全球海洋经济进行统计、分类和比较,也自然影响到如何认识海洋经济发展的现状与未来。同时,由于海洋经济活动的属性是多重的,其统计数据也难以获得。比如,海洋储藏着大量的矿产资源,也是海上贸易、滨海旅游等海洋产业依存的地理空间,这让与海洋有关的经济活动纳入了其他领域的统计范畴,而没有专门归类为海洋经济。此外,海洋是流动的且相互联系的,海洋物种可能比陆地物种传播更长的距离,对这些物种及其运动进行跟踪和统计十分困难。

第四,学界对"海洋经济"的研究百花齐放,各有侧重。由于基本概念不清、参与主体多元等因素,全球学界对海洋经济研究存在着多层次、碎片化的情况。国内较多的文献是考察单一国家的海洋经济发展现状,或选取一国有代表性的海洋产业进行分析,比较零散,数据也有些陈旧,也有学者从海洋经济的概念入手。

总体而言,"海洋经济"这一概念虽然在广泛使用,但由于各国涉海产业范围、类别、程度、海洋与陆域产业关联性界限不清及政策扶持重点不同等,海洋经济定义并不一致,概念界定的国别特征十分明显,指标体系设计也存在差异,在一些国家更存在指标缺失、滞后及失真等状况。国际涉海机构或组织对此亦无能为力。因此,至少在统计上,一些国家或国际组织只能以具体的海洋领域经济如海洋渔业、海洋资源或海洋旅游等作为说明某一具体行业状况的办法,或者对"海洋经济"各自保留各自的定义。全球层面形成具有较大共识且口径范围相对统一的"海洋经济"概念仍难以在短期实现。

(二)主要国家和国际组织的"海洋经济"内涵比较

如前所述,"海洋经济"的定义具有很强的国别特征。自20世纪70年代海洋经济问题兴起以来,主要海洋国家和国际组织根据自然禀赋和经济发展过程的不同,形成了不同的海洋产业结构,各自通过法律文件和政府工作报告等形式,界定其海洋经济的概念,赋予海洋经济不同内涵(表1)。

从宏观层面的比较来看,美国、欧盟、澳大利亚、新西兰等国家的统计方法和中国类似,都是基于国民经济分类开展海洋经济统计,这种方法也是目前全球通用的市场价值核算方法之一。而国际机构在考虑海洋经济市场价值的同时,更重视海洋生态系统提供的服务与价值。海洋生态系统为人类提供了多项服务,目前这些服务还难以市场化,但与碳封存、海岸保护、国际海洋空间规划、废弃物处理等未来海洋治理领域息息相关。

表1 世界主要海洋国家和国际组织的海洋经济内涵

国家或组织	概念内涵	来源
中国	开发、利用和保护海洋的各类产业活动,以及与之相关联活动的总和	国家标准《海洋及相关产业分类》(GB/T 20794—2006)
美国	依赖于海洋和五大湖及其产品利用的经济活动	国家海洋经济计划(1999)
英国	海洋经济活动包括海底活动和为海上活动提供产品和服务的经济活动	《英国海洋经济活动的社会—经济指标》

国家或组织	概念内涵	来源
日本	海洋产业为开发、利用和保护海洋的活动	《日本海洋基本法》
韩国	在海洋中发生的经济活动,其中还包括将商品和服务纳入海洋活动并利用海洋资源作为要素投入的经济活动	《重建海洋经济分类体现》
加拿大	海洋产业是指在加拿大海洋区域及与此相连的沿海区域内的海洋娱乐、商业、贸易和开发活动	国家海洋发展战略
澳大利亚	海洋产业是利用海洋资源进行的生产活动,或是以海洋资源作为主要投入的生产活动	《澳大利亚海洋产业发展战略》
新西兰	发生在海洋或利用海洋而开展的经济活动,或者为这些经济活动提供产品和服务的经济活动,并对国民经济具有直接贡献的经济活动的总和	《新西兰海洋经济(1997—2002年)》
爱尔兰	直接或间接以海洋为要素投入的经济活动	戈尔威社会海洋研究中心(SEMRU)的研究报告
联合国	海洋经济也称为蓝色经济,是一种同时促进经济增长、环境可持续性、社会包容和加强海洋生态系统的活动	海洋经济:小岛屿发展中国家的机遇和挑战(2014)
世界银行	蓝色经济关注海洋经济的可持续性。因此,蓝色经济力求促进增长、社会包容、创造就业机会、改善生计和增加来自海洋的粮食生产,同时确保海洋和其他水体的环境健康	蓝色经济的潜力:为小岛屿发展中国家和沿海最不发达国家增加可持续利用海洋资源的长期效益(2017)
经合组织	海洋产业的经济活动以及海洋生态系统提供的资产、商品和服务的总和通常被称为海洋经济	创新可持续海洋经济的再思考(2019)

（续表）

国家或组织	概念内涵	来源
欧盟	欧盟将海洋经济称为蓝色经济。欧盟委员会指出蓝色经济是指与蓝色增长相关的经济活动,包括所有以海洋为基础或与海洋相关的活动	欧盟蓝色经济报告(2020)

同时,"海洋经济"的内涵仍在持续延展。21世纪以来,随着海洋经济与科技的快速发展,海洋经济的概念还出现了新的外延——"蓝色经济"。"蓝色经济"最早出现于1999年加拿大"蓝色经济与圣劳伦斯发展"论坛,其本质仍属海洋经济范畴,着眼于海洋资源的综合开发利用。随着对海洋环境保护关注度的上升,可持续发展理念成为蓝色经济新的内涵。这一理念主要集中在欧洲、澳大利亚等发达国家或地区以及太平洋小岛国。在美国第111届国会参议院商业、科学和运输委员会的海洋、大气、渔业和海岸带警备队分委会组织的"蓝色经济——海洋在国家经济未来发展中的作用"听证会上,"蓝色经济"一词首次进入美国政府文件。

（三）各方海洋经济定义的差异性及其共性

从微观层面的比较来看,由于各主要海洋国家在海洋经济认识、资源禀赋、经济发展阶段等方面的巨大差异,以及在海洋经济的分类标准和统计范畴有着显著不同,造成平行比较和综合统计存在困难。直至今日,尚未形成国际协商一致的海洋经济活动分类方案和统计标准。各国在分类标准和范围上的主要差异主要来自四个方面:一是分类不同。一些国家把某一产业列为海洋经济的范畴,但另一些国家却把它排除在外,在不同的国家和地区,海洋经济包含的产业数量存在较大差异。例如,英国将海洋经济划分为18个类别,而日本则涵盖了三大类共计33个产业。二是是否包括公共部门。比如,加拿大除了统计私人部门的海事活动贡献率,还统计了公共部门的海事活动情况,2015年公共部门占比达到16.9%,而爱尔兰的海洋经济数字不包括海洋相关的公共部门(海军防御服务、公共资助的研究或教育等)的产出。三是是否包括与海洋间接有关的活动。即狭义的海洋经济和广义的海洋经济之别。狭义海洋经济是指开发利用资源、海洋水体和海洋空间而形成的经济;广义海洋经济是指为海洋开发利用提供条件的经济活动,包括与狭义海洋经济产生上下接口的产业,以及陆海通用设备的制造业等。四是新的海洋产业是否纳入范畴。一个国家的某些产业可能被排除在海洋经济之外,而另一个国家却没有。比如,英国海洋经济单列"海底电缆"和"航海与安全",法国海洋经济单列"火力发电"和"核电",韩国和加拿大单列"海洋能产业"。

从上述比较中可以得出四方面结论。首先,中国与美国海洋经济分类法相对接近。两者均属于统计面相对广泛和全面的,其主要特点是将海洋经济集中于主要海洋产业,都未将海洋其他产业纳入。其次,多数国家的海洋经济集中于传统海洋产业,零星涉及新兴产业和其他产业。这反映出新兴海洋产业在海洋经济中的地位尚在提升过程中,如船舶工业和海洋建筑业,已经较为广泛地纳入海洋经济范畴,而诸如海洋化工、医药、电力等新兴海洋产业尚未形成规模。第三,全球范围看,对海洋其他产业的态度主体上是不纳入海洋经济范畴。只有个别国家根据各自产业特点进行具有较强国家属性的分类,例如,英国从海洋经济中排除了海鲜加工,而法国将火力发电和核电等发电包括在内。第四,各国海洋经济各有特色。在英国和冰岛等国家,直接海洋经济活动在国民生产总值中所占的比例最高。在美国、英国、法国、加拿大和澳大利亚,其海洋和沿海地区的船舶、海上运输和旅游业是重要的海洋部门。对于中国和韩国而言,造船和渔业对海洋经济的贡献则很重要。综合上述分析,我们可以看出,各国的海洋经济在千差万别、各有特色的基础上,也存在一些共性,利用现有资料也具有一定的可比性,可以作为国别比较分析的基础。

(四)中国标准及其比较优势

比较而言,中国的海洋经济统计水平居于世界前列,具备比较明显的优势。

一是中国统计工作起步早,已基本实现了制度化、标准化和规范化。从1989年起,我国逐步建立了由国务院有关部门、沿海地方组成的中国海洋经济统计工作机制,并与国家统计局建立了稳定密切的合作关系。分别从1999年、2006年开始执行经国家统计局批准的《海洋统计报表制度》和《海洋生产总值核算制度》,先后发布实施了国家标准《海洋及相关产业分类》和《海洋经济指标体系》等10余项行业标准,初步搭建了与国民经济统计核算相衔接的海洋经济运行监测标准方法体系。当前,我国海洋经济统计门类已经十分齐全,包括 12 个主要海洋产业、海洋科技与教育、海洋环保、海洋管理与服务等,而包括美国在内的全球大多数沿海国家只统计部分海洋产业。

二是中国的统计数据迅速、及时,持续性好。美国、加拿大、澳大利亚的数据一般滞后 3 年,欧盟、爱尔兰的数据滞后 1~2 年。美国国家海洋经济计划(National Ocean Economics Program)于 2009 年 6 月发布了有关"美国海洋和沿海经济状况"的报告,2014 年、2016 年进行了更新。法国于 2009 年开展了一项类似人口普查的海洋经济数据研究,并于 2011 年和 2014 年进行了更新。2006 年,新西兰进行了一项研究,发布首份估测报告《新西兰海洋经济(1997—2002 年)》,以了解如何利用海洋环境来开展经济活动,近年其国家统计局每三年更新一次数据。爱尔兰自 2010 年起每两年发布一份海洋经济发展报告。相比之下,中国的海洋经济数据具有明显优势。从 2001 年起,我国海洋经济统计开始采用海洋生产总值统计口径,至 2020 年已有连续 20 年的统计数据。

三是中国的海洋经济统计和分类标准覆盖更为全面,具有较强的推广潜力,能够较好地适用于不同特点的海洋沿岸国家。未来海洋生物医药业、海洋新能源开发、海水利用业等战略性新兴产业发展前景非常广阔,中国标准有助于产业转型升级,能够助力发展高端、高新技术和战略性新兴产业,有助于促进海洋经济高质量发展。

二、全球海洋经济评估与未来发展趋势

海洋经济在各国国民经济中发挥的作用表现有所不同,从统计角度进行比较也有一定难度。但总体而言,从全球发展态势上看,海洋经济的重要性和战略意义愈加明显却是一个不争的事实。

(一)各国海洋经济发展比较分析

鉴于前述分析的在海洋经济方面的统计数据差异,难以就各国的海洋经济发展状况在数据上进行全面比较,笔者从世界主要海洋国家的政府网站、海洋统计年鉴、海洋经济数据库,以及各国海洋经济研究成果中集中搜集相关数据,从海洋产业规模及其占国内生产总值(GDP)的比重、海洋经济就业规模及其占比,这两个维度考察海洋经济的贡献(表 2)。

通过表 2 的横向比较可以得出以下结论。

其一,从海洋经济发展规模来看,中国占据优势。中国、美国、欧盟属于第一梯队,海洋经济体量较大,日本、加拿大、澳大利亚、英国属于第二梯队,经济规模总体相对较小。中国海洋经济规模 2014 年首次超过美国,此后两国之间的规模差距逐渐增大。与发达国家相比,中国增长依然强劲,而且发展效率仍有较大提升空间,预计未来中国在世界沿海国家中的海洋经济地位将不断提升。

其二,从海洋经济占 GDP 比重来看,各主要海洋国家的差异非常突出。海洋经济占国民生产总值中比重为不到 1% 至 20%。造成上述差异的主要原因包括:这些国家之间海洋活动的重要性和数据可用性方面的存在差异;在统计方法、定义、评估年份和研究范围等方面存在的重大差异,包括哪些海洋工业被包括在内,哪些被排除在外,由于官方、半官方、学者等不同统计数据来源造成的差异。大多数国家对海洋经济的研究是由个人和学术团体、负责管理海洋的政府部门开展的,中国、新西兰等国家由政府机构相关部门负责,美国、加拿大和爱尔兰等国的相关研究由外部咨询专家和学术团体提供研究报告。

表 2　世界主要海洋国家发展情况比较分析

国家	数据年份	海洋产业GDP/GVA	占 GDP比重/%	就业/10^4FTE	就业占比/%	来源
中国	2016	7.05 万亿元人民币	9.5	3624	4.67	《2016 年中国海洋经济统计公报》
	2016	5710 亿欧元	5.8	—	4.7	《爱尔兰海洋经济(2017)》中涉及中国的数据
	2018	8.34 万亿元人民币	9.3	3684	4.75	《2018 中国海洋经济统计公报》
	2019	8.9 万亿元人民币	9.0	—	—	《中国海洋经济发展报告2020》
	2020	8 万亿元人民币	7.9	—	—	《中国海洋经济发展报告2021》

（续表）

国家	数据年份	海洋产业 GDP/GVA	占 GDP 比重/%	就业/10⁴FTE	就业占比/%	来源
美国	2016	3040 亿美元	1.6	330	2.3	《NOAA 关于美国海洋及五大湖经济的报告（2016）》
	2018	3730 亿美元	1.8	230	1.5	美国国家海洋和大气管理局（NOAA）与美国商务部经济分析局（BEA）联合发布的报告（2020）
欧盟	2016	1732.61 亿欧元	1.3	377.4	1.7	《2019 年蓝色经济报告》
	2017	1797.58 亿欧元	1.3	4.3	1.8	
	2018	7500 亿欧元	1.5	500	2.2	《2020 年蓝色经济报告》
英国	2005—2006	460 亿英镑	4.2	89	2.9	《英国海洋经济活动的社会—经济指标》
	2016	358 亿欧元	1.7	50.6	1.7	欧盟《2019 年蓝色经济报告》
	2017	361 亿欧元	1.7	51.6	1.7	
加拿大	2015	303.95 亿美元	1.5	—	—	加拿大海事部门
澳大利亚	2015—2016	681 亿美元	4.3	39.3	—	澳大利亚海洋科学研究所的 AIMS 海洋指数（2018）
新西兰	2002	33 亿新西兰元	3	2.1	—	《新西兰海洋经济（1997—2002 年）》；新西兰国家统计局首份估测报告
	2016	38 亿新西兰元	1.4	—	—	新西兰国家统计局网站

（续表）

国家	数据年份	海洋产业GDP/GVA	占GDP比重/%	就业/10⁴FTE	就业占比/%	来源
爱尔兰	2012	12亿欧元	0.8	2.55	—	《爱尔兰海洋经济（2017）》
	2014	15亿欧元	0.85	2.74	—	
	2016	18亿欧元	0.94	3.02	1.5	
	2018	22亿欧元	1.1	3.4	—	《爱尔兰海洋经济（2019）》
日本	2008	18.1万亿日元	3.7	—	—	日本内阁府综合海洋政策总部2010年3月《海洋产业活动状况及振兴的调查报告》
	2017	8229亿日元	0.15	—	—	日本农林水产省统计数据
	2018	8567亿日元	0.16	—	—	日本农林水产省统计数据
印尼	2005	573万亿印尼盾	19.92	—	—	印尼海洋事务与渔业部（CMFSER）2008年数据
	2014	—	14.85	—	—	印尼海洋与渔业部

注：FTE(full-time equivalents)，全职人力工时；"—"表明各国研究报告中未涉及该数据；根据中国国家统计局的数据，2016年年末全国就业人数为7.7603亿人，2018年就业人数为7.759亿人，2018和2016年两处"就业占比"由笔者计算所得。

其三，各国对海洋经济的依赖程度不同与其经济多样性密切相关。一国如果工业化程度高且经济具有多样性，其海洋经济的贡献率一般较低。爱尔兰的海洋经济贡献率占比不足1%，美国、欧盟、加拿大、新西兰海洋经济贡献率占比不足2%，英国、澳大利亚、日本海洋经济贡献率在4%左右，而印度尼西亚、越南等工业化水平较低的国家，其海洋经济对国民经济的贡献率反而较高。小海岛国家，或者是工业化水平较低的国家，其经济具有相对的单一性与依赖性，"靠海吃海"特征明显，海洋经济对国民经济的贡献率就更加突出。以密克罗尼西亚联邦为例，其2亿美元左右的渔业产值占国家GDP 10%的份额，而仅有1000万美元左右渔业产值的库克群岛也十分倚重渔业，其对GDP的贡献率也达到了约6%。

（二）全球海洋经济发展趋势

在全球范围内,海洋经济已高度渗透到一些国家的国民经济体系,成为重要的经济增长点,构成拓展经济和社会发展空间的重要依托,战略地位日益突出。未来,全球海洋经济发展可能呈现以下几大趋势。

第一,海洋经济增长潜力超过全球整体经济增速,在全球经济中的占比将进一步扩大。从产值和就业两方面来看,以海洋油气、港口航运、海洋旅游和海洋渔业为主体的海洋产业成为包括欧美发达国家、亚太发展中国家国民财富增长的重要来源。2018 年 6 月欧委会发布的首份欧盟蓝色经济年度报告指出,欧盟蓝色经济发展动力强劲、潜力巨大,已成为拉动经济增长的重要引擎。2019 年 5 月欧委会发布的第二份蓝色经济报告指出,欧盟六大海洋产业——沿海旅游业、海洋资源开发、海洋石油天然气、港口仓储、造船修理、海运业等 2017 年总增加值(GVA)增长到 1800 亿欧元,较 2009 年增加 8%;总营业额为 6580 亿欧元,增加 11%;直接雇用 400 多万人,增加7.2%。2020 年 6 月,欧盟发布的《2020 年度蓝色经济报告》指出,尽管 2020年沿海及海上旅游业、渔业及水产养殖业受到新冠病毒疫情的严重影响,但总体上看,蓝色经济对绿色复苏的贡献仍旧潜力巨大,发展趋势依旧向好。2019 年,欧洲的海上风电总装机达 45 兆瓦,约占全球的 70%。预计 2020 年至 2022 年还将增加装机 300 兆瓦。截至 2019 年底,欧洲海洋能产业上下游供应链有 430 多家企业,为欧洲海洋能产业创造了 2250 个就业岗位。一些重点产业,特别是海洋油气、海洋旅游、港口航运业的重要性突出。

在经合组织(OECD)2016 年发布的报告中,通过对 169 个国家的海洋经济数据库进行初步计算,全球海洋经济产出达 1.5 万亿美元,约占世界总增加值的 2.5%(约 590 亿美元)。从构成上看,海上油气占海洋产业增加值近 34%,其后依次是海洋和沿海旅游(26%)、港口活动(13%)、海洋设备(11%)、水运(5%)、全球海产品工业鱼类加工(5%)以及造船和修理(4%),而工业捕捞渔业(1%)、工业海洋水产养殖(0.3%)和海上风能(0.2%)所占份额较小。若将手工捕捞渔业(主要在非洲和亚洲)所产生的附加值估计数包括在内,将使捕捞渔业总额再增加数百亿美元。预计到 2030 年,海洋经济对全球 GVA 的贡献额可能会翻一番,超过 3 万亿美元。其中,海洋水产养殖、海上风能、水产品加工、船舶修造行业将呈现尤为强劲的增长。

第二,全球海洋产业发展格局加快调整,海洋经济重心向亚洲转移。这在造船、海洋工程装备制造、海洋金融、航运、滨海旅游等诸多海洋产业中都已经有所体现,而且未来可能保持这种发展态势。原因在于:一是亚洲国家凭借劳动力成本的比较优势大力发展海洋装备制造业,中国、韩国、日本的造船产量已经占到世界市场份额的75%,韩国的钻井船占国际市场的80%左右。二是以中国为代表的亚洲各国已经成为世界海洋渔业发展的佼佼者。2016年,亚洲水产养殖的产量占世界总产量的比重超过89.4%,中国、印度、越南、印度尼西亚、孟加拉国和泰国等国家成为海产品的主要供给国。三是世界海运贸易向发展中国家转移,亚洲成为世界最重要的装货区和卸货区。2019年英国《劳氏日报》发布的全球集装箱港口排名前十,中国港口占了7席。这些动向为亚洲地区成为全球海洋经济新的中心创造了条件,也为我国海洋经济的发展及成功建设海上丝绸之路提供了历史机遇。

第三,海洋科技创新步伐加快,创新驱动日益成为海洋产业发展的主要动力。海洋新兴产业高度依赖高新技术,需要创新驱动来取得在国际竞争中的有利局面。习近平总书记指出:"发展海洋经济、海洋科研是推动我们强国战略很重要的一个方面,一定要抓好。关键的技术要靠我们自主来研发,海洋经济的发展前途无量。"在海洋科技方面,突出重要的领域有两个:一是海洋生物医药产业。海洋生物医药产业作为海洋新兴产业中高风险、高投入但回报最快的行业,一直受到欧美各国的重视。美国、日本、瑞士等发达国家积极在全球收集、筛选优质海洋生物资源,建立资源养殖基地。据经合组织统计,2017年欧盟蓝色生物技术产业规模达到46亿美元。二是海洋可再生能源。在全球气候变化压力下,降低对化石能源的依赖已经成为需要全世界共同面对的挑战,化石能源燃烧所带来的污染,迫使世界各国急切需要寻找绿色能源取而代之。全球海洋能储量巨大,海上风能资源丰富,适合大规模开发,日益引起世界各国的广泛关注。预计到2030年全球海上风电就业人数将达到43.5万人,其中欧盟占比将达到56%,其后依次是中国(23%)、美国(20%)。深海石油、多金属结核、热液硫化物和"可燃冰"等深海资源开发国际竞争日趋激烈,美、日、韩等海洋大国争先恐后地掀起"蓝色圈地"运动。

第四,地区一体化规则有望成为重要推动力量。中国加快建设海洋强国的对外路径是利用"海上丝绸之路"并与其他国家尤其是与东盟国家之间加强在海洋低敏感领域的合作，共同发展海洋经济。各种类型的自贸区协定磋商、贸易便利化进程加快，陆海经济的统筹互动，自由化规则安排产生的激励效应，特别是于2022年1月1日生效启动的亚洲区域伙伴关系协定（RCEP），15个成员国总人口达22.7亿，GDP达26万亿美元，出口总额达5.2万亿美元，以上三个方面占世界总量的比例均在30%左右，势必将为地区国家推进海洋经济发展与合作提供新的内驱动力。业界认为，RCEP对海洋相关产业意味着巨大的商机，如中国进出口90%通过海上进行，这将有力促进船运、物流、港口、造船等行业的发展。

三、中国海洋经济的发展机遇

中国在发展海洋经济的征程中，因势利导、攻坚克难，取得了不平凡的成就。面向未来，应该把握特点、抢抓优势，发挥好中国海洋经济的特色，为推进海上丝绸之路建设和构建海洋命运共同体找准发力点、选好突破口。

（一）中国海洋经济的比较优势

通过海洋经济的全球比较，可以看出，中国发展海洋经济有自己的特色和优势。一是发展速度快。近十年来，中国海洋经济规模翻了一番。区域海洋经济不断壮大，北部、东部和南部海洋经济圈海洋生产总值分别为2010年的1.9倍、2.1倍和2.8倍。数据显示，2019年我国海洋生产总值超过8.9万亿元，比上年增长6.2%，海洋生产总值占国内生产总值的比重为9.0%，占沿海地区生产总值的比重为17.1%。2019年末，实有涉海企业数比上年增长10.7%，连续4年增长过万。2020年受新冠疫情全球蔓延的影响，海洋经济增长势头有所下降，规模有所萎缩，但2021年已开始呈现恢复性增长。总体而言，多年来中国海洋经济各项指标均高于其他产业增长速度，有望成为中国经济重要增长支点之一和结构深度调整过程中的重要产业领域。

二是结构持续优化。我国目前基本形成了滨海旅游业、海洋交通运输业、海洋渔业和海洋工程建筑业四大支柱产业，各主要海洋产业均呈现良好的增长势头。新兴产业方面，近年来海洋生物医药业、海洋电力业、海水利用业等产业呈现出较快的发展，增长速度明显。2018年，三项产业增长速度分别为9.6%、12.8%、7.9%。随着供给侧结构性改革持续推进，加之科技投入的进一步增加，海洋经济结构会进一步优化，第一、二产业技术含量、附加值会稳步增加,第三产业地位继续上升,海洋经济发展空间更为广泛,蕴含的潜力有望进一步释放。

三是比重保持稳定。自2015年来,我国海洋经济增速及其占GDP比重均处于相对稳定的状态,分别稳定在7%与9.5%左右,海洋经济在经历2004—2006年及2010年前后的高速增长后,目前正保持与GDP相对同步的增速,进入较为稳定的增长阶段。表2的数据已经体现,我国的海洋产业总的国内生产总值贡献率超越很多欧美发达国家水平。作为海洋经济最为发达的区域之一,欧盟海洋经济的只占欧盟GDP的1.3%。考虑到中国GDP世界第二的基数,这在一定程度上反映出我国海洋经济对全球海洋经济贡献十分可观的客观情况。

四是对就业贡献大。从表2中可获得的就业数据来看,中国海洋产业的就业占比达到4.7%左右,其他经济体海洋相关的就业均低于3%,而同为全球大型经济体的美国和欧盟只有2%左右;从绝对值看,2016年各国就业横向数据比较完整,中国海洋就业人口3700万人,远高于美国、欧盟的300万~400万人,更远远高于英国、澳大利亚的几十万人,以及爱尔兰、新西兰的2万~3万人。中国海洋产业就业相对不错的状况为缓解庞大中国社会人口压力取到一定的释放作用。

(二)基于比较研究的政策建议

通过全球海洋经济的比较分析可以发现,中国海洋经济的发展有其自身的优势,也存在进一步发展的历史机遇,宜充分扬长避短和发挥潜力,把握全球海洋经济的发展潮流,努力建设海洋强国,以下是一些探索性的思考。

第一,加强海洋经济学建设及国际交流,推广中国海洋经济理念、标准与统计分类方法,使之服务于全球。中国方案覆盖更为全面,规模更加突出,有助于推动各沿海国家构建综合、开放、可持续的海洋经济体系,助力本国经济形成更大增长动能。联合国贸易和发展会议提出为海洋经济可持续发展建立统一的国际贸易分类。经合组织建议将海洋产业评估方法标准化,通过附属账户纳入国民核算体系;计量和评估海洋自然资源和生态系统服务,并探索将其纳入国民核算框架。中国可与IMF、WB、FAO、OECD等国际组织合作,建立海洋经济数据大平台,形成统计标准,鼓励各海洋大国将海洋经济数据导入该平台,最初阶段形成海洋大国数据库,海洋经济实力较弱的发展中国家可逐步加入，最后形成全球海洋经济数据的共享和横向比较。海洋殖民文化的遗毒造成的体系隔离正在继续迟滞全球海洋经济的发展。中国作为后发的海洋经济大国，在相关理念上具有较强的客观性、全面性和综合性，具备推动海洋经济统一理念、统一话语、统一标准的重要契机。将海洋经济议题作为构建海洋命运共同体的重要抓手，是定标准、定规则、定秩序的重要途径。既能够为构建人类命运共同体添砖加瓦，也是建设海洋强国和中国特色社会主义现代化强国的有效支撑。

加强海洋经济学理论研究国际交流，尤其是将建立国际通用统计标准作为重点合作领域。在界定海洋经济概念时，精准界定其内涵是很困难的，要考虑与现行统计体系匹配兼容的问题。因此，更深入地认识海洋经济，理清海洋产业内外部的关系，需要综合运用产业、地理、统计等视角，在借鉴各国研究成果的基础上进一步探索与创新。从思路上看，可以坚持求同存异、稳步推进的原则。尊重各国对海洋经济的差异性表述，保持与各国现在执行的标准的有效衔接性；坚持国际合作，致力于建立全球合作伙伴关系，充分发挥现有涉海国际组织的协调作用；稳步推进全球海洋经济和海洋产业研究，对共性问题开展基础研究，对差异性和区域性个性问题进行深入剖析，逐步缩小差异，推动统一的海洋经济内涵的界定和海洋产业分类国际标准的建立。具体做法上，可以从加强统计数据合作入手。大数据时代具备相关合作条件，如前所述，可鼓励各国加强海洋经济统计数据库建设，特别是新兴海洋产业的统计数据，支持政府与非官方渠道的密切合作，如海洋集群、行业协会、研究机构和非政府组织等，将新数据整合到国家统计资料中；建议构建国际海洋经济数据共享平台，在经合组织海洋经济数据库的基础上，进一步优化整合其他国际组织、咨询公司和各国海洋经济统计数据，定期发布全球性的海洋经济统计产品，提升海洋统计的影响力；开展海洋经济国际可比性研究项目，促进各国间的交流与合作和统计方法的改善。

第二，倡导建立海洋命运共同体，推动海洋经济国际合作，践行共商共建共享理念，把海上丝绸之路建设作为重要抓手。按照习近平总书记2021年11月19日在"一带一路"座谈会上所强调的"以高标准可持续惠民生为目标，继续推动共建丝绸之路建设高质量发展"。鉴于许多海洋资源的流动性，海水中的营养物质和污染物可以保留数十年，某些人类活动可能给子孙后代造成沉重负担。海洋所有权的缺失，海洋共同财产制度甚至比陆地上的土地制度更为稀缺,使其可持续发展的前景比陆地更具挑战性。这需要加强对海洋经济的研究,提高各海洋沿岸国家的责任心,共同维护这一片深蓝。目前看,新兴的海洋产业为应对人类面临的许多重大经济、社会和环境挑战提供了广阔的机遇。新兴海洋产业开发和应用一系列科学和技术创新,有助于更安全、可持续地开发海洋资源,或者使海洋更清洁、更安全并保护其资源的丰富性。使蓝色生物技术、海洋可再生能源和海洋矿产开发等新兴产业大规模投入使用,并能够以有意义的方式为全球繁荣、人类发展、自然资源管理和绿色增长作出贡献,将需要大量的研发努力、投资和连贯的政策支持,这就需要更广泛的国际海洋经济合作。

第三,进一步拓展蓝色伙伴关系,形成广泛而有深度的利益捆绑。自中国国家海洋局于 2017 年提出建立"蓝色伙伴关系"以来,我国在常态化合作平台搭建、海洋可持续发展、海洋经济科技国际合作、重大国际议程磋商和互信互利理念传播等方面取得长足进展,但在中美"脱钩"和新冠疫情引发外部环境趋紧背景下,迫切需要将蓝色伙伴关系上升到国家战略层面,赋予其新使命和新内涵。这样可以突破美国制造的地缘障碍,通过锚定全球海洋治理若干重点领域和议题,在"十四五"期间开创新蓝海国际合作空间。同时,在美国打着反对"搭便车"旗号从原有国际海洋公共产品和海洋秩序供给者角色有选择退出的情况下,国际社会对我作为负责任大国的期待进一步上升,我国需要适时塑造引领,与"21 世纪海上丝绸之路"相呼应,与全球海洋命运共同体相契合,助力国际公共产品建设和海洋秩序的变革与完善。

第四,把新冠疫情背景下加强冷链运输的安全性纳入全球或区域海上公共卫生体系建设之中。2020 年 6 月以来,已有 10 余省份在冷链冻品中检出新冠病毒阳性。"冷链"陡然成为热搜词。在同年 6 月北京新发地输入型疫情发生后,"冷链运输可能成为新冠病毒传播的新途径"这一观点备受关注,对进口冷链食品的销售产生了一定影响。北京新发地输入型疫情,使我们首次对冷链运输的冷冻产品产生关注。10 月 17 日,中国疾病预防控制中心(CDC)宣布已在进口鱼的包装中分离出有效的 SARS-CoV-2。该机构认为,被污染的食品包装可能导致感染。这也是世界上首次发现并证实:污染的食品经冷链运输,可以跨国引发新冠疫情传播。11 月中旬的大连疫情再次证明,冷链运输受新冠病毒污染的食品,可以引发新冠疫情。这些疫情直接促使我国加强了对冷链经营的冷冻肉食及海产品从业人员的管理。9月底的青岛疫情则是主动对冷链从业人员定期监测,发现了处于感染早期的无症状感染者,因此未形成较大范围扩散。交通运输部 2020 年 8 月印发《关于进一步加强冷链物流渠道新冠肺炎疫情防控工作的通知》,要求交通运输管理部门督促指导冷链物流经营单位加强从业人员防护、严格运输装备消毒、落实信息登记制度,切实防止新冠病毒通过冷链物流渠道传播。国务院联防联控机制印发《进口冷链食品预防性全面消毒工作方案》,明确要求对进口冷链食品要实现全流程闭环管控。海关、交通、卫生、市场监管、地方政府及相关生产经营单位的工作分工也都被逐一明确,抓紧制定和推广冷链物流地方标准。国家加强对冷链、对食品安全的监管,短期的确对部分跨境冷链物流企业造成冲击,但从长远来看,更有利于行业良性发展。

第五,重启蓝色经济,充分挖掘海洋经济潜力。新冠疫情对航空、餐馆和体育运动等行业造成破坏,也影响了"蓝色经济"。在一些地区,新冠疫情导致航运活动减少 30%。"封城"措施及对海产品的需求下降导致中国和西非的捕鱼活动减少了 80%。依赖海洋沙滩旅游业的整个国家已经关闭了边境。在全球范围内,新冠肺炎疫情对旅游业的影响可能造成 74 亿美元的损失,使 7500 万个工作岗位面临消失的风险。

新冠疫情过后,通过以下途径可以重建更强劲、可持续的海洋经济。一是发展可持续的蓝色旅游业。在新冠疫情暴发之前,海洋旅游业在全球的直接价值为 3900 亿美元,全球数百万人依赖海洋旅游业。鉴于沿海生态系统(如珊瑚礁和红树林)为蓝色旅游业带来巨大的投资回报,可通过雇用劳动力来恢复沿海生态系统,这样也会缓解失业问题。"大萧条"时期出现类似以自然为基础的就业创造计划,如美国的平民保育团,可以作为"后疫情时期"的政策参考。二是减少航运排放。据估计,地球上 90% 的货物都是由海洋运输的。海洋交通大大增加了碳排放。国际海事组织已提出要求,在2050 年前将航运排放量减少 50%。新冠疫情防控期间,航运活动减少,但非正常因素使然,需要作出进一步努力。亚洲拥有最大机会,中国、韩国和日本的造船吨量占全球总量的 95% 以上。需要对船舶进行升级,以提高燃油效率,从而减少排放。三是保护好后新冠肺炎时期激增的鱼类。与其他投资不同,海洋生物资源确实会在经济低迷时期出现增长。在第二次世界大战期间,很多渔船被迫停止捕鱼,这使得鳕鱼等鱼类数量增加。在新冠肺炎防控期间也出现了此类增长,必须抵制过度捕捞的冲动,利用渔业科学来设计智能的捕鱼规范,以最大限度地增加长期利益。四是重视水手(海上运输司机)。面对大流行病,船舶无疑是世界上最具挑战性的工作平台。易受影响的水手,他们在蓝色经济中作为杂货店店员和送货司机,属于"关键人员"。加大对这些部门的支持需要对船员们进行病毒和抗体检测,并使他们在海上长时间航行后能体面安全地回家。五是发展海洋公园。目前,只有7.4%的海洋得到了保护。建设海洋公园有利于丰富海洋生物多样性。六是发展海洋农业。科学家估计,全世界约有 8.45 亿人的营养状况易受海鲜食品减少的影响。新冠肺炎疫情可能加剧这些挑战。需要运用刺激资金来支持智能水产养殖或海洋农业的发展,为当地人口提供营养支持。七是推动海洋数字化。加速重启蓝色经济的另一种方式是对海洋技术进行刺激性投资,这些技术可以帮助我们更有效地观察和了解海洋。比如,受新冠肺炎疫情影响,渔业观察员项目已被暂停,这些项目本能帮助该行业收集重要数据以提高捕获量、有效执法和保护濒危物种。新型人工智能驱动的电子监控系统有助于维护这些数据管道。

四、结语

随着海洋经济不断发展,全球范围内的海洋资源竞争将进一步加剧,进行海洋经济的国际比较,可以更好地制定政策和发展战略,找准国际定位。但目前对海洋经济存在明显统计口径差异,逐步形成并扩大共识有利于海洋经济发展与协调。全球海洋科技进步在加快,海洋经济发展潜力增大,特别是产业发展格局加快调整,全球海洋经济重心加快向亚洲转移,其中造船、海洋工程装备制造、海洋金融、航运、滨海旅游等诸多海洋优势明显。我国海洋经济的发展及建设海上丝绸之路面临历史机遇。寻找后疫情时代中国海洋经济的蓝色机遇,需要顺势而为,加强海洋经济学研究与国际交流,传播中国关于海洋经济的理念、政策与作为;拓展蓝色伙伴关系,加强国际合作,形成利益捆绑;把海上健康丝绸之路建设置于重要位置,追求可持续发展,努力构建海洋命运共同体。

文章来源:原刊于《太平洋学报》2022 年第 1 期,有删减。

海洋经济发展现状、挑战及趋势

■ 赵昕

论点撷萃

当前,新冠肺炎疫情反复、地缘政治局势紧张等因素给我国经济发展带来了挑战。面对这种局面,海洋经济表现出较强韧性,为国家经济发展作出了重要贡献。在我国宏观经济发展平稳、政治社会环境持续优化、海洋资源蕴藏丰富、海洋科创环境持续向好的大背景下,海洋经济增长势头强劲,为我国经济发展注入了新活力。

海洋经济作为我国建设海洋强国的重要支撑,其高质量发展仍然面临诸多挑战:海洋科技资源不足,自主创新能力仍需增强;海洋经济开发方式粗放,资源开发利用程度尚需提高;涉海金融支持力度有限,蓝色金融建设发展有待完善。

我国海洋经济"十四五"开局良好,海洋经济总量再上新台阶,在政策利好、智能制造快速发展等背景下,市场需求将进一步释放。要坚定不移贯彻新发展理念,以科技创新为重要手段,全面推进海洋经济高质量发展,加快建设海洋强国。未来,要深入贯彻新发展理念,以海洋科技创新为主要着力点,推动我国海洋产业朝着高端化、绿色化、集群化与智能化方向发展,全面推进海洋经济高质量发展,加快建设海洋强国。海洋经济将继续向增量提质迈进,绿色发展理念将引领海洋经济高质量发展,涉海金融将成为海洋经济发展的重要推力,数字经济将赋能海洋产业发展,全球海洋治理将引领国际合作新趋势,海洋中心城市将助力海洋强国建设。

作者:赵昕,中国海洋大学经济学院院长、教授,中国海洋发展研究中心海洋经济与资源环境研究室
　　　副主任

《中华人民共和国国民经济和社会发展第十四个五年规划和2035年远景目标纲要》明确提出要"积极拓展海洋经济发展空间""协同推进海洋生态保护、海洋经济发展和海洋权益维护,加快建设海洋强国",海洋经济成为区域经济发展的新增长点。在我国宏观经济发展平稳、政治社会环境持续优化、海洋资源蕴藏丰富、海洋科创环境持续向好的大背景下,海洋经济增长势头强劲,为我国经济发展注入了新活力。未来,要深入贯彻新发展理念,以海洋科技创新为主要着力点,推动我国海洋产业朝着高端化、绿色化、集群化与智能化方向发展,全面推进海洋经济高质量发展,加快建设海洋强国。

一、我国海洋经济发展现状

21世纪以来,我国海洋经济发展取得了巨大的进步,呈现出产业规模逐步扩大、产业结构持续优化、新兴产业蓬勃发展的态势,在国民经济中的地位越来越重要。当前,新冠肺炎疫情反复、地缘政治局势紧张等因素给我国经济发展带来了挑战。面对这种局面,海洋经济表现出较强韧性,为国家经济发展作出了重要贡献。

海洋经济总量再上新台阶,发展质量多维度提升。这得益于我国新冠肺炎疫情防控取得的优异成果。《2021年中国海洋经济统计公报》显示,我国海洋经济总量首次突破9万亿元,高于国民经济增速0.3个百分点。从宏观上看,海洋经济对国民经济增长的贡献率为8.0%,占沿海地区生产总值的比重为15.0%。2021年,我国持续推进海洋渔业转型升级,加快深远海养殖业绿色化、智能化发展;海洋石油及天然气的产量呈现平稳增长态势。此外,海洋电力业也有显著的发展,特别是我国海上风电累计装机容量已跃居世界第一;海水利用业及海水淡化工程蓬勃发展;海洋生物医药产业也呈现出加速发展势头。

政策利好持续释放,市场主体活力加速迸发。《"十四五"海洋经济发展规划》明确指出,走依海富国、以海强国、人海和谐、合作共赢的发展道路,推进海洋经济高质量发展。《海水淡化利用发展行动计划(2021—2025年)》《"十四五"全国渔业发展规划》等一系列政策措施陆续发布,并在11个沿海省(自治区、直辖市)和部分沿海城市贯彻落实,海洋经济发展迈进新时期。面对新冠肺炎疫情的挑战,相关部门出台了延迟缴纳海域使用金、增加对供水及用电的补贴等促进经济发展的政策措施,快速恢复市场活力。2021年,在海洋经济迅速发展的同时,资本也随之涌入,涉海企业数量比2020年增长5.7%,海洋经济发展吸引力逐步增强,资本市场更加活跃,海洋股票指数——"蓝色100"的涨幅达到30.2%;全年共有52家涉海企业完成IPO上市,其融资规模较2020年增长了478.6%,高达853亿元。

新兴产业蓬勃发展,产业结构持续优化。2021年,我国海洋新兴产业增势强劲,海洋生物医药业、海洋电力业、海水利用业增加值分别同比增长18.7%、30.5%和16.4%,增速明显高于海洋传统产业。海洋经济结构不断优化,海洋三次产业占比为5.0∶33.4∶61.6,主要海洋产业增加值34050亿元,比上年增长10.0%。同时,海洋传统产业也经历了转型升级,现代化海洋牧场综合试点有序推进,截至2021年底,创建国家级海洋牧场示范区136个;海洋船舶建造也逐步向低碳化的发展方向迈进,绿色动力船舶订单占全年新接订单的比重达到24.4%;此外,智慧化港口建设工作有序展开,至今已完成33个自动化码头的建设,并在厦门、青岛、上海、深圳、日照、天津等8个港口城市投入使用。

海洋能源开发势头强劲,民生保障进一步改善。海洋能源供给力度进一步加大,海洋油气、海洋电力等海洋能源供给量大幅提高,为保障民生提供了坚实基础。随着深水油田群流花16-2、"深海一号"超深水大气田先后投入生产,2021年海洋油、气产量同比分别增长6.2%、6.9%,全国原油增量主要由海洋原油增量构成,占比高达78.2%。"向海争风"正为东部沿海地区绿色低碳发展输送源源不断的"蓝色动力",我国海上风电装机规模已为世界第一,全年实现新增并网容量1690万千瓦,同比增长4.5倍。"2020年抗病毒海洋药物研究专项"计划实施后,构建了靶点模型并向社会开放共享,整合全社会资源加快对抗病毒药物的筛选研究。为保障我国缺水地区的淡水资源供应,海水淡化规模持续扩大,天津、河北、山东和浙江等地陆续动工完成大型海水淡化工程的建设。

海洋科技创新能力显著增强,关键领域取得重要进展。我国的海洋科技创新接连取得了重大突破,海洋产业链的信息化程度也不断提升。一方面,沿海城市相继试点"揭榜挂帅"制度,努力实现海洋创新和科技机制创新的并驾齐驱,释放海洋科技动力。针对海洋创新及相关研究领域创新的资本支持力度不断加大,海洋价值链、资源链和技术链的深度整合步伐加速。

另一方面,自主技术创新能力进一步增强,并获得了重要进展。在海洋高端装备领域,国内首艘17.4万立方米浮式液化天然气储存再气化装置于上海完成制造并顺利交付。在海上能源领域,我国自主研发制造的抗台风型漂浮式海上风电机组在广东并网发电,国内首个"海上风电＋储能"海上风电场建设进入储能交付期。在自主研发领域,体内植入用超纯度海藻酸钠完成国家药品监督管理局药品审评中心(CDE)登记备案,打破了国际垄断,并完成国产化生产制造。在创新科技领域,海底高压主基站、海底光电复合缆等一批海洋创新技术达到国际先进水平。

对外贸易新格局逐步形成,海洋国际合作迎来新局面。新冠肺炎疫情反复与逆全球化浪潮等不确定性因素给世界经济的发展带来了巨大挑战,但由于我国海洋经济固有韧性及利好的政策环境,海洋对外贸易逐渐恢复,并得到了一定程度的发展。我国海洋支柱产业,如海洋交通运输业与海洋船舶制造业竞争优势愈发明显,对外开放新格局正向着高层次阶段迈进。2021年,随着全球经济回暖,全球商品货物需求量激增,引发了国际航运价格飙升,海运市场发展持续向好,我国海洋交通运输业也因此发展迅速,沿海港口完成货物吞吐量和集装箱吞吐量分别为99.7亿吨、2.5亿标准箱,居世界第一。同时,伴随着全球新造船市场超预期回升及我国造船技术更新换代,我国海船完工量、新承接订单量、手持订单量都得到较大幅度提升,分别同比增长11.3％、147.9％和44.3％。2021年,中国外贸发展势头仍然强劲,全年的海上运输进出口总额和主要产品进出口金额都取得了优异成绩,我国海运进出口总额同比增长22.4％,其中船舶出口金额247.1亿美元,同比增长13.7％,海上风电整机也实现了首次出口。

二、我国海洋经济转向高质量发展面临的挑战

海洋经济作为我国建设海洋强国的重要支撑,其高质量发展仍然面临诸多挑战,集中体现在以下三个方面。

海洋科技资源不足,自主创新能力仍需增强。一是海洋核心技术以及产业关键共性技术不足。例如,高端船舶与海工装备制造领域企业更多地进行装备组装工作,对于核心技术与关键配件的自主研发与生产能力需要进一步加强。海水淡化的核心技术尚待提高,如反渗透膜组件、高压泵等核心组件的研发需要进一步突破,万吨级海水淡化工程尚需国外技术支持,海

水循环冷却的强制标准和海水冷却化学品环境安全评价体系尚需完善。二是产学研合作机制有待完善。以海洋经济实力较强的山东省为例，全省科技成果中的基础性研究成果约占 4/5，剩余 1/5 为应用性研究成果，科研成果与市场需求匹配度尚需提高，亟须建立企业需求与高校研发合作一体化机制。三是海洋经济发展相关基础领域的研究水平需要进一步提高。例如，中国在海洋生物技术和药物领域与国际先进研究水平相比仍有一定的差距，制约了海洋药物与生物制品产业的发展。

海洋经济开发方式粗放，资源开发利用程度尚需提高。一是海洋生态系统退化，生物资源有所衰退。例如，长期高强度的捕捞开发、水体污染和围填海活动使近海鱼虾种群量不断减少、渔业资源严重衰退、渔获低值化问题突显，需要加快转型升级。二是用海矛盾问题持续存在，海洋空间资源趋紧。例如，在一些海洋产业聚集区，特别是大城市岸线附近，各产业竞争性、粗放性地抢占和使用岸线，生产、生活与生态空间缺乏协调，造成港城矛盾凸显、亲水空间缺乏、生态空间受损等一系列问题。再如，油气资源开采区与现行海洋功能区划功能重叠、油气开发与海洋生态红线交织重叠等问题，增加了海洋生态环境保护的潜在风险。三是海洋产业布局趋同，岸线、港口等优势资源的开发利用效率低。例如，沿海港口布局密度大，同质化竞争问题尚存，资源浪费问题仍未完全解决。

涉海金融支持力度有限，蓝色金融建设发展有待完善。一是传统的银行融资业务较难满足涉海企业的融资需求。比如，海洋装备、造船以及养殖类企业通常规模较大，资金需求量较大，资金周转时间较长、风险较大，这使得规避风险、谨慎投资的传统银行难以对此类企业提供大规模融资支持，对企业发展的支持力度有限。二是融资机制与海洋产业的契合程度需要进一步提高。比如，专门针对海洋领域的风险分担以及补偿机制不健全，财政贴息以及风险担保措施需要进一步加强，银行机构对涉海企业的资金支持需要进一步强化。三是海洋保险对海上风险的保障功能不健全。比如，由于业务涉及领域广，涉海保险在定价、估损以及理赔等方面需要较高的技术，导致海洋保险发展相对缓慢。四是政策性引导资金的投入需要进一步加大。比如，由于支持海洋经济发展方面的财政资金较为分散、规模较小等特点，资金使用的聚合力欠佳。

三、我国海洋经济未来发展趋势

我国海洋经济"十四五"开局良好,海洋经济总量再上新台阶,在政策利好、智能制造快速发展等背景下,市场需求将进一步释放。要坚定不移贯彻新发展理念,以科技创新为重要手段,全面推进海洋经济高质量发展,加快建设海洋强国。

海洋经济将继续向增量提质迈进。海洋经济总体发展加速向好,高质量发展态势明朗。随着新冠肺炎疫情基数效应的不断减弱,经济增长内生动力逐渐恢复,我国经济增速总体平稳运行,助推海洋经济延续恢复性增长,为海洋经济向好发展奠定了坚实基础。海洋强国战略背景下,海洋经济将保持平稳较快发展,在国民经济中的地位和贡献将持续巩固。在新发展理念的指引下,2022年我国海洋经济将以高质量发展为主题,牢牢把握科技创新的核心地位,推动深水、绿色、安全、智能等海洋重点领域的核心装备和关键共性技术取得实质性进展,通过提高自主创新能力,全面提升海洋经济的发展质量和水平。

绿色发展理念将引领海洋经济高质量发展。海洋经济高质量发展需要坚持绿色发展理念,以促进海洋开发方式向循环利用型转化。为此,未来可以建立流域—河口—近岸的海洋环境污染防控联动机制,通过陆海统筹,海陆区域协同联动,有效减少污染物排放和生活垃圾倾倒入海,进而有效减轻沿海城市海洋环境治理压力,保护好海洋生物多样性,实现海洋资源可持续性使用。同时,海洋技术投入也将更合理地向海洋环境治理倾斜,积极利用高新技术,助力突破重大难题和发展关键性技术,以先进的信息技术武装城市海洋管理力量和平台,综合提升海洋环境治理能力。与此同时,在"双碳"目标的引领下,大力发展蓝碳经济,不仅能够保护海洋生态环境,还能为海洋生态系统的修复和保护提供资金支持,从而促进海洋生态良性循环,实现海洋经济可持续发展,助力实现"碳达峰、碳中和"目标。

涉海金融将成为海洋经济发展的重要推力。涉海金融已成为我国海洋经济发展的关键支持要素,同时具有优化资源配置、助力行业转型升级等多种功能。在近十多年里,我国海洋经济金融服务从供给总量的扩大,到产品多样化,再到金融服务科学化,佳绩累累。2018年,中国人民银行、国家海洋局等八部委联合印发了《关于改进和加强海洋经济发展金融服务的指导意见》,在其指引下,沿海省份纷纷把实施涉海金融写入各自的"十四五"规划中。未来,涉海金融体系将不断完善,金融对海洋产业发展的支持力度将持续加大,涉海企业投融资将向更加便捷、专业化迈进,涉海信贷、保险、基金、信托等金融机构将持续为海洋经济的发展提供系列服务。同时,我国将依托亚洲基础设施投资银行、金砖国家新开发银行、丝路基金等金融机构,加强国际涉海金融合作,进一步发挥全球金融资本对海洋经济发展的撬动作用。

数字经济将赋能海洋产业发展。"十四五"规划纲要中将"加快建设数字经济"作为一项重要的发展内容,相应的核心产业的分类也出台了新的标准,2021年国家统计局发布的《数字经济及其核心产业统计分类(2021)》进一步对数字经济的主要内容作出了明晰界定。数字经济迎来政策东风,海洋经济也必将借助此次东风,掀起数字经济的浪潮。因此,海洋领域相关的新型基础设施,如海洋通信网络、海底数据中心、海底光纤电缆系统等,将会快速发展,海洋大数据平台等将成为短期内的重点建设对象。随着海洋新型基础设施建设的推进,海洋领域数字经济将快速发展,加速推进海洋产业向数字化迈进。同时,数字经济在海洋领域中的发展应用势必会催生出促进海洋产业快速进步的新技术,并逐渐成为引领海洋领域的新业态。

全球海洋治理将引领国际合作新趋势。要深度参与国际海洋治理体制与规则的制订与实施,进一步发展蓝色伙伴关系,共建公正合理的国际海洋秩序。倡议各国共建海洋命运共同体,号召各国共享海洋发展机遇、共破海洋发展难题、共蓄海洋发展动能,推动海洋经济可持续发展。在我国经济延续恢复态势的背景下,将会吸引跨国涉海企业来华设立分支机构,助力拓展海洋领域市场合作;此外,还将有条件大力开拓船舶、海工装备以及海洋工程建筑等领域的国际市场,建设国际国内枢纽,深化海洋经济相关产业的对外合作,构建全方位多层次的对外投资保障体系,积极拓展海洋经济对外合作发展空间。

海洋中心城市将助力海洋强国建设。2017年,《全国海洋经济发展"十三五"规划》首次提出推进深圳、上海等城市建设全球海洋中心城市,随着海洋规划发展不断深入,沿海城市出现了建立区域性海洋中心城市的浪潮。海洋中心城市的建设与完善,可以推动中国陆海一体化建设,进一步提升海洋开放能力,促进整个国民经济的进一步增长。当前,上海稳居我国海洋中心城市首位,深圳、青岛则竞逐全球海洋中心城市,宁波、舟山、大连等海洋城市实力也在持续增强。未来中国海洋城市建设将以提升海洋经济水平为基础，并在整个世界产业链、供应链上发挥关键的支点或节点作用，引领我国海洋城市建设发展、参与国际海事竞争合作的新方向，不断推进海洋事业现代化、国际化，助力海洋强国建设。

文章来源：原刊于《人民论坛》2022年第18期。

海洋生态产品价值内涵解析
及其实现途径研究

■ 李京梅,王娜

论点撷萃

海洋生态产品价值实现是使海洋生态系统为人类提供的产品和服务的隐形价值以货币形式得到显现,是将海洋生态产品的正外部性内部化的过程。价值实现途径设计的本质是选择政策管理手段和实施定价机制,实现自然资源从生态功能到经济利益的转换,引导形成以绿色为底色的经济发展方式和经济结构,激励经济主体和地方提升生态产品供给能力与水平。

海洋生态产品价值实现又是一项理论性强、政策性强、操作性强的系统工程,需要具备一些价值实现的关键条件,要求推动相关制度创新和政策制定。针对当前我国海洋生态产品价值实现的约束因素,结合海洋生态产品的特征及特殊性,可以从产权和市场化入手,完善激励措施与资金法律管理制度,保障海洋生态产品价值实现。

海洋生态产品价值实现也是解决海洋生态产品供需失衡、增进民生福祉的重要手段。科学界定海洋生态产品概念,解析海洋生态产品价值的内涵是研究海洋生态产品价值实现的基础,对于设计价值实现途径具有重要意义。海洋生态产品价值实现是一项系统性和整体性的战略任务,海洋生态产品价值实现途径的有效执行既需要明晰的生态产权保障和科学合理的市场交易机制,也需要政府管制监督、国家财政与社会资金支持等一系列政策支撑。因而,在今后实践中还应明晰产权、完善海洋生态资源产权交易制

作者:李京梅,中国海洋大学经济学院教授,中国海洋发展研究中心研究员;
　　　王娜,中国海洋大学经济学院博士

度,推行生态产品市场交易制度、培育海洋生态产品交易市场,搭建绿色金融支撑体系,建立健全海洋生态文明绩效评价考核和责任追究制度,以及健全公众参与机制,依法有效推动海洋生态产品价值实现。

党和国家高度重视增进民生福祉的生态文明建设。2005年,习近平总书记提出"绿水青山就是金山银山"理念,指出"保护生态环境就是保护生产力,改善生态环境就是发展生产力",深刻阐明了良好生态环境蕴含着无穷的经济价值,保护生态环境,才能更好地发展生产力。2012年,党的十八大报告中将"实施重大生态修复工程,增强生态产品生产能力"作为生态文明建设的一项重要任务,首次提出生态产品新命题。2013年,习近平总书记指出,"良好生态环境是最公平的公共产品,是最普惠的民生福祉",阐明了生态产品具有公共产品属性,是提高人民生活水平、改善人民生活质量、提升人民安全感和幸福感的基础和保障。2017年,党的十九大报告中强调深化增强生态产品生产能力,明确提出"既要创造更多的物质财富和精神财富,也要提供更多优质生态产品以满足人民日益增长的优美生态环境的需要"。2018年,习近平总书记在深入推动长江经济带发展座谈会上指出,"选择具备条件的地区开展生态产品价值实现机制试点,探索政府主导、企业和社会各界参与、市场化运作、可持续的生态产品价值实现路径"。2020年,党的十九届五中全会提出,支持生态功能区把发展重点放在保护生态环境、提供生态产品上,建立生态产品价值实现机制,完善市场化、多元化生态补偿。2021年,中共中央办公厅、国务院办公厅印发《关于建立健全生态产品价值实现机制的意见》,要求加快完善政府主导、企业和社会各界参与、市场化运作、可持续的生态产品价值实现路径,着力构建绿水青山转化为金山银山的政策制度体系,到2035年,全面建立完善的生态产品价值实现机制,全面形成具有中国特色的生态文明建设新模式。党和国家近年来有关生态产品的决策部署,深刻阐明了生态与民生的关系,揭示了生态环境在改善民生中的重要地位,丰富和发展了生态环境保护的基本内涵和终极目标。

我国近海与海岸带生态系统为国民生产生活提供了多种重要资源,是全球生命支持系统的重要组成部分。据估计,海洋提供了全国超过1/5的动物蛋白质食物、23%的石油资源、29%的天然气资源以及多种休闲娱乐及文化旅游资源。我国近海与海岸带有多种生境类型,提供营养储存和循环、净化陆源污染物、保护岸线等功能。此外，海洋在调节全球水动力和气候方面发挥关键作用，是主要的碳汇和氧源，对人类生存发展有不可替代的作用。随着我国沿海地区经济增长、人口增加以及城市化进程的加快，各种人为活动和突发事件导致海洋资源日益减少，自然岸线保有率锐减，近岸海水水质不断恶化，生物栖息地大面积消失，生物多样性大幅度减少，海洋生态系统生产能力持续下降，满足人民日益增长的优美生态环境需要面临巨大压力。探索海洋生态产品价值实现途径，是响应国家生态文明建设重大部署、践行"绿水青山就是金山银山"理念的重要举措，对全面建立完善的生态产品价值实现机制、形成具有中国特色的生态文明建设新模式具有重要意义。为此，本文以海洋生态产品价值实现为研究目标，廓清海洋生态产品内涵与分类，解析海洋生态产品价值特征，构建海洋生态产品价值实现途径，分析现阶段海洋生态产品价值实现的约束因素，提出我国海洋生态产品价值实现的保障政策，为我国建立海洋生态产品价值实现机制设计与试点示范提供依据。

一、海洋生态产品概念及特征

20 世纪 70 年代以来，鉴于经济发展中存在大量的资源耗竭和生态破坏现象，越来越多的学者通过世界主流范式语言揭示自然资源和生态系统提供的服务，使用生态系统服务价值、自然资本、自然资产（生态资产）等一系列概念表征自然资源和生态系统为人类带来福利和效用，并引起决策者、管理者、研究者和企业、民众的广泛关注。

（一）生态产品

为了表述生态系统为人类生存与发展作出的贡献，自 20 世纪 80 年代，有经济学家开始使用"生态系统服务价值"和其他经济学术语表征生态系统服务对人类福利的影响，并用货币指标量化生态系统服务给人们带来的效用。1988 年，英国环境经济学家皮尔斯（Pearce）首次使用自然资本（Natural capital）概念描述自然资源为人类生产生活提供的惠益，并界定土壤质量、森林和其他生物量、水、遗传多样性等也是一种新型资本形态。除此之外，也有学者使用自然资产（Natural assets）和生态资产（Ecological assets）的概念表述自然生态系统为人类提供的福祉，即一定的时空范围内和技术经济条件下人类从自然生态系统获取的各类福利的价值体现。2010年,我国发布的《全国主体功能区规划》首次提出生态产品(Ecological products)的概念,将其定义为"维系生态安全、保障生态调节功能、提供良好人居环境的自然要素,包括清新的空气、清洁的水源、宜人的气候等"。

生态系统服务价值、自然资本、自然资产(生态资产)和生态产品概念都阐释了人和自然的关系,使用经济学范式解释自然资源和生态系统对人类的贡献,但是这几个概念也存在一定的区别。生态系统服务价值侧重表述生态系统服务对人类的有用性和稀缺性,自然资本强调了自然资源具有生产投入性和价值收益性的关键特征,自然资产(生态资产)则强调了自然资源收益性和权属性特征。产品是被人们使用和消费,并能满足人们某种需求的任何东西,包括有形的物品、无形的服务、组织、观念或它们的组合,即产品是以使用为目的的物品和服务的综合体。笔者认为基于生态系统给人类提供的服务功能,我国使用生态产品的概念表述自然生态供给与民生福祉需求关系,反映了人与自然、生态价值与民生改善联动的生态民生思想,是当代中国生态问题民生化的重大创新。生态产品概念反映了自然资源或生态系统与民生福利之间的关系:即自然为人类生产生活直接或间接提供惠益,在支持经济发展和人类福祉方面具有不可替代的作用,如果自然资源或者生态系统不存在,经济活动及生命本身也不会存在。

(二)海洋生态产品的概念分类与特征

生态产品是维系生态安全、保障生态调节功能、提供良好人居环境的自然要素,来自健康的生态系统,或者投入人类劳动后恢复服务功能的生态系统,主要维持人类生命和健康的需要。本文借鉴学者们对生态产品的界定,基于海洋生态系统的类型和特征,将海洋生态产品定义为由海洋生态系统所提供,在自然力和人类劳动共同作用下,直接或间接地满足人类生产、生活需要的所有物质产品和生态服务产品的总称。

1. 海洋生态产品是一个集合的概念,依据不同的分类标准,有不同的分类结果。

(1)根据产品满足人们需要的形式,海洋生态产品分为海洋生态物质产品和海洋生态服务产品。海洋生态物质产品又称为有形生态产品,包括鱼虾蟹贝等食物产品、生产性原材料等。海洋生态服务产品也称为无形生态产品,可分为文化服务产品和生态调节服务产品。其中,文化服务产品是海洋生态系统提供满足人类精神需求、艺术创作和科学教育的无形产品。调节服务产品是海洋生态系统及各种生态过程提供的气体调节、气候调节、水质调节、干扰调节、生物多样性保护与生境提供等服务,这些服务虽然不具备物质形态,也不直接进入生产和消费过程,却为生产和消费的正常进行提供了必要条件,是无形产品。

(2)根据海洋生态系统的类型,海洋生态产品分为海湾生态产品、河口生态产品、盐沼生态产品、红树林生态产品、珊瑚礁生态产品、海草生态产品等。其中,每一类生态产品包括食品、原材料等物质产品,也包括气体调节、废弃物处理、生物控制、休闲娱乐等生态服务产品。

(3)根据海洋资源的分类和属性,海洋生态产品分为海洋生物资源产品、海洋舒适资源产品和海洋空间资源产品。其中,海洋生物资源产品包括渔业生物产品、红树林、珊瑚礁、海草床等物质产品及其生态服务;海洋舒适资源产品是指由湿地、海湾、河口提供的,供人们进行旅游、娱乐和度假活动满足人们精神和物质需求的服务产品;海洋空间资源产品包括岸线、潮间带、海岛等以提供空间服务的形式存在的海洋物质产品以及生态服务产品。

由于目前学术界还没有统一的海洋生态系统的划分标准,因而海洋生态产品的分类也存在一定重叠,如海湾生态产品又包括了红树林生态产品、河口生态产品等,研究者和政策管理人员可根据需要划定分类标准,使用分类结果。

2. 海洋生态产品具有以下特征:

(1)海洋生态产品由自然或人为提供。由自然提供是指产品的产生完全依靠生态过程,是生物成分和非生物成分共同作用的结果,如海洋生物泵作用,实现海洋对二氧化碳的吸收,从而给人类提供气体调节和气候调节服务产品。这些生态服务产品虽然是通过自然过程提供的,但通常需要人为管理加以维持、发展及保护。

(2)海洋生态产品是公共享用品。海洋生态产品作为公共享用品通常不具备交易市场,其供给从生产阶段跨过交易阶段直接进入消费阶段,公众使用、消费海洋生态产品并从中受益。例如,滨海湿地固碳释氧、调节气候以及人们休闲垂钓从中获得愉悦的过程,等等。

(3)海洋生态产品具有经济属性。海洋生态产品通过维系生态安全、保障生态调节功能、提供良好人居环境等服务满足人类的生存和发展需要。因此,海洋生态产品具有很高的经济效益,并需要保值和增值。

二、海洋生态产品价值的分类与特征

价值是物质客体属性满足人们主体需要的主观判断,海洋生态产品价值是人们对海洋生态服务满足其福利改善需要而作出的主观判断,通常以货币指标进行考量。建立海洋生态产品的价值分类体系,明晰海洋生态产品的价值特征,是选择生态产品定价手段、设计价值实现途径的前提和依据。

(一)海洋生态产品价值分类

(1)根据价值的表现形式,海洋生态产品价值分为经济价值和生态价值。海洋生态产品的经济价值是海洋生态产品直接或间接交易后产生的市场价值,如人们直接消费各种海洋食品等物质产品的价值,以及人们体验享受滨海景观的价值,可直接或间接由市场价格体现。海洋生态产品的生态价值是海洋生态系统整体的稳定和平衡过程中为人类生存提供的价值。气候调节、气体调节、净化水质、生物多样性维持等调节功能对维持完好的生态系统具有重要意义,属于海洋生态产品的生态价值,并具有以下三个特征:一是生态价值是一种整体价值和综合价值;二是生态价值的主体是人类整体;三是生态价值的货币化仍有争议。

(2)根据产品或服务满足人们效用的程度,海洋生态产品价值分为直接使用价值、间接使用价值和非使用价值。直接使用价值是指生态产品或服务直接满足人们的生产和消费需要。海洋调节服务和生物多样性服务属于间接使用价值,它们不进入生产和消费过程,但却为生产和消费正常进行提供了必要条件。例如,海岸带沼泽群落、红树林等对海洋风暴潮、台风等自然灾害的衰减作用;浮游动物、贝类等对有毒藻类的摄食及对二氧化碳的吸收,生态系统对病原生物的控制;海水对有害物质进行分解还原、转化转移及吸收降解,以达到处理废弃物和净化水质的目的。非使用价值是人们由于具有遗赠动机、礼物动机、同情动机等而对海洋生态产品的非使用属性的存在具有支付意愿,因而其非使用价值可以界定为存在价值。

(二)海洋生态产品价值的特征

海洋生态产品价值来自海洋生态产品的有用性和稀缺性,具有以下几个显著特征：

（1）价值的保值增值性。海洋生态产品同普通商品一样，属于资产范畴，具有保值和增值属性。因此，海洋生态产品的生产者或供应者作为理性经济人，会寻求产权保护、建立市场实现生态产品的保值增值。

（2）价值的可转换性。海洋生态产品的经济价值和生态价值之间可以进行转换。生态产品生态价值可以借助生态产业化途径实现经济价值，生态产品经济价值也可以借助产业生态化保证生态价值的完整性。

（3）价值实现的代际性。海洋生态产品具有一定的价值代际溢出效应，如地区保护生物多样性带来的价值在若干年后才能得以实现，当代人的产品保护会给后代带来经济利益，因此，生态产品价值实现存在代际特征，价值核算时必须把时间因素即折现率考虑在内。

（4）价值实现的互斥性。某些情况下，海洋生态产品的经济价值和生态价值存在价值实现的机会成本。例如，红树林资源若以销售木材、药物资源方式进入市场交易流程，实现红树林生态产品的经济价值，但舍弃了红树林生态产品调节气候、净化水质和维持生物多样性等生态价值；在进行海洋采矿活动时，则对海洋生物栖息地和渔业资源造成损害，必须对各种生态产品价值实现的成本和收益进行权衡比较。

三、海洋生态产品价值实现途径

海洋生态产品价值实现是使海洋生态系统为人类提供的产品和服务的隐形价值以货币形式得到显现，是将海洋生态产品的正外部性内部化的过程。价值实现途径设计的本质是选择政策管理手段和实施定价机制，实现自然资源从生态功能到经济利益的转换，引导形成以绿色为底色的经济发展方式和经济结构，激励经济主体和地方提升生态产品供给能力和水平。在实际应用中，需要通过政府和市场"两只手"，一方面，发挥政府的主导作用，增加优质海洋生态产品供给；另一方面，发挥市场在海洋生态产品配置中的决定性作用，通过构建市场交易体系，实现海洋生态产品价值。除此之外，进一步发挥政府监管和市场力量的协同作用，推动海洋生态产品的持续供给。

（一）政府主导的海洋生态产品价值实现途径

海洋生态服务产品，具有公共产品的特征，即消费的非排他性和非竞争性,存在利用过度和供给不足等问题,需要更多地发挥政府的保障和调节作用。例如,采取政府主导的生态保护补偿与生态修复手段,引导生态产品受益者履行补偿义务,激励生态保护者保护生态环境,增强海洋生态服务产品的供给能力。

海洋珍稀濒危动植物和海鸟等重要物种,以及滨海湿地、红树林等典型海洋生物栖息地类海洋生态产品,生态价值独特,通常以建立海洋保护区的形式,由政府通过补贴、专项转移支付、提供就业岗位和技术援助等方式,向丧失发展机会或参与保护区建设的保护区居民和企业提供补偿,激励保护区居民和企业保护生态环境,保证海洋保护区内重要物种和生物栖息地生态产品的持续供给。2021年11月1日,我国实施《海洋保护区生态保护补偿评估技术导则》,明确我国海洋保护区生态保护补偿管理办法,以制度供给有效保障海洋物种多样性产品价值实现。此外,对于响应海洋伏季休渔政策而丧失捕捞渔业资源产品机会的渔民,因其为保护海洋资源作出利益牺牲,政府也要根据渔民丧失捕采的经济价值,以资金、实物、技术与智力补偿及政策优惠方式给予渔民全额补偿。

入海河口既是一种海洋生态系统,也是一类重要的海洋生态产品,由于处于陆海相互作用的敏感地带,面临陆源污染的巨大压力,为了保障河口生态产品的持续供给能力,需要建立流域—海域生态补偿制度,激励利益相关方共同参与治理入海河口生态环境。可在河流入海口设立补偿标准断面,确定入海河口断面水质要求和入海污染物控制总量目标,并依据水质变化情况,奖优惩劣,实施从流域到海域的损害赔偿或受益补偿。20世纪70年代,波罗的海由于长期的工农业废弃物倾倒,水质污染益发严重。20世纪末,波罗的海国家为控制污染,监测从每个区域流向另一个区域的污染物数量,用于制定沿岸每个国家的污染物减排份额,在流域—海域尺度建立各国之间利益和成本分摊的协议,控制每个国家向波罗的海排放污染物的总量,由此波罗的海中重金属浓度总体稳定或在缓慢下降,保障了海洋生态产品的可持续供给能力。2021年5月,我国河南与山东两省签订《黄河流域(豫鲁段)横向生态保护补偿协议》,以水质变化为补偿依据设定了6000万元的生态补偿标准,由受益的沿海山东地区补偿给付出生态保护行为的河南流域地区,引导下游生态产品受益者履行补偿义务,激励上游生态保护者保护生态环境,是国内省际横向流域—海域生态补偿的优先示范。

由于红树林、珊瑚礁、海草床、海湾、湿地、河口等典型海洋生态系统为国家生态安全作出的公益性贡献大,通常由政府实施生态修复项目保障海洋生态产品的供给能力。由政府主导开展生态修复,也是国际上恢复和增强海洋生态产品供给能力的重要路径。1976 年,为解决切萨皮克湾(Chesapeake Bay)环境污染问题,保障海湾生态产品的持续供给,美国国家环境保护局牵头,联邦、州、地方政府联合签署切萨皮克湾协议,共同资助 85 亿美元在切萨皮克湾实施生态修复项目,在海洋生态保护与环境污染防治方面成效显著。2016 年以来,我国陆续在沿海 28 个城市实施"蓝色海湾"生态修复整治行动,改善海洋生态环境的同时,提升了区域海洋生物资源产品(红树林、珊瑚礁和海草床)和海洋舒适资源产品(海湾、湿地、河口)的供给水平,带来显著社会效益。

政府主导的海洋生态产品价值实现途径具有政策性强、涉及面广、生态产品供给种类多等特征,在解决"搭便车"行为、节约交易成本和实现社会公平方面存在优势,是现阶段海洋生态服务产品价值实现的主要途径。但是,这类途径一般采取垄断方式组织和运营,缺少提高供给效率的激励机制,导致存在资金投入效率低等缺陷。

(二)市场激励的海洋生态产品价值实现途径

海洋生态物质产品和文化服务产品,有相对成熟的市场和价格,可以充分发挥市场的决定性作用,通过建立生态标签制度、实施生态系统服务付费和拓展生态旅游市场,完成买卖双方对海洋生态产品的市场交易,将隐含的生态产品价值显现化。

生态标签是一种向消费者传递标有此种标签的产品对环境更加友好信息的标识,借助生态标签可以实现生态产品的溢价销售,激励供给者在生产过程中采取生态友好方式,形成生态供给的正反馈机制。海洋渔业生态标签通过对具有较低海洋生态环境影响和较高生态质量的海洋渔业产品进行生态认证,凸显海洋渔业产品中蕴含的生态元素,提高渔业产品的价格,实现海洋可持续捕捞渔业产品的价值增值,增大海洋可持续捕捞渔业产品的生产份额。海洋渔业委员会(Marine Stewardship Council, MSC)的渔业生态标签制度是海洋渔业生态标签认证系统中影响力最大的认证制度,其主要支持者是欧洲、美国及日本的重要零售商、制造商以及食品服务运营机构。截至 2018 年,全球 MSC 认证产品数量增加至 28516 个,认证收益达到 2480 万英镑,实现了海洋渔业产品的良好价值增值。

生态系统服务付费是指至少一个生态系统服务买家从至少一个生态系统服务卖家处购买一项定义明确的生态系统服务的自愿交易,适用于具有明确生态系统服务提供者的情形。对于净化水质、固碳和维持生物多样性等单项或多项海洋生态服务产品,若产品提供者明确,也可以通过实施海洋生态系统服务付费,由海洋生态产品的受益者(个人、集体或政府)向供给者付费购买海洋生态产品,激励供给者调整管理实践、保护海洋生态系统,有效降低开发利用活动对海洋生态功能的破坏,增加净化水质、固碳和维持生物多样性等服务功能,实现海洋生态产品的价值。例如,越南沿海地区养虾业收入是居民的主要收入来源,但是沿海养虾业的发展却严重影响海岸带生态环境,导致当地红树林湿地消失。2012 年,位于越南湄公河三角洲地区的金瓯省(Ca Mau)启动红树林(Markets and Mangroves,MCM)生态系统服务付费项目,通过向虾农支付更高的交易价格,激励虾农停止建造虾池和破坏红树林,实现了红树林湿地每年增加 12.5 公顷的目标。

海洋生态系统以风景如画的海湾、田园诗般的沙滩、延绵的滩涂形成美景,提供海洋旅游产品,通过旅游交易市场实现生态产品价值,最终以消费者愿意支付的门票、餐饮、住宿、交通等费用形式体现。发展海洋旅游,实现价值增值,是通过市场交易形式实现产品价值的直接体现。据统计,旅游业是全球最大、增长最快的行业,也是外汇收入和许多国家就业机会的来源,海洋和海岸带旅游被认为是现代旅游业中增长速度最快的产业。但是,旅游设施会改变地貌、打破生物平衡,管理不当还会成为污染源,因此应合理规划旅游产业,以保证生态旅游产品的持续供给能力。

市场激励的海洋生态产品价值实现途径按照市场规律引导海洋生态产品的供求,向保护者或者所有者提供了更多具有成本效益优势和经济效率的选择方案。随着我国市场经济的不断完善,市场激励的海洋生态产品价值实现途径将会发挥深层次的作用。

(三)政府与市场混合型的海洋生态产品价值实现途径

政府与市场混合型的海洋生态产品价值实现途径是指政府和市场同时对生态保护发挥各自独特的作用,政府通过财政和货币政策来干预经济,保证市场经济的平衡发展,市场则通过价格手段来调节海洋生态产品的生产、交换、分配和消费。滨海湿地生态产品具有净化水质、固碳释氧、调节气候和维持生物多样性性能,具有公共物品属性,很难直接通过市场交易实现其价值,需要政府发挥制度设计和政策导向职能,引导社会资本参与生态修复,扩大滨海湿地生态产品供给,实现滨海湿地生态产品价值。

湿地补偿银行是一种由政府主导并监管,第三方湿地修复机构与湿地开发者通过市场交易方式实现湿地生态产品价值的途径。政府部门负责核查和审批第三方湿地修复机构设立湿地补偿银行的建设申请,审核通过后,由第三方湿地修复机构按照湿地补偿银行协议文书,在选定区域开展湿地修复、新建、保育或强化等工程,取得政府认可的"湿地信用",并通过信贷方式将"湿地信用"储备在湿地补偿银行,以合理的市场价格出售给湿地开发者,并从中获取利益。通过"湿地信用"交易,湿地面积得以占补平衡,第三方机构能够从提供湿地修复中获益,湿地生态产品价值得以实现。例如,美国路易斯安那州的湿地修复公司通过湿地银行出售 7100 英亩的湿地信用额度,预期最高能产生 1.5 亿美元收益。

蓝色碳汇(简称"蓝碳"),即海洋生物提供的吸碳、固碳和储碳等生态调节服务,也是海洋生态系统的重要产品。为加强蓝碳产品的生产能力,往往需要借助生态修复工程增强海洋生物资源的碳汇功能。生态修复工程外部性强、周期长、投入资金大,目前由政府出资实施生态修复是蓝碳产品供给的典型模式。据估算,当前我国滨海湿地每年通过沉积物埋藏所固定的碳可达 0.97 TgC,并将能持续增长,在 21 世纪末增加为每年 1.82～3.64 TgC,具备开展滨海湿地蓝碳交易和实现蓝碳产品价值的广阔前景。2021 年 6 月 8 日,海洋三所、广东湛江红树林国家级自然保护区管理局和北京市企业家环保基金会联合签署"湛江红树林造林项目"碳减排量转让协议,转让了修复后滨海红树林植被和土壤碳库中的 5880 吨二氧化碳减排量,标志着我国首个蓝碳交易项目的完成。

通过"政府有为、市场有效"的政府与市场混合型价值实现途径,政府的角色由主导者转化为引导者和协作者,扭转了政府对湿地生态修复全权负责的局面,解决了湿地生态调节服务产品价值实现的市场化问题,实现了湿地调节服务产品价值实现的效益最大化和效率最优化,是我国正在积极探索和培育的海洋生态产品价值实现途径之一。

四、海洋生态产品价值实现的现实约束

近年来,全国各地积极探索生态产品价值实现,形成了一批典型做法。2020年4月和10月,我国自然资源部先后印发第一批和第二批《生态产品价值实现典型案例》,生态保护补偿、生态修复、生态资产交易、生态认证等生态产品价值实现机制已经初步建立。然而在海洋领域中,由于海洋资源的流动性、开放性和立体性等特征,海洋生态产品仍然存在"核算难"、"交易难"和"变现难"的现实约束。

(1)价值评估方法的可靠性。对于海洋生态物质产品和文化服务产品,因为存在真实或替代交易市场,可以通过市场价格信号对其经济价值作出合理判定,而海洋生态服务产品不存在市场价格。尽管学术界建立了一系列的海洋生态调节服务产品价值评估方法,但是由于海洋生态调节服务产品本身的难以分割性、对其替代物认知的不确定性,以及公众对海洋生态调节服务产品理解上的偏差性,这类价值评估方法的使用存在争议,其评估结果的准确度还存在较大的误差。政府、企业和公众在"生态产品价几何"问题上仍没有清晰的答案,存在海洋生态产品价值评估的难度。

(2)市场交易体系的完备性。海洋生态产品价值实现的关键是"让市场说出海洋生态产品价格",为此必须建立一套全面有效连接生产者和消费者的市场交易体系。然而,目前我国的海洋生态产品市场交易体系尚不完备,主要体现在以下几个方面:一是缺乏海洋生态产品市场交易平台。盐沼湿地、红树林、海草床等海洋生态产品具有公共物品属性,通常被作为纯公共物品免费获取,国际上这类海洋生态产品已经建立交易平台,如滨海湿地补偿银行。然而,我国由于缺乏生产者、消费者和市场交易平台,导致这类海洋生态产品均未进入交易市场。二是海洋生态产品市场交易体系不统一,我国海洋生态产品的市场化运作主要由当地政府基于当地具体情况制定区域化交易政策,地区之间的交易规则、衡量标准、监督主体等存在巨大差异,市场交易体系无法打通衔接。三是海洋生态产品市场交易缺乏内生激励机制,存在政府投入资金来源过窄、使用效率低下和市场投资回报周期长、回报率不高等问题,市场主体缺乏参与交易的积极性。这些问题直接限制了有交易需求的买卖双方公开交易海洋生态产品,市场在海洋生态产品配置中的决定性作用得不到充分发挥。

(3)产权制度保障的充分性。市场经济的本质是交换经济,在市场中交换商品实质是交换产权,产权制度是市场交易的前置性条件。产权划分清晰且能强制执行,有助于公平处理个人、群体、社区甚至几代人之间的权利关系,是海洋生态产品价值实现机制必不可少的组成部分。作为已经在市场上进行交易的海洋生态物质产品和文化服务产品,如海洋渔业产品、滨海旅游服务等,具有可分割、易确权、边界清晰等特征,可以确权后通过市场交易实现其生态价值的货币化。但是对于具有弥散性、流动性、跨区域等特征的海洋生态调节服务产品,如红树林、海草床和盐沼湿地提供的碳汇产品,由于无法对其进行明确有效的占有和划分,其产权的性质和范围、初始配置、测量和核实以及产权归属的执行和转让等内容仍然不明确。在产权难以明晰的背景下,保护主体和受益主体对保护成本和经济效益的分配问题容易产生纠纷,无疑会增加市场交易成本和降低效率,不利于海洋生态产品交易的有效推进。

五、海洋生态产品价值实现的政策保障

海洋生态产品价值实现是一项理论性强、政策性强、操作性强的系统工程,需要具备一些价值实现的关键条件,要求推动相关制度创新和政策制定。针对当前我国海洋生态产品价值实现的约束因素,结合海洋生态产品的特征及特殊性,可以从产权和市场化入手,完善激励措施与资金法律管理制度,保障海洋生态产品价值实现。

第一,构建自然资源资产产权制度体系。海洋生态产品属于自然资源范畴,我国现行法律规定,国家拥有自然资源的所有权,海洋生态产品价值实现的本质是产权所有者权益变现,为加快完善海洋生态产品价值实现途径,我国需要构建自然资源资产产权体系。《关于建立健全生态产品价值实现机制的意见》部署建立生态产品调查监测机制,健全自然资源确权登记规范,有序推进统一确权登记,清晰界定自然资源资产产权主体。结合该要求,自然资源资产产权制度在海洋领域的具体实施涉及两个关键问题:一是厘清产权客体,通过对海洋生态产品进行调查监测和确权登记,明确海洋生态产品的数量分布、质量等级、功能特点和空间位置,考虑到海洋资源的流动性特征,进一步实施动态监测,建立海洋生态产品基础信息和产品目录;二是明晰产权主体,在坚持自然资源国家所有的前提下,界定海洋生态产品

供求双方,进一步落实产权主体对海洋生态产品的使用权、收益权、转让权及增益权等权属,划清所有权和使用权边界。通过解决以上两个关键问题,海洋生态产品产权主体的权利、责任和义务才能协调统一,为海洋生态产品的价值实现创造条件。

第二,制定统一规范的市场交易政策。政府制定统一规范的海洋生态产品市场交易政策的关键措施包括:一是完善海洋生态产品认证制度,批准设立并授权国家海洋生态产品认证机构,统一负责制定海洋生态产品的认证标准,规范认证程序,确保海洋生态产品质量和特色;二是明确海洋生态产品的交易主体,制定海洋生态产品市场准入协议,防止伪生态产品交易者进入市场;三是培育海洋生态产品交易平台,为买卖双方提供谈判、协商和签约的便利空间;四是制定合理的价格政策,依据生态系统服务价值理论,选取合适的价值评估方法分类核算海洋生态产品的价值,为市场传递准确的价格信号,防止价格过高限制需求和价格过低造成浪费。

第三,构建提供生态产品的激励措施。实施激励措施带来的是激励性报酬而非强制性义务,可以激励私人参与者和公共机构作出有利于长期管理而非短期发展的投资选择,解决高昂成本导致的生产商进入交易市场的低意愿问题,比加强管理规定更符合保护海洋生态系统的政策目标,可以增强海洋生态产品供给。借鉴法国维特尔矿泉水公司补偿计划、马达加斯加多重福利项目、荷兰"绿色基金计划"等激励计划的成功经验,我国可以采取的多元化激励措施包括生产补贴、税收优惠、低息贷款、现金补偿、技术援助、医疗服务与教育发展援助等。这些激励措施旨在降低成本或增加收入,有效地激励海洋生态产品生产者加大生产规模,或刺激新的生产者进入生产流程,增加海洋生态产品的供给。

第四,健全绿色金融支撑和法律保障体系。海洋生态产品价值实现要求得到金融和法律制度的有效支持,有助于培养公平和开放的环境。基于海洋生态产品的公共属性,海洋生态产品价值实现呈现政府、企业、社会组织多渠道融资的资金需求特征,为吸引企业和社会资金进入海洋生态产品交易市场,必须建立多层次、多渠道和多方位的融资机制,通过推行绿色金融体系拓宽资金融资渠道。绿色金融制度为海洋生态产品交易提供资金支撑,构建以绿色信贷、绿色基金和绿色债券等金融工具为核心的绿色金融体系,推进绿色金融相关财税政策、货币政策、信贷政策与海洋生态产品价值实现的研究与整合,畅通金融资本赋能通道,以更高效的市场化方式推动海洋生态产品价值实现。法律制度是海洋生态产品交易的制度前提,通过立法方式细化有关海洋生态产品交易的各项规定,确立强制性与自愿性相结合的交易原则,保证海洋生态产品交易的公开与非歧视。海洋生态产品具有特质性,因而海洋生态产品价值实现的法律制度不能过于泛化,应当结合海洋资源特征适应海洋生态产品价值实现的特殊需求,明确海域—流域生态保护补偿的适应范围以及工作机制,推进修订《海域使用管理法》《海岛保护法》等法律及相关行政法规,规范海洋生态产品的有偿使用。

六、结语

海洋生态产品价值实现是解决海洋生态产品供需失衡、增进民生福祉的重要手段。科学界定海洋生态产品概念,解析海洋生态产品价值的内涵是研究海洋生态产品价值实现的基础,对于设计价值实现途径具有重要意义。海洋生态产品价值实现是一项系统性和整体性的战略任务,海洋生态产品价值实现途径的有效执行既需要明晰的生态产权保障和科学合理的市场交易机制,也需要政府管制监督、国家财政与社会资金支持等一系列政策支撑。因而,在今后实践中还应明晰产权、完善海洋生态资源产权交易制度,推行生态产品市场交易制度、培育海洋生态产品交易市场,搭建绿色金融支撑体系,建立健全海洋生态文明绩效评价考核和责任追究制度,以及健全公众参与机制,依法有效推动海洋生态产品价值实现。

文章来源:原刊于《太平洋学报》2022 年第 5 期。

世界经济发展中心转移与
"北冰洋—太平洋时代"到来

——兼与"太平洋时代"说商榷

■ 李振福

论点撷萃

　　"太平洋时代"说是指随着日本、中国、"四小龙"、"四小虎"、东盟等国家和地区经济的快速增长,世界经济中心将由大西洋沿岸向太平洋沿岸转移,"大西洋时代"将被"太平洋时代"所取代。有必要对世界经济发展中心变迁过程进行再认识,明确当今世界政治、经济格局及其态势,以辨析 21 世纪是"太平洋时代"还是"北冰洋—太平洋时代",这关乎我国未来的发展方向和国家战略,意义重大。

　　纵观经济发展中心的变迁,可以总结出:世界经济中心是以海洋为通道进行转移的;海运的发展促进了世界经济发展中心的形成和转移;世界经济中心的转移一般会形成以世界大洋中某一区域为标志的时代;世界经济中心将围绕欧亚大陆进行转移;转移过程与"通实力"和"通权"的区域格局及转移相关。

　　取代"大西洋时代"的不应是"太平洋时代",与大西洋相邻的北冰洋或可作为世界经济中心转移的通道,起到沟通大西洋与北太平洋的作用,并与北太平洋一起构成世界经济新的重心区域,也就是形成"北冰洋—太平洋时代"。"太平洋时代"不能全面、准确地反映当今世界政治经济格局及发展趋势。一方面,环太平洋地区发展的核心主要是围绕北太平洋的区域,并非整个太平洋沿岸地区。另一方面,"太平洋时代"无法涵盖在世界经济格局中

作者:李振福,大连海事大学交通运输工程学院教授,大连海事大学极地海事研究中心主任

发挥重要作用的欧盟以及开发利用前景广阔、强国集聚的北极地区。基于以上分析,可以提出"北冰洋—太平洋时代"。

中国作为北太平洋沿岸国家和北极理事会正式观察员国,应积极应对"北冰洋—太平洋时代"的到来,顺应"北冰洋—太平洋时代"这一世界经济政治格局演化新趋势,制定相应发展策略。加快推进"冰上丝绸之路"建设,提高沿线国家参与度;积极参与北极治理,提升北极事务话语权;促进国内各类团体"走出去",在海洋经济发展中与世界接轨。

"太平洋时代"(或"太平洋世纪")的思想产生于19世纪中叶,1852年,美国政治家威廉・亨利・西沃德曾预言,"太平洋和它的海岸岛屿以及海外的广大土地"将成为"这个世界更伟大未来的主要舞台"。"太平洋时代"说是指随着日本、中国、"四小龙"、"四小虎"、东盟等国家和地区经济的快速增长,世界经济中心将由大西洋沿岸向太平洋沿岸转移,"大西洋时代"将被"太平洋时代"所取代。

"太平洋时代"说提出的重要依据是世界经济重心向东亚转移。一些学者赞同经济重心东移的观点,还有学者对"太平洋时代"的到来持怀疑态度。近年来,也有学者从"时代"的变迁与文化的迁移出发,探究"印太时代"到来的可能性。

因此,有必要对世界经济发展中心变迁过程进行再认识,明确当今世界政治、经济格局及其态势,以辨析21世纪是"太平洋时代"还是"北冰洋—太平洋时代",这关乎我国未来的发展方向和国家战略,意义重大。本文通过对世界经济中心转移过程的研究,提出21世纪是"北冰洋—太平洋时代"而非"太平洋时代"的论点,并就中国在"北冰洋—太平洋时代"背景下如何发展,提出相关建议。

一、世界经济发展中心的转移历程

世界经济发展中心是指某一时期内经济发展较为活跃,同时能影响和带动世界经济发展的国家或地区,即世界经济的火车头和动力源。在人类历史的漫漫长河中,世界经济发展中心并非永恒不变,在政治、科技、文化、军事等多重因素的影响下,旧的衰落的经济中心被新的繁盛的经济中心所取代,并不断重复这一过程。

经济发展中心第一次转移:亚洲至地中海沿岸。世界经济发展中心最早出现于亚洲,亚洲是世界文明的重要发源地之一,四大文明古国中的古印度、古巴比伦和中国均位于亚洲。古印度是世界四大宗教之一的佛教的发源地,古巴比伦拥有世界历史上第一部较为完整的成文法典——《汉谟拉比法典》,中国的四大发明推动了中国乃至世界文明发展进程,同时也为西方文艺复兴奠定了基础。英国哲学家弗朗西斯·培根曾评价道:"印刷术、火药、指南针,这三种发明已经在世界范围内把事物的全部面貌和情况都改变了。"古代丝绸之路是古代中国与其他国家和地区进行物质文明、精神文明交流融合的通道,是古代中国长期成为世界经济中心的通道,中国的对外贸易在隋唐时期达到鼎盛,到了宋元时期,中国已经发展为世界对外贸易最强大的国家。据学者统计,公元 1500 年,亚洲地区 GDP 总量占世界经济总量的 65.2%,其中中国占 25.0%、印度占 24.5%,是同 时期西欧国家总和的3.6 倍。从中可以看出当时亚洲文明、经济、科学技术发展水平之高,并且当西方处于文明衰落的"黑暗中世纪"时,亚洲地区的文明仍在继续向前发展。虽然 1820 年中、印两国的 GDP 仍高于当时的美、英、法等国,但由于采取闭关锁国的国家政策、错失工业革命的发展机遇、西方列强的殖民掠夺等原因,亚洲国家已逐渐走向没落,渐渐淡出世界舞台中心,丧失了世界经济发展的中心地位,直至第二次世界大战后亚洲经济才开始复苏。

11 世纪至 15 世纪,世界经济发展中心逐渐由亚洲转移至位于地中海沿岸的意大利。欧洲经济在漫长的"黑暗中世纪"后逐渐复苏并进一步发展,最先开始发展的区域是地中海沿岸地区。意大利是资本主义萌芽较早出现的地方,拥有威尼斯、热那亚、比萨、佛罗伦萨等商贸城市。其中,佛罗伦萨是欧洲较早的金融中心,同时也是欧洲文艺复兴的发源地。威尼斯、热那亚凭借优越的地理位置,建立起庞大的海上贸易网络,成为东西方海运贸易的重要枢纽,获得了大量财富。威尼斯共和国控制了欧洲与东方之间的香料贸易,是 11 世纪至 16 世纪期间最富有、最成功的西欧经济实体。除了繁荣的海上贸易外,威尼斯的造船业、毛纺业、玻璃制造业也较为发达,其发行的杜卡特货币流通于大部分欧洲地区。

经济发展中心第二次转移:地中海沿岸至大西洋沿岸。新航路的开辟、资产阶级革命和工业革命进一步拉动了欧洲经济的发展,世界经济发展中心开始向大西洋沿岸地区转移。这次世界经济发展中心的转移始自新航路开辟,15 世纪至 17 世纪是欧洲大航海时代,欧洲国家开始进行海外探索,通过殖民扩张和掠夺实现了原始资本的快速积累。美洲新大陆的发现、欧洲至印度航线的开辟等,拓展了大西洋沿岸国家的海外市场,世界主要贸易航线发生变化,意大利、奥斯曼帝国等地中海沿岸国家丧失欧洲商业中心地位,西班牙、葡萄牙、荷兰、英国等大西洋沿岸国家开始了对海上霸权的争夺。位于伊比利亚半岛的葡萄牙和西班牙最早从中获利,占据海上霸主地位长达一个世纪之久,这两个国家开辟了通向亚洲和美洲贸易的新通道,通过海上贸易和海外殖民获得巨额财富。据统计,16 世纪最初的 5 年里,葡萄牙香料贸易金额由 22 万英镑迅速上升至 230 万英镑,16 世纪末世界金银总产量中有 83% 被西班牙占有。

17 世纪,世界经济发展中心北移至荷兰。这一时期的荷兰拥有世界上最大的商业船队和最先进的造船技术,商船吨位占欧洲总吨位的 3/4,垄断了近一半的世界海运贸易,被称为"海上马车夫"。在荷兰的阿姆斯特丹诞生了世界上第一个股票交易所、第一家上市公司、第一家具有现代意义的银行,当时的荷兰掌握了世界经济的主导权,成为国际金融中心和贸易中心。到了 17 世纪后期,荷兰的国民收入比英伦三岛的总和还高 30%～40%。

荷兰之后,下一个成为世界经济发展中心的大西洋沿岸国家是英国。17 世纪 80 年代,英国资产阶级革命结束,经济发展迅速,社会保持相对稳定,使其具备了发展工业革命的前提。18 世纪中叶,英国率先进行了第一次工业革命,珍妮纺纱机、蒸汽机等机器投入使用,生产力得到大幅提高,以纺织业为例,1850 年至 1870 年,英国棉织品出口额从 2800 万英镑增至 7100 万英镑,当时的英国有"世界工厂"之称。1860 年,英国工业生产总值占世界生产总值的 19.9%,1880 年更是高达 22.9%。工业革命的发生和完成,极大地提升了英国的工业水平和经济实力,英国开始成为世界经济的心脏。鼎盛时期的英国被称为"日不落帝国",拥有世界上最广阔的殖民地,海外殖民地遍布世界五大洲。

经济发展中心第三次转移:大西洋东岸至大西洋西岸。世界经济发展中心的变迁从未停止,19 世纪末,美国以第二次技术革命为机遇,凭借丰富的自然资源、充足的廉价劳动力、欧洲资本的涌入以及海外移民带来的先进科学技术等迅速崛起,成功实现了从落后的农业国到先进的工业国的转变,经济进入高速增长时期。1774 年至 1910 年,美国实际国民生产总值增长近

175 倍,增长率远高于当时经济最为发达的英国。1894 年,美国的工业总产值超过英国、德国,跃居世界首位,成为世界头号工业强国,世界经济发展中心开始从大西洋东岸转移至大西洋西岸。1944 年召开的布雷顿森林会议上确立了以美元为中心的货币体系,美国在世界经济格局中的地位得到进一步提升。经历了两次世界大战之后,欧洲各国损失惨重,经济上也受到了不同程度的破坏及削弱,无力再与美国争夺世界经济霸主地位,而位于美洲大陆的美国本土基本没有受到战争的直接影响,损失相对较小,在战后进入经济发展的"黄金时代"。第二次世界大战后初期,美国出口贸易额曾占世界贸易总额的 1/4 左右,此后美国逐步成长为称霸世界的超级大国,开始引领世界经济的发展,并主导建立了世界政治、经济、军事新秩序。

二、世界经济发展中心转移的规律和特征

世界经济发展中心的转移历程为:亚洲(主要为中国与古印度)→意大利→葡萄牙、西班牙→荷兰→英国→美国,纵观经济发展中心的变迁,可以总结出以下规律和特征。

世界经济中心是以海洋为通道进行转移的。海洋在世界经济发展中心的转移过程中起到了重要的通道作用。世界经济中心主要在沿海国家和地区间进行转移,作为最早的世界经济发展中心的中国和古印度分别为北太平洋和印度洋沿岸国家,意大利为地中海沿岸国家,葡萄牙、西班牙、荷兰、英国、美国为大西洋沿岸国家。历史上的经济发展中心通过围绕大陆的大洋进行转移,世界经济中心从太平洋、印度洋沿岸"出发",经红海、曼德海峡至地中海沿岸的意大利,再经直布罗陀海峡至濒临大西洋的葡萄牙与西班牙,沿大西洋北移至荷兰,经北海抵达英国,然后横跨大西洋至位于大西洋西岸的美国。此过程中的每一次转移都通过海洋的通道进行,以海洋为转移媒介,并且海洋之间主要依靠海峡等海上通道连通。而按照"太平洋时代"说的观点,世界经济发展中心将由大西洋沿岸转移至太平洋沿岸,其转移过程直接跨越美洲大陆,跳向太平洋,而非通过大洋的通道进行转移,缺失海洋这一重要媒介,不符合世界经济发展中心转移过程中所展现的客观规律。因此,取代"大西洋时代"的不应是"太平洋时代",与大西洋相邻的北冰洋或可作为世界经济中心转移的通道,起到沟通大西洋与北太平洋的作用,并与北太平洋一起构成世界经济新的重心区域,也就是形成"北冰洋—

太平洋时代"。

海运的发展促进了世界经济发展中心的形成和转移。古代中国以陆上丝绸之路和海上丝绸之路进入世界经济中心行列,曾拥有强大的海上力量,以明朝郑和下西洋为顶峰,其海上力量称霸东亚,远至欧洲,与众多邻海国家建立了贸易关系。此后闭关锁国的政策使中国开始了长达300多年的海禁,在这一过程中,国家经济实力明显下滑,逐渐退出世界经济中心行列。意大利位于地中海航线的中心,地中海区域在哥伦布发现美洲新大陆之前一直是东西方联系的纽带,频繁的海上贸易促进了威尼斯、热那亚等港口城市经济的繁荣发展,促使意大利成为当时的经济发展中心。新航线的开辟为西方殖民统治者带来了丰厚的资本积累,进一步促进了资本主义的发展。15世纪末期至16世纪末期,整个欧洲的黄金储量从55千克升至119万千克,白银储量从700千克升至2140万千克。西方资本家依靠这些资本开设现代工厂,促进生产力发展,生产出各种工业产品并通过海洋运输出口到其他国家。第一次工业革命时期,西欧已经成为世界经济心脏,随之而来的是大西洋世界经济发展中心的渐趋成熟。西方国家通过海洋走向世界,逐渐征服世界。海运在世界经济发展中心的转移过程中扮演了十分重要的角色,从古代中国借助海上丝绸之路不断拓展贸易范围,到地中海沿岸国家凭借区位优势成为东西方海运贸易枢纽,再到新航路开辟对西欧经济的促进作用,海运这一交通运输方式对于世界经济的发展和经济中心的转移起到重要的推动作用。

世界经济中心的转移一般会形成以世界大洋中某一区域为标志的时代。为更好地刻画与描绘在世界文明、经济发展史中曾经极度灿烂辉煌的国家和地区,人们通常在文明繁荣璀璨、经济高度发达的地区后缀以"时代"二字,如"地中海时代""大西洋时代"等。值得注意的是,世界经济发展中心的转移并不会形成整个海洋的时代,而是形成以世界大洋中某一区域为标志的时代。最早的世界经济发展中心出现于太平洋和印度洋沿岸,有学者将其称为"印度洋—西太平洋时代",用以表示互相吸引、互为表里的东亚文明圈与印度洋文明圈。但就当时的经济、文明发展水平而言,称之为"北印度洋—西北太平洋时代"更为贴切。世界经济发展中心在葡萄牙、西班牙、荷兰、英国、美国之间的转移,构成了所谓的"大西洋时代",这些国家均为北大西洋沿岸国家,而南大西洋沿岸国家的经济实力不足以支撑起"大西洋时代",因而,更为准确的命名应为"北大西洋时代"。由于海洋的面积十分广阔,世界经济发展中心的出现及转移过程只对经济中心所在区域的经济发展起到重要拉动作用,并为其注入活力,对距离经济发展中心较远区域的拉动作用次之,因此,接棒"北大西洋时代"的将会是某一大洋的某一区域,或者是两个大洋的连接区域,并形成此区域的时代。

世界经济中心将围绕欧亚大陆进行转移。世界经济发展中心主要围绕欧亚大陆转移,近代之前的经济发展中心均出现于欧亚大陆。虽然美国不在欧亚大陆,但在本源上美国是欧洲向全球扩张的产物,美国文化是欧洲文化在新大陆的延续与创新。新航路的开辟、资产阶级革命、工业革命等推动人类社会历史进程的重要事件也大多发生于欧亚大陆。欧亚大陆拥有深厚的历史底蕴,幅员辽阔,陆地面积约为 5476 万平方千米,占世界陆地总面积的 40%,是面积最大的大陆,经济总量和人口总数约占世界的 70%。欧亚大陆一直处于世界经济、政治、文化的中心地带,并保持这一优势至今,曾涌现出波斯帝国、古罗马帝国、拜占庭帝国、阿拉伯帝国等庞大的帝国,孕育出世界上最早、最先进、发展最快的文明,除古埃及文明之外的早期文明均位于欧亚大陆,且古埃及在地理区位上毗邻欧亚大陆,佛教、印度教、伊斯兰教等宗教也诞生于欧亚大陆。欧亚大陆也是世界上唯一连通全球全部大洋的中心大陆,其经济发展空间、潜力及机遇巨大。在经济、政治多极化背景下,拥有中、俄、印、法、德等世界强国的欧亚大陆必将焕发出新的光芒。

转移过程与"通实力"和"通权"的区域格局及转移相关。世界经济发展中心的转移与世界"通实力"和"通权"的区域格局及转移相关,中心地位与"通实力"和"通权"地位对应。世界经济发展中心的转移过程体现了地缘政治理论"通权论"与国家实力理念"通实力"的核心内涵——"通",成为世界经济中心的都是"通实力""通权"强的区域或国家。古代中国通过陆海丝绸之路、玄奘西行、郑和下西洋等,实现了与中亚、西亚、东南亚、东非、地中海沿岸国家之间的经济、文化、科技交流,在小范围内实现互联互通,但受制于技术与其他条件的限制,此时"通"的程度还是有限的。随后,地中海沿岸的意大利等国凭借地中海贸易航线,成为东西方贸易中心,拥有较高的"通实力"及较强的"通权",是当时的经济发展中心。新航路的开辟实现了世界范围内的连通,西班牙、葡萄牙、荷兰等国通过殖民侵略和海上贸易,拓展其"通"的范围即地缘生存空间,崛起为经济发展中心。工业革命后,汽车、火车、轮船等交通运输工具的发明与普遍使用,使英国、美国实现了对海陆空地缘空间的联通控制,不断扩展地缘空间,其"通实力"与"通权"得到大幅提升,成为当时的世界中心。

因此,也可以将世界经济发展中心的转移视为"通实力"与"通权"区域格局的更迭,"通"代表着国家权力的崛起会引发世界格局的转变,"通实力"与"通权"越强的国家和地区,其经济、政治、军事实力以及在国际社会上的影响力也更强劲。随着全球化进程的加快,各国家和地区间的联系会愈加紧密,对"通"的要求也进一步提高,新的世界经济发展中心必将转移至"通实力"水平较高并能有效掌握"通权"的国家和地区。

王逸舟在《论"太平洋时代"》一文中,将美国发展重心由东向西的变动作为"太平洋纪元"出现的原因。美国虽然是世界第一大经济体,国家综合实力强劲,但世界经济政治局势的变化应是全球多种力量竞争、联合、博弈的结果,美国战略重心的变化是出于自身利益的考虑,不能成为印证"太平洋时代"到来的依据。

三、"北冰洋—太平洋时代"的形成依据

"太平洋时代"说是基于当时的时代背景所提出的,而在 21 世纪的今天,世界经济、政治、安全格局几经变换,"太平洋时代"这一概念是否仍符合当今时代的特征,是值得商榷的。

北冰洋开发前景广阔。北冰洋位于地球北端,面积约为 1310 万平方千米,是四大洋中面积最小的大洋。由于北极恶劣的气候环境和相关技术限制,北冰洋的开发利用程度较低。但随着全球气候变暖,北极冰层融化速度加快,据美国北极研究协会报告显示,2020 年 9 月,北冰洋海冰平均面积为 392 万平方千米,是自 1979 年有卫星记录以来的历史第二低值,北极航线的全面开通以及北冰洋的开发利用前景可观。

北极航线连接的西北欧、北美洲、东亚地区是目前世界上经济发展最具活力的地区,它的开通将促进这些地区间的经贸往来和文化交流。使用北极航线可以大大缩短东亚地区与欧洲、北美洲之间的运输距离,节约运输时间,从而大幅度降低海运成本。同时可以规避马六甲海峡、苏伊士运河、霍尔木兹海峡存在的海盗肆虐、交通拥挤、政治变化等风险。海上运输承担了90%以上的全球贸易运输量,北极航线货运量的增加,将会改变现有的世界

海运格局,引发世界经济格局的重构。

北极地区蕴藏着丰富的矿产、石油、天然气等自然资源,据美国地质调查局2008年发布的《北极地区油气潜力评估报告》显示,北极圈内已探明的石油储量为900亿桶,天然气储量为1669万亿立方米,液化天然气储量为400亿桶,不亚于中东。由于经济快速发展,各国能源需求不断增加,能源资源储量日渐减少,许多国家将目光转向北极,开展北极能源的勘探开发工作。北极将成为世界油气资源主要供应源,而北极航线将成为海上油气资源运输的新通道。各国围绕北极权益的争夺也愈发激烈,为争夺北极地区的油气资源并在北极航线潜在的经济价值面前占得先机,北极国家与域外利益攸关方围绕大陆架划界、航道管辖权、资源开发利用、领土主权等问题展开博弈,以实现自身利益最大化,北极正在成为地缘政治博弈的热点地区。

由于北极航线的安全性、经济性和北极圈内巨大的资源储量,北冰洋地区开发利用前景广阔,其开发利用过程带来的相关基础设施建设、产业技术转移、贸易流量增加将为沿线国家和地区提供新的经济增长点,进而改变现有的海运格局与贸易格局。同时,北冰洋地区的"通实力"与"通权"将随着北极航线的开通及北极资源的开发利用进一步增强。北冰洋已成为世界地缘经济政治格局的重要影响因素,在未来的时代中,北冰洋必将占据重要的一席之地。

北半球高纬度地区世界主要强国集聚。从世界经济发展中心的地理分布上可以看出,经济活跃的国家和地区主要集中于北半球的中高纬度地区,不论是曾作为世界经济发展中心的地中海沿岸国家,以及葡萄牙、荷兰、英国、美国,还是目前作为经济多极化格局中重要力量的美国、中国和欧盟,都基本位于北回归线以北的区域,并且其影响力呈现出逐渐北移的趋势。

高纬度地区国家主要为北欧五国、加拿大(北部)、俄罗斯(北部)、美国(阿拉斯加地区),即北极八国。北极国家整体经济发展水平较高,除俄罗斯外均属于发达国家。国际货币基金组织(IMF)公布的2021年世界人均GDP排名中,挪威(第6位)、冰岛(第11位)、丹麦(第12位)、瑞典(第14位)、芬兰(第16位)排名靠前,北欧国家整体人均GDP超过6万美元,国民经济高度发达,是世界上最富裕的地区。加拿大南部与美国接壤,在经济、军事领域高度依赖美国。2020年,加拿大对美国出口商品总额为2860.2亿美元,占加拿大出口总额的74%。与美国这个世界第一大经济体之间频繁的贸易往来,为加拿大经济发展不断注入活力,加拿大目前是全球第十大经济体,并且作为西方七大工业国之一,加拿大工业科技实力强劲。在北极八国中,俄罗斯虽然不属于经济强国,但国家综合实力较强,一方面是由于俄罗斯自然资源丰富,截至 2019 年底,俄罗斯石油储量占全球已探明储量的6.2%,天然气占 19.1%,煤炭占 15.2%,是世界能源出口大国;另一方面,俄罗斯具有强大的军事实力,在核能开发利用、航空航天等领域处于世界领先水平。由于在 1867 年从沙俄手中购入阿拉斯加地区,本土远离北极圈的美国一跃成为北极国家。目前美国综合实力位居世界第一,虽然近年来美国在全球经济格局中的地位有所下降,但经济总量仍保持在首位,同时,美国还是世界科技中心、第一大军事强国。

总的来说,北半球高纬度地区强国集聚,区域内包含众多世界经济、政治、军事、科技强国。随着北极冰层的逐渐消融,北冰洋海洋资源、油气资源开发利用进程加快,加之北极航线的开通对北冰洋沿岸地区经贸发展的拉动作用,北极国家将获得巨额经济利益,国家实力将得到进一步增强,未来的北半球高纬度地区在世界舞台上将占据更为重要的位置。

太平洋沿岸国家中只有北太平洋地区国家经济发展程度较高。"太平洋时代"说中涵盖的国家众多,太平洋作为世界第一大洋,其沿岸国家包括东岸的美洲国家,西岸的东亚、东南亚国家,位于大洋洲的澳大利亚、新西兰等国以及俄罗斯远东地区。这些太平洋沿岸国家和地区的经济、科技、军事实力和层次千差万别。

太平洋沿岸国家和地区如按经济实力进行划分,属于第一层次的国家为美国、中国及日本,这三个国家为全球前三大经济体,在世界经济体系中发挥着至关重要的作用;属于第二层次的国家为加拿大、澳大利亚、新西兰、韩国、新加坡等国,均为发达国家;俄罗斯、墨西哥、印度尼西亚、越南、马来西亚、泰国等国属于第三层次,即经济保持良好增长势头的新兴经济体;第四层次为厄瓜多尔、危地马拉、东帝汶等国,这些国家经济发展缓慢,人均GDP 较低;最后一个层次为大洋洲的所罗门群岛、基里巴斯等国,属于全球最不发达国家。

可以看出,北太平洋沿岸国家整体经济发展水平要远远高于南太平洋沿岸国家。北太平洋与南太平洋以赤道为分界线,赤道以北为北太平洋地区,赤道以南为南太平洋地区。世界前三大经济体均位于北太平洋沿岸,经济增长最迅速的地区也位于北太平洋沿岸,联合国安理会五大常任理事国中的三个同样位于北太平洋沿岸,北太平洋沿岸发达国家、新兴经济体数目也多于南太平洋沿岸。南太平洋沿岸主要为大洋洲和南美洲国家,整体经济发展水平较差。其中,大洋洲的澳大利亚、新西兰两国虽然属于发达国家,但由于受到地理位置及英联邦政策的影响,国际政治影响力有限,而其他大洋洲岛国国土面积较小,经济基础薄弱。南美洲国家均为发展中国家,广泛存在贫困问题,经济发展速度慢、体量小。

太平洋沿岸地区国家经济发展水平不均衡,北太平洋沿岸地区经济总量、未来发展态势、军事实力以及在国际事务上的话语权均远超南太平洋沿岸地区。因此,"太平洋时代"说将整个太平洋作为未来世界发展的中心区域存在一定的不合理性,需重新界定区域范围,将焦点锁定于北太平洋沿岸地区而非整个太平洋地区。

综上所述,"太平洋时代"不能全面、准确地反映当今世界政治经济格局及发展趋势。一方面,环太平洋地区发展的核心主要是围绕北太平洋的区域,并非整个太平洋沿岸地区。另一方面,"太平洋时代"无法涵盖在世界经济格局中发挥重要作用的欧盟以及开发利用前景广阔、强国集聚的北极地区。基于以上分析,可以提出"北冰洋—太平洋时代"(以下简称"北—太时代")。从地理区域角度看,"北—太时代"是对于"太平洋时代"地理范围的补充与修正,资源储备丰富、开发潜力巨大的北冰洋地区与北太平洋地区(赤道以北区域)一起形成"北—太时代"的重点区域。因此,"北—太时代"中的"北"字有两层含义,一是指北冰洋的"北",二是指北太平洋的"北",也就是北冰洋与北太平洋的结合。基于此,"北—太地区"可以认为是"北冰洋—北太平洋",北冰洋和北太平洋沿岸国家和地区,主要包括中国、日本、韩国、东盟国家、美国、加拿大、俄罗斯以及北欧五国等。北冰洋沿岸国家中虽然只包含一部分欧盟国家,但北极航线的开通将颠覆传统海上贸易运输,改变世界经济格局,成为沟通东亚、北美及欧洲国家的最佳通道。借助北极航线这一通道,"北—太时代"间接辐射了整个欧盟地区。同时值得注意的是,北太平洋沿岸的国家位于北极航线延长线上,在北极航线全面开通后,"北—太地区"国家之间的互通互联能力将进一步提升,呈现出联动发展的趋势。

四、"北—太时代"的初期表现

世界经济多极化格局形成。多中心化的世界经济发展格局是"北—太时代"初期的重要表现。美苏冷战期间,世界经济呈现以美国和苏联为首的"两极"格局,冷战结束后,美国成为世界上唯一的超级大国,经济格局演化为"一超多极"局面。但随着欧洲、日本经济复苏,中国、印度、俄罗斯等新兴国家的崛起,美国在世界经济秩序中的优势地位相对下降,世界经济发展开始呈现多极化趋势,世界经济发展中心不再局限于某一个国家或地区,而是同时出现于多个国家或地区。这也是"北—太时代"区别于以往"时代"的主要特征,以往"时代"都是以某个国家或地区作为唯一中心,而"北—太时代"是以多个国家或地区形成的多中心发展的时代。20世纪90年代,美国主宰世界的时代结束,世界经济形成了多极统治体制新格局,目前已基本形成了以美国、中国、欧盟为中心的世界经济新格局。近年来,这三大经济体GDP总量占全球经济总量的比重超过一半,2019年世界商品进口总额为192376亿美元,其中美国占13.35%、中国占10.80%、欧盟占28.73%,三大经济体对世界经济形势的变化发展起到重要推动作用。

经济多极化格局形成的一个重要原因是中国经济的腾飞。自改革开放以来,中国经济一直保持高速增长的趋势,经济体量不断扩增。1978年,中国国内生产总值仅为1495亿美元,相当于当时日本生产总值的14.75%,美国的6.40%。经过30多年的发展,2010年,中国以6.09万亿美元的国内生产总值超过日本,成为世界第二大经济体。在经济增长率方面,自1977年起,中国经济一直保持正增长的势头,在一些年份,经济增长率一度高达10%以上。在新冠肺炎疫情席卷全球、世界经济不景气的大背景下,中国是2020年全球唯一实现经济正增长的主要经济体,经济恢复速度之快,足以体现中国旺盛的经济活力。同时,人民币在国际货币体系中的地位也不断提升,2016年,国际货币基金组织宣布将人民币纳入SDR货币篮子,目前人民币在SDR货币篮子中的权重为10.92%,仅次于美元和欧元。随着中国经济实力和国际影响力的提高,巴基斯坦、俄罗斯、缅甸等国家和地区陆续将人民币纳入官方结算货币之中,人民币已逐渐走向国际化,并开始冲击美元的霸主地位。中国在国际经济政治格局中的影响力和作用力正在不断扩大,已基本具备与美国、欧盟等国家抗衡的经济实力,成为世界经济发展的新增长极。

欧洲曾占据世界经济发展中心地位长达 4 个世纪之久,但在经历两次世界大战后,全球经济、政治格局发生了巨大变化,欧洲国家元气大伤,经济结构崩溃,美国则异军突起。美国在战后实施马歇尔计划援助欧洲经济复兴,以遏制苏联的发展。同时,欧洲国家内部也开始着手推进经济一体化建设,消除战争对国民经济造成的不利影响,更好地应对国际形势变化,从最初的欧洲煤钢共同体到欧洲经济共同体,再到现在的欧盟,欧盟国家内部已实现关税同盟、统一大市场以及经济货币联盟。目前,欧盟是一体化程度最高的区域性国际组织,经济实力足以与美国、日本等世界经济强国媲美。虽然由于新兴经济体的迅速发展,再加之欧洲债务危机、金融危机及英国脱欧等影响,欧盟经济相对萎缩,1990 年至 2019 年期间,欧盟国家(不含英国)GDP总量的全球份额从 23.90% 下降至 17.81%,但欧盟仍是全球第二大经济实体,2019 年欧盟人均 GDP 为 34913 美元,远高于世界人均 GDP 的 11433 美元,同时约 3/4 的欧洲国家属于高收入国家。欧洲国家在科技方面的实力也不容小觑,在世界知识产权组织发布的 2020 年全球创新指数排名中,有 7 个欧洲国家位列前十,美国居第三位。欧洲国家高科技产业竞争力较强,如法国的航空航天、军工核能,德国的机床工业、汽车制造,荷兰的半导体产业、生物制药,等等。目前为止,欧洲国家仍具有较为强劲的经济实力和雄厚的工业基础,在国际舞台上发挥着至关重要的作用。

步入 21 世纪后,全球金融危机、"9·11"恐怖袭击事件、伊拉克战争、新冠肺炎疫情等的发生接连对美国经济造成沉重打击,美国对全球经济的主导力下降,不再是世界经济的唯一主导者。美国经济总量占全球经济总量的比重不断下滑,从 1960 年的 39.67% 到 2019 年的 24.42%,已下滑超过 15个百分点,未来十年,美国经济地位仍将下降,美国在世界经济的领导地位问题上积重难返。据英国智库经济和商业中心报告预测,美国经济总量将在 2032 年之前被中国超越,美国将丧失世界第一大经济体地位。美国经济分析局(BEA)的数据显示,2020 年美国 GDP 增长率为 −3.5%,是自 1961年以来经济萎缩最严重的一年。同时,美国长期存在巨额贸易逆差,2020 年财政赤字已经飙升至 3.13 万亿美元,居民收入差距过大、产业空心化、种族矛盾等问题不断加剧,对其经济发展造成极其不利的影响。迄今为止,美国仍是经济实力最为强劲的国家,是世界经济发展的主要动力源,经济发展基础雄厚。但由于发展中国家的群体性崛起,美国已不再拥有经济霸权,经济多极化发展的潮流已无法逆转。

新兴经济体在经济全球化背景下,凭借原材料价格低廉、劳动力充足等优势迅速成长,在世界经济格局中的地位与日俱增,与发达经济体间的差距正在不断缩小,其中最具代表性的是金砖五国,即中国、印度、俄罗斯、巴西和南非。2020 年,金砖五国国内生产总值总量合计约为 20.56 万亿美元,约占世界总量的 24.28%,且中国、印度、巴西的国内生产总值一直稳居世界前十。据世贸组织发布的《2020 年世界贸易报告》显示,新兴经济体的研发支出呈稳步上升趋势。随着新兴经济体在国际舞台上崭露头角,世界经济力量对比进一步发生变化,多极化经济格局的架构更加稳固,在可以预见的未来,世界经济格局将继续保持多极化发展特征。

亚洲国家群体性崛起。第二次世界大战后,亚洲,尤其是东亚地区经济社会发展迅速,呈现出群体性崛起的趋势。从全球范围看,亚洲国家经济总量与北美、西欧地区经济总量的差距不断缩小,占全球贸易额的比重不断增加,在世界经济格局中的地位日渐上升,亚洲正在重回世界政治、经济舞台的中心。亚洲濒临北冰洋与太平洋,东亚、东南亚地区国家更是"北—太时代"的重要参与者和建设者,其经济实力的提升为"北—太时代"拉开了序幕。

一方面,日本在第二次世界大战后迅速完成国家重建并实现经济腾飞。早在第二次世界大战前,日本通过明治维新实现了从封建制国家到现代化工业国家的转变,发展成为当时亚洲的头号工业强国。由于国内资源匮乏、军国主义盛行等,日本开始走向对外侵略扩张之路,并最终以失败告终。作为战败国的日本在战后受损严重,社会秩序陷入混乱,经济极度萧条,经济规模仅为战前的 1/3。但依靠从战争中掠夺的大量资源财富、自身的科学技术进步以及美国给予的资金技术援助,加之战后的一系列民主改革,日本的经济迅速恢复至战前水平并实现飞跃。日本在战后创造出经济发展的奇迹,先后出现神武景气、伊弉诺景气、平成景气等经济发展高潮,1950 年日本国内生产总值占世界经济总量的比重仅为 1%,1968 年这一比重已提升至 5.98%,日本超越联邦德国成为仅次于美国的资本主义世界第二大经济强国。就国民生产总值而言,1962 年日本为 582.63 亿美元,是同一时期美国的 9.52%,1990 年日本国民生产总值已达 3.44 万亿美元,为美国一半左右的规模。20 世纪 90 年代,日本经济泡沫破灭,经济发展陷入长期停滞状态,至今仍受其影响。但日本仍是世界经济强国和工业强国,2019年日本GDP总量为5.08万亿美元,是世界第三大经济体。

另一方面,相继赢得独立的亚洲国家利用体制与政策大步前进。自20世纪70年代起,亚洲"四小龙"、亚洲"四小虎"、中国等亚洲国家和地区相继进入经济高速增长阶段,经济发展突飞猛进。亚洲"四小龙"(新加坡、韩国、中国台湾、中国香港)通过实施出口导向型战略,踏上了经济发展的快车道。20世纪70年代,当西方工业化国家受石油危机影响经济增长放缓时,"四小龙"仍保持着中高速的经济增长,1970年至1980年,亚洲"四小龙"的经济增长率基本保持在7%以上,"四小龙"在20世纪80年代成功迈入发达经济体行列。20世纪80年代中期,位于东南亚的印度尼西亚、马来西亚、菲律宾、泰国进入经济发展的繁荣时期,经济增长势头强劲,发展步伐紧跟"四小龙",被称为亚洲"四小虎"。1985年至1995年,印度尼西亚GDP年均增长率为9.01%,马来西亚为11.01%,菲律宾为9.20%,泰国为15.84%。但受1997年亚洲金融危机打击,"四小虎"损失惨重,经济高速增长阶段终结,发展陷入停滞甚至衰退。中国在改革开放以后逐步成为"世界工厂",经济增长显著,从一个经济基础薄弱、极度贫困的国家成长为世界第二大经济体、第一大出口国、第一大贸易国、第一大外汇储备国。并且,据国际货币基金组织(IMF)的数据估计,按照购买力平价计算方式,2014年中国的经济规模已超过美国。

五、我国应积极应对"北—太时代"的到来

中国作为北太平洋沿岸国家和北极理事会正式观察员国,应积极应对"北—太时代"的到来,顺应"北—太时代"这一世界经济政治格局演化新趋势,制定相应发展策略。

加快推进"冰上丝绸之路"建设,提高沿线国家参与度。"冰上丝绸之路"是"一带一路"的延伸及重要组成部分。2017年7月,中俄两国领导人在会晤期间正式达成共建"冰上丝绸之路"的合作意向,该倡议目前已取得初步成效,首个能源合作项目——亚马尔液化天然气项目已于2017年12月投入生产。"冰上丝绸之路"的建设为我国提供了一条安全、经济的海上能源运输通道,有助于破解我国"马六甲之困",同时也为我国参与北极事务提供了可能。现阶段"冰上丝绸之路"的建设主要为中俄两国就能源开发利用、

交通基础设施建设等领域展开双边合作,建设核心是俄罗斯北方海航道即北极航线中的东北航线,在合作规模、合作领域、合作区域等方面存在局限性。

中国应加快推进"冰上丝绸之路"建设进程,将北极航线中的西北航线、中央航线纳入合作范围,使"冰上丝绸之路"倡议的影响力延伸至北美、西欧、东亚地区,从而构造覆盖整个北极周边地区的交通运输网络,实现这些国家和地区之间的互联互通。建立"冰上丝绸之路"的多边合作机制框架,主动与沿途及周边国家发展战略对接,以吸引更多的北极航线沿线国家参与其中,提高沿线国家参与度,进而推动北极人类命运共同体的构建。

积极参与北极治理,提升北极事务话语权。全球气候变暖导致北极冰雪融化速度加快,北极地区的能源、航运、渔业等方面价值不断显现,北极正在成为全球战略博弈的热点地区,越来越多的国家开始参与北极事务的治理,制定本国的北极战略,北极治理展现出全球化的发展态势。从地理区位的角度出发,中国不属于北极国家,但北极气候变化会对我国的生态环境造成影响,同时,北极航线的商业化、常态化运营和北极资源的勘探开发与我国经济社会发展紧密相关,因此,我国属于北极事务的重要利益攸关方。

面对愈加复杂、紧张的北极地缘政治经济格局,中国应更为积极主动地参与北极治理,以维护自身的合法权益。提高与北极国家以及域外国家间交流合作的广度与深度,加大在科学考察、气候变化、航线开发、资源勘测等领域的投入力度,从而提升我国的北极事务话语权。作为全球最大的发展中国家和第二大经济体,中国应承担更多的国际责任,将2018年1月发布的《中国的北极政策》作为参与北极治理的政策指导,借助"冰上丝绸之路"这一平台,努力成为北极事务的参与者、建设者以及贡献者,为北极地区和平、稳定、可持续发展贡献中国力量。

促进国内各类团体"走出去",在海洋经济发展中与世界接轨。海洋在世界经济发展中心转移过程中发挥了重要的作用,历史上的经济强国都是通过海洋打开了发展的道路,或是通过海上贸易,或是通过海外扩张。我国是海陆复合型国家,应把握"北—太时代"的发展机遇,发挥太平洋沿岸国家的地理位置优势,大力发展海洋经济,建设海洋强国。近年来,我国陆续推出建设海洋强国的一系列相关政策,但在中国海洋经济发展过程中,不能仅仅依靠国家宏观调控,行业、企业、事业单位、教育机构等各类团体是真正的执行者,因此,应该鼓励国内各类团体"走出去",与世界海洋强国接轨。

在渔业发展中,国内渔业企业应进行整合、建立联盟,与日本、挪威等水产大国合作,共同研发先进的养殖和捕捞技术,在保护海洋环境的同时收获经济效益。在海洋油气资源开发上,国内能源企业应与北冰洋国家的能源企业建立广泛联系,积极参与北极油气资源的开发利用。在相关产业人才的培养上,我国海洋经济起步晚于世界主要海权国家,在海洋相关产业的人才培养上数量虽充足,但质量仍待提高;而在航运金融、航运保险等高产值服务业方面,人才数量还得不到满足。要建设海洋强国,需要建立一批专业素养高、综合能力强的人才团队。为此,我国相关高校应该主动与国际先进教育机构合作,学习借鉴其培养经验,完善海洋经济的人才培养模式,丰富培养内容。

文章来源:原刊于《人民论坛·学术前沿》2022年第17期,有删减。

向海经济推动高质量发展的内在逻辑与实现路径

■ 陈明宝,韩立民

论点撷萃

海洋经济已经成为我国国民经济的重要组成部分,对促进经济高质量发展、拉动地区就业、提高人民生活水平起到了不可替代的作用,面向海洋寻求更加广阔的发展空间是新时代我国经济社会高质量发展的重要内容。

面对国家高质量发展战略要求和陆海统筹发展的现实需求,如何更好发挥海洋在整个国家经济发展体系中的作用,推动国民经济发展提质增效升级,是当前亟待解决的重大现实问题。向海经济作为实现这一目标的重要手段,无疑提供了新的路径和新的思路。

向海经济不具体指某一种经济形态,它与海洋经济不同,不是一种经济集合的概念,而是以实现陆海经济互动融合为目的的开放式经济新模式,是陆海经济在区域层面、国家层面和全球层面构建起一体化发展的经济体系的中间转换器。

作为经济发展新模式的向海经济,以陆海统筹为内在发展机制,强调在陆海互动发展基础上构筑以创新性、全域性、生态化、开放式以及福祉最大化为主要特征的经济发展体系,这本质上与以新发展理念为引领的高质量发展不谋而合。新时代大力发展向海经济,是生产要素格局优化、海洋强国建设、提升海洋话语权的内在需求。

向海经济的内在特征与高质量发展所遵循的新发展理念相吻合,是新

作者:陈明宝,澳门科技大学海洋发展研究中心教授,中国海洋发展研究中心研究员;
    韩立民,中国海洋大学管理学院教授、海洋发展研究院副院长

时代实现经济持续稳定发展的有效经济模式。应该积极发展向海经济,把创新驱动贯穿于向海经济发展全过程,加快经济要素结构调整与整合,推动形成驱动经济发展的新动能,尽快实现经济发展由传统要素驱动、投资驱动向创新驱动转变,着力优化陆海产业结构,提升开放合作层次,实现绿色循环低碳发展与人海和谐,增进全社会的福祉。

在"人类世"快速变化和人类日益紧密联系的时代,海洋已经成为全球关注的焦点。目前,全球大约40%的人口生活在沿海地区,3/4的大城市位于沿海地区,近海和沿海区域已成为全球旅游和娱乐活动的重要场所。海洋为人类供给了食物、能源和矿物等重要资源,全球43亿人超过15%的动物蛋白摄入来自渔业和水产养殖业,海底蕴藏的油气资源储量占全球油气储量的30%以上,海洋生态系统对全球生物圈的经济价值贡献率超过60%。海洋也是全球贸易发生的主要媒介,当前,90%的全球贸易是通过海洋运输进行的,海洋对国家及全球经济健康发展至关重要。据经济合作与发展组织(OECD)2016年的预计,到2030年,海洋对全球经济的贡献将从2010年的1.5万亿美元增加一倍,达到甚至超过3万亿美元。与此同时,海洋还是生态系统服务及海洋福祉的主要供给源,它不仅调节着全球气候,还支持着数亿人的生计,沿海和内陆人口可以从海洋生态系统中获得一系列货币和非货币福利。正如习近平主席所说,"海洋孕育了生命、联通了世界、促进了发展"。

经过40多年的高速发展,中国已经进入高质量发展阶段,经济发展的质态相应发生变化,质量的重要性不断提升。但与此同时,动力、结构、效率等内生性问题,以及区域发展不平衡、资源短缺、生态环境恶化、国际环境复杂化等问题愈发凸显,制约着高质量发展目标的实现。作为陆海兼备的大国,海洋可以为我国高质量发展提供重要的空间。近年来,我国高度重视海洋开发与利用,海洋经济对国民经济的贡献日益提高。据自然资源部公布的数据,海洋生产总值占国内生产总值的比重近20年一直保持在9%左右,2019年我国海洋生产总值超过8.9万亿元,十年间翻了一番。海洋经济已经成为我国国民经济的重要组成部分,对促进经济高质量发展、拉动地区就业、提高人民生活水平起到了不可替代的作用。由是观之,面向海洋寻求更加广阔的发展空间是新时代我国经济社会高质量发展的重要内容。

然而，一直以来，在陆海二元分割的认知下，陆地和海洋并未实现真正意义上的统筹发展，要素难以进行全面优化组合，也阻碍了高质量发展在区域、国家及全球层面实现合理布局。面对国家高质量发展战略要求和陆海统筹发展的现实需求，如何更好发挥海洋在整个国家经济发展体系中的作用，推动国民经济发展提质增效升级，是当前亟待解决的重大现实问题。向海经济作为实现这一目标的重要手段，无疑提供了新的路径和新的思路。那么，向海经济的基本内涵与特征是什么？向海经济与高质量发展有何种关系？如何以向海经济为抓手推动高质量发展？

一、向海经济推动高质量发展的理论逻辑

（一）向海经济的理论内涵

"向海经济"是习近平总书记 2017 年 4 月 19 日视察广西北海时提出的一个涉海经济新概念，这显然是具有中国特色语义的概念，在国际海洋领域研究中还没有对应的主题。当前，对于向海经济的研究以中国学者为主，研究的关注点集中于概念探讨、发展机制建构等方面。多数学者认为，向海经济是陆域经济与海洋经济的深度结合，是现代国家迈向海洋、加速全球化发展进程的重要手段。可见，陆海互动发展是向海经济的本质特征。陆海互动发展是一个复杂的现象，它既涉及海陆界面的自然过程，又涉及与海陆人类活动的相互作用，是生物地球化学过程与社会经济活动的结合体。从社会经济活动层面看，陆海互动发展是资金、技术、人力与管理等要素投入陆地与海洋，并通过从海洋中获取（From）、投入于海洋（To）以及在海洋中发展（In）三种活动方式，发挥海洋的资源供给、生态服务及全球媒介的作用，以获得最大化产出，实现区域经济发展与社会福利获取、国家经济发展以及全球经济关系构建。基于这一过程，本文认为向海经济的基本内涵可理解为：海为导向、陆为基点；以海引陆、由陆及海；海陆贯通、陆海统筹。

海为导向、陆为基点。向海经济是陆海两大经济系统交会融合发展的杠杆，这一杠杆的主要着力点无疑是海洋，而能够支撑杠杆发力的基点则在海岸线。因此，发展向海经济的关键是建设支撑杠杆的陆向支点。只有借助并放大各类陆基支点的能量，才能双向撬动陆海经济系统的各类要素资源，实现资源配置的最优化。

以海引陆、由陆及海。海洋经济是陆域经济向海发展的原动力,陆域经济则是海洋经济发展的最终归宿点,两者既互为支撑,又相互转换。向海经济是陆海两大经济系统交互作用的动力转换器,可以有效激活并放大陆海两大经济系统的动力转换机制。也就是说,发展向海经济的重点是培育和强化陆海经济系统之间动力双向转换的功能机制。

海陆贯通、陆海统筹。海陆贯通、陆海统筹是陆地经济与海洋经济共同发展的内在机制,而向海经济则是这一机制的集中体现。作为联结陆海两大经济系统空间关系的通行器,只有借助向海经济这一载体,才能构建起要素双向流动的传输链条,实现陆海两大经济系统的价值创造。发展向海经济的重要任务就是通过基础设施再造,优化陆海之间的空间结构,借助通道和功能区的点轴极化效应,统筹陆海之间的空间功能及其联结方式,实现海陆空间结构的一体化和最优化。

需要强调的是,向海经济不具体指某一种经济形态,它与海洋经济不同,不是一种经济集合的概念,而是以实现陆海经济互动融合为目的的开放式经济新模式,是陆海经济在区域层面、国家层面和全球层面构建起一体化发展的经济体系的中间转换器。

区域层面。向海经济是沿海地区或海岛经济区的主要发展模式,这一区域以海岸带为基点,以陆海共同发展为机制,将向海经济发展视为本区域经济社会发展的核心内容,并以此为目标追求经济绩效和民生福祉。

国家层面。对于沿海国家(地区)或者海洋国家(地区)而言,向海经济在国家经济发展中具有举足轻重的地位。发展向海经济不仅能为国家开发海洋、利用海洋与保护海洋提供动力,促进国民经济发展,提高人民生活水平,而且在陆地与海洋的双重格局下,可以扩大国家发展空间,从而获得更多发展福利。

全球层面。向海经济是开放型经济的典型形态,向海经济强调将陆地与海洋作为一个整体来看待,以陆域经济为基础,充分发挥海洋的资源供给、联系纽带和生态服务功能,推动陆域经济与海洋经济统筹协调发展。这对于全球化背景下促进陆海连通、提升人类福祉、实现人与自然和谐发展意义重大。

二、向海经济推动高质量发展的理论含义

高质量发展是经济发展到一定阶段的判断，也是一种发展理念。当前，关于高质量发展内涵的讨论是"仁者见仁、智者见智"，不过，统一的认识是高质量发展是以质量和效益为价值取向的发展，是一种发展方式与发展战略，是中国未来发展思路、方向、着力点的集中体现，是国民经济系统从量到质的本质性演变，是由系统中的许多因素共同作用、综合推动的发展结果。在国民经济系统中，海洋的作用不可忽视。通过海洋推动国民经济和社会发展，推进国家安全和权益维护是新时代中国发展的重要定位，将海洋与陆海统合发展也是新时代的重要课题，向海经济则是这一课题的生动诠释。那么，向海经济与高质量发展之间存在何种关系？向海经济可以通过什么方式推动高质量发展？诸如此类问题，学界尚未给出科学的解答。

目前，一般认为高质量发展就是体现新发展理念的发展，即高质量发展是体现创新、协调、绿色、开放、共享等发展理念的发展，是以创新为第一动力、协调为内生特点、绿色为普遍形态、开放为必由之路、共享为根本目的的发展。作为经济发展新模式的向海经济，以陆海统筹为内在发展机制，强调在陆海互动发展基础上构筑以创新性、全域性、生态化、开放式以及福祉最大化为主要特征的经济发展体系，这本质上与以新发展理念为引领的高质量发展不谋而合，具体表现为：

向海经济以创新为核心动力推动高质量发展。全球经济进入陆海关联发展以来，海洋在人类发展与经济增长中扮演的角色越来越重要。对人类而言，海洋的大部分还是一个未知的世界，海洋的开发比陆地活动风险更大、复杂性更强、不确定性更高。这些复杂性、不确定性与高风险性特征决定了海洋开发利用的技术密集、风险密集和资本密集的特征。只有当陆地经济发展到一定程度，拥有充足的资金基础后，才能对海洋进行更深层次的探索和开发。海洋开发除了对资金有极高的需求外，还高度依赖于科技创新。因此，面向海洋发展，推动构建陆海统筹海洋经济发展新格局，就需要充分认识海洋开发、利用与保护带来的创新需求，以此带动资金、技术、人才的投入与管理的创新，促进海洋资源的高水平开发与利用，进而推动整个国民经济系统向更高质量的方向发展。

向海经济以陆海统筹协调发展推动高质量发展。向海经济的本质特征

就是陆海统筹和协调发展。向海经济在推动陆海统筹发展中有独特的优势，它以临海陆基为支点构建市场要素集聚整合的载体平台，以开放性门户实现陆海经济功能的动力转换，以海陆贯通的交通基础设施优化陆海之间的空间联结方式，将陆、海、河看作一个大整体，强调陆海之间的协调发展、沿海地区的协调发展以及沿海地区与内陆地区的协调发展。由是观之，发展向海经济既能兼顾区域平衡发展，又能满足陆海统筹要求，能够在最大程度上促进协调发展。

向海经济以陆海生态化发展推动高质量发展。海洋是地球生态系统的重要组成部分，在维护全球生态平衡、实现可持续发展方面具有无可替代的作用。然而，人类对海洋的过度开发利用导致海洋生态系统出现了若干问题，如海洋生物资源消亡、海岸带富营养化、海洋酸化、珊瑚礁退化、海洋垃圾遍布，以及海岸带矿产开采等高强度开发活动引发的重金属和持久性有机污染物污染等，已经引起全球的高度重视。此外，在陆地和海洋的双重压力下，沿海地区可以说是地球上最具变化和危害的社会—生态系统。在这些生态问题和生存问题的驱动下，可持续发展已经成为全球各个国家在制定发展规划与政策时重点考虑的问题。发展向海经济，也必须将陆海全域性的生态环境保护作为底线、目标和追求，推动经济向"蓝色"方向发展。

向海经济以全方位、开放性发展推动高质量发展。海洋具有天然开放性、国际性等特征，这要求看待海洋发展问题不能拘泥于某一区域，而必须拥有全球视野，这也是发展向海经济的内在要求。事实上，在全球化背景下，海洋不再单纯是与陆地并列的生产或生态系统，也不再仅是为人类生存和发展提供空间与资源的载体。相反，海洋本身已经具备生产要素的全部功能，包括贸易与投资等，海洋内含的各种要素，也已经被纳入生产要素国际流动的体系与结构中。海洋通过贸易与投资等形式促进要素的流动，进而催生了国际投资，产生了与海洋有关的国际投资合作、劳务合作、科技合作、管理合作等，进一步地，对国际贸易提出挑战并推动国际贸易更大规模地发生，最终促进全球价值链重构并改变国际经济规则。总而言之，海洋的开放性、国际性特性与媒介联系作用，有助于陆域经济通过海洋与全球建立更多联系，从而实现更高水平的开放与更紧密的合作发展。

向海经济以追求陆海福祉最大化推动高质量发展。陆海之间的联系主要包括营养、经济、海岸保护和文化等，通过发展向海经济，可以充分发挥海洋的资源供给、生态服务以及媒介联系作用,建构起陆海间的一体化经济行动,给人类社会带来更多福祉。具体而言,一是通过陆地系统的成熟技术、资金、人力与管理等要素,开发、利用海洋,获得社会发展所需的资源与空间,提升直接的经济收入等福祉;二是通过海洋保护,人类可以持续享受海洋生态系统提供的多种服务,包括直接或间接有助于人类生存与发展的生态资源、物质资料等;三是依托于海洋开放性特征,与其他国家加强交流合作,互相学习借鉴陆海统筹发展经验,对接国际上处于海洋产业价值链中高端的技术、人才、管理等优质要素,统筹推进蓝色经济国际合作,提升参与全球海洋治理的能力,共建海洋命运共同体与人类命运共同体,共享经济社会发展及海洋开发、利用与保护带来的福祉。

三、新时代大力发展向海经济的内在需求

（一）生产要素格局优化的内在需求

从国内环境看,长期以来,我国经济依赖于高投入、高耗能的发展模式,虽然在短期内实现了经济快速增长,但消耗了大量的自然资源,导致经济发展出现了高污染、低收入和低效率的问题。自然资源的稀缺对长期经济增长构成了硬性约束,生态环境的恶化使得资源和要素驱动型经济发展模式变得不可持续。从国际环境看,我国对全球经济的影响不断增大,与其他国家之间的经济联系日益紧密。但资源能源获取来源不稳定,能源运输通道不安全,多数产业还处于全球产业链、价值链和创新链中低端,核心产业竞争力不强等内部发展因素,以及国际冲突和贸易摩擦不断出现等外部环境因素,都在一定范围内对我国经济的长期稳定发展乃至高质量发展形成了负面影响。发展向海经济,将海洋更好地纳入国民经济体系中,通过海洋获得更多的资源和空间,不仅可以有效解决我国资源能源短缺、运输通道不安全等问题,并且能够促进技术与资本要素的优化配置,助力实现我国经济的长期稳定发展。

（二）海洋强国建设的内在需求

建设海洋强国是中国特色社会主义事业的重要内容。习近平总书记围绕海洋强国战略明确指出:"21世纪,人类进入了大规模开发利用海洋的时期。海洋在国家经济发展格局和对外开放中的作用更加重要,在维护国家

主权、安全、发展利益中的地位更加突出,在国家生态文明建设中的角色更加显著,在国际政治、经济、军事、科技竞争中的战略地位也明显上升。"发展海洋经济是建设海洋强国的基础,海洋经济越发达,对国民经济的贡献越大,越能够有力地支撑起海洋强国建设。现代海洋经济发展规律表明,海洋经济的发达程度仰赖于海洋经济体系的健全程度和运行效率。为此,要大力发展向海经济,以海洋的资源供给、媒介联系与生态服务功能为基础,统筹推进海洋资源开发与生态保护,形成以现代科技为主要支撑的海洋开发、利用与保护格局,推动构建以蓝色经济为核心的海洋发展模式,提升蓝色经济在经济总量中的比重和贡献率,为海洋强国建设提供强大的物质基础。

（三）提升海洋话语权的内在需求

全方位的开放型经济离不开海洋资源开发和海洋经济合作。改革开放以来,经过40多年的发展,我国已经成为世界第二大经济体,依托于海洋的媒介联系作用,与其他国家间的经贸往来日益频繁,外贸进出口货运量的90％以上通过海运完成。随着对海洋资源、空间的依赖程度大幅提高,维护国家海洋权益的任务也愈发繁重,加上经济全球化进入深度调整期,近年来又出现了一些新形势、新变化和新问题,中国需要依托于海洋,通过海洋与陆地的互动发展实现更大范围、更宽领域、更深层次对外开放;以开放促改革促发展,培育和塑造发展新动能和竞争新优势,建设更高水平开放型经济新体制,更好融入和不断完善全球经济治理体系。此外,我国海洋意识觉醒和海洋开发起步都比较晚,在海洋高新科技、海洋科技人才、海洋新兴产业发展等方面与发达国家存在明显差距。而发展向海经济既能够增进与其他国家的经贸联系,促进海洋科学技术研发、海洋人才培育,还有助于打造具有国际竞争力的海洋战略性新兴产业,推动我国海洋产业迈向全球价值链中高端,提升我国在国际海洋领域的话语权。

四、以向海经济为抓手推动高质量发展

如前所述,向海经济的内在特征与高质量发展所遵循的新发展理念相吻合,是新时代实现经济持续稳定发展的有效经济模式。应该积极发展向海经济,把创新驱动贯穿于向海经济发展全过程,加快经济要素结构调整与整合,推动形成驱动经济发展的新动能,尽快实现经济发展由传统要素驱

动、投资驱动向创新驱动转变,着力优化陆海产业结构,提升开放合作层次,实现绿色循环低碳发展与人海和谐,增进全社会的福祉。

(一)塑造发展动力:以创新引领向海经济发展

创新发展的内容是多层面的,包括理论创新、体制创新、制度创新、人才创新等,其中技术、金融、制度等要素创新对向海经济的发展至关重要。

技术创新。技术创新是向海经济发展的核心。当今世界,以信息技术、新能源技术、生物技术、新材料技术为核心的技术创新正在加速发展。要牢牢把握技术变革与创新发展的新机遇,大力发展陆海公共性技术以及海洋专用技术。具体来说,一是加快共性技术的发展,加大对科学技术研究的财政支持,优化科技研发环境;不断提高产业技术水平,提升全要素生产率,提高产业发展质量和效益;淘汰技术含量低、成本高的行业,化解传统产业的过剩产能,加快传统产业的技术改造进程;对标国际水准,加快培育和建设国内一流水平的科学教育与研究平台,强化产学研合作,创建产学研合作战略联盟、中介机构和各种公共服务平台,加快信息资源整合。二是加大对海洋专用性技术研发的支持,特别是要加快发展海洋工程装备制造、海洋新能源、生物医药、海水综合利用等高新技术,加大对具备技术竞争优势的渔业、油气企业的支持力度,提升海洋高新技术对海洋产业发展、海洋生态保护的支撑能力。

金融创新。金融是现代经济的核心,也是经济发展中重要的生产要素,不仅影响着经济发展的速度与质量,还有助于催生新兴产业。发展向海经济同样需要运用好综合性的金融工具与政策,探索多种融资途径。在金融支持方面,可探索多种手段并行的方式,鼓励银行信贷、政策性银行、合作性金融、资本市场(股票融资和债券融资)、股权投资基金、信托、小额贷款公司、融资性担保、融资租赁等以单一或者合作的方式支持向海经济发展。同时,积极发挥保险业、担保业等风险控制性金融对向海经济的支持作用。此外,还可以设立与海洋有关的产业投资基金,重点投资传统产业改造和新兴产业培育急需的装备制造和技术改造项目,引导企业积极引进先进技术、开展合作攻关,努力培育新的产业增长点。

制度创新。制度创新是经济发展过程中一种必备的生产要素。好的制度安排可以促进技术、资本等要素的组合,推动技术创新与技术进步,加速资本聚集进程,减少资源开发过程中技术与资本的消耗,降低风险与不确定性,提高物质资本和人力资本的生产效率。党的十九大对于制度性改革提出了明确要求,表示要"着力构建市场机制有效、微观主体有活力、宏观调控有度的经济体制"。发展向海经济,需要塑造中国情境下的陆海统筹发展的制度创新主体,使向海经济的成果惠及所有参与主体;需要解决资源与要素配置、政府与市场关系、国内发展与国际发展等诸多制度性问题;需要兼顾效率与公平,加快完善要素市场化配置机制,做到陆海要素自由流动;需要加快完善公平竞争市场环境,实现统一开放、有序竞争;需要强化各类企业的市场主体地位,优化企业优胜劣汰机制;需要完善国内制度与国际制度的对接,为企业"走出去"提供有利的环境;需要创新和完善宏观调控机制,更好地发挥制度的调控作用。

(二)建构发展机制:发挥陆海统筹的战略引领作用

构建区域协调发展机制。经过多年的发展,我国经济空间布局不断优化,环渤海、长三角、珠三角分工合理、优势集聚、辐射联动、全面发展。但也存在沿海地区海洋开发、利用与保护水平参差不齐,沿海地区与内陆地区发展不平衡不协调等问题与短板。2018年发布的《中共中央 国务院关于建立更加有效的区域协调发展新机制的意见》提出要"建立区域战略统筹机制","推动陆海统筹发展"。为此,在发展向海经济的过程中,要以陆海统筹发展为主线,打破海陆二元分割局面,统筹配置陆海生产要素,促进要素在两个区域间有序流动;提高海洋资源空间配置效率,缩小基本公共服务差距,使沿海居民享有均等化的基本公共服务;突出特色、聚焦重点,充分发挥陆海优势资源禀赋,深化陆海分工合作,构建特色鲜明、错位发展、合作共赢的陆海经济体系。

构建海洋命运共同体。在全球化时代,我国应以更加积极的姿态融入世界经济发展中。要借助海洋这一枢纽,积极发展向海经济,加强与其他国家和地区的联系,共享海洋利益,加快构建海洋命运共同体。以开放包容的心态,以"共商、共建、共享"为原则,积极落实《"一带一路"建设海上合作设想》,加强与东南亚、南亚、非洲、欧洲及美洲国家的深度合作,共享蓝色空间,共同推进高质量发展和可持续发展。同时,积极对接国际上处于价值链中高端的技术、管理、供应链、营销渠道、品牌、人才等优质要素,全面提升海洋产业和企业的国际竞争力,形成更具广度和深度的开放型向海经济体系,努力提升我国在全球开发海洋、利用海洋、保护海洋和治理海洋中的战略地位。

(三)优化发展目标:提升高质量发展的"蓝色福祉"

生态系统最显著的特征就是整体性,不能将生态系统的组成部分割裂开来。作为地球上两大生态系统,陆地和海洋之间存在广泛的联系,共同构成一个复杂的社会—生态系统。人类的任何活动都会直接或间接影响陆地与海洋。因此,必须加强对人类行为的管控,保护陆海生态系统。目前,许多全球计划都对这一问题表现出了高度的重视。联合国可持续发展目标(SDGs)提出"保护和可持续利用海洋和海洋资源促进可持续发展",旨在实现普遍的社会福利;《巴黎协定》除了关注全球气候变化外,还对海洋和沿海社区的安全表示了关切,其提出的增强近海地区气候适应力、减少对沿海社区的破坏等都从侧面反映了海洋生态系统对人类社会的重要影响。

我国发展向海经济,必须坚持人海和谐可持续发展的原则,以构建海洋生态文明新格局为指引,强化绿色发展与低碳发展理念,逐步建立起安全可持续的现代海洋产业体系;以生态养殖、绿色航运和生态旅游开发为重点,统筹推进海洋产业开发与生态环境环保;推动智慧港口建设,打造绿色、低碳港口运营模式,大力发展绿色航运,减少海上船舶污染;加强保护区建设,推进海洋生态系统的整体性治理,对危害海洋生态环境的行为加大打击力度;推动建立多元主体合作的生态环境保护与治理机制,促进人与海洋生态系统的良性互动,在推动经济发展的同时,使"人"获得更多陆海经济发展的"蓝色福祉"。

文章来源:原刊于《国家治理》2023 年第 8 期。

海洋生态环境

现代海洋牧场建设的
人工生态系统理论思考

■ 丁德文,索安宁

论点撷萃

　　现代海洋牧场建设是国家"蓝色粮仓"计划的重要实施途径,但在海洋牧场建设实施过程中,一直缺乏相关的理论指导,尤其是缺乏生态系统理论指导,导致我国海洋牧场建设成为简单的增殖放流＋人工鱼礁投放工程。这种海洋牧场建设模式不仅建设成效不高,而且功能单一,稳定性差,极易受到各种外来风险的左右,难以实现国家推动海洋牧场建设的渔业资源增殖、渔业生态环境修复、海洋生态系统服务功能提升等多重目标。

　　海洋牧场不仅是一种海洋生态系统,更是一种以人为主导的海洋人工生态系统,即海洋牧场人工生态系统。这里所说的海洋牧场人工生态系统是基于生态系统生态学原理,在自然海域中通过生态工程技术构造的以渔业资源关键功能群及其"三场一通道"生境体系为核心的海洋生态系统,并辅以生态系统适应性管理模式,以实现渔业资源的持续高效产出、海洋生态保护及资源养护的一种海洋渔业生产模式。

　　海洋牧场人工生态系统构筑应该从生态系统生态学角度,在深入剖析主要渔业资源关键功能群生态过程与它们对应的"三场一通道"生境空间格局耦合机制的基础上,研究设计海洋牧场人工生态系统基本方案,运用生态工程和系统工程方法,建设渔业资源关键功能群及其赖以生存繁衍的生境

作者: 丁德文,中国工程院院士,农业农村部海洋牧场生态系统研究工作站负责人,自然资源部第一海洋研究所学术委员会主任,海洋生态环境科学与工程国家海洋局重点实验室主任;
　　　　索安宁,中国科学院南海海洋研究所研究员

场所以及其他设施,并辅以生态适应性管理模式,才能实现海洋牧场人工生态系统的稳定持续高效运转。

现代海洋牧场建设应充分发挥人在海洋牧场建设中的主导作用,形成从方案规划设计→生态工程建设→生态适应性管理模式构建的海洋牧场人工生态系统构筑范式,达到海洋牧场渔业资源关键功能群生命周期过程与它们对应的"三场一通道"生境空间格局的有效耦合,实现海洋牧场渔业资源高效养护与持续产出。希望本文提出的海洋牧场人工生态系统理论框架能够为我国现代海洋牧场建设有所裨益,启发新时代现代海洋牧场建设的新模式,提升我国现代海洋牧场建设综合成效。

海洋渔业资源长期以来一直是人类优质蛋白摄食的"蓝色粮仓",为人类社会发展提供了源源不断的水产食品。近50年来,随着我国近岸海域渔业资源过度捕捞,以及伴随的海洋环境污染、生境破坏等问题,导致我国海洋渔业资源明显衰退。为满足人民群众日益增长的海洋水产品需求,以鱼虾类、贝蟹类、海珍品等为主要对象的海水养殖产业异军突起,成为海洋水产蛋白的主要供给源。这种传统的海水养殖产业因海水环境污染、养殖生物病害频发、养殖产品质量下滑等原因已难以适应我国经济社会持续发展和海洋生态环境保护的要求。在此背景下,海洋牧场以一种全新的海洋渔业生产模式被广泛关注,成为我国海洋渔业产业转型升级和新旧动能转换的重要取向。然而,现代海洋牧场多从海洋养殖生物学角度出发建设,缺乏对海洋牧场生态系统的整体考虑,理论体系不甚健全。本文基于此提出海洋牧场人工生态系统理论框架及其构筑范式,为现代海洋牧场建设探索生态学理论依据。

一、海洋牧场理念发展历程及其存在的主要问题

(一)海洋牧场概念演进过程

1. 国际海洋牧场理念演进发展

海洋的"牧场理念"最早可追溯到20世纪初美国、英国等工业化国家的"海洋牧场"(Marine Ranching)运动。20世纪70年代以来,日本学者对海洋牧场概念进行了长期的探索,1971年,日本水产厅海洋会议文件指出"海

洋牧场是未来渔业的基本技术体系,可以从海洋生物资源中持续生产食物"。1991年,日本学者中村充将海洋牧场定义为"在广阔的沿岸和近海海域中,在控制鱼类、贝类等渔业物种行为的同时,对其从出生到捕获进行管理的渔业系统"。1993年,日本学者三桥宏次将海洋牧场定义为"以保证人工放流后的海洋生物幼体更好地成长为目标,在自然海域利用生境模拟技术人工营造的种苗培育场"。韩国《养殖渔业育成法》将海洋牧场定义为"在一定海域综合设置水产资源养护的设施,人工繁殖和采捕水产资源的场所"。

2. 我国海洋牧场理念演进发展

我国海洋牧场理念可追溯到1947年朱树屏提出"水即是鱼类的牧场"。1965年,曾呈奎和毛汉礼提出"使海洋成为种植藻类和贝类的农场,养鱼、虾的牧场,达到耕海目的"理念;曾呈奎等将海洋农牧化定义为"通过人为的干涉改造海洋环境,以创造经济生物生长发育所需的海洋环境条件,同时,也对生物本身进行必要的改造,以提高它们的质量和产量"。21世纪以来,我国海洋牧场概念逐渐形成,张国胜等和阙华勇等最早将海洋牧场定义为在一定的海域内,通过采用人工培育、增殖和放流的方法,将生物种苗人工驯化后放流入海,利用海洋自然的微生物饵料和微量投饵养育,并且运用先进的鱼群控制技术和环境检测技术对其进行科学的管理,从而达到增加海洋渔业资源,进行高效率捕捞活动的目的。杨红生将海洋牧场定义为基于海洋生态学原理和现代海洋工程技术,充分利用自然生产力,在特定海域科学培育和管理渔业资源而形成的人工渔场。《海洋牧场分类》(SC/T9111—2017)将海洋牧场定义为基于海洋生态系统原理,在特定海域,通过人工鱼礁、增殖放流等措施,构建或修复海洋生物繁殖、生长、索饵或避敌所需的场所,增殖养护渔业资源,改善海域生态环境,实现渔业资源可持续利用的渔业模式。国家自然科学基金委员会2019年第230期双清论坛指出,海洋牧场是基于生态学原理,充分利用自然生产力,运用现代工程技术和管理模式,通过生境修复和人工增殖,在适宜海域构建的兼具环境保护、资源养护和渔业持续产出功能的生态系统。2022年发布的《海洋牧场建设技术指南》国家标准将海洋牧场定义为"基于海洋生态系统原理,在特定海域,通过人工鱼礁、增殖放流等措施,构建或修复海洋生物繁殖、生长、索饵或避敌所需的场所,增殖养护渔业资源,改善海域生态环境,实现渔业资源可持续利用的渔业模式"。

截至目前,国内外学者就海洋牧场还未形成统一的定义,然而,海洋牧场建设的几个关键要点已逐渐明晰:①海洋牧场是在自然海域中人为干预或控制的渔业生产生态系统;②海洋牧场建设的主要目的是增殖养护渔业资源,改善海洋生态环境,实现海洋渔业资源的持续产出;③海洋牧场建设的目标是构建或修复海洋经济鱼类功能群及其赖以繁殖、生长、索饵、避害的栖息生境;④海洋牧场建设必须依据生态学原理,尤其是依据建设区域的海洋生态系统生态学特征。

(二)海洋牧场实践发展历程

1. 国际海洋牧场实践发展历程

国外海洋牧场建设起始于 20 世纪 70 年代末的人工渔礁投放和鱼苗增殖放流。美国 1968 年制定了"海洋牧场建设计划",1974 年在加利福尼亚建成了集海上观光、休闲垂钓于一体的休闲型海洋牧场,取得了较好的生态与经济效益。日本 1971 年提出海洋牧场建设构想,并建成了世界上第一个真正意义上的海洋牧场——日本黑潮牧场;20 世纪 90 年代,在宫城气仙湾等海域建设音响海洋牧场,用音响控制鱼类行为;21 世纪以来,日本海洋牧场建设开始向深远海拓展,并注重采用新技术修复渔业生态环境、养护渔业生物资源。韩国 1998 年在统营山阳邑三德里和美南里海域建设面积约 20 平方千米的"海洋牧场",并将海洋牧场建设经验向其他 4 个海洋牧场推广。为加快海洋牧场计划实施,韩国政府制定了未来 30 年海洋牧场建设的"三步走"战略,全面推进海洋牧场建设。

2. 我国海洋牧场实践发展历程

我国海洋牧场建设经历了技术实验期、推进期和快速发展期 3 个时期。1979 年,我国首次在广西钦州沿海投放了 26 座试验性小型单体人工鱼礁;20 世纪 80 年代开始,在黄渤海和东海开展对虾的增殖放流试验,我国海洋牧场建设进入技术实验期。技术实验期海洋牧场建设以农牧化、工程化为主要特征,以提高水产品产量为主要目的,海洋牧场建设主要内容是人工渔礁生境营造和增殖放流,技术与装备水平低,灾害防御能力弱。从 2006 年国务院发布《中国水生生物资源养护行动纲要》到 2015 年农业部创建国家级海洋牧场示范区之前为海洋牧场建设推进期,该时期共建设人工鱼礁 6.094×10^7 平方米,形成了海洋牧场 852.6 平方千米,海洋牧场建设以生态化、信息化为主要特征,以提供优质、安全、健康的水产品,改善国民营养与膳食结构为主要目标,更加重视生态环境保护和生物资源养护,技术创新显著增强。2015 年,农业部组织开展国家级海洋牧场示范区创建以来,我国海洋牧场建设进入加速发展期,海洋牧场建设以数字化、体系化为特征,以建设功能多样、多产融合现代海洋牧场为目标,注重核心技术突破、场景空间拓展、发展模式创新。截至 2021 年底,农业农村部已批准建设覆盖渤海、黄海、东海与南海四大海域的 153 个国家级海洋牧场示范区,并计划到 2025 年建设 200 个国家级海洋牧场示范区,以引领全国海洋牧场建设全面推进。

(三)现代海洋牧场建设存在的主要问题

1. 生态学理论缺失

自然海洋渔场是指鱼类或其他水生经济动物随产卵繁殖、索饵育肥或越冬适温等对环境条件要求的变化,在一定季节聚集成群密集经过或滞留于一定海洋水域范围而形成在渔业生产上具有捕捞价值的相对集中场所。自然海洋渔场是一个以大型经济鱼类为顶级捕食者,由各种食物链连接的渔业资源功能群及其"三场一通道"生境构成的开放性海洋生态系统。在这个海洋生态系统中存在着物种与物种、物种与生境、生境与生境之间复杂密切的能量流、物质流、信息流等相互作用与反作用机制。由于缺少生态位理论、功能群理论、食物链能量流理论等海洋牧场生态学理论引导,当前我国海洋牧场建设主要有以下欠缺。①海洋牧场渔业经济物种种类单一。北方海洋牧场增殖放流种类主要有海参、鲍鱼等海珍品及牙鲆、舌鳎等不到 10 种,南方海洋牧场增殖放流种类主要有鲷鱼类、石斑鱼类、马鲛鱼类等。这种单一物种的增殖放流难以形成互利共生、分层利用、多级利用的海洋牧场生态系统结构,增加病害风险,降低资源利用效率,影响海洋牧场的整体稳定性。②缺乏对海洋牧场渔业经济物种食物链的培育。海洋牧场建设以渔业物种幼苗放流为主,很少考虑放流渔业生物的食物链培育,导致放流幼苗因缺乏持续供给的食物而难以大量成活,降低海洋牧场建设成效。③缺少对海洋牧场"三场一通道"生境体系的针对性营造。海洋牧场人工鱼礁设计和建设很少考虑各类放流苗种对生境条件的喜好,以及索饵场、产卵场、越冬场等功能性生境场所的针对性、差异化营造,目标泛化,难以满足放流苗种在不同生命周期阶段对生境的差异化需求。

2. 海洋生态工程技术缺少

现代海洋牧场是充分利用海洋自然生产力,运用现代工程技术,通过生境修复和人工增殖,在适宜海域构建的渔业生态系统。海洋工程技术是现代海洋牧场建设的核心技术,也是现代海洋牧场建设的基本途径。目前,我国海洋牧场建设主要集中在鱼苗增殖放流和人工鱼礁投放,涉及的海洋工程技术主要为增殖放流苗种繁殖与培育技术、人工鱼礁浇筑与投放技术等少量生物与工程技术,缺少现代海洋牧场建设的海洋生态工程技术系统,主要体现在:①渔业资源养护工程技术,包括增殖放流鱼苗训练(驯化)技术、环境适应技术,渔业资源原位增殖技术、敌害防御技术、病害防治技术等。②生境营造工程技术,包括渔业资源经济物种索饵场、产卵场、越冬场等功能性生境场所仿生营造技术,洄游通道贯通技术等。③海洋牧场动态管控工程技术,包括渔业资源水下精准监控与资源评估技术、海水环境自动监测与灾害风险预警技术、水下机器人自动巡查技术等。④渔业资源选择性采捕工程技术,包括中上层鱼类选择性采捕技术、鱼礁区底层渔业资源采捕技术、底栖渔业资源采捕技术等。

3. 生态管理缺位

管理是实现海洋牧场健康稳定运行和渔业资源持续产出的基本途径,是提高海洋牧场生产能力的重要方法。目前,我国海洋牧场建设涉及的管理内容很少。管理者缺乏对海洋牧场生态系统结构、功能的监测分析、评价及认知,海洋牧场生态管理缺位。主要表现在:①海洋牧场选址规划缺少科学的评估方法与规划技术。海洋牧场选址区域多为建设方或渔业管理部门指定,海洋牧场建设面积随投资而定,没有科学依据。②海洋牧场运营过程缺少实时监控、监测设备。由于海洋牧场水下环境复杂多变,缺少水下实时监控设备,管理者就无法及时了解海洋牧场水下渔业资源及环境状况并及时作出应急决策。③海洋牧场建设缺乏效果评估指标体系与技术方法。缺乏客观全面的海洋牧场建设效果评估技术方法,管理者无法对海洋牧场建设效果有全面准确的认知和评估。④海洋牧场建设缺乏适应性管理方案。海洋牧场管理者对于海洋牧场管理要素和管理技术方案认知模糊,管理工作难以到位。⑤海洋牧场管理主体多样,管理标准不一。北方海洋牧场多以海珍品增殖为主要目标,经营管理主体多为企业;南方海洋牧场多以渔业资源养护为主,经营管理主体多为渔业行政部门或下属单位,由于渔业资源养护型海洋牧场营利性较差,经营管理主体积极性不高,海洋牧场建设迟缓。

总体上,我国海洋牧场建设仍以增殖放流和人工鱼礁建设为主,很少有从生态学角度考虑,建设和营造海洋牧场生态系统。这种做法不仅忽略了增殖放流渔业生物幼苗的食物链,也人为割裂了增殖放流物种与人工鱼礁环境之间的生态位联系,使得海洋牧场建设成为简单的"增殖放流＋人工鱼礁"工程,难以实现国家推动海洋牧场建设的渔业资源增殖、渔业生态环境修复、海洋生态系统服务功能提升等多重目标。

二、海洋牧场人工生态系统概念及其基本结构

(一)海洋牧场人工生态系统概念内涵

海洋牧场不仅是一种海洋生态系统,更是一种以人为主导的海洋人工生态系统,即海洋牧场人工生态系统。这里所说的海洋牧场人工生态系统是基于生态系统生态学原理,在自然海域中通过生态工程技术,构造的以渔业资源关键功能群及其"三场一通道"生境体系为核心的海洋生态系统,并辅以生态系统适应性管理模式,以实现渔业资源的持续高效产出、海洋生态保护及资源养护的一种海洋渔业生产模式。海洋牧场人工生态系统不同于传统海洋牧场,它是从生态系统生态学角度构建的多种渔业资源关键功能群及其"三场一通道"生境体系相耦合并受人类控制的人工生态系统。它不仅实现了海洋牧场生态空间的分层多级集约利用,有利于提升海洋牧场的渔业生产功能,而且具有生态调控、资源养护、休闲娱乐等其他生态系统服务功能。

海洋牧场人工生态系统在狭义上主要指人类主导下的海洋牧场渔业资源关键功能群与人工营造的"三场一通道"生境体系相互适应耦合形成的具有渔业生产、资源养护、生态修复等功能的海洋生态系统。海洋牧场人工生态系统在广义上指海洋牧场生态系统与人类社会共同组成的复合生态系统。在海洋牧场人工生态系统中,一方面,人类是海洋牧场的建设者,通过物种驯化、群落构造、生境营造、环境适应等工程技术构造海洋牧场人工生态系统,并通过生态监测、适应性管理等技术信息手段控制海洋牧场人工生态系统的演进过程;另一方面,人类也处于海洋牧场人工生态系统食物链的

最顶端,是海洋牧场人工生态系统的最终消费者,也是海洋牧场人工生态系统物质流、能量流的最终归宿。

(二)海洋牧场人工生态系统的组成结构

广义的海洋牧场人工生态系统是以人类为主导,以社会环境为背景,以自然环境为基础的复杂系统。自然环境是海洋牧场人工生态系统构建的基本依托,包括生物因素和生境因素,生物因素为海洋牧场顶级经济生物及其食物链各营养级饵料生物,主要是各类浮游植物、浮游动物和小型游泳动物,它们是海洋牧场物质与能量的最直接来源;生境因素是海洋牧场建设海域具有的最基本生存环境条件,包括底质类型、水深地形状况、水文环境等。社会环境是海洋牧场人工生态系统构建和维持的思想、技术、资本、制度等基本来源,包括技术环境、经济环境、法规制度环境等,技术环境是海洋牧场人工生态系统建设的技术支撑来源,经济环境是海洋牧场人工生态系统建设的产业需求和利益诉求,法规制度环境是海洋牧场人工生态系统建设制度保障。

狭义的海洋牧场人工生态系统是由若干渔业资源关键功能群及其生境环境构成。这里的渔业资源关键功能群是指在海洋牧场人工生态系统中,发挥着渔业资源关键功能的海洋经济生物类群,包括顶级经济生物及其由食物链链接的各营养级生物类群。生境环境指渔业资源关键功能群赖以生存、生长、繁衍的各种生境场所,包括产卵场、孵幼场、索饵场、育肥场、越冬场、洄游通道等。在自然海洋生态系统中,不同渔业资源关键功能群在长期的竞争、适应、进化等生态作用下形成各自的营养等级和生境体系,即生态位。

(三)海洋牧场人工生态系统的空间结构

在海洋牧场人工生态系统中,不同渔业资源关键功能群利用不同的生态位空间,具有不同的产卵场、孵幼场、索饵场等生境场所。①在垂直方向上,有些渔业资源关键功能群利用海洋水体表层生态空间,有些渔业资源关键功能群利用海洋水体底层生态空间,还有些渔业资源功能群利用海洋水体中层生态空间。②在水平方向上,有些渔业资源关键功能群喜好河口咸淡水混合区域,有些渔业资源关键功能群喜好海湾浅水区域,有些渔业资源关键功能群喜好深水海域。多种渔业资源关键功能群通过各种信息流分区分层集约利用海洋牧场生态空间,并在人为控制下在各自的"三场一通道"

生境场所之间迁徙洄游，繁殖生长，实现渔业资源的持续高效产出。

三、海洋牧场人工生态系统构筑的基本范式

海洋牧场人工生态系统构筑应该从生态系统生态学角度，在深入剖析主要渔业资源关键功能群生态过程与它们对应的"三场一通道"生境空间格局耦合机制的基础上，研究设计海洋牧场人工生态系统基本方案，运用生态工程和系统工程方法，建设渔业资源关键功能群及其赖以生存繁衍的生境场所以及其他设施，并辅以生态适应性管理模式，才能实现海洋牧场人工生态系统的稳定持续高效运转。

（一）海洋牧场人工生态系统设计

海洋牧场人工生态系统设计是海洋牧场建设的前提和基础，包括海洋牧场建设场址优选、选址区域海洋生态系统调查分析与研究、渔业资源关键功能群的遴选、生境营造规划及海洋牧场人工生态系统整体设计等。①海洋牧场建设场址优选。海洋牧场建设场址应优先选取天然渔场或历史天然渔场，这些区域一般饵料生物丰富、生境条件优越，相对来说建设成本低，建设成效好。②选址区域海洋生态系统调查分析与研究。对选址区域自然海洋生态系统开展全面调查，包括底质类型与海底地形、水文动力环境、水质环境、渔业资源及饵料生物等。必要时，搜集选址区域历史海洋调查资料，全面分析选址区域海洋经济生物种类组成结构，生物量与渔获量结构。研究主要渔业资源经济生物种的食物链和食物网，以及它们的索饵场、产卵场、越冬场等生境环境条件，剖析选址区域自然海洋生态系统物质流、能量流、信息流等结构特点以及主要生态功能。③渔业资源关键功能群遴选。根据选址区域主要渔业资源经济生物种类特点，选取那些体型大、肉质鲜美、能够人工扩繁驯化且已增殖放流成功的渔业资源经济生物种类，作为渔业资源关键功能群的顶级经济生物种类，并进一步研究它们的食物链营养级其他生物类群。根据生物多样性与生产力复杂耦合关系，一般海洋牧场遴选设计具有不同生态位特点的4～6个渔业资源关键功能群就足以实现渔业资源的高效产出。④生境营造规划。根据不同渔业资源关键功能群对索饵场、产卵场、越冬场等生境环境喜好的差异性，编制主要渔业资源关键功能群各类生境场所详细参数表，结合海洋牧场选取区域的实际生境环境条

件,规划海洋牧场生境营造空间布局,设计主要渔业资源关键功能群生境营造详细方案。⑤海洋牧场人工生态系统整理设计。根据各渔业资源关键功能群食物链与营养级特征,测算海洋牧场人工生态系统渔业资源承载能力,设计海洋牧场人工生态系统的平面结构、垂直结构、群落及营养结构、景观结构等,谋划海洋牧场人工生态系统的物质流、能量流、信息流的人为技术控制过程,以及渔业生产功能、资源养护功能、生态调控功能、社会文化功能的呈现次序与方式,编制海洋牧场人工生态系统规划设计方案。

(二)海洋牧场生态工程建设

以海洋牧场人工生态系统规划设计方案为依据,采用生态工程和现代信息工程技术营造海洋牧场人工生态系统。海洋牧场生态工程建设主要包括渔业资源关键功能群构造工程、"三场一通道"生境体系营造工程、海洋经济物种人工驯化与环境适应工程、生态系统监测工程、病害防御工程、风险防范工程以及生态系统运维工程。①渔业资源关键功能群构造工程。渔业资源关键功能群构造工程主要包括海洋牧场渔业资源关键功能群经济物种的人工繁殖、幼苗培育、环境适应等生物工程技术,这里的经济物种包括渔业资源顶级经济物种及其饵料动植物物种。一些渔业资源关键功能群经济物种目前已有成熟的人工繁殖、幼苗培育技术;还有一些渔业资源关键功能群经济物种的人工繁殖、幼苗培育技术并不成熟,需要在海洋牧场建设过程中不断研究完善改进。②生境营造工程。生境营造工程主要是营造渔业资源关键功能群所需的"三场一通道"生境体系。生境营造工程需要针对不同渔业资源关键功能群对各种生境环境的喜好特点及相关参数,研究构筑不同材质、不同结构、不同规格的人工鱼礁构件,并将其置于不同位置的海洋牧场空间,作为不同渔业资源关键功能群的索饵场、产卵场、越冬场等,并疏通各个生境场所之间的洄游通道,便于顶级经济生物在不同生长发育阶段往来洄游。另外,也可根据海洋牧场建设区域特点和渔业资源关键功能群生境喜好,修复或恢复珊瑚礁、海草床、海藻场等作为海洋牧场关键功能群的产卵场、索饵场、育肥场等生境场所。③人工驯化与环境适应工程。海洋牧场是在自然开放海域中构筑的人工生态系统,必须采取行为驯化控制工程让渔业资源关键功能群聚集在海洋牧场空间范围内。行为驯化控制工程是渔业资源关键功能群人工控制的一项新技术,有音响驯化、饵料驯化、光照驯化等技术。通过幼苗人工驯化形成顶级经济物种在海洋牧场空间范围内的迁徙洄游完成生命周期过程的行为习惯，以便于人工监测、调控、采捕。环境适应主要是指人工培育的生物幼苗在"人工环境→半人工环境→自然海域环境"的逐渐适应过程。④生态系统监控工程。生态系统监控工程包括海洋牧场环境监控工程、生物监控工程、生态过程监控工程等。环境监控工程主要建设海洋牧场水质、水流、水色、温度、盐度、溶解氧等环境指标远程自动监测与调控装置，开发监测数据自动分析评价预警技术体系；生物监控工程主要建设海洋牧场渔业资源关键功能群远程视频监控体系，实现对渔业资源关键功能群顶级经济物种及其各级饵料生物的生长发育、饵料供给全过程监测、评价与问题预警；生态过程监控工程主要建设渔业资源关键功能群索饵、育肥、产卵、育幼、越冬等生命周期全过程监控体系，了解渔业资源关键功能群的生命周期各阶段在"三场一通道"生境场所之间的洄游迁徙、原位增殖的群落繁衍过程。⑤病害防御工程。病害是水产品人工养殖面临的主要问题，海洋牧场人工生态系统可能同样存在鱼类病害问题。可采取病害生态防御工程、病害生物防御工程、病害药物防御工程等多种措施防止海洋牧场人工生态系统病害发生。病害生态防御工程是在海洋牧场人工生态系统中增添适量肉食性捕食鱼类，能快速将患病鱼苗捕食，防止疾病传播；病害生物防御工程是对海洋牧场经济生物投放病害生物疫苗等，提高经济生物的病害抵抗能力；病害药物防御工程在病害发生前向海洋牧场投放病害防御药物，治疗病害经济生物。⑥风险防范工程。海洋牧场风险来自多个方面，有台风、海浪、风潮潮等水动力摧毁风险，极端低温、极端高温等环境损害风险，溢油、危化品泄露等污染风险等，需要针对各类风险损害特点，制定针对性的海洋牧场风险防范工程。⑦生态系统运维工程。海洋牧场人工生态系统运维工程主要为海洋牧场人工生态系统维持管理和控制提供的各类信息工程与智能管控工程建设，包括音响/光照智能控制工程、渔业资源选择性捕捞工程、电力能源供给工程等，可结合现代远程监控技术、网络信息技术、人工智能技术建设现代智慧海洋牧场人工生态系统。

（三）海洋牧场生态适应性管理

适应性管理是通过对管理实践结果的不断学习总结，并反馈到管理工作中来持续提高管理实践技术水平的一种新型管理理论模式。适应性管理理论的核心是在管理实践工作中不断学习改进,并反馈到管理实践中持续提高管理技术水平的循环过程。海洋牧场是在自然海域中人工建设和人为控制的人工生态系统,是自然海域中一种新生生态系统,其演进过程包括突现、存在、增长、发展演化几个环节。只有运用适应性管理理论,通过动态监测分析评价海洋牧场人工生态系统演进过程,才能阐述突现是如何发生的,存在的层次性、增长的复杂性、演化的定向性,及时发现问题,及时调整管理技术措施,并反馈到管理实践工作,形成生态适应性管理模式,促进海洋牧场建设达到预期目的。

海洋牧场生态适应性管理的目标是,不断优化海洋牧场人工生态系统结构,控制海洋牧场人工生态系统演进方向及其速度,为经济社会发展提供源源不断的优质水产品及其他生态服务功能。海洋牧场生态适应性管理包括海洋牧场人工生态系统适应性管理方案制订、海洋牧场人工生态系统适应性管理方案实施、海洋牧场人工生态系统动态监测分析、海洋牧场人工生态系统建设效果评估与问题剖析,海洋牧场人工生态系统管理技术方案改进5个主要环节。①海洋牧场人工生态系统适应性管理方案制订。制定阶段性海洋牧场建设目标,并根据该目标分解确定海洋牧场人工生态系统各渔业资源关键功能群培育及其生境营造的具体衡量标准与参数,深入剖析海洋牧场建设目标与各关键功能群及其生境参数之间的响应关系,构建海洋牧场生态适应性管理模型,制订海洋牧场人工生态系统适应性管理方案。②海洋牧场人工生态系统适应性管理方案实施。根据海洋牧场建设方案及其建设进展,制定海洋牧场管理细则,实施海洋牧场建设全过程全天候管理,包括海洋牧场人工生态系统规划设计方案实施管理、渔业资源关键功能群构造工程管理、生境营造工程管理、系统运维工程管理以及海洋牧场人工生态系统综合管理。③海洋牧场人工生态系统建设效果监测分析。采用水环境自动监测设施、渔业资源关键功能群水下远程监控设施、人员潜水查看方法等多种手段,动态监测海洋牧场人工生态系统结构功能状态参数,分析海洋牧场人工生态系统演进方向、速度态势。④海洋牧场人工生态系统建设效果评估与问题分析。构建海洋牧场人工生态系统建设效果评估指标体系与评估方法,比较分析海洋牧场人工生态系统结构功能参数与阶段性目标衡量标准之间的偏差,定量评估海洋牧场人工生态系统建设的实际效果,分析海洋牧场阶段性建设目标达标程度及其存在的主要问题与问题形成原因。⑤海洋牧场人工生态系统管理技术方案改进。根据海洋牧场人工生态系统建设效果评估与问题分析结果,有针对性地提出海洋牧场人工生态系统结构优化、功能改善的技术途径和方法,并反馈到海洋牧场人工生态系统适用性管理方案修订工作,改进海洋牧场人工生态系统适应性管理方案,再次实施管理工作。如此不断地经过监测分析→效果评估→技术改进→方案实施→监测分析的环节循环,形成海洋牧场人工生态系统适应性管理模式。

四、结语

现代海洋牧场建设是国家"蓝色粮仓"计划的重要实施途径,但在海洋牧场建设实施过程中,一直缺乏相关的理论指导,尤其是缺乏生态系统理论指导,这导致我国海洋牧场建设成为简单的增殖放流+人工鱼礁投放工程。这种海洋牧场建设模式不仅建设成效不高,而且功能单一,稳定性差,极易受到各种外来风险的左右。本文在深入剖析国内外海洋牧场概念演进与发展实践问题的基础上,提出海洋牧场人工生态系统概念,认为海洋牧场是人主导下的以自然环境为基础,以社会环境为背景的复合生态系统,并勾绘了海洋牧场人工生态系统的基本组成结构和空间利用结构。现代海洋牧场建设应充分发挥人在海洋牧场建设中的主导作用,形成从方案规划设计→生态工程建设→生态适应性管理模式构建的海洋牧场人工生态系统构筑范式,达到海洋牧场渔业资源关键功能群生命周期过程与它们对应的"三场一通道"生境空间格局的有效耦合,实现海洋牧场渔业资源高效养护与持续产出。希望本文提出的海洋牧场人工生态系统理论框架能够对我国现代海洋牧场建设有所裨益,启发新时代现代海洋牧场建设的新模式,提升我国现代海洋牧场建设综合成效。

文章来源:原刊于《中国科学院院刊》2022年第9期。

陆海统筹在自然生态保护法中的实现

■ 刘卫先

论点撷萃

　　海洋既是"水"的一种形态,也是与陆地相对应的一种生态系统,更是地球生态系统不可或缺的有机组成部分。要践行"绿水青山就是金山银山"的绿色发展理念和"尊重自然、顺应自然、保护自然"的生态文明理念,实现人海和谐的美丽海洋建设目标,必须正视"海洋"作为"生命共同体"的有机组成部分,统筹陆地与海洋的自然生态保护,将海洋生态保护纳入环境法典"自然生态保护法编"。

　　陆海统筹是我国实现海洋强国战略目标的必然选择。海洋强国战略目标的实现作为新时代中国特色社会主义事业发展全局之一部分,不能仅仅将视野局限于海洋而将海洋作为一个孤立于陆地的要素看待,继续以往发展历程中"陆海分离"的思路,而是要坚持陆海一体、统筹安排、以陆带海、以海促陆的思路,将海洋蓝色国土纳入国家总体发展的大局,利用好、管控好、保护好海洋,最终实现人海和谐的海洋强国目标。与海洋强国战略目标相对应,陆海统筹的内容也应具有丰富性与综合性。统筹陆海生态环境保护,总体而言,就是基于陆海生态的整体性与系统性,打通陆地与海洋两个支系统,实施"从山顶到海洋"的"陆海一盘棋"生态环境保护策略,建立陆海一体化的海洋生态环境保护治理体系,形成陆海联动、统筹协调的海洋生态环境治理格局。

　　要统筹陆海生态环境保护,重心应该在于完善我国有关海洋生态环境

作者:刘卫先,中国海洋大学法学院、海洋发展研究院教授

保护的法律制度,提升我国海洋生态环境保护治理体系与治理能力的现代化水平。我国目前有关海洋自然生态保护的法律规定仍存在诸多不足,无法满足统筹保护陆海自然生态的需要,这也在一定程度上增强了我国自然生态保护法体系化与法典化的必要性与现实紧迫性。

自然生态保护法作为我国环境法典的一编,应当将统筹保护陆海自然生态这一理念与指导思想落实到具体的法律规范与条文中。基于此,不仅要构建我国自然生态保护的整体性制度框架体系,将海洋自然生态纳入其保护范围;还应设立海洋自然生态保护的特殊制度。

党的十八大以来,习近平总书记在不同场合多次指出"山水林田湖草是生命共同体","人与自然"也是"生命共同体",要用系统论方法统筹生态环境治理。海洋既是"水"的一种形态,也是与陆地相对应的一种生态系统,更是地球生态系统不可或缺的有机组成部分。要践行"绿水青山就是金山银山"的绿色发展理念和"尊重自然、顺应自然、保护自然"的生态文明理念,实现人海和谐的美丽海洋建设目标,必须正视"海洋"作为"生命共同体"的有机组成部分,统筹陆地与海洋的自然生态保护,将海洋生态保护纳入环境法典"自然生态保护法编"。

一、陆海统筹及其对自然生态保护的要求

在我国,陆海统筹理念与海洋强国战略密不可分。2011年公布的《国民经济和社会发展第十二个五年规划纲要》(以下简称《"十二五"规划纲要》)首次提出了海洋发展战略的新理念,强调"坚持陆海统筹,制定和实施海洋发展战略,提高海洋开发、控制、综合管理能力"。2012年11月,党的十八大报告明确提出:"提高海洋资源开发能力,发展海洋经济,保护海洋生态环境,坚决维护国家海洋权益,建设海洋强国。"2013年7月30日,中共中央政治局就建设海洋强国进行第八次集体学习。习近平总书记在主持学习时强调,要进一步关心海洋、认识海洋、经略海洋,推动我国海洋强国建设不断取得新成就。习近平总书记指出,我们要着眼于中国特色社会主义事业发展全局,坚持陆海统筹,扎实推进海洋强国建设;要把海洋生态文明建设纳入海洋开发总布局之中,坚持开发和保护并重。2016年公布的《国民经济和社会发展第十三个五年规划纲要》(以下简称《"十三五"规划纲要》)再次强调:

"坚持陆海统筹,发展海洋经济,科学开发海洋资源,保护海洋生态环境,维护海洋权益,建设海洋强国。"2017年党的十九大报告再次明确:"坚持陆海统筹,加快建设海洋强国。"2020年党的十九届五中全会通过的《中共中央关于制定国民经济和社会发展第十四个五年规划和二〇三五年远景目标的建议》(以下简称《"十四五"规划和二〇三五年远景目标建议》)再一次明确提出:"坚持陆海统筹,发展海洋经济,建设海洋强国。"

陆海统筹是我国实现海洋强国战略目标的必然选择。在我国,海洋强国战略目标的内容具有丰富性和综合性,涉及"认知海洋""利用海洋""生态海洋""管控海洋""和谐海洋"等方面的内容,不仅要实现海洋经济与海洋科技方面的"强",而且要实现海洋生态环境保护和海洋权益维护方面的"强"。这也明确体现在党的十八大报告和《"十三五"规划纲要》等党和国家的重要纲领性文件中。但是,海洋强国战略目标的实现作为新时代中国特色社会主义事业发展全局之一部分,不能仅仅将视野局限于海洋而将海洋作为一个孤立于陆地的要素看待,继续以往发展历程中"陆海分离"的思路,而是要坚持陆海一体、统筹安排、以陆带海、以海促陆的思路,将海洋这一蓝色国土纳入国家总体发展的大局,利用好、管控好、保护好海洋,最终实现人海和谐的海洋强国目标。

与海洋强国战略目标相对应,陆海统筹的内容也应具有丰富性与综合性。一般而言,陆海统筹是指在陆地和海洋两大自然系统之间建立包含经济发展、资源利用、环境保护、生态安全、国家安全等全部领域的综合协调关系。正因为如此,不同学者基于不同的学科领域对陆海统筹的认识与界定存在一定的差异,主要有"国家发展战略说""区域整体发展说""区域经济发展说""地缘政治说""地理说"等观点。尽管如此,这些观点都建立于陆地和海洋两大自然系统的整体性基础之上,都承认陆地与海洋具有密不可分的统一关系。这种共性认识进一步增强了在生态环境保护领域实施陆海统筹的重要性和必要性。与此同时,统筹陆海生态环境保护既是我国生态文明建设与海洋强国战略的核心内容之一,也是其重要基础和前提。

统筹陆海生态环境保护,总体而言,就是基于陆海生态的整体性与系统性,打通陆地与海洋两个支系统,实施"从山顶到海洋"的"陆海一盘棋"生态环境保护策略,建立陆海一体化的海洋生态环境保护治理体系,形成陆海联动、统筹协调的海洋生态环境治理格局。长期以来在我国生态环境保护领域实行陆海分离的治理格局与制度设置背景下,生态环境治理体系的现代化与相关法律制度的完善也主要集中在陆域生态环境保护领域。所以,要统筹陆海生态环境保护,重心应该在于完善我国有关海洋生态环境保护的法律制度,提升我国海洋生态环境保护治理体系与治理能力的现代化水平。

　　统筹陆海生态环境保护需要在污染防治、自然生态保护和绿色低碳发展三个领域共同发力,但这三个领域在管理事项、治理思路、具体制度等方面都存在区别,导致陆海统筹对它们的具体要求也存有差异。基于本文的主题,具体到自然生态保护领域,陆海统筹的要求应当主要包括以下三个方面:第一,从全局出发,以陆海自然生态的共性为基础,将海洋生态保护纳入自然生态保护的总体制度框架体系,对陆海自然生态实施整体性统一保护,协调陆海自然生态保护的矛盾。无论是海洋生态要素还是陆地生态要素,都是整体性自然生态系统的有机组成部分。海洋生态要素与陆地生态要素之间相互作用,相互影响,密不可分。对自然生态系统的保护就是对陆地生态和海洋生态的统一保护,不可顾此失彼。长期以来,我国的自然生态管理一直处于碎片化状态,不同管理部门针对不同的生态要素实施分割管理,以及不同管理部门针对同一生态要素实施交叉重叠管理,管理思路缺乏系统性与整体性,相关制度缺乏顶层设计,不仅陆地生态保护与海洋生态保护不统一,而且陆地生态要素之间以及海洋生态要素之间的保护也难以协调一致,导致我国自然生态保护难以收到理想实效。生态环境部的统计数据显示,在我国典型的海洋生态系统中,处于亚健康与不健康状态的占比:2018年为76.2％,2019年为83.3％,2020年为70.8％。陆海统筹的自然生态保护就是要"使陆地与海洋以及陆海内部各要素、海洋内部各要素实现从无序到有序、从失调向和谐转变",使"各方面相互衔接、良性互动"。陆地与海洋不仅在污染防治领域存在矛盾,而且在自然资源的开发利用和自然生态的保护方面也存在诸多冲突。这种冲突不仅体现在流域的开发利用与河口海洋自然生态保护之间,而且更集中地体现在沿海陆地的开发利用与相关海洋生态的保护之间,如沿海城镇建设、工业布局等都可能与海域、自然岸线等海洋自然生态要素的保护存在冲突。在这种情况下,有必要将海洋生态保护纳入自然生态保护的整体性制度框架体系,用一套制度体系对陆海自然生态实施统一保护,协调陆海生态保护的矛盾。

　　第二,重视海洋生态保护的特殊性,健全海洋生态保护的特殊制度。强调陆海生态系统的整体性和统一保护并不意味着要忽略陆、海生态系统的相对独立性和差异性,而对陆地自然生态和海洋自然生态实施无差别的保护措施。恰恰相反,对陆海自然生态的整体性统一保护需要正视和尊重陆地自然生态与海洋自然生态的特殊性和差异性。统筹陆海生态保护需要强调相对独立的海洋自然生态的特殊性,强化海洋生态保护的特殊措施。与陆地自然生态相比,海洋自然生态的整体性更加突出,各种生态要素之间的相互作用与联系也更加紧密,滨海湿地、海岸带、海域、海草床、珊瑚礁、红树林、海洋生物,以及海岛等生态要素本身就是海洋生态系统的有机组成部分,必须对其进行整体性保护。与此同时,不同海洋生态要素的自然特性及其在海洋生态系统中的功能也不尽相同,人们对其进行开发利用的强度及利益关联性也有差别。因此,在对海洋生态系统实施整体保护的前提下,要根据不同海洋生态要素的特殊性实施差异化保护。

第三,在具体保护措施上,对陆海自然生态进行类型化处理,针对不同的自然生态类型施行不同的保护措施和相应的特殊制度,协调好自然生态保护与资源开发利用之间的矛盾。类型化是人类认识和处理复杂事物的一种有效方法,它比抽象的"概念"更"直观"、更"具体"、更"开放",也更接近"现实"。自然生态不仅在自身的系统构成上具有复杂性,而且在与人类的价值关联性上也具有复杂性,这种叠加的复杂性使得自然生态保护也更具难度。不同的自然生态要素既是人类经济社会发展所依赖的资源,也是维持自然生态系统健康平衡所不可或缺的组成部分;前者体现自然生态要素的经济价值,后者体现其生态价值。并且,对于不同的自然生态要素,其经济价值的利用方式和生态价值的体现方式也具有差异性。因此,自然生态保护首先要对不同的自然生态要素进行经济价值利用管控和生态价值保护改善。此外,在有些情况下,由于生态系统的整体性,对自然生态要素的单独保护难以确保生态系统的健康良好状态,必须对构成相对独立生态系统的区域实行整体性特殊保护。所以,有必要从生态要素和生态区域的类型区分,以及不同生态要素和不同生态区域的亚类型区分出发,对陆海自然生态实施具体保护。

二、我国现有海洋生态保护相关法律规定及其问题

目前,我国海洋生态保护的相关规定分散于海洋环境保护法、海域使用

管理法、海岛保护法、渔业法、野生动物保护法等法律和自然保护区条例、野生植物保护条例、渔业法实施细则、水生野生动物保护实施条例等行政法规，以及海洋特别保护区管理办法、海岸线保护与利用管理办法、围填海管理办法、关于加强滨海湿地管理与保护工作的指导意见、关于全面建立实施海洋生态红线制度的意见、国家海洋局海洋生态文明建设实施方案（2015—2020年）等部门规章与大量的相关地方性法律法规之中。此外，国务院的一些政策性文件，如国务院关于印发全国海洋主体功能区规划的通知、国务院关于全国海洋功能区划（2011—2020年）的批复、国务院关于促进海洋渔业持续健康发展的若干意见、关于加强滨海湿地保护严格管控围填海的通知等，也对海洋生态保护起作用。综观这些规范性文件及其相关内容，不难发现，我国海洋生态保护相关法律制度的体系化不足，具体包括以下几个方面的问题。

第一，总体而言，我国自然生态保护的综合性制度框架体系尚未形成，难以将陆地自然生态保护和海洋自然生态保护统筹纳入统一制度框架体系之中，相关制度之间矛盾仍然存在。尽管我国已经制定了相应的法律、法规、部门规章以及地方性法规等对土地、森林、草原、水、野生动植物、海域、海岛、湿地等重要自然生态要素实施保护，但这些规范性文件都是以单行规范性文件的形式颁布实施，对各种自然生态要素实施分割管理，难以满足自然生态系统的整体性要求，而且各规范性文件之间缺乏足够的协调性，使不同自然生态要素的管理制度之间可能存在冲突。现实中不同自然生态要素主管部门所制定的规划之间存在的冲突对此作了一个很好的注脚。尽管2018年国务院机构改革在一定程度上减少了不同自然生态要素管理之间的冲突，但由于自然生态要素的多样性与系统性，导致其保护不可避免地需要不同部门之间的协调与配合，理顺自然生态保护管理体制仍然是健全自然生态保护制度的一项重要内容，需要自然生态保护综合性法律对其加以明确规定。例如，在陆海衔接和过渡地带仍然存在交通运输、港口、渔业、林业、矿产资源开发、旅游、环保、城镇建设、工业等多种行业之间以及与之相对应的多个行政主管部门，进而造成管理上的"空白、重复和冲突"。尽管我国相关法律法规在野生动植物、湿地、自然保护区的保护方面实现了陆海一体化，使一个规范性法律文件同时保护陆地和海洋的自然生态要素，但这仅仅局限于少数几种自然生态要素，绝大多数自然生态要素的保护并没有实现陆海一体化的系统保护。

第二,现有法律在海洋生态要素的利用管控与保护改善方面存在不足。海洋环境保护法第2条只是笼统地规定要对"红树林"、"珊瑚礁"和"海岛"三种具有"典型性""代表性"的海洋生态要素进行保护,但对这三种海洋生态要素的利用如何进行管控和实施哪些具体的保护措施,海洋环境保护法并没有作出明确规定。在现实中,对红树林和珊瑚礁的保护主要通过一些地方性法规来实现。如海南省红树林保护规定、广西壮族自治区红树林资源保护条例、防城港市红树林保护条例等和海南省珊瑚礁保护规定、东山珊瑚礁保护管理办法等。海岛保护的相关内容主要体现在海岛保护法中。海岛保护法以单行法的形式对海岛保护作了较为详细的规定,如海岛保护的规划、一般性禁限、海岛分类保护等。但是,海岛保护法将海岛分为有居民海岛、无居民海岛和特殊用途海岛并不是根据海岛保护标准和需要进行的分类,不利于海岛保护的精细化管理。而且,海岛保护法并没有对海岛保护的分区管控加以明确规定,不利于海岛保护。海岛保护法作为专门保护海岛这一海洋生态要素的法律,应当纳入范围更广的海洋生态要素保护法、自然生态要素保护法和自然保护法,并在内容上使其相协调,使相关制度体系化。

海域作为一种具有普遍意义的海洋自然生态要素,虽然海洋环境保护法没有明确规定对其进行保护,但海域使用管理法规定了对其进行保护的相关内容。尽管如此,海域使用管理法的主要目的是"维护国家海域所有权和海域使用权人的合法权益",其对海域保护的规定大多是间接的原则性规定,如"海域使用信息管理系统"(第5条)、"海域使用统计"(第6条)、"海域使用审核审批"(第17、18条)、"海域有偿使用"(第33条)等,这些规定对海域保护仅起辅助性作用。海域使用管理法对海域的直接保护主要通过"海洋功能区划"的作用(第15条)来实现。但是,有关海域的分级分类管理与分区管控、海域使用禁限等更精细的海域使用管控和促使海域生态改善与生态效益更好发挥的相关制度,海域使用管理法并没有规定。

海洋生物多样性作为一种重要的海洋生态要素,相关法律规定并不全面。海洋环境保护法第25条仅对"引进海洋动植物物种"作简单抽象规定。野生动物保护法、野生植物保护条例和水生野生动物保护条例仅保护珍稀、濒危的野生动植物,渔业法仅保护渔业资源,因此,非珍稀、非濒危而又不属于渔业资源的海洋生物就落入法律保护的空白地带，不利于海洋生物多样性的保护。

第三，现有法律在海洋生态区域保护方面的规定存在不足。海洋环境保护法对"海洋自然保护区"（第22条）和"海洋特别保护区"（第23条）作出明确规定，而自然保护区条例和海洋特别保护区管理办法对两者分别作出细化规定。但是，我国目前已经进行以国家公园为主体的自然保护地体系改革和相关的制度构建，海洋自然保护区和特别保护区作为我国自然保护地体系的一个有机组成部分，其制度建设毫无疑问也应被纳入我国自然保护地体系制度的整体构建之中。海岸带作为陆海衔接和过渡地带，是一种极其重要的海洋生态区域，也是陆海统筹的关键区域，我国目前没有法律明确对其进行保护。有关海岸带的利用管理和保护主要由沿海各地的地方性法规进行碎片化调整，如福建省海岸带保护与利用管理条例、青岛市海岸带保护与利用管理条例等。这亟须国家立法对其进行体系化整合。与此同时，区域海作为一种特殊的海洋区域，对其进行特殊保护已经是国际社会的一种普遍做法，但是，我国目前尚无相关法律对其进行特殊保护作出规定。

总之，我国目前有关海洋自然生态保护的法律规定仍存在诸多不足，无法满足统筹保护陆海自然生态的需要，这也在一定程度上增强了我国自然生态保护法体系化与法典化的必要性与现实紧迫性。

三、"自然生态保护法"对海洋生态保护的制度安排

"自然生态保护法"作为我国环境法典的一编，应当将统筹保护陆海自然生态这一理念与指导思想落实到具体的法律规范与条文中。基于此，不仅要构建我国自然生态保护的整体性制度框架体系，将海洋自然生态纳入其保护范围；还应设立海洋自然生态保护的特殊制度。限于论文篇幅与主题，笔者在此仅对"自然生态保护法编"中有关海洋生态要素利用管控与保护改善的特殊制度加以论述。鉴于"自然生态保护法编"与相关单行法并行的体例，有关海洋生态要素利用管控与保护改善的特殊规定是在相关现行法规定的基础上，对其进行概括、整理、扩展、补充等体系化处理之后拟订。

"自然生态保护法编"设专章对各种自然生态要素的利用管控和保护改善加以规定，海洋自然生态要素的利用管控与保护改善作为该章的独立一节，主要对海域和海岛两种独特的海洋自然生态要素的利用管控和保护改

善进行规定,一方面既便于消除"海域"和"海岛"保护两部单行法中的重叠与冲突内容,对两者统筹考虑;也利于消除"海域""海岛"保护单行法与森林、草原、水、矿产资源单行法之间可能存在的冲突、重叠内容,对所有自然生态要素保护进行统筹协调。另一方面也体现了"海域""海岛"在利用管控和保护改善方面的特殊性,最终实现陆、海生态的统筹保护。而海洋生物多样性的保护可以纳入"自然生态保护法编"的"生物多样性规划""生物多样性调查""野生动物利用管控与保护改善""物种与基因多样性保护"等章节加以调整,不必设专节进行规定。

（一）海洋生态要素管护的政府职责

管护海洋生态要素首先要明确管护主体及其职责。目前,我国相关规范性法律文件对海洋生态要素管护主体及其职责的规定不尽相同。海洋环境保护法第 20 条规定,"国务院和沿海地方各级人民政府"应当采取措施有效保护海洋生态;海域使用管理法第 7 条规定,"国务院海洋行政主管部门"负责全国海域使用的监督管理,"沿海县级以上地方人民政府海洋行政主管部门根据授权"负责本行政区域毗邻海域使用的监督管理;海岛保护法第 5 条规定,"国务院海洋行政主管部门和其他相关部门"负责全国有居民海岛及其周边的生态保护,"沿海县级以上人民政府海洋行政主管部门和其他相关部门"负责本行政区范围内有居民海岛及其周边的生态保护,"国务院海洋行政主管部门"负责全国无居民海岛及其周边的生态保护,"沿海县级以上人民政府海洋行政主管部门"负责本行政区内无居民海岛及其周边的生态保护;渔业法第 7 条规定由国务院和省级人民政府的"渔业行政主管部门"负责对渔业进行监督管理。因此,"自然生态保护法编"对海洋生态要素管护主体及其职责的规定应当综合现有相关法律规定,并结合国务院相关部门的"三定方案"和海洋生态要素整体性特征的基础上进行,消除各单行法规定的重叠、冲突,填补其缺漏。由于海洋生态要素的管护与海洋自然资源的开发利用密不可分,其中涉及多个行业和多个行政主管部门之间的交叉重叠乃至冲突。所以,建立统一的海洋生态要素管护体制,有必要摆脱具体行政主管部门的行业限制,从职能更加综合的政府入手,强调中央人民政府和地方各级人民政府在海洋生态系统整体性保护中的职责。当然,政府可以通过在相关行政主管部门之间建立协调机制的方式具体落实其管护职责。基于此,一方面,"自然生态保护法编"应当明确规定国务院和沿海地方各级人民政府应当采取有效措施保护海洋生态要素;另一方面,应当明确规定国务院和沿海地方各级人民政府的自然资源行政主管部门、农业农村部门、生态环境主管部门等相关部门在其职责范围内具体负责海洋生态要素的监督管理工作。

(二)海域的利用管控与保护改善

该部分内容是海域这一海洋生态要素之利用管控与保护改善方面的特殊性规定,既体现了海域与陆地生态要素在利用管控与保护改善方面的不同,也体现了海域与其他海洋生态要素(包括海岛)在利用管控与保护改善方面的区别,同时也是对现有法律关于海域利用管控与保护改善之规定的整合、补充与体系化,以将陆海统筹具体落实到海域的利用管控与保护改善中。

第一,海域使用的分级分类管理。对海域使用进行分级分类管理是海域使用管理精细化的重要措施。海域使用管理法没有明确规定海域分级分类管理制度,只是在第 25 条对海域使用权最高期限的规定中间接对海域使用的类型作简单规定。根据该条规定,海域使用根据用途可分为"养殖用海""拆船用海""旅游、娱乐用海""盐业、矿业用海""公益事业用海""建设工程用海"六类,但没有级别层次的划分,也没有规定对不同类型的海域使用在使用上应遵守何种不同的管理要求。为了加强海域使用的管理,国家海洋局于 2008 年制定了海域使用分类体系,按用途将海域使用类型分成两级体系,共包括 9 个一级类和 30 个二级类。例如,在"渔业用海"这个一级海域使用类型中又具体包括"渔业基础设施用海""围海养殖用海""开放式养殖用海""人工鱼礁用海"四个更具体的二级海域使用类型。很明显,虽然同为"渔业用海",但是"围海养殖用海"和"人工鱼礁用海"无论在用海方式还是在用海要求方面都有所不同,可以提高海域使用管理的效率。但是,在现实中,海域使用究竟应该分成几级类型,以及每一级海域使用又包括哪些更次级的海域使用类型,可以再进一步研究确定。因此,"自然生态保护法编"可以对海域使用的分级分类管理作原则性规定,明确将海域使用分级分类管理制度确定下来,至于海域使用分级分类管理的具体内容,可以由行政法规或部门规章加以明确。

第二，海域使用的分区管控。海域使用分区管控是将海域根据其生态功能划分为不同的区域，施行不同的管控要求，以保障海域生态的健康良好状态。海域使用管理法没有直接规定海域使用的分区管控，而是通过海洋功能区划制度间接实现海域使用的分区管控。海域使用管理法第4条概括性地规定海洋功能区划，要求海域使用要符合海洋功能区划，并在第二章对海洋功能区划的制定、审批、修改等作出规定。《全国海洋主体功能区规划》按主体功能将海洋划分为优化开发区域、重点开发区域、限制开发区域和禁止开发区域。《全国海洋功能区划（2011—2020年）》按功能将海洋分为农渔业区、港口航运区、工业与城镇用海区、矿产与能源区、旅游休闲娱乐区、海洋保护区、特殊利用区和保留区。不同的区域应当遵守不同的管控要求。在现实中，沿海各省份都根据本省份的海洋资源利用和生态环境保护情况制定了本省份的海洋功能区划。所以，"自然生态保护法编"应当明确规定海域使用的分区管控制度，但不宜对海域分区的具体方案作统一规定，应授权沿海省级人民政府根据实际情况进行制定。

第三，海域使用的管控禁限。管控禁限是对海域使用的一般性禁止要求。海域使用管理法第24条和第28条分别要求海域使用权人不得从事海洋基础测绘和不得改变海域用途，除非依法经过批准。渔业法第30条规定了禁渔期和禁渔区制度，禁止在规定的海域和规定的期间进行捕捞。海洋环境保护法（2021年修订草案）也明确规定沿海省级人民政府可以在重点海域采取特殊的更严格的管控措施，其中包括禁止新增和扩大养殖规模，禁止或限制捕捞。因此，"自然生态保护法编"关于海域使用管控禁限的规定需要将现有相关禁止性规定加以概括、合并，以达到体系化目的。

第四，海域使用的配套保护。海域保护的辅助性制度尽管不直接保护海域，但是它有利于提高海域使用效率，促进海域保护。海域使用管理法第5条规定的海域使用信息系统制度、第6条规定的海域使用权登记和统计制度、第30条规定的海域有偿使用制度都可以起到规范海域使用、辅助海域保护的作用。另外，目前的海域使用基于"平面"思维，没有对海域进行立体分层，不利于提高海域使用效率，进而不利于海域的保护。2019年4月，中共中央办公厅、国务院办公厅印发的《关于统筹推进自然资源资产产权制度改革的指导意见》首次明确提出"探索海域使用权立体分层设权"。2020年12月，浙江省宁波市象山县制定《海域分层确权管理办法（试行）》，对海域使用立体分层设置作出具体规定。所以,"自然生态保护法编"应当基于海域使用管理法的海域保护配套规定,并有效吸纳中央政策和地方立法关于海域使用权立体分层设置的规定,对海域使用的配套保护作综合性规定,明确规定国家实行海域立体分层使用制度、有偿使用制度、登记制度,建立海域使用统计和信息管理制度,对海域使用状况实施监视、监测,依法发布海域使用信息。

第五,海域的生态功能保障和生态效益发挥。海域具有气候调节、生命支持、安全保障等多种生态功能和效益,法律必须采取有效措施保障海域的生态功能,发挥其生态效益。海域生态功能的保障和生态效益的发挥以海域生态系统的健康平衡为基础,故,相关法律措施可以从保障海域生态健康着手保障海域的生态功能,发挥其生态效益。海域使用管理法第4条规定国家严格管理填海、围海等改变海域自然属性的用海活动;第30条规定因公共利益或国家安全需要,可以依法收回海域使用权。围填海活动为我国沿海地区的城镇建设、经济发展、国家战略的实施提供了重要的保障,但是盲目的围填海活动已经对我国的海洋生态造成了严重损害,严格管控围填海活动已势在必行。2018年国务院关于加强滨海湿地保护、严格管控围填海的通知明确规定"除国家重大战略项目外,全面停止新增围填海项目审批"。目前,除国家重大项目外全面禁止围填海活动,已经是建设海洋生态文明、实现海洋强国战略目标的一项明确要求。海洋环境保护法第3条规定"国家在重点海洋生态功能区、生态环境敏感区和脆弱区等海域划定生态保护红线,实行严格保护"。海洋环境保护法(2021年修订草案)在原法第3条的基础上,进一步细化规定了生态红线的划定,明确将"红树林、珊瑚礁、海草床"等具有重要生态功能或重要生态价值的区域划入生态红线,并严格生态红线的调整,限制生态红线内的活动。此外,海洋环境保护法(2021年修订草案)还明确规定"海洋固碳",采取措施提升海域的碳汇量。所以,"自然生态保护法编"应当将海域使用管理法和海洋环境保护法及其修订的相关内容归纳整合,对海域生态功能保障和生态效益发挥作如下规定:①除国家重大项目外,全面禁止围填海;国家重大项目需要围填海的,应当依法进行。②因公共利益或者国家安全的需要,原批准用海的人民政府可以依法收回海域使用权。③国家在重点海洋生态功能区、生态环境敏感区和脆弱区等海域划定生态保护红线,实行严格保护;红树林、珊瑚礁、海草床、滨海湿地等具有重要生态功能或者重要生态价值的区域应当划入生态保护红线,提升其固碳能力,增加海域生态系统的碳汇量。

第六,海域利用与保护的基础设施建设。海域的利用与保护在特定情况下都需要进行相应的基础设施建设,但这种基础设施建设应当受到法律的规制,符合法定条件。海域利用与保护的基础设施建设不仅应当以必要为前提,而且应当采取有效措施预防可能造成的海域生态损害。海域使用管理法没有对海域利用与保护的基础设施建设进行规制,只是在第29条第2款简单规定:"海域使用权终止后,原海域使用权人应当拆除可能造成海洋环境污染或者影响其他用海项目的用海设施和构筑物。"海洋环境保护法也没有专门针对海域利用与保护的基础设施建设进行规定,而是在第六章笼统地规定"防治海洋工程建设项目对海洋环境的污染损害",但这一规定是为海洋环境污染防治目的而对海洋工程建设项目进行规制,应当归入"污染防治法编",而非"自然生态保护法编"。所以,"自然生态保护法编"应当对海域利用与保护的基础设施建设创设原则性规定,要求此类基础设施建设以必要为前提,进行相应的生态影响评价,并对其进行全过程管理,以防止其可能造成海域生态损害。

第七,海域生态承载力的修复与恢复。保护与修复整治并重,是我国建设海洋生态文明、实现海洋强国战略目标的重要内容之一。对海域生态承载力的损害也应当进行必要的修复。海域生态修复规制的关键在于明确海域生态修复的责任主体、修复应遵循的基本原则、修复的过程监管与结果验收等方面的内容。海域使用管理法没有关于海域生态修复的规定。海洋环境保护法第20条高度概括地规定"对具有重要经济、社会价值的已遭到破坏的海洋生态,应当进行整治和恢复",至于如何进行整治和恢复,该法并没有进一步规定。尽管如此,海域生态修复实践在我国由来已久,并且具有普遍性,由大量的部门规章和地方性法律加以规制。海洋环境保护法(2021年修订草案)对海洋生态修复作了进一步细化规定,明确了修复原则、责任主体、监管主体等内容。所以,"自然生态保护法编"对海域生态承载力的修复与恢复的规制应当在现有法律规定的基础上,吸纳相关的政策与实践经验,对修复原则、责任主体、修复标准、监管与验收等内容作出系统的原则性规定。

(三)海岛的利用管控与保护改善

与海域之利用管控与保护改善的内容并行不悖,海岛的利用管控与保护改善也有其独特性。该部分内容和海域之利用管控与保护改善内容相对应，在对现有法律相关内容进行整合、补充与体系化的基础上，具体规定海岛之利用保护与保护改善的特殊内容，以实现陆海统筹的要求。

第一，海岛的分级分类管理。海岛的分级分类管理是我国海岛保护法的一项重要内容，分散规定在海岛保护法中。海岛保护法第9条规定："全国海岛保护规划应当按照海岛的区位、自然资源、环境等自然属性及保护、利用状况，确定海岛分类保护的原则。"第10条规定"省级"海岛保护规划"应当规定海岛分类保护的具体措施"。并且，海岛保护法第三章将海岛分为有居民海岛、无居民海岛和特殊用途海岛三类，分别进行保护。全国海岛保护规划从国家层面上明确规定海岛分类保护，即"严格保护特殊用途海岛"、"加强有居民海岛生态保护"和"适度利用无居民海岛"。福建省海岛保护规划采用三级分类体系对海岛分类，一级为有居民海岛和无居民海岛，二级分类中有居民海岛分为重点开发类、优化开发类和一般开发类三类，无居民海岛分为特殊保护类、一般保护类和适度利用类三类，三级分类中有居民海岛又分为2类，无居民海岛又分为11类。浙江省海岛保护规划也采用三级分类体系对海岛分类，一级类为有居民海岛和无居民海岛，有居民海岛分为8个二级类，无居民海岛分为2个二级类和6个三级类。山东海岛保护规划也采用三级分类体系对海岛分类，一级类为有居民海岛和无居民海岛，有居民海岛分为2个二级类，无居民海岛分为3个二级类和8个三级类。由此可见，在实践中，我国对海岛分级分类保护已经实现，只是各地对海岛分级分类的具体内容规定不一致。所以，"自然生态保护法编"应当对海岛分级分类管理作原则性规定，具体的分级分类内容可以授权国务院和沿海省级人民政府根据具体情况确定。

第二，海岛利用的分区管控。对于允许开发利用的岛屿，应当对其进行分区管控，以更好地保护海岛生态。海岛保护法没有从总体上规定海岛利用的分区管控，只是在第24条第3款规定："有居民海岛及其周边海域应当划定禁止开发、限制开发区域。"全国海岛保护规划和福建省海岛保护规划、浙江省海岛保护规划、山东省海岛保护规划等沿海地方海岛保护规划都从大区域尺度对海岛实施分区保护，且分区标准不统一。因此，从有效管控海岛开发利用的目的出发，"自然生态保护法编"应当对海岛利用的分区管控作原则性规定，可以采取全国主体功能区和全国海洋主体功能区的分区标准,明确规定将海岛及其周边海域划定为重点开发、优化开发、限制开发和禁止开发的区域,实施分区管控。

第三,海岛利用的管控禁限。海岛利用管控禁限的范围较广,而且针对不同类型的海岛以及同一类型海岛的不同分区都存在不同的禁限要求。海岛保护法也对海岛利用的管控禁限作了大量规定,如第 16 条第 2 款、第 18、23、24、26、28、29、33、34、35 条等。海洋环境保护法第 26 条也规定:"开发海岛及周围海域的资源,应当采取严格的生态保护措施,不得造成海岛地形、岸滩、植被以及海岛周围海域生态环境的破坏。"所以,"自然生态保护法编"对海岛利用管控禁限的规定应当在总结归纳现有规定的基础上进行,宜采取"原则规定"+"具体列举"的方式加以规定。

第四,海岛利用的配套保护。海岛保护法第 14、15 条分别规定了海岛的统计调查和信息管理系统,第 21 条规定了海岛保护专项资金,第 31 条规定了无居民海岛的有偿使用。这些规定都可以在一定程度上促进海岛的保护。"自然生态保护法编"应当对海岛保护法现有的配套性保护措施加以合并整理,以实现配套保护制度的体系化。

第五,海岛的生态功能保障与生态效益发挥。保障海岛生态功能,发挥海岛生态效益,以海岛生态系统的健康平衡为前提,必要时应维持海岛的原生状态。海岛保护法第 16 条规定对"海岛的自然资源、自然景观以及历史、人文遗迹"加以保护,第 17 条规定"保护海岛植被以促进海岛淡水资源的涵养",第 19 条规定"进行海岛物种登记,保护海岛生物物种",第 24 条第 3 款规定采取措施保护有居民海岛"生物栖息地,防止海岛植被退化和生物多样性降低",第 27 条规定"严格限制填海、围海等改变有居民海岛海岸线的行为,严格限制填海连岛工程建设",第 28 条规定"未经批准利用的无居民海岛,应当维持现状"。所以,"自然生态保护法编"应当对海岛保护法的这些分散规定进行合并归纳,对海岛的植被、物种、自然景观、历史人文遗迹、自然海岸线等进行保护,以实现体系化目的。

第六,海岛利用与保护的基础设施建设。海岛利用与保护必须进行一定的基础设施建设,海岛保护法对此作了相应的规定。海岛保护法第 17 条规定"支持有居民海岛淡水储存、海水淡化和岛外淡水引入工程设施的建设",第 20 条规定"国家支持在海岛建立可再生能源开发利用、生态建设等实验基地",第 22 条规定对海岛"军事设施"和"助航导航、测量、气象观测、海洋监测和地震监测等公益设施"的保护,第24条规定了对有居民海岛开发建设的相关要求。鉴于不同类型的海岛可以建设不同的基础设施,以及对基础设施建设的规制也不尽相同。所以,"自然生态保护法编"应在海岛保护法现有规定的基础上,对海岛利用与保护的基础设施建设进行统一原则性规定,要求相关基础设施建设和海岛利用与保护相适应,为海岛利用与保护所必须,且应当依法进行。

第七,海岛生态系统的修复与恢复。海岛保护法第25条第2款规定了因工程建设所致海岛生态破坏,应当由谁负责修复;第27条第2款规定了海岛保护法实施前因"在有居民海岛建设的填海连岛工程,对海岛及其周边海域生态系统造成严重破坏",应当如何修复。"自然生态保护法编"应当对海岛保护法的这两款规定进行整合,对海岛生态系统的修复作出明确规定。由于海岛生态系统的破坏主要由人为不合理开发利用造成的,对其进行必要的修复首先应当遵守损害担责原则,由破坏者修复;如果破坏者无力修复,应当由县级人民政府自然资源行政主管部门组织修复,费用由破坏者承担。如果由于时间久远或破坏者已经灭失等原因找不到具体责任人,则应当由省级人民政府自然资源行政主管部门会同有关部门统一制定修复方案,经省级人民政府批准后实施修复。

四、余论

"自然生态保护法编"不仅要对海域、海岛这两种独特的海洋生态要素的利用管控和保护改善设专节进行规定,还应当对滨海湿地、海岸带、海洋自然保护地和区域海这四种海洋生态区域进行明确保护。其中滨海湿地的保护可以直接纳入"自然生态保护法编"第六章第三节的"湿地保护"内容,这也是我国湿地保护法采取的模式;海洋自然保护地可以直接纳入"自然生态保护法编"第七章"自然保护地的保护与管理"中,构建统一的自然保护地体系,以体现和落实我国自然保护地体系制度改革的要求。海岸带地处陆海交接与过渡地带,是陆海统筹保护海洋生态系统的关键区域。保护海岸带,关键在于对其进行综合管理、分类保护,确保自然岸线的保有率。因此,"自然生态保护法编"有必要在第六章"生态区域保护"中设专节规定海岸带保护,主要规定海岸带综合管理体制、海岸带分类保护、自然岸线保有率目标责任制等海岸带保护特殊内容。区域海是地理位置上封闭或半封闭的具有相应生态整体性和生态独立性的特殊海洋区域。对区域海进行特殊保护是世界各国的普遍做法,我国也应当建立区域海保护制度。"自然生态保护法编"有必要在第六章"生态区域保护"中设专节规定区域海保护,主要规定区域海管理体制和区域海保护的原则性规定及核心制度。将这些海洋生态要素和区域纳入相应的自然生态要素和区域保护章节,与陆域生态要素和区域一同保护,在客观上有利于立法者统筹考虑陆、海生态要素和区域各自的特点及其关联性,是陆海"统筹立法"的必然要求和具体体现。基于本文的主题和篇幅限制,这些内容容笔者另述。总之,自然生态的陆海一体化保护是一项复杂的系统工程,不仅需要建构统一的自然生态保护制度体系,将陆域生态和海洋生态同等纳入其保护范围,而且需要针对海洋生态保护的特殊性制定特殊的保护制度。

文章来源:原刊于《东方法学》2022 年第 3 期。

"海上丝绸之路"绿色发展的挑战及中国应对

——基于全球治理"四大赤字"的视角

■ 杨振姣,陈梦月,张寒

论点撷萃

全球治理"四大赤字"作为全球治理中的重要障碍和制约要素,已经成为"海上丝绸之路"绿色发展的突出矛盾和主要挑战。"四大赤字"从和平、安全、发展和治理四方面,全方位阻碍和制约着"海上丝绸之路"的可持续发展,冲击了"海上丝绸之路"绿色发展的普惠性、包容性和和谐性,影响地区发展和全球治理进程。与此同时,"海上丝绸之路"绿色发展作为全球治理的重要内容,有强大的生命力和影响力,能助推和引领全球治理"四大赤字"的弱化和消弭,推动全球治理的良性发展。绿色发展以人类命运共同体理念为基础,是全球治理"四大赤字"弥合和修复的重要依托和内生动力,能大大弥补和缓解全球治理的诸多空缺,是深度推进全球治理的价值引领和重要途径。

"海上丝绸之路"绿色发展仍处于初始阶段,但其关乎沿线国家、地区和全球经济、社会和生态可持续发展的前景。目前,"海上丝绸之路"沿线国家的绿色发展取得了一些成果,绿色发展理念日益深入人心,绿色发展政策措施不断完善,绿色发展合作平台日益稳固。但作为全球治理重要内容的"海上丝绸之路"绿色发展,无法回避全球治理"四大赤字"的制约和阻碍,面临

作者:杨振姣,中国海洋大学国际事务与公共管理学院教授,中国海洋发展研究中心研究员;
　　　陈梦月,中国海洋大学国际事务与公共管理学院硕士;
　　　张寒,中国海洋大学国际事务与公共管理学院硕士

诸多挑战和压力。

将绿色发展注入和平赤字、安全赤字、治理赤字和发展赤字中,能够有效缓解和弥合全球治理"四大赤字"。中国作为"海上丝绸之路"倡议的发起者,应该从发展理念、绿色规制、创新驱动、生态治理等方面进一步落实绿色发展具体措施,发挥大国引领的作用,加强国际合作,调动各方面的积极性,形成推动国际公共产品做优做强的合力,同沿线国家共同建设绿色"海上丝绸之路"。面对世界百年未有之大变局,中国坚持和平发展,推进构建人类命运共同体,致力于解决"四大赤字",为全球治理体系的优化和革新注入动力,有助于全球经济、社会和生态的良性循环,真正实现全球治理的"善治"。

"21世纪海上丝绸之路"(以下简称"海上丝绸之路")作为一项重要的区域公共产品自2013年提出以来发展势头良好,受到了沿线国家的普遍认可和积极参与。中国与沿线国家在基础设施、经贸往来等方面开展务实合作,沿线经济水平得到了一定程度的提高。但由于沿线国家和地区的生态基础差异较大,加之经济发展不同程度地以牺牲生态环境为代价,尤其是全球治理"四大赤字"在新形势下凸显,国际社会合作面临诸多障碍,"海上丝绸之路"绿色发展困难重重。"海上丝绸之路"绿色发展水平的提高,不仅关乎全球治理进程,而且对人类社会影响深远。在复杂多变的国际环境中,在全球治理"四大赤字"日益加剧的背景下,"海上丝绸之路"沿线国家的绿色发展面临着严峻的挑战。基于此,贡献相关的中国智慧、中国方案、中国力量将是文章研究和探索的重点内容。

一、文献综述

"海上丝绸之路"的绿色发展一直是全球生态文明的重要部分,是中国"一带一路"建设的重点内容,在学界引起了广泛的关注。中国提出的绿色发展是在生态环境容量和资源承载力的约束范围内,通过推进经济、社会和生态系统的可持续发展,提升民生福祉和实现人与自然和谐共生的新型发展模式。理解绿色发展的理论内涵,关键需要厘清绿色和发展之间的逻辑关系。目前存在两种代表性观点:一是强调绿色是归宿,即发展不能破坏生态;二是强调发展是归宿,即生态是经济发展的重要部分。基于绿色发展理念,"海上丝绸之路"绿色发展也逐渐得到关注,学者们广泛探讨"一带一路"

绿色发展的途径。

中国国家主席习近平在中法全球治理论坛闭幕式上正式提到"四大赤字",在中国共产党第二十次全国代表大会上又提到"和平赤字、安全赤字、发展赤字、治理赤字加重,人类社会面临前所未有的挑战"。在百年未有之大变局的冲击下,全球治理"四大赤字"被提出并逐渐引起了学界的关注。"四大赤字"源于全球治理理论,主要是用于强调全球治理面临的严峻形势。随着全球化进程的加快,全球治理理论兴起,"海上丝绸之路"绿色发展处于全球治理广泛推进的背景下,共建"一带一路"是国际合作以及全球治理新模式的积极探索。但是冷战后全球性问题不断涌现,得不到有效解决,反映了全球治理失灵,治理赤字日趋严重。全球治理"四大赤字"是近年来国际社会普遍关注的焦点问题。"赤字"也称"缺口",全球治理"四大赤字"是全球治理体系难以有效应对全球化带来的系列挑战,造成了国际秩序紊乱和全球治理"失灵"的现象与状态。国内比较有代表性的学者普遍认为全球治理"四大赤字"出现的根源在于全球治理机制的缺陷,"海上丝绸之路"绿色发展同样受全球治理"四大赤字"的影响和制约。

通过梳理文献发现,目前已有不少学者关注了"海上丝绸之路"与绿色发展的关系,但以全球治理"四大赤字"作为切入点分析"海上丝绸之路"绿色发展的研究文献较少。鉴于此,文章以全球治理"四大赤字"为视角,将绿色发展理念和"海上丝绸之路"结合,是全球治理理论的深化和路径的拓展。将"海上丝绸之路"与绿色发展相联系,将绿色发展与全球治理"四大赤字"相结合,是文章的有益尝试和重要探索。文章重点关注"海上丝绸之路"绿色发展面临的挑战,探索"海上丝绸之路"绿色发展的路径,提出全球治理的中国智慧和中国方案。

二、全球治理"四大赤字"解释框架

当前全球治理面临着严重的和平赤字、安全赤字、发展赤字和治理赤字,"四大赤字"各有侧重,相互关联。

和平赤字是基础问题,主要是指霸权主义与强权政治依然横行,"新干涉主义"给世界和平造成威胁,跨国争端与族群冲突频发,地区失稳、动荡不安。和平是安全、发展、治理的基础,它作为人类进步和世界发展的基本理念和必要条件居于基础地位,安全赤字、发展赤字和治理赤字的解决离不开和平稳定的国际环境。和平是在对话的基础之上建立的,因此要缓解全球治理和平赤字,就要加强世界各国的沟通对话,发挥"海上丝绸之路"促进国际合作交流的作用。

安全赤字是保障问题,主要是指霸权主义、强权政治和冷战思维、集团对抗的阴霾并未消散,地区冲突与争端此起彼伏,传统安全和非传统安全威胁层出不穷。安全是在和平的基础之上,保障一个地区、国家乃至于世界得以发展的重要因素。安全面临赤字,和平、发展与治理都将失去保障。中美关系、北约扩张等新国际冲突造成的国际形势紧张危及每个国家的安全,全球安全倡议将各个国家的安全梦编织在一起,凝聚全球安全共识,为绿色发展提供保障。

发展赤字是目标问题,表现为全球发展总量不足和发展成果分配失衡,发展成果无法实现普惠和共享,贫富差距不断扩大。在以和平为基、以安全为石的前提下,发展才会成为国家面临的首要问题。总体来说,一个国家始终是朝着可持续发展的目标前进的。发展的目标得不到实现,全球治理、世界和平与安全都将丧失物质基础。因此,发展赤字加剧了和平赤字、安全赤字与治理赤字。投资和金融作为发展的重要引擎,通过与绿色发展的结合,能有效弥合发展赤字。

治理赤字是手段问题,主要是指全球治理体系和多边机制遭受冲击,国际社会缺乏统一协调的制度和机制来应对和解决全球治理问题,现有的国际制度和机制具有明显的碎片化特征,致使其作用和功能无法有效发挥。治理是维护和平、保障安全、促进发展的重要手段和途径,加强全球治理有利于其他赤字的解决,并直接服务于发展这一总目标的实现。治理赤字使得和平赤字、安全赤字和发展赤字无计可施,也使全球问题难以得到解决。坚持多边主义、构建国际制度体系等全球治理手段是缓解治理赤字乃至"四大赤字"的突破口。

全球治理的"四大赤字"是相互影响、密切相连的有机整体。和平是基础,安全是保障,绿色发展是在和平安全的国际环境中实现的更高层次、更可持续的发展,同时绿色发展又能反哺世界的和平与安全,以"良好生态"为底色的"绿色政治"能够推动国家的长治久安,成为政治安全的根本依托。而治理在整个过程中起到协调与维护的作用。因此,和平、安全、发展与治理牵一发而动全身,全球治理"四大赤字"从整体上深刻影响着"海上丝绸之路"的绿色发展。

三、全球治理"四大赤字"与"海上丝绸之路"绿色发展的关系

全球治理"四大赤字"作为全球治理中的重要障碍和制约要素,已经成为"海上丝绸之路"绿色发展的突出矛盾和主要挑战。因此,厘清全球治理"四大赤字"与"海上丝绸治理"绿色发展间的关系非常必要。"四大赤字"从和平、安全、发展和治理四方面,全方位阻碍和制约着"海上丝绸之路"的可持续发展,冲击了"海上丝绸之路"绿色发展的普惠性、包容性和和谐性,影响地区发展和全球治理进程。与此同时,"海上丝绸之路"绿色发展作为全球治理的重要内容,有强大的生命力和影响力,能助推和引领全球治理"四大赤字"的弱化和消弭,推动全球治理的良性发展。

首先,和平赤字与"海上丝绸之路"绿色发展。全球治理和平赤字直接威胁绿色发展的根基;可持续的绿色发展有利于持久和平的实现,填补和平赤字。"海上丝绸之路"绿色发展面临的国际形势严峻,地区冲突和局部战争频发,威胁国家安全和世界和平,产生了严重的和平赤字。和平赤字违背和平与发展这一时代主题,它对"海上丝绸之路"绿色发展的影响是极为致命的,动荡的国际环境和不平衡的国际话语权不利于国家可持续发展,在世界和平无法得到保障的背景下,谈绿色发展无异于空中楼阁。"海上丝绸之路"的绿色发展有利于沿线国家达成一致,以共同的绿色发展理念与目标引领区域合作,促进区域和平,弥合和平赤字。

其次,安全赤字与"海上丝绸之路"绿色发展。安全赤字使绿色发展丧失基本保障,绿色发展促进非传统安全问题的解决。一方面,俄乌冲突后,西方国家对俄罗斯的制裁与俄罗斯的反制裁博弈持续发酵,传统安全形势严峻,"海上丝绸之路"沿线国家的绿色发展要让步于国家安全治理,呈现发展缓慢的态势。另一方面,非传统安全是"海上丝绸之路"绿色发展的重要契机和有效领域,绿色发展与生态安全、能源安全等非传统安全议题相互联系、相互促进。绿色发展需要筑牢生态安全屏障,不顾及生态安全的发展是毁灭性的不可持续的发展。安全赤字冲击着"海上丝绸之路"绿色发展,绿色发展受阻反过来又会加剧全球治理的安全赤字。推动绿色发展能够消除生态危机,消弭安全赤字,保护生态安全、能源安全。与此同时,"海上丝绸之路"沿线国家共建共享绿色发展,有利于达成区域共识,为缓解安全赤字

携手努力。

再次,发展赤字与"海上丝绸之路"绿色发展。发展赤字减缓了绿色发展进程,阻碍可持续发展目标的实现;绿色发展的关键是实现可持续,达到人与自然和谐共生,可以从根本上解决发展赤字。"海上丝绸之路"沿线国家多为发展中国家,经济增长缓慢,全球发展总量不足,处于粗放不可持续的发展状态。由此可见,"海上丝绸之路"沿线国家的经济基础薄弱,发展水平参差不齐,增加了绿色发展的复杂性。"海上丝绸之路"绿色发展不仅强调人与自然和谐发展,其重要诉求是实现沿线国家和地区的和谐发展和共建共享共赢,而发展赤字有悖于绿色发展目标的实现。绿色发展理念倡导保护环境,顺应自然,以使自然资源能够永续利用,促进经济、社会和生态的可持续发展。因此,保护环境就是保护生产力,"海上丝绸之路"绿色发展才能从根本上解决发展赤字问题。

最后,治理赤字与"海上丝绸之路"绿色发展。治理赤字阻碍了绿色发展问题的解决;绿色发展能够促进国际合作,缓解治理赤字。目前全球治理面临的热点问题此起彼伏,非传统安全威胁持续蔓延,单边主义和保护主义甚嚣尘上。治理赤字会对"海上丝绸之路"绿色发展的相关规制和多边合作造成冲击,不利于热点和冲突问题的解决,难以为"海上丝绸之路"绿色发展扫清障碍。此外,治理赤字不利于国际公共产品的有效提供,治理制度缺失、治理机制失效、治理秩序混乱,这些都使得"海上丝绸之路"绿色发展举步维艰。而"海上丝绸之路"绿色发展的有序推进能为全球治理问题的解决提供成功范式,建立全球治理多边合作机制,促进治理赤字的解决。

新形势下,全球治理"四大赤字"问题凸显,"海上丝绸之路"的绿色发展必然受到强烈冲击。与此同时,绿色发展以人类命运共同体理念为基础,是全球治理"四大赤字"弥合和修复的重要依托和内生动力,能大大弥补和缓解全球治理的诸多空缺,是深度推进全球治理的价值引领和重要途径。

四、"海上丝绸之路"绿色发展的挑战分析

"海上丝绸之路"以海上航线为主要通道,其涵盖四个方向:中线,西线,南线和北线,鉴于"21世纪海上丝绸之路"沿线国家划分缺乏统一标准,文章将沿线国家大致划分为四个航段:东南亚、南亚、西亚北非和东北亚航段,每个航段所代表的地区又有着独特的自然地理环境和社会发展情况,简要梳

理一下各地区的绿色发展现状。第一，东南亚航段。东南亚工业基础薄弱，经济发展两极分化严重，经济增长依赖于矿产资源的消耗，如铜、锡和油气资源等，碳排放量大，资源退化、海洋环境污染严重，绿色发展潜力较大。第二，南亚航段。处于工业化初期阶段，基础设施发展滞后，矿产资源和旅游资源丰富，绿色发展潜力较大。第三，西亚北非航段。水资源分布不均，大部分地区水资源严重匮乏，农业灌溉不合理以及化学污染的影响引起土壤盐渍化等生态问题，过度放牧和垦殖导致土壤流失严重，化石能源无序开发导致生态环境污染严重。第四，东北亚航段。东北亚主要包括中国、俄罗斯、日本、韩国、朝鲜和蒙古国六个国家，相比于其他几个航段，其经济、社会以及绿色发展水平较高，但日本核污水排海决定一旦实施会对"海上丝绸之路"绿色发展造成严重威胁。另外，全球气候变暖加速海平面上升，海岸和沿海基础设施遭受侵蚀，成为"海上丝绸之路"绿色发展的障碍。

目前，"海上丝绸之路"沿线国家的绿色发展取得了一些成果，绿色发展理念日益深入人心，绿色发展政策措施不断完善，绿色发展合作平台日益稳固。但作为全球治理重要内容的"海上丝绸之路"绿色发展，无法回避全球治理"四大赤字"的制约和阻碍，面临诸多挑战和压力。

（一）和平赤字加剧，"绿色正义"缺失

俄乌冲突爆发，地区冲突和局部战争此起彼伏，霸权主义和强权政治威胁愈演愈烈，强烈冲击世界和平与发展形势。此外，西方势力围绕我国周边的政治、经济、外交等领域博弈愈发激烈，西方大国利用政治和意识形态手段拉拢我周边沿线国家，挑起主权争端，加剧和平赤字。"海上丝绸之路"途经并且涵盖了很多全球海上战略通道和国际热点区域，影响到某些大国的战略布局和区域辐射渗透。由于西方势力的介入和国外舆论的煽动，导致部分国家和地区对于"海上丝绸之路"的绿色发展缺乏认同和信心，对"海上丝绸之路"绿色发展构成巨大障碍。

西方大国秉持"国家本位主义"，对"命运共同体"的认同度很低，在全球事务中坚持以自我为中心，国际社会正义并没有得到很好的秉持和维护，绿色治理面临"主权"与"球权"的冲突。由于"海上丝绸之路"绿色发展涉及陆海生态安全问题，尤其是海洋生态问题，没有国家或地区能够独善其身，需要"绿色正义"价值取向统一共识，实现生存观念从"人类自我中心"转向"与多样生物和谐共存"。目前"共同但有区别的责任"这一原则没有被沿线国家贯彻落实,无法用来解决绿色发展中出现的困难,"绿色正义"缺失。

(二)安全赤字扩大,国际动荡加剧

新冠肺炎疫情困扰全球,俄乌冲突加剧了国际形势的不确定和不稳定性,区域争端此起彼伏,国际关系陷入八方风雨的动荡变乱时期,践行全球安全倡议、构建人类安全共同体受阻。面对百年未有之大变局,全球发展不安全形势凸显,经济、粮食、能源、社会危机叠加,国际安全存在着惊人的赤字,"海上丝绸之路"沿线国家受国际动荡导致的粮食和能源短缺问题影响,存在社会动荡的风险。在国际安全难以保障的环境下,经济社会发展受阻,绿色发展举步维艰。另一方面,"海上丝绸之路"伴随的经济现代化和工业化引发了一系列的生态安全问题,加之全球生态危机,这些都对"海上丝绸之路"绿色发展造成直接冲击。因此,"海上丝绸之路"绿色发展所面临的国际环境动荡,处于传统安全与非传统安全威胁交错纵横的复杂国际安全形势,安全赤字问题亟须破解。

(三)发展赤字严重,分配正义缺位

21世纪以来,新兴经济体搭乘经济全球化快车,经济发展高歌猛进,相比之下,发达国家的经济增长速度放缓,世界整体经济发展质量与增长速度也出现缓慢迟滞现象。2022年1月,国际货币基金组织(IMF)发布报告中显示全球经济增长将从2021年的5.9%放缓到2022年的4.4%;2022年3月,经济合作与发展组织(OECD)的中期报告指出,受俄乌局势影响,全球GDP增长可能会下降1个百分点以上。当前全球发展失衡问题突出,不同国家和地区间发展差距较大,部分国家内部存在发展不平衡问题。例如,非洲地区的科学技术和基础设施严重匮乏,中东地区长期面临社会动荡,虽然资源储量丰富,但经济发展情况不容乐观,大量人口的生活水平在贫困线以下。此外,现行的全球金融治理机制秉承新自由主义思想,市场机制主导经济全球化,致使金融危机周期性频发,非但无法实现全球普惠,反而会加剧国家间利益分配不均,为全球经济增长埋下隐患。目前,在"海上丝绸之路"建设进程中,某些国家经常配合西方大国制裁、打压其他国家和地区,这种行为也直接导致全球经济增长和分配公平目标受阻。

（四）治理赤字凸显，绿色发展规制缺陷

治理赤字凸显，意味着现有的国际治理机制与制度无法有效地发挥其作用，功能缺失，国际合作艰难，进而引发国际公共产品供给不足问题。全球治理赤字的根源是治理理念和实践已经滞后于国际关系和世界政治的现实变化。2017年，中国出台《关于推进绿色"一带一路"建设的指导意见》，对基础设施建设绿化、绿色产品标准等作了规定。2021年《"一带一路"环境政策法规标准蓝皮书（东南亚篇）》中指出，在推动"一带一路"绿色发展的工作中要注意发挥生态领域"软法"的作用，企业严格按照环境标准进行环保核查，推动国家间环境法律法规的信息交流等。这些都能够为"海上丝绸之路"绿色发展和区域合作提供指导。但是在"海上丝绸之路"绿色发展的立法进程中，陆海统筹原则贯彻不到位，中国涉外环境立法不足，各国的环境规制协调难度较大。其次，中国在推进"海上丝绸之路"建设过程中，虽然通过一些双边合作条约将绿色发展纳入框架体系中，但目前仍仅停留在原则层面，制度政策并没有细化到操作层面。反观《美国—墨西哥—加拿大协定》（USMCA）将海洋环境和生物多样性等议题纳入贸易规则中，中国需要进一步将绿色发展从理念和原则向实践和操作层面转变。

（五）经济增长与绿色发展存在固有矛盾

"海上丝绸之路"沿线国家和地区经济发展阶段和利益诉求不同，部分国家经济发展水平较低、发展方式粗放，经济增长过度依赖于资源密集型产业，相比于经济发展领先的国家，绿色发展进程明显滞后。主要原因在于绿色发展要求以低碳循环经济带动发展，强调高科技含量和低资源消耗量的生产方式。但对于非洲、东南亚以及中亚等国家和地区来说，薄弱的经济基础和技术创新研发能力，不足以支撑其在短期内完成产业升级和技术革新，导致资源利用、生态治理水平和效率较低。此外，在绿色发展进程中需要较大的资金技术支持，短期内其利益诉求主要还是在于实现经济增长，满足人民的物质生活需要，只能在目前的发展基础上吸取别国经验教训逐渐转型。这些问题一定程度上排斥绿色发展，形成经济增长与绿色发展相伴相生的矛盾共同体。

五、"海上丝绸之路"绿色发展的中国应对

顺应时代发展需要，习近平大力推行绿色发展理念及其实践，党的二十

大强调要推动绿色发展,促进人与自然和谐共生,经济发展正在朝着环境友好、高质量发展方向转变。面对全球治理"四大赤字"凸显,中国作为"海上丝绸之路"倡议的发起者,应该从发展理念、绿色规制、创新驱动、生态治理等方面进一步落实绿色发展具体措施,发挥大国引领的作用,加强国际合作,调动各方面的积极性,形成推动国际公共产品做优做强的合力,同沿线国家共同建设绿色"海上丝绸之路"。

(一)深化命运共同体共识,缓解和平赤字

不论"海上丝绸之路"沿线国家采取何种经济和社会发展方式以增进国民福祉,各国都面临资源短缺、气候变化及生态环境等系列问题,沿线国家乃至世界各国都是休戚与共的命运共同体。面对国际安全形势不容乐观的和平赤字,中国坚持共同、综合、合作、可持续的安全观,坚持和平发展道路,维护以联合国为中心的全球治理体系,始终强调以和平协商解决国际争端,承担发展中大国应尽的责任,共同维护世界和平与安全。

"海上丝绸之路"绿色发展的推进需要沿线各国坚持命运共同体共识,打破海洋区域化狭隘思想,坚持多边主义,加强海洋生态治理,推动绿色发展,实现"人海和谐"以追求"绿色正义"。王毅指出,要坚持多边主义,共同维护海洋发展秩序,这对于推进"海上丝绸之路"绿色发展具有指导性作用。中国倡导摒弃零和博弈思维,反对某些国家将海洋作为推行单边强权的工具,侵犯其他国家的正当合法权益。"海上丝绸之路"沿线国家共同高举多边主义旗帜,维护以国际法为基础的海洋秩序,维护各参与国的国家利益、海洋权益和发展权益,以平等对话为基础,缓解和平赤字,为"海上丝绸之路"绿色发展提供一个和平的国际环境。

(二)践行全球安全倡议,消除安全危机

筑牢全球安全屏障是"海上丝绸之路"沿线国家绿色发展的前提和基础。为创造持久和平安全的国际环境,中国提出了全球安全倡议,与国际社会共同维护全球安全,率先在"海上丝绸之路"发挥引领作用,保障绿色发展的稳步推进。

首先,全球安全倡议强调坚持统筹传统安全和非传统安全,共同应对地区争端和恐怖主义、气候变化、网络安全、生物安全等全球性问题。"海上丝绸之路"绿色发展推进的同时要克服传统安全与非传统安全的威胁。随着全球化进程加快,全球安全态势逐渐从传统安全向非传统安全领域延伸,在复杂多变的疫情、气候变化等非传统安全盛行的今天,坚持人类命运共同体理念,践行全球安全倡议是破解安全赤字,保障绿色发展的关键。为此,"海上丝绸之路"沿线国家需要就疫情防控、气候治理、绿色发展等全球性问题建立多边合作机制。

其次,全球安全倡议强调通过对话协商,以和平方式解决国家间的分歧与争端。俄乌冲突后,重视区域安全成为中国关注的重点,建立安全信任和尊重合法安全利益是"海上丝绸之路"沿线国家的共识。全球治理有转向区域化的趋势,"海上丝绸之路"作为一个具有跨国性、区域性特征的贸易交往通道,维护其和平与安全是沿线国家绿色发展的基础和保障。

再次,在践行全球安全倡议的基础之上,需通过监测与预防逐步减少潜在的安全隐患,创造一个安全稳定的国际环境,为"海上丝绸之路"绿色发展消除障碍,也为国际绿色合作提供机会。相比发达国家,"海上丝绸之路"沿线国家绿色发展基础更为薄弱,通过开展国际交流与合作,为其绿色发展提供经验和指导。

(三)推动经济绿色增长,破解发展赤字

党的二十大报告指出,绿色发展应加快发展方式绿色转型,支持绿色发展的金融投资,加快节能、降碳先进技术的研发和推广应用。推进"海上丝绸之路"绿色发展,中国应该带头坚持创新驱动,进一步加大绿色投资和绿色金融的供给力度,为"海上丝绸之路"公共产品的供给探讨新的绿色经济形式,打造富有活力的绿色增长模式,坚持互利共赢,促进公平发展。

首先,发展绿色投资与绿色金融。2021年绿色投资原则指导委员会发布了题为《迈入净零时代》(Stepping into the Net Zero Era)的年度报告,这是一个自愿性绿色投资原则。签署国家将可持续性嵌入共同治理,公开环境信息,使用绿色金融工具,考量环境、社会和治理风险等七项原则。《绿色投资原则》(GIP)同样适用于"海上丝绸之路"的绿色发展,中国鼓励"海上丝绸之路"沿线国家和地区将GIP作为一个可持续投资网络,鼓励更多国家和金融机构参与进来,激励以市场为基础的低碳和绿色增长。一方面,解决基础设施融资缺口和发展需求问题,另一方面,更加关注生态环境风险,将绿色发展的成本控制在较低水平,促进增长,减少污染,避免代价高昂的"碳锁定"(Carbon Lock-in,主要是指工业经济被锁定在碳密集的化石燃料技术系统内)。在绿色金融方面,中国继续探索更加高质量、可持续的新经济形式,为推动"海上丝绸之路"沿线绿色经济发展提供"中国方案"。绿色金融通过绿色基金、绿色信贷、绿色经济发展规划、绿色投资、绿色保险等金融工具和政策的支持,为经济绿化提供动力;亚投行、丝路基金、金砖国家新开发银行等相关金融机构作为重要的参与主体要全方位支持沿线国家的绿色项目开发,为"海上丝绸之路"绿色发展提供充分的信贷支持,支持企业融资,挖掘企业价值,还要积极引导社会资本进行绿色投资,鼓励社会资本参与"海上丝绸之路"的绿色经济发展,为沿线经济发展注入活力,推动金融体系的创新;健全绿色金融监督和风险管理机制,统一绿色金融监管标准和规范,确保绿色投资资金进入名副其实的绿色项目,最终真正实现以绿色经济促进绿色发展的愿景。

其次,用数字经济为绿色发展赋能。随着高新技术的发展,未来的绿色发展离不开科学技术创新。中国在发展自身绿色技术的同时,应当加强同"海上丝绸之路"沿线国家在技术创新方面的国际合作。一方面,促进绿色发展与数字经济的深度结合,充分利用好数字经济对绿色发展的赋能效应,发挥技术创新在生态环境容量和资源承载力有限的约束条件下实现绿色发展的根本作用。另一方面,通过培养和引进绿色专业技术人才,以绿色技术提高"海上丝绸之路"沿线国家绿色发展的水平。

再次,发展成果公平分配。中国提出"共商共建共享"的全球治理观,最具特色之处在于它呼吁全球治理秩序应该迈向更加公平的方向,发展成果应该惠及各国。在"海上丝绸之路"绿色发展中也应秉持这一原则,坚持互利互惠,发展成果更多体现发展中国家的利益诉求,实现多赢乃至共赢。

(四)完善绿色发展规制,夯实治理基础

在"海上丝绸之路"建设过程中,绿色治理有赖于各国和地区的自觉和互信,"海上丝绸之路"绿色发展离不开健全的绿色规制作为强有力的保障。

在全球治理面临国际公共产品缺失情况下,需要国际制度和国际法规则帮助克服治理失灵的问题并促进公共产品的提供。面对"海上丝绸之路"绿色发展受阻,中国应该推动公共产品的有效供给,加强国际合作,与沿线国家协商出台一部"'21世纪海上丝绸之路'绿色发展条约",其中要囊括各参与方绿色权利义务清单、绿色治理信息、绿色经济相关标准(绿色产品认证、碳排放、基础设施绿色化、绿色项目投资等)、绿色发展评估指标、风险识别预防、社会绿色教育以及陆海生态修复等多个方面。在重要的海洋法领域,"海上丝绸之路"沿线国家要加快推进以《联合国海洋法公约》为核心的国际规则的"本土化",促进国内法和国际法的有效融合,扩大"软法"的跨国协调作用,特别是涉及海上争端时,"软法"更有助于各方达成谅解和妥协。因此,应该加快必要、完善的"软法"向具有强约束力的"硬法"转化,尤其是海洋环境保护领域,使相关规定具备强制执行力,有效管控海洋治理的违法主体和破坏行为。

由中国牵头与沿线国家和地区协商出台"'21世纪海上丝绸之路'绿色发展条约",一方面,为生态环境治理规则和制度欠缺的国家提供依据和保障,如南线的孟加拉国和尼泊尔;另一方面,促进生态环境标准的统一、完善,向北线的俄罗斯看齐。此外,最大程度吸纳沿线国家和地区参与绿色发展,"海上丝绸之路"绿色发展的实现需要国家、地区和国际社会遵循绿色发展规制,才能夯实"海上丝绸之路"绿色发展的治理基础。

(五)推动海洋生态治理,稳固绿色发展基础

党的二十大强调要提升生态系统多样性、稳定性、持续性,积极稳妥推进碳达峰和碳中和,积极参与全球治理。"海上丝绸之路"沿线国家陆海生态环境问题比较复杂,海洋治理是"海上丝绸之路"建设的重要内容和基本保障,"海上丝绸之路"沿线的海洋生态修复和海洋碳汇备受关注。海洋生态修复对促进"蓝色碳汇"(简称"蓝碳")的增长具有显著作用,推动全球碳中和进程需要中国推动"海上丝绸之路"沿线国家共同努力发展"蓝碳"。"蓝碳"是海洋生态系统(以红树林、海草床、盐沼湿地为主)吸收、固定大气中的二氧化碳的过程和机制。相比于陆地来说,海洋具有更大的碳储量。增加海洋碳汇,可以从以下几个途径开展:第一,陆海统筹减排增汇。减少化石能源的消耗量并积极开发利用清洁能源,全面促进产业和消费绿色转型升级,逐步降低 CO_2 排放量,降低近陆地营养盐输入,增加近海碳储。第二,加大海洋生态修复力度。针对海域地区的修复,要开展水环境治理、生物多样性恢复以及岸线保护等修复措施,打造生态走廊,与陆上修复措施相衔接;在海岛地区,要着重提高植被覆盖率,开展山体绿化;对于典型生态系

统的修复,退化严重的滨海湿地要采取植被恢复、退围还海和退养还滩等措施进行生态恢复,珊瑚礁、红树林以及海草床等区域,应采取生态保育措施,如采用微生物修复技术、动植物修复技术等,在海岸带建立更多红树林、海草床和盐沼湿地保护区,进一步增强海岸带的固碳能力。第三,加大海洋生态补偿力度。拓宽海洋生态补偿多元主体参与途径,特别是鼓励涉海及各类企业在发展海洋经济的同时承担社会责任、环境责任,成立"海上丝绸之路"海洋生态补偿社会基金组织,专门用于海洋生态的保护与修复。

六、结语

在俄乌冲突、疫情肆虐、大国博弈的背景下,全球治理面临着重大考验,低碳经济、绿色发展成为全球化与全球治理发展的新领域。绿色发展符合全人类的共同利益,已然成为国际社会普遍认同的发展理念和追求目标。"海上丝绸之路"绿色发展仍处于初始阶段,但其关乎沿线国家、地区和全球经济、社会和生态可持续发展的前景。新冠肺炎疫情后,"四大赤字"进一步加剧,严重威胁全球经济、社会、生态、安全等方面的治理效能。将绿色发展注入和平赤字、安全赤字、治理赤字和发展赤字中,能够有效缓解和弥合全球治理"四大赤字",健全和完善全球治理体系,实现全球治理在不同区域的协调发展,能够带动"海上丝绸之路"绿色发展。面对世界百年未有之大变局,中国坚持和平发展,推进构建人类命运共同体,致力于解决"四大赤字",为全球治理体系的优化和革新注入动力,有助于全球经济、社会和生态的良性循环,真正实现全球治理的"善治"。

文章来源:原刊于《中国人口·资源与环境》2022 年第 12 期,有删减。

国际海洋生态保护修复公约倡议与中国行动

■ 段克,刘峥延,梁生康,李雁宾,鲁栋梁

论点撷萃

海洋正面临着水温升高、海平面上升、酸化、脱氧、环流模式改变、风暴严重程度增加及淡水流入量变化、栖息地破坏、过度捕捞和污染等一系列问题,关键海洋生态系统、生态系统服务、环境和社会经济受到广泛影响。为解决这些海洋问题,从政策布局上支持开展全球性的海洋生态保护修复行动刻不容缓。

鉴于海洋生态系统在调节全球气候变化方面起到的重要作用,许多国际政策框架和公约高度重视健康的海洋对减缓全球气候变化、保护生物多样性、减少灾害风险和实现可持续发展目标的重要意义,鼓励和倡导各国采取积极的海洋生态保护修复政策。国际政策框架、公约和倡议的制定实施对各国共同推动海洋生态保护修复具有显著的促进作用。全球可持续发展已进入由应对气候变化和生物多样性保护共同引领的阶段,需要在全球范围内加强协作并形成合力,实现政策联动和协同增效。

国际上高度关注中国的海洋保护修复政策。未来10年是全球海洋生态保护修复、生物多样性保护和气候治理进程的关键时期,参照国际生态保护

作者: 段克,自然资源部资源环境承载力评价重点实验室(中国自然资源经济研究院)副研究员;
刘峥延,中国宏观经济研究院国土开发与地区经济研究所副研究员;
梁生康,中国海洋大学海洋化学理论与工程技术教育部重点实验室教授;
李雁宾,中国海洋大学海洋化学理论与工程技术教育部重点实验室教授;
鲁栋梁,北部湾大学广西北部湾海洋环境变化与灾害研究重点实验室教授

修复公约倡议中的重要技术和政策要点,结合我国海洋生态保护修复现状和需求,提出构建精细化的区域海洋生态图、加强生态廊道修复、完善科技支撑体系、推进海洋生态保护修复国际合作,作为加强我国海洋生态保护修复的对策建议。

海洋正面临着水温升高、海平面上升、酸化、脱氧、环流模式改变、风暴严重程度增加及淡水流入量变化、栖息地破坏、过度捕捞和污染等一系列问题,关键海洋生态系统、生态系统服务、环境和社会经济受到广泛影响。为解决这些海洋问题,从政策布局上支持开展全球性的海洋生态保护修复行动刻不容缓。文章总结了海洋生态保护修复相关的国际政策框架、公约和倡议,结合我国海洋生态保护修复政策机制进展,初步分析两者的协同关系,并提出针对性的对策建议,以期为海洋生态文明建设提供参考。

一、海洋生态保护修复相关国际议程

鉴于海洋生态系统在调节全球气候变化方面起到的重要作用,许多国际政策框架和公约高度重视健康的海洋对减缓全球气候变化、保护生物多样性、减少灾害风险和实现可持续发展目标的重要意义,鼓励和倡导各国采取积极的海洋生态保护修复政策(表 1)。

表 1　海洋生态保护修复相关的国际政策框架、公约和倡议

国际公约倡议	核心内容	性质
《联合国气候变化框架公约》(UNFCCC)	各国必须加强保护重要的温室气体储存和吸收区域。根据公约框架下的《巴黎协定》,各国有责任为减缓气候变化作出强有力的承诺,即国家自主贡献。措施包括保护和修复红树林等森林及重要海洋生态系统	国际公约
《2030 年可持续发展议程》	国际发展领域的纲领性文件,制定了联合国可持续发展目标(SDG),其中包括应对气候变化(SDG13),以及保护海洋和沿海生态系统(SDG14)的目标	国际议程

（续表）

国际公约倡议	核心内容	性质
《生物多样性公约》(CBD)	目标为保护生物多样性、可持续利用其组成部分以及公正合理分享由利用遗传资源而产生的惠益。2020年后框架将设定2030年行动目标，目前处于谈判磋商阶段。将包括扩大保护区和保护自然生境，以减少灾害风险、保障粮食安全，以及向决策者提供包括传统知识在内的信息	国际公约
《2015—2030年联合国仙台减少灾害风险框架》	联合国防灾减灾署减少灾害风险框架。鼓励采用基于生态系统的方法来减少灾害风险，包括通过跨界合作（优先事项2）和新投资等，以保护可减少风险的生态系统功能	国际政策
《关于特别是作为水禽栖息地的国际重要湿地公约》（简称《湿地公约》）	愿景是通过将国家行动和国际合作作为全球可持续发展的手段来保护和合理利用湿地。鼓励和支持成员国保护和维护湿地安全。近期决议（Ⅷ.14）鼓励保护、恢复和可持续管理沿海蓝碳生态系统	国际公约
《保护世界文化和自然遗产公约》	1972年，联合国教科文组织大会通过认定与保护具有显著和普遍价值的文化和自然遗产区相关公约内容，并为此专门设立了世界遗产中心（即公约执行秘书处）和世界遗产基金。加入濒危世界遗产名录的遗产区会得到世界遗产基金支持。公约在防止文化和自然遗产遭到损害方面具有强制约束力	国际公约
《水下文化遗产保护公约》	联合国教科文组织2001年通过相关内容，规定不得对水下文化遗产进行商业开发，并对水下文化遗产进行空间划定与保护管理	国际公约
《保护迁徙野生动物物种公约》(CMS)	联合国环境规划署于1979年制定签署相关公约，主要内容为协调和推动各国保护迁徙物种。现有120多个缔约方，中国、美国、俄罗斯、日本、加拿大等国尚未加入。我国虽未加入，但已开展有效合作	国际公约

（续表）

国际公约倡议	核心内容	性质
《濒危野生动植物种国际贸易公约》（CITES）	1963 年世界自然保护联盟通过公约决议,1973 年确定公约文本,1975 年公约生效。管制而非完全禁止野生物种的国际贸易,用物种分级与许可证的方式,实现野生物种市场的永续利用。这一直是成员最多的公约之一,截至 2021 年已有 183 个缔约国	国际公约
《防止倾倒废物及其他物质污染海洋的公约》（又称《伦敦公约》）	海上倾倒废物是第 1 项受到全球监管的能造成海洋污染的活动。1972 年《伦敦公约》及其 1996 年《议定书》规定的管制措施逐步加强,监管从船舶、航空器或其他人造构筑物上向海里倾倒废弃物及其他物质的问题。《议定书》提出了全面禁止倾倒的做法,只允许少数例外	国际公约
《国际防止船舶造成污染公约》（MARPOL）	国际海事组织制定相关内容,防止和限制船舶排放油类和其他有害物,避免海洋污染的安全规定。2013 年,依据公约实施了更加严格的新管制措施	国际公约
《保护欧洲野生动物和自然栖息地公约》（又称《伯尔尼公约》）	1979 年公约通过,1982 年公约生效。首个旨在保护野生动植物物种及其自然栖息地、加强缔约方合作并规范这些物种栖息地开发的国际公约。涵盖了欧洲大陆的大部分自然遗产,并延伸至一些非洲国家。特别关注保护自然栖息地和濒危物种,包括迁徙物种	国际公约
《本格拉洋流公约》	世界首个大型海洋生态系统法律框架。安哥拉、纳米比亚和南非共同长期保护与可持续利用本格拉洋流大型海洋生态系统,共同致力于跨界保护和养护战略	国际公约
联合国生态系统恢复十年（2021—2030 年）	联合国环境规划署面向全球提出保护和修复生态系统的行动倡议,内容包括保护和修复重要海洋生态系统	国际倡议
波恩挑战	世界自然保护联盟 2011 年发起,对恢复退化和毁林土地的非约束性承诺,旨在到 2030 年恢复 3.5 亿公顷土地。截至 2021 年 5 月,包括红树林地区在内的 61 个国家已作出总计 2.1 亿公顷的承诺	国际倡议

国际公约倡议	核心内容	性质
《国际珊瑚礁倡议》(ICRI)	呼吁将珊瑚礁确认为受到严重威胁的生态系统,并在"2020年后全球生物多样性框架"内予以优先考虑	国际倡议
联合国海洋科学促进可持续发展十年(2021—2030年)	倡议提供一个共同框架,以确保海洋科学能够充分支持各国采取行动,推动实现海洋的可持续管理,特别是实现《2030年可持续发展议程》	国际倡议
欧盟《生物多样性战略》	2030年之前,欧盟保护至少30%的欧盟海洋(森林、湿地、泥炭地和沿海生态系统)	区域政策
地中海海草床恢复行动计划	区域国际公约《保护地中海海洋环境和沿海地区公约》(又称《巴塞罗那公约》)和欧洲《海洋战略框架指令》鼓励欧洲国家对波西多尼亚(Posidoniaoceanica)海草床的保护修复工作	区域政策
可持续海洋经济高级别小组愿景	包括澳大利亚、日本、加拿大、智利、葡萄牙、挪威、印度尼西亚和帕劳等14个国家元首承诺到2025年可持续管理其成员国管辖海域,并支持保护30%海洋的全球目标	区域倡议

1992年,联合国通过了《联合国气候变化框架公约》和《生物多样性公约》,两者与《联合国海洋法公约》共同构成了国际海洋生态保护修复的政策制度基础。

"联合国生态系统恢复十年(2021—2030年)"是号召开展全球性生态系统修复行动的倡议,旨在汇集政治支持、科学研究和财政力量,大幅扩大生态系统的恢复规模,并重点关注重要海洋生态系统。2017年12月通过的"联合国海洋科学促进可持续发展十年(2021—2030年)"决议,旨在为扭转海洋健康状况持续恶化提供科学的解决方案,制定海洋可持续发展所需的政策框架和工具,优先领域包括:①构建综合海洋数字地图集;②建立主要海盆综合海洋观测系统,综合的多灾害预警系统,地球海洋观测、研究和预测系统;③定量化分析海洋生态系统及其作用;④搭建海洋数据和信息门户;⑤开展海洋教育培训和技术快速应用转化;⑥为海洋相关政策决策提供

海洋生态环境

科学的数据和信息等。2021年联合国启动了新的利益攸关方进程,在规划、实施和提供实现可持续发展目标所需的科学研究方面,将采取包容性、参与性和全球性的方法,以全新的方式将海洋利益攸关方聚集在一起,创造新的解决方案。

二、国际海洋生态保护修复法律规制和政策框架主要特征

国际政策框架、公约和倡议的制定实施对各国共同推动海洋生态保护修复具有显著的促进作用。全球可持续发展已进入由应对气候变化和生物多样性保护共同引领的阶段,需要在全球范围内加强协作并形成合力,实现政策联动和协同增效。

(一)相关国际公约和倡议的协同性分析

相关国际公约和倡议并非孤立存在,而是相互联动并协同增效的,各国政府、非政府组织和研究机构通过共同努力建立强有力的政策框架。多数国际公约和倡议都确立了短期和中期行动的目标,以实现减缓气候变化、保护生物多样性和可持续发展的全球目标。特别是《2030年可持续发展议程》、"联合国生态系统恢复十年(2021—2030年)"、"联合国海洋科学促进可持续发展十年(2021—2030年)"、《生物多样性公约》等都设定了截至2030年的行动目标,即2030年是国际公约,以及倡议鼓励和推动海洋保护修复工作取得积极成效的关键目标年。

2015年通过的《巴黎协定》和《2030年可持续发展议程》都将生物多样性提到至关重要的位置,实现《巴黎协定》目标所需的温室气体净减排量约30%来自"基于自然的解决方案"。例如,修复红树林、潮汐沼泽和海草床等沿海植被生态系统,可增加吸收和储存目前约0.5%的全球碳排放量,从而减缓气候变化;所有作物生产都需要生物多样性与包括授粉、控制虫害和提供土壤中营养的各类生态系统服务;健康的生态系统还为涵养水源、净化水质、防范洪涝灾害等提供保障。《生物多样性公约》的"爱知目标"也直接体现在联合国17个可持续发展目标的许多具体目标中,即生物多样性保护既是SDG14(水下生命)和SDG15(陆上生命)的重点内容,也是实现SDG2(粮食安全和改善营养)和SDG6(提供清洁水)的关键因素;因此,有效保护和可持续利用生物多样性是实现《2030年可持续发展议程》的重要

基础。

已知的大型海洋动物有300多种,它们提高了初级生产力,在减缓气候变化方面发挥着天然碳汇的作用,是海洋环境健康的指示物种和旗舰物种。然而,它们中约1/3正面临灭绝风险。《濒危野生动植物种国际贸易公约》《保护迁徙野生动物物种公约》《保护欧洲野生动物和自然栖息地公约》等促进了各国的协调行动,通过加强科学研究识别濒危物种所面临的主要威胁,并制修订受保护物种的分级名录(附录),从而加强保护海洋珍稀物种、恢复濒临灭绝的种群,有效分级管制野生物种市场行为。

(二)实施全球应对气候变化行动成为海洋生态保护修复的支撑保障

在《联合国气候变化框架公约》下的《巴黎协定》中,国家自主减排贡献(NDCs)是各国政府实施应对气候变化承诺的重要工具,国家自主减排贡献承诺表明了各国自主减排的优先事项,各国须定期报告进展情况。将海洋生态系统保护修复纳入国家自主减排贡献,推动珊瑚礁、海草床、红树林等重要海洋生态系统的保护修复,以及为可持续管理提供资金,并向国际社会发出了重视海洋生态保护修复的强烈信号。

以珊瑚礁保护修复为例,1980年以来珊瑚白化现象非常严重,仅1998年白化事件就导致全球约8%的珊瑚死亡。2009—2018年,日本、加勒比海和印度洋有近$1.2×10^4$平方千米的珊瑚白化,全球约14%的珊瑚死亡。研究提出2℃升温就将会破坏99%的珊瑚礁,同时联合国政府间气候变化专门委员会报告预测,即使全球采取最强有力的行动,将全球升温幅度控制在高出工业化前水平1.5℃范围内,未来几十年,世界上70%~90%的珊瑚礁仍然会消失。要成功应对这一全球挑战,需要实施全球尺度的应对气候变化行动,并在珊瑚礁的保护科学、管理和治理方面进行根本性变革。

《国际珊瑚礁倡议》主要由美国和澳大利亚主导,建立了包括政府、非政府组织等近百个成员的全球伙伴关系,呼吁将珊瑚礁确定为受到严重威胁的生态系统,并在2020年后全球生物多样性框架内予以优先考虑。将海洋生态保护修复行动纳入气候议程对于减少温室气体排放和适应气候变化至关重要,要扩大有效解决方案的覆盖范围,并在全球范围内推广这些解决方案。

(三)海洋生态保护修复需要更大范围、更深层次的全球合作

目前,全球海洋治理机制因国家间的地理边界和管理体制差异,无法对

海洋和冰冻圈气候相关变化所带来的级联风险作出全球尺度一致的综合响应。设立海洋保护区网络、实施海洋空间规划和水资源管理系统三者之间过于分散,使得针对海洋和冰冻圈变化响应措施不够有效。近年来,虽然区域性海洋和极地治理体系在应对气候变化的响应能力方面已得到加强,但仍无法有效应对预估将日益增大的风险规模,对海洋及冰冻圈气候变化不利影响的应对措施还存在着技术、财政、制度等障碍。

在全球气候变化面前,珊瑚礁生态修复能起到作用的范围和效果相对于丧失的速度微不足道。珊瑚礁生态保护修复目前施行以自然恢复为主的原则,设立保护区进行严格保护可能是赤道附近海域珊瑚礁保护的重要选项。西太平洋珊瑚礁三角区、中国南海和东非沿海地区等是设立珊瑚礁保护区的潜在重要区域,然而这些区域的海洋酸度、硝化作用、生态健康状况等海洋监测指标数据依然非常缺乏,迫切需要加强卫星和全球运营平台等基础能力建设,以大幅度提高海洋观测和监测能力。

三、中国海洋生态保护修复政策与实践

国际上高度关注中国的海洋保护修复政策。中国系统的海洋生态修复行动计划始于20世纪80年代林业部门启动的沿海防护林体系建设,在长期的造林实践中,成功探索出了"南红北柳"的海岸带生态修复模式。2010年,国家海洋局《关于开展海域海岛海岸带整治修复保护工作的若干意见》开始将海洋整治修复拓展到海域、海岛、海岸带等覆盖全域海洋空间范围。财政部、国家海洋局《关于组织申报2010年度中央分成海域使用金支出项目的通知》通过"中央分成海域使用金"支持地方实施海域、海岛和海岸带整治修复及保护项目。自此,我国全域海洋生态保护修复工作正式启动。

近10年来,党中央、国务院高度重视海洋生态保护修复工作,政策制度不断完善,各部委联合行动、共同发力,积极开展"蓝色海湾"整治、海洋生态堤防建设、围填海管控和滨海湿地保护等海洋保护修复工作。"十三五"期间,全国整治修复海岸线1200千米、滨海湿地230平方千米。

(一)积极推进海洋生态保护修复项目

开展"蓝色海湾"整治、岸线岸滩修复、滨海湿地修复、海堤生态化建设等工作,有效改善了海洋生态系统质量,提升了防灾减灾能力。2017年,我

国启动黄渤海滨海湿地世界自然遗产申报工作,将黄渤海沿岸 16 处重要湿地列入申报预备名单。2019 年 7 月,位于江苏省盐城市的中国黄渤海候鸟栖息地(第一期)被列入世界自然遗产名录,填补了我国滨海湿地类型世界自然遗产空白。

(二)实施近海海洋生态堤防建设

编制《海岸带保护修复工程工作方案》《全国重要生态系统保护和修复重大工程总体规划(2021—2035 年)》,提出开展岸线岸滩生态修复、海堤生态化建设等,提升海岸带各类生态系统结构完整性和功能稳定性。

(三)构建严管严控围填海硬约束制度体系

通过《海岸线保护与利用管理办法》将自然岸线保有率管控目标逐级进行分解,建立了自然岸线保护和管控责任制,压实了工作责任。国务院《关于加强滨海湿地保护严格管控围填海的通知》严格控制新增围填海,加快处理各类围填海历史遗留问题,有效遏制了滨海湿地大量减少的趋势。

(四)编制海洋生态保护修复国家规划

从国家林业局主导的《全国沿海防护林体系建设工程规划(2016—2025 年)》,到自然资源部等主持的《红树林保护修复专项行动计划(2020—2025 年)》,目前均在推进实施。海岸带生态保护和修复重大工程被列入《全国重要生态系统保护和修复重大工程总体规划(2021—2035 年)》,围绕全面提升国家生态安全屏障质量,加紧编制海岸带生态保护和修复重大工程的专项建设规划。

(五)初步建立起较为系统的海洋生态保护修复标准体系

建立了各类典型海洋生态系统调查监测评估和保护修复的技术方法标准,生态海堤建设工程和项目监管监测技术方法标准等。2021 年 7 月,自然资源部发布实施《海洋生态修复技术指南(试行)》,有效提升了我国海洋生态修复的科学化和规范化水平。

四、"内外互促"提升中国对全球海洋生态保护修复进程的贡献度

党的十八大以来,在习近平生态文明思想引领下,我国坚持生态优先、绿色低碳发展,海洋生态保护修复纳入《全国重要生态系统保护和修复重大

工程总体规划(2021—2035年)》,我国不断加大对国际海洋生态保护修复的贡献力度。

(一)深度参与全球生物多样性保护

中国坚定支持生物多样性保护多边治理体系,切实履行公约义务。2006年,"中国生物多样性保护远景规划项目"确定了35个生物多样性保护优先区,包括黄渤海、东海及台湾海峡、南海等保护区域。修订《野生动物保护法》《环境保护法》《海洋环境保护法》等,颁布实施《生物安全法》,加快制定"国家公园法"。作为《生物多样性公约》《名古屋议定书》《卡塔赫纳生物安全议定书》的缔约方,我国于2019年7月提交了《中国履行〈生物多样性公约〉第六次国家报告》,同年10月提交了《中国履行〈卡塔赫纳生物安全议定书〉第四次国家报告》,积极参与《濒危野生动植物种国际贸易公约》《湿地公约》。近年来,我国成为全球环境基金最大的发展中国家捐资国。2019年以来,我国成为《生物多样性公约》及其议定书核心预算的最大捐助国,有力支持了公约的运作和执行。

我国还将生物多样性保护纳入顶层设计,《中华人民共和国国民经济和社会发展第十四个五年规划和2035年远景目标纲要》明确将实施生物多样性保护重大工程、构筑生物多样性保护网络作为提升生态系统质量和稳定性的重要工作内容。2021年10月,中国昆明举办的《生物多样性公约》第十五次缔约方大会,初步商定了2020年后全球生物多样性框架。2022年,《湿地公约》第十四次缔约方大会在武汉举办。推动各方扩大共识、相向而行,形成更加公正合理、各尽所能的全球生物多样性治理体系。

(二)引领全球应对气候变化行动

2015年以来,我国与35个发展中国家签署了39份应对气候变化的合作文件,并提供低碳节能物资和技术设备。我国坚持以全球视野加快推进海洋生态文明建设,将绿色低碳发展转化为新的综合国力和国际竞争优势。2020年9月,习近平主席正式宣布中国将力争2030年前实现碳达峰、2060年前实现碳中和。2022年6月,17部门联合印发《国家适应气候变化战略2035》,这是我国基于生态文明建设的内在要求和推动构建人类命运共同体作出的重大战略决策。然而,美国应对气候变化的政策一直摇摆不定,2001年时任总统布什退出《京都议定书》,2017年时任总统特朗普退出《巴黎协定》。中国一直以来积极协调发达国家与发展中国家的立场,凝聚共识,推动达成《巴黎协定》,引领了全球气候变化谈判的进程,推动构建人类命运共同体,成为全球自然资源和生态环境治理体系的重要参与者、贡献者和引领者。

(三)积极落实联合国《2030 年可持续发展议程》

2016 年 9 月,联合国纽约总部发布《中国落实 2030 年可持续发展议程国别方案》。中国政府从战略对接、制度保障、资源投入、风险防控、国际合作等方面分步骤、分阶段推进落实该议程。中国还推动二十国集团(G20)制定《二十国集团落实 2030 年可持续发展议程行动计划》。

日前,中国已批准加入和实施 30 多项国际生态保护修复与环境治理相关的多边合作公约、倡议或议定书。截至 2022 年 6 月,中国政府已与 32 个国际组织和 149 个国家签署"一带一路"合作共建文件共 200 余份。把支持落实《2030 年可持续发展议程》融入高质量共建"一带一路"。签署《"一带一路"绿色投资原则》,成立"一带一路"绿色发展国际联盟,推进绿色丝绸之路建设。面向东盟、南亚、阿拉伯国家建立跨国科学技术转移中心,通过技术合作对接、应用示范、教育培训等,推动先进适用技术的转移和应用转化。

(四)构建海洋命运共同体理念下的蓝色伙伴关系

我国一直积极履行保护海洋承诺,参与海洋保护修复国际合作,提出海洋命运共同体理念。2017 年,国家发展和改革委员会、国家海洋局发布《"一带一路"建设海上合作设想》,发起"蓝碳计划"倡议,促进我国与沿线国家共建国际蓝碳合作机制;2015 年 11 月,我国成立公募基金会"中国海洋发展基金会";2019 年,我国开始实施"海上丝绸之路"项目,这是构建蓝色伙伴关系的重要内容,包括海洋治理、空间规划、海洋经济、海洋保护、海洋科技、海洋文化和人才培养等方面。我国还主导建立了"东亚海洋合作平台""中国—东盟海洋合作中心",设立中国—东盟海洋合作基金等。我国已同葡萄牙、欧盟、塞舌尔等建立了蓝色伙伴关系,在海洋经济、科技、生态环境保护和防灾减灾等领域加强合作与协调,共同推动全球海洋治理体系和治理机制不断完善。中国还向"一带一路"沿线国家提供更多公共产品和服务,推广应用自主海洋环境安全保障技术,在海洋调查监测与观测、海洋水文、气象与环境预报、海洋环境治理与生态保护修复等方面提供中国方法标准和中国技术。

五、加强中国海洋生态保护修复的对策建议

未来10年是全球海洋生态保护修复、生物多样性保护和气候治理进程的关键时期，参照国际生态保护修复公约倡议中的重要技术和政策要点，结合我国海洋生态保护修复现状和需求，提出以下加强我国海洋生态保护修复的对策建议。

1. 构建精细化的区域海洋生态图

生态系统分布的详细空间信息是推动沿海地区可持续保护和发展的重要基础，但当前海洋学条件和生物多样性等相关方面的信息仍不清晰。建议：加强陆海卫星工程和海洋卫星地面系统建设，进一步细分各生态分区内的小尺度生态类型。区域国际公约《巴塞罗那公约》和欧洲《海洋战略框架指令》鼓励欧洲国家开展海草床等生态图的绘图和监测工作，我国可借鉴欧洲海草床生态图制作技术经验，加强海底测绘工作，在较深的海域可应用侧扫声纳、多波束测深仪等声学设备和远程操作的遥控车，在浅水区应用航空摄影，从而加快构建我国精细化的区域海洋生态图。

2. 加强生态廊道修复

受人类活动和气候变化的广泛影响，海洋生物地理过程发生变化，海洋生境破碎化现象非常严重。广阔的海草床、珊瑚礁等成为包括许多关键渔业物种幼体动物群的海上移动关键中转站，滨海湿地是候鸟迁徙通道上的脚踏石。因此，海草床、珊瑚礁和滨海湿地等的保护修复将起到生态廊道的重要作用。建议：加大海洋生态廊道保护修复力度，采用播撒海草种子、设立保护区等手段，恢复重要海洋生境，遏制生境破碎化趋势。借鉴2021年韩国4处滩涂全部纳入世界自然遗产目录的经验，做好中国黄渤海候鸟栖息地（第二期）申遗工作，申请纳入到世界自然遗产后会得到世界遗产基金支持，得到最高层级的保护。

3. 完善科技支撑体系

目前海洋科学研究和观测的规模、速度与成果应用都跟不上海洋生态环境变化的速度。海洋生物多样性、栖息地变化或丧失的重要性及其影响研究不足，也难以判断对海洋灾害所作出的响应是否及时有效。建议：①以海洋与气候变化、生物多样性与生态系统、海洋生态安全等研究为重点，加

强海洋生态保护修复相关的科学研究。②加强灾害跟踪和预测能力建设，加强综合、多灾害、早期预警系统建立，提高防灾减灾水平。③开展海洋生态保护修复重要技术应用示范，在海岛、海岸带及近海修复关键技术上取得突破。④完善海洋生态保护修复管理决策的科学技术支撑机制，提升海洋保护区选划、管理水平，持续增加海洋保护区的数量和规模。⑤重点扩大直接涉及海洋研究的学科广度，更好地协调和推动跨学科数据融合；加强数据收集、管理、分析和共享的能力建设，积极参与全球数据网络共建。

4. 推进海洋生态保护修复国际合作

2020 年 11 月，在二十国集团领导人利雅得峰会上，习近平主席强调构筑尊重自然的生态系统。中方支持二十国集团在减少土地退化、保护珊瑚礁、应对海洋塑料垃圾等领域深化合作，打造更牢固的全球生态安全屏障。推进海洋生态保护修复方面的国际交流与合作，重点围绕应对气候变化的国际合作，积极参与和引导联合国框架下国际规则与标准的制修订，推动和引领建立起公平合理、合作共赢的全球气候治理体系。建议：①参与国际法的修订，促进有责任性、包容性和以社区为基础的海洋旅游业，并推进对公海的充分监管。②以保护珊瑚礁为中国参与全球海洋生态环境治理的重要抓手，并通过与世界自然保护联盟等合作开发适用性的红树林保护修复技术和工具，向拥有全球近 1/3 红树林的东盟国家出口我国红树林保护修复技术和服务。③通过与东盟国家合作建立国际蓝碳合作机制，提升"21 世纪海上丝绸之路"建设对沿线国家绿色转型的贡献。以上可行和有效的对策措施与世界各国领导人宣布的承诺和责任空前一致。加强中国与各沿海国统筹协调，共同打造科学合理、符合各方利益的全球海洋生态保护修复治理体系。

文章来源：原刊于《中国科学院院刊》2023 年第 2 期。

海洋生态环境

多目标协同的我国蓝碳发展机遇、问题与对策

■ 赵鹏,王文涛

论点撷萃

海岸带蓝碳具有碳储量大、固碳效率高、碳存储周期长的特点,是海洋通过自然过程减缓气候变化的主要途径。除吸收二氧化碳外,海岸带蓝碳还能够提供栖息地以及固滩消浪、净化水质、维护渔业资源和休闲游憩等生态系统功能和服务,是海洋领域基于自然的解决方案的重要内容。从生态系统功能和服务整体性入手,以蓝碳为抓手协同实现气候变化、生物多样性和可持续发展等国际热点议题设定的目标,将有力推动我国生态文明建设和联合国可持续发展目标的实现。

我国蓝碳的发展具有政策措施日渐清晰、滨海湿地保护修复备受重视、国内外对蓝碳的热情空前高涨的发展机遇。在其快速发展的同时,也有一些问题不断显现出来,主要表现为蓝碳与海洋碳汇概念的混用和误用、片面强调蓝碳交易和金融创新、忽视蓝碳多重生态系统服务价值。

我国在设定蓝碳发展目标时,应立足于气候履约需求,从生态系统整体性角度认识蓝碳,推动实现海岸带蓝碳多重生态系统服务价值,促进生态文明建设和经济社会可持续发展,并为实现"一带一路"倡议提供环境外交工具。

面对气候履约、生态改善、社会发展和国际影响提升等多重目标,我国

作者:赵鹏,海南大学南海海洋资源利用国家重点实验室副研究员;
　　　王文涛,中国 21 世纪议程管理中心研究员

应建立多目标协同的蓝碳政策体系,推动多重生态系统服务的蓝碳交易,探索多重生态服务价值的实现模式,建立服务多目标的蓝碳数据平台并开展多领域蓝碳国际交流与合作。

联合国政府间气候变化专门委员会(IPCC)发布的《气候变化中的海洋与冰冻圈特别报告》(以下简称《特别报告》)将蓝碳定义为易于管理的海洋系统的所有生物的驱动碳通量及存量。《特别报告》指出,红树林、海草床、滨海盐沼和大型海藻等海岸带蓝碳是相对易于管理的。海岸带蓝碳具有碳储量大、固碳效率高、碳存储周期长的特点,是海洋通过自然过程减缓气候变化的主要途径。除吸收二氧化碳外,海岸带蓝碳还能够提供栖息地以及固滩消浪、净化水质、维护渔业资源和休闲游憩等生态系统功能和服务,是海洋领域基于自然的解决方案(Naturebased Solutions, NbS)的重要内容。从生态系统功能和服务整体性入手,以蓝碳为抓手协同实现气候变化、生物多样性和可持续发展等国际热点议题设定的目标,将有力推动我国生态文明建设和联合国可持续发展目标(Sustainable Development Goals, SDG)的实现。

一、蓝碳的多重生态系统服务

生态系统服务(Ecosystem service)是指生态系统作为一个整体,通过其生态过程为人类提供的维持生命和社会经济发展所需的有形物质产品与无形服务。生态系统核算为系统认识生态系统服务提供了工具。2021年3月11日,联合国统计委员会通过了生态系统核算的首个国际标准《环境经济核算体系——生态系统核算》(SEEA-EA),用于衡量自然对经济繁荣与人类福祉的贡献。在 SEEA-EA 体系下,生态系统服务主要分为供给服务、调节服务和文化服务。

供给服务是指生态系统为经济系统提供的实物和能量贡献,包括生物、基因和水的供给服务。对于海岸带蓝碳而言,供给服务涉及木材,养殖水产品、天然水产品、野生动植物等生物,动植物的遗传物质等。

调节服务是指生态系统调节气候、水文和生物化学循环、地表进程和各种生物过程的能力,通常具有重要的空间特征。对于海岸带蓝碳而言,调节服务涉及全球气候调节、天气调节、净化空气、净化水体、降解固体废物、调节土壤质量、控制土壤侵蚀、调节水流、消波防浪、避免海岸侵蚀、调控病虫害、为生物提供栖息地等。

文化服务是指人们通过娱乐、知识开发、消遣和精神思考从生态系统中获得的知识和非物质利益。海岸带蓝碳涉及的文化服务包括滨海和海洋旅游、文化教育、科学研究、视觉和艺术的精神享受等。

按照 SEEA-EA 对生态系统服务的分类,红树林、海草床、滨海盐沼和海藻场等海岸带蓝碳不仅能够吸收温室气体,还能够提供多种重要的生态系统服务。充分认识和系统梳理蓝碳生态系统服务带来的收益和福祉有助于寻找实现其经济价值的途径和模式。

二、我国蓝碳发展的机遇与问题

(一)发展机遇

蓝碳政策措施日渐清晰。自 2015 年起,党中央、国务院和相关部委相继在重要文件中提及蓝碳相关概念(表 1)。从 2015 年的"海洋碳汇"到 2016 年之后的"海洋生态系统碳汇"或是与国际接轨的"蓝碳",表述不断深化具体。研究内容逐渐聚焦红树林、海草床、滨海盐沼等可通过保护、修复和管理提升固碳能力的海洋生态系统。政策涉及标准体系构建、交易机制建立和国际合作等领域。在《国家生态文明试验区(海南)实施方案》中,蓝碳的发展被细化为调查研究、保护修复、基础研究、标准体系和碳交易机制构建等几部分内容。而《2030 年前碳达峰行动方案》则将蓝碳发展内容分为保护与修复、基础研究和颠覆性技术研究两部分,为我国蓝碳发展指明了方向。

滨海湿地保护修复备受重视。近年来,我国滨海湿地保护修复力度不断加大,促进了蓝碳面积的扩大和生态系统服务功能的提升。《中华人民共和国湿地保护法》的实施明确了滨海湿地管理和保护的责任主体。国务院《关于加强滨海湿地保护严格管控围填海的通知》提出严控新增围填海造地,加强滨海湿地的保护和整治修复,扭转了滨海湿地快速消失的势头。《红树林保护修复专项行动计划(2020—2025 年)》的实施以及"蓝色海湾"综合整治行动、海岸带保护修复工程等滨海湿地生态修复工程的落地,也极大地提升了地方保护、修复滨海湿地的积极性,红树林面积得到快速恢复。

国内外对蓝碳的热情空前高涨。2019 年联合国气候行动峰会将包括海洋在内的基于自然的解决方案列为气候行动的主要措施之一,蓝碳是海洋领域的最主要内容。自我国正式提出 2030 年前实现碳达峰和 2060 年前实现碳中和目标以来,社会各界对蓝碳的热情迅速提升。例如,2021 年自然资源部组织开展了海岸带蓝碳生态系统调查评估试点;2021 年和 2022 年我国学者发表的主题为蓝碳的学术论文共计 151 篇,是 2020 年的 15 倍;一批蓝碳或海洋碳汇研究机构挂牌;蓝碳交易从红树林拓展到养殖海藻和贝类;海洋碳汇指数保险、红树林蓝碳生态保护保险、海洋碳汇贷等金融创新层出不穷;2022 年成立的海南国际碳排放权交易中心将推动蓝碳产品市场化交易列为重点内容。

(二)存在的问题

蓝碳在快速发展的同时,也有一些问题不断显现出来,主要表现为以下三点。一是蓝碳与海洋碳汇概念的混用和误用。按照《联合国气候变化框架公约》(以下简称《公约》),"汇"被定义为"从大气中清除温室气体、气溶胶或温室气体前体的任何过程、活动或机制",用海洋碳汇代指蓝碳并不合适,这也是 2016 年及以后的中央文件不再使用海洋碳汇一词的原因。二是片面强调蓝碳交易和金融创新。一些蓝碳交易在科学性和合规性方面存在缺陷,蓝碳碳储量的不确定性和滨海湿地的国有属性给相关金融创新行为带来潜在风险。三是忽视蓝碳多重生态系统服务价值。现有的蓝碳工作往往只强调蓝碳固定二氧化碳的价值,而忽视了蓝碳在消波防浪,降低台风和巨浪对沿海社区的影响,吸收和去除水中的污染物,为众多生物提供栖息地、产卵场、育幼场以及生态旅游等方面的价值,这造成蓝碳生态服务和产品价值实现路径单一,难以与沿海地区经济发展和产业转型相融合。

表 1 我国涉及蓝碳的文件

年份	文件	发文机关	内容
2015	《中共中央 国务院关于加快推进生态文明建设的意见》	中共中央、国务院	增加森林、草原、湿地、海洋碳汇等手段
2015	《全国海洋主体功能区规划》	国务院	积极开发利用海洋可再生能源、增强海洋碳汇功能

（续表）

年份	文件	发文机关	内容
2016	《"十三五"控制温室气体排放工作方案》	国务院	探索开展海洋等生态系统碳汇试点
2017	《关于完善主体功能区战略和制度的若干意见》	中共中央、国务院	探索建立蓝碳标准体系及交易机制
2017	《"一带一路"建设海上合作设想》	国家发展改革委、国家海洋局	加强蓝碳国际合作
2018	《中共中央 国务院关于支持海南全面深化改革的指导意见》	中共中央、国务院	开展海洋生态系统碳汇试点
2019	《国家生态文明试验区(海南)实施方案》	中共中央办公厅、国务院办公厅	开展海洋生态系统碳汇试点。调查研究海南省蓝碳生态系统的分布状况以及增汇的路径和潜力,在部分区域开展不同类型的碳汇试点。保护修复现有的蓝碳生态系统。结合海洋生态牧场建设,试点研究生态渔业的固碳机制和增汇模式。开展蓝碳标准体系和交易机制研究,依法合规探索设立国际碳排放权交易场所
2021	《2030 年前碳达峰行动方案》	国务院	整体推进海洋生态系统保护和修复,提升红树林、海草床、盐沼等固碳能力;加强陆地和海洋生态系统碳汇基础理论、基础方法、前沿颠覆性技术研究

三、我国蓝碳发展的多重目标

(一)气候履约目标

IPCC 于 2018 年发表的《全球 1.5℃增暖特别报告》指出,要避免气候系统发生不可逆转的影响,必须将升温幅度控制在比工业革命前上升 1.5℃以内,到 2050 年实现碳中和。这一报告引发了全球对气候变化前所未有的关注,各国纷纷提出自己的碳中和目标,充分发挥和提高包括海洋在内的自然生态系统的气候减缓与适应能力已成为国际社会的共识。《公约》及其《巴黎协定》明确了维护海洋和滨海生态系统温室气体库和汇的作用。蓝碳的概念虽然出现仅 10 余年,但已被纳入《公约》国家温室气体清单机制,多个国家在《巴黎协定》的国家自主贡献机制下作出蓝碳发展或滨海湿地保护的承诺。我国也在已提交的历次气候变化双年更新报告中详述了蓝碳领域的进展。将蓝碳纳入我国国家温室气体清单和国家自主贡献,推动海洋减缓和适应气候变化是我国气候履约的必选动作。这一目标也要求蓝碳发展必须符合应对气候变化的基本规则。

(二)生态改善目标

海岸带蓝碳位于陆海交接地带,是生物多样性和人类活动强度"双高"区域。通过将天然红树林、海草床、滨海盐沼和海藻场等典型海洋生态系统纳入自然保护地体系和生态红线,实施各类滨海湿地保护修复工程,海岸带蓝碳的面积大幅提升,生态系统结构和功能得到恢复,生态系统服务也相应增加。发展蓝碳除有利于固碳增汇外,还可以净化空气和水质,促进污染物降解,避免海岸侵蚀,为海洋生物提供栖息地。我国蓝碳发展应从生态系统整体性角度出发,注重多重生态系统服务价值的实现,避免片面强调面积增量和高固碳率导致的植被群落结构单一、侵占损害其他生态系统、浪费修复资金等问题。

(三)社会发展目标

应对气候变化和生态保护修复不能与人类发展相割裂,应统筹考虑经济社会的可持续发展。保护、恢复蓝碳能够极大地改善自然环境和人居环境,但某些情况下也可能限制渔业生产活动,需要一部分渔民限产、转产和转业。发展蓝碳与渔民的生计并非不可调和,蓝碳的发展甚至可以进一步

海洋生态环境

促进沿海地区的发展。从生态系统服务的角度看,供给服务和文化服务能够带来直接的经济收益。海岸带蓝碳的供给服务功能已得到部分开发,例如,红树植物白骨壤的果实是我国广西沿海地区的特色食品,红树的花蜜可以制作蜂蜜;山东沿海地区捡拾鳗草海草的叶片苫盖房屋,形成独具特色的海草房;盐沼植物纤维可用于造纸;海藻除可食用外,还可用作工业原材料、肥料和饲料。海岸带蓝碳的独特风貌和景观也是良好的生态旅游资源,游客可以通过乘坐独木舟、游船或潜水等方式进行游览。此外,海岸带蓝碳对动植物群落的调节服务也可通过生态增殖和可持续采捕的方式惠及当地群众。

(四)国际影响力提升目标

民心相通是"一带一路"倡议的基石,环境和可持续发展领域的交流合作是促进民心相通的重要途径。蓝碳作为气候变化、生物多样性和可持续发展等国际热点议题的汇聚点,不涉及敏感议题,受到发达国家、发展中国家和小岛屿国家的积极支持,在促进民心相通方面有巨大潜力。蓝碳已成为澳大利亚、美国等国家环境外交的工具,相关国家通过"国际蓝碳伙伴""蓝碳倡议"等在印度洋、太平洋周边国家开展对外援助,提升影响力。我国可通过推动本国蓝碳发展,在联合国多边机制以及双边合作框架下,为其他国家提供最佳实践案例、数据和技术支持,促进民心相通,进而实现服务中国的外交目标。

总的来说,我国在设定蓝碳发展目标时,应立足于气候履约需求,从生态系统整体性角度认识蓝碳,推动实现海岸带蓝碳多重生态系统服务价值,促进生态文明建设和经济社会可持续发展,并为实现"一带一路"倡议提供环境外交工具。

四、多目标协同的我国蓝碳发展对策

(一)建立多目标协同的蓝碳政策体系

加强多部门对蓝碳领域政策的协调,从现有以基础调查、保护修复和碳交易为主体的蓝碳政策向涵盖海洋领域应对气候变化、滨海湿地保护修复、生态海堤建设、鸟类和海洋生物多样性保护、近岸海域污染防控、乡村振兴、海洋牧场建设、碳中和颠覆性技术和绿色金融等方面的综合性政策转变。

在有条件的地区设立蓝碳生态价值示范区并给予相应的政策倾斜和支持。

（二）推动多重生态系统服务的蓝碳交易

蓝碳、绿碳等碳汇交易属于自愿减排交易。目前，清洁发展机制（CDM）下的《退化红树林生境的造林和再造林》（AR-AM0014）、《在湿地开展的小规模造林和再造林项目活动》（AR-AMS0003）以及核证碳标准（VCS）机制下的《构建滨海湿地的方法学》（VM0024）、《潮汐湿地和海草修复方法学》（VM0033）均可用于指导蓝碳交易项目开发。在上述机制框架指引下，在全球范围内，多个蓝碳交易项目已被开发。此外，气候、社区和生物多样性（Climate，Community and Biodiversity，CCB）标准将碳交易项目纳入生物多样性保护和社区发展评估，为通过碳交易项目实现更多的生态系统服务价值作出了有益探索。我国蓝碳发展可借鉴 CCB 标准，将防灾减灾、净化水质、养护渔业资源等难以通过市场机制实现变现的调节服务通过碳交易变现，创新交易收入在各利益相关方的分配机制，为滨海湿地保护修复和沿海社区发展筹集更多社会资金。

（三）探索多重生态服务价值实现模式

蓝碳的供给服务、文化服务以及对动植物的调节服务可产出易于交易的产品和服务。依托保护和修复的蓝碳生态系统，可持续地采收红树林、海草床、滨海盐沼和海藻场的生态产品，发展特色食品、生态材料和工业原料产业。例如，利用黄海浒苔绿潮生产海藻肥、饲料和纤维；利用互花米草纤维造纸、提取生物活性物质等。在设计滨海湿地生态修复项目时，可充分考虑生态旅游景观、游览方式、游览路线等因素和滩涂、潮沟、水域等有利于经济作物生产的因素，发展生态旅游和生态养殖产业。同时，还可通过农业合作社、社区共管和吸纳当地渔民就业等方式促进蓝碳生态系统服务价值的实现并惠及沿海社区。

（四）建立服务多目标的蓝碳数据平台

可监测、可报告和可核证（MRV）是应对气候变化工作的基本要求，将蓝碳纳入国家温室气体清单和国家自主贡献、碳交易等相关活动也需要符合这一要求。为降低蓝碳活动的不确定性和成本，应建立共享蓝碳面积、树种、单位面积碳储量等信息的蓝碳数据平台，使用云计算、人工智能技术实现蓝碳数据自动处理、空间分析和运算，实现面向不同空间尺度、满足不同精度要求的滨海湿地温室气体清单的自动报告和碳交易项目的辅助开发。

（五）开展多领域蓝碳国际交流与合作

根据蓝碳多重生态系统服务的特点，推动在《公约》《生物多样性公约》《拉姆萨尔湿地公约》《可持续发展目标》等公约框架下开展多目标协同的履约和国际合作，提升蓝碳对多个国际公约的履约支撑能力。以科技合作、履约技术服务和可持续发展模式创新深化蓝碳双边国际合作，积极参与已有的多边蓝碳合作机制，适时在联合国和地区政府间国际组织框架下发起新的蓝碳合作机制，逐渐引领蓝碳多边国际机制，以蓝碳为抓手促进"一带一路"民心相通。

文章来源：原刊于《环境保护》2023 年第 3 期。

海洋软实力

习近平新时代海洋发展观的历史视角

■ 胡德坤，晋玉

论点撷萃

改革开放以来，我国的海洋事业取得了长足的发展。进入21世纪后，我国海军力量的增长、海洋经济的繁荣、海洋科技的进步、海洋合作的加强、海洋环境的改善等，都达到新的高度，成为实现中华民族伟大复兴的重要组成部分。当前在习近平海洋发展思想的指引下，我国又迈开了建设海洋强国的步伐，迎来了海洋强国的新时期，这是中华民族实现伟大复兴的需要，也是中国历史演进的必然趋势。

习近平高度重视海洋发展问题，系统全面地提出了新时代海洋发展观。习近平新时代海洋发展观正是深刻把握海洋发展历史规律、顺应当今海洋发展潮流的产物，是引领新时代海洋发展方向的指导思想。

习近平统筹国际国内两个大局，统筹陆地与海洋两个方面，顺应世界海洋史、中国海洋史的发展趋势，创造性地提出了"一个总目标、两个原则、两大任务、一个基本路径"的海洋强国思想：一个总目标——实现中华民族伟大复兴；两个原则——国内国际统筹、陆地海洋统筹；两大任务——建设海洋强国、构建海洋命运共同体；一个基本路径——"21世纪海上丝绸之路"倡议，已形成系统完整的新时代海洋发展观。这是习近平以马克思主义为指导，高屋建瓴进行的理论与实践的重大创新，是大时代、大格局、大战略、大

作者： 胡德坤，武汉大学人文社会科学资深教授，武汉大学中国边界与海洋研究院理事长、首席专家；
晋玉，武汉大学中国边界与海洋研究院博士

智慧的体现,是我国实现海洋强国,进而推动中华民族伟大复兴的指导思想,也是引领世界海洋事业发展、构建海洋命运共同体的指导思想。

进入 21 世纪,世界历史整体发展呈现出经济全球化进程加快、世界多极化格局更加明显的趋势,世界正处于百年未有之大变局之中。如何顺应历史潮流,把握历史机遇,推动可持续发展,是每一个国家都面临的重大课题。其中,开发海洋,利用海洋,发展海洋事业,已经成为沿海各国推动可持续发展的必然选择。

我国也不例外。随着国际环境和国内条件的改变,新中国成立后,在毛泽东时期我国海洋事业发展的重点是"站起来",海洋防务是当务之急。从邓小平、江泽民到胡锦涛时期,海洋经济受到重视,国家制订了海洋事业全面发展规划,海洋事业发展的重点是"富起来"。2013 年以来,习近平结合国内国外两个大局,顺应中外海洋历史发展的趋势,提出了海洋强国战略目标和构建海洋命运共同体的理念,创新了海洋发展思想,形成了习近平新时代海洋发展观,使我国的海洋事业从"富起来"进入"强起来"的发展新时期。

习近平指出,"只有在整个人类发展的历史长河中,才能透视出历史运动的本质和时代发展的方向"。习近平新时代海洋发展观正是深刻把握海洋发展历史规律、顺应当今海洋发展潮流的产物,是引领新时代海洋发展方向的指导思想。本文试图从历史的视角学习和领会习近平新时代海洋发展观。

一、习近平新时代海洋发展观的内涵

习近平高度重视海洋发展问题,系统全面地提出了新时代海洋发展观。归纳起来就是:一个总目标——实现中华民族伟大复兴;两个原则——国内国际统筹、陆地海洋统筹;两大任务——建设海洋强国、构建海洋命运共同体;一个基本路径——"21 世纪海上丝绸之路"倡议。

(一)一个总目标——实现中华民族伟大复兴

习近平担任中共中央总书记以来,针对海洋发展发表了一系列讲话。2013 年 7 月 30 日习近平在主持中共中央政治局第八次集体学习时,就建设海洋强国问题发表讲话指出,"21 世纪,人类进入了大规模开发利用海洋的时期";"建设海洋强国是中国特色社会主义事业的重要组成部分。党的十八大作出了建设海洋强国的重大部署。实施这一重大部署,对推动经济持续健康发展,对维护国家主权、安全、发展利益,对实现全面建成小康社会目标,进而实现中华民族伟大复兴都具有重大而深远的意义。要进一步关心海洋、认识海洋、经略海洋,推动我国海洋强国建设不断取得新成就。"2013年8月28日,习近平在大连船舶重工集团海洋工程有限公司考察时指出:"海洋事业关系民族生存发展状态,关系国家兴衰安危。"习近平上述讲话高屋建瓴地指明了海洋事业发展的重要性:一是海洋事业"关系民族生存发展状态",开发海洋能"推动经济持续健康发展";二是海洋事业"关系国家兴衰安危",能"维护国家主权、安全、发展利益"。基于这种认识,习近平为我国海洋事业的发展确定了近期与远期目标:近期目标是"实现全面建成小康社会",远期目标是"实现中华民族伟大复兴"。2021年7月1日,习近平总书记在庆祝中国共产党成立100周年大会上宣告,"经过全党全国各族人民持续奋斗,我们实现了第一个百年奋斗目标,在中华大地上全面建成了小康社会……"我国海洋事业的奋斗目标已经过渡到"实现中华民族伟大复兴"。即是说,建设海洋强国是实现中华民族伟大复兴不可或缺的内容。

(二)两个原则——国内国际统筹、陆地海洋统筹

习近平在中共中央政治局第八次集体学习的讲话中指出:"我国既是陆地大国,也是海洋大国,拥有广泛的海洋战略利益。经过多年发展,我国海洋事业总体上进入了历史上最好的发展时期。这些成就为我们建设海洋强国打下了坚实基础。我们要着眼于中国特色社会主义事业发展全局,统筹国内国际两个大局,坚持陆海统筹,坚持走依海富国、以海强国、人海和谐、合作共赢的发展道路,通过和平、发展、合作、共赢方式,扎实推进海洋强国建设。"习近平的讲话非常明确,要实现海洋发展,就要坚持两个原则:国内国际统筹、陆地海洋统筹。所谓国内国际统筹,即不仅要考虑"当今世界正在经历百年未有之大变局""世界各国人民的命运从未像今天这样紧紧相连",国际海洋治理体系正朝着可持续发展、和平发展的趋势快速演变,也要考虑我国仍面临着"发展不平衡不充分的一些突出问题尚未解决,发展质量和效益还不高,创新能力不够强,实体经济水平有待提高,生态环境保护任重道远"等挑战。"海洋是推动高质量发展的战略要地,是实现可持续发展

的重要空间和资源保障。"为此,综合考察国际、国内两个大局,才能正确谋划我国海洋事业发展的大局。正如习近平所指出的,"我国既是陆地大国,也是海洋大国",重陆轻海或者重海轻陆都不符合我国陆海兼备的国情。所谓陆地与海洋统筹原则,就是在"统筹陆海资源配置、产业布局、生态保护、灾害防治协调发展,统筹沿海各区域间海洋产业分工与布局协调发展,统筹海洋经济建设与国防建设融合发展"的基础上,规划海洋强国的蓝图,使陆地、海洋互相促进,协调发展。可见,国内国际统筹,陆地海洋统筹,既体现了国际的大局,又体现了中国的具体国情,是相辅相成的两个原则。

(三)两大任务——对内推进海洋强国战略、对外倡导构建海洋命运共同体

根据海洋发展的总目标,习近平提出了海洋发展的两大任务。

1. 推进海洋强国战略

一是重视海洋经济的发展。早在 2003 年 8 月 18 日,习近平在浙江省海洋经济工作会议上的讲话就指出:"加强陆域和海域经济的联动发展,实现陆海之间资源互补、产业互动、布局互联,是海洋经济发展的必然规律。"习近平在中共中央政治局第八次集体学习时的讲话指出:"21 世纪,人类进入了大规模开发利用海洋的时期,海洋在国家经济发展格局和对外开放中的作用就更加重要……"发达的海洋经济是建设海洋强国的重要支撑。为此,要"依海富国",要提高海洋开发能力,扩大海洋开发领域,推动海洋经济向质量效益型转变,让海洋经济成为新的增长点。在考察大连船舶重工集团海洋工程有限公司时,习近平再一次强调,"加快培育海洋工程制造业这一战略性新兴产业,不断提高海洋开发能力"。2018 年 6 月 13 日,习近平在考察山东时进一步强调,"海洋经济发展前途无量"。可见,习近平十分重视海洋经济的发展,不仅认为其是我国经济的"新的增长点",而且认为其"前途无量"。因此,我们必须重视并发挥海洋经济在我国经济社会发展中的作用。

二是重视对海洋生态的保护。习近平在中共中央政治局第八次集体学习时的讲话指出,"要保护海洋生态环境,着力推动海洋开发方式向循环利用型转变",实现"人海和谐"的目标;"要将海洋生态文明建设纳入到海洋开发总体布局之中,采取有力措施改善海洋生态环境,让人民群众放心地吃上绿色、安全的海产品,享受到碧海蓝天的自然美景。"表明习近平将保护生态

环境、维护生态平衡作为我国发展海洋事业的标准和前提,把守护碧海蓝天作为海洋战略不可或缺的一部分。

三是重视创新海洋科技。习近平在中共中央政治局第八次集体学习时的讲话指出,"要发展海洋科学技术,着力推动海洋科技向创新引领型转变";"建设海洋强国必须大力发展海洋高新技术"。2018年6月,习近平在考察青岛海洋科学与技术试点国家实验室时强调,"建设海洋强国,必须进一步关心海洋、认识海洋、经略海洋,加快海洋科技创新步伐"。2021年11月,"奋斗者"号全海深载人潜水器成功完成万米海试并胜利返航,习近平在贺信中殷殷嘱托科研人员"为加快建设海洋强国、为实现中华民族伟大复兴的中国梦而努力奋斗"。可见,习近平十分重视海洋科技的发展,依靠科技来推进海洋经济转型,体现了科学的海洋发展观。

四是重视海洋维稳维权。习近平指出:"我们爱好和平,坚持走和平发展道路,但决不能放弃正当权益,更不能牺牲国家核心利益。要统筹维稳和维权两个大局,坚持维护国家主权、安全、发展利益相统一,维护海洋权益和提升综合国力相匹配。要坚持用和平方式、谈判方式解决争端,努力维护和平稳定。要做好应对各种复杂局面的准备,提高海洋维权能力,坚决维护我国海洋权益。要坚持'主权属我、搁置争议、共同开发'的方针,推进互利友好合作,寻求和扩大共同利益的汇合点。"习近平还指出:"海军作为国家海上力量主体,对维护海洋和平安宁和良好秩序负有重要责任。大家应该相互尊重、平等相待、增进互信……携手应对各类海上共同威胁和挑战,合力维护海洋和平安宁。"可见,习近平把维护海洋权益作为我国海洋事业发展的基点,在坚持维护国家主权、安全、发展利益的基础上,以合作共赢为最终目标,努力推进与海洋邻国的互利友好合作,全力寻求和扩大利益共同点。

上述海洋经济、海洋生态、海洋科技和海洋权益四部分内容是相互联系、相互促进的一个整体,是海洋强国不可或缺的重要内容。

2. 倡导建设海洋命运共同体

早在2013年3月,习近平在莫斯科国际关系学院发表演讲指出."这个世界,各国相互联系、相互依存的程度空前加深,人类生活在同一个地球村里,生活在历史和现实交汇的同一个时空里,越来越成为你中有我、我中有你的命运共同体。"2017年1月17日,习近平在世界经济论坛2017年年会开幕式上发表题为《共担时代责任 共促全球发展》的主旨演讲指出:"人类已经成为你中有我、我中有你的命运共同体,利益高度融合,彼此相互依存。"1月18日,习近平在瑞士日内瓦出席"共商共筑人类命运共同体"高级别会议,发表题为《共同构建人类命运共同体》的主旨演讲指出,为了促进世界的和平与发展,"中国方案是:构建人类命运共同体,实现共赢共享"。2017年3月23日,联合国人权理事会将命运共同体写进了决议,表明习近平提出的构建人类命运共同体理念在国际上得到了广泛的认可。2019年6月8日,在中国人民解放军海军成立70周年之际,习近平指出:"海洋孕育了生命、联通了世界、促进了发展。我们人类居住的这个蓝色星球,不是被海洋分割成了各个孤岛,而是被海洋连结成了命运共同体,各国人民安危与共。"这就明确提出了海洋命运共同体理念,即通过和平、发展、合作、共赢方式,将海洋变成为全人类共享的和平之海,构建出新型的海洋秩序——海洋命运共同体。构建海洋命运共同体理念,展现了习近平大时代、大格局、大战略、大智慧的外交视野,主要表现为两个对接。

一是倡导中国梦与世界梦相对接。2012年11月29日,习近平在参观"复兴之路"展览的讲话中指出:"我以为,实现中华民族伟大复兴,就是中华民族近代以来最伟大的梦想。"习近平的这段话清晰地概括了中国梦的内涵——实现中华民族伟大复兴。2014年5月15日,习近平在中国国际友好大会暨中国人民对外友好协会成立60周年纪念活动上的讲话中指出:"中国梦既是中国人民追求幸福的梦,也同世界人民的梦想息息相通。中国将在实现中国梦的过程中,同世界各国一道,推动各国人民更好实现自己的梦想。"这就明确指出中国梦与世界梦是完全可以对接的,中国愿同世界各国一道来实现"中国梦""世界梦"。

二是将中国发展与世界发展相对接。2013年1月28日,习近平在十八届中央政治局第三次集体学习时的讲话中指出,"世界繁荣稳定是中国的机遇,中国发展也是世界的机遇";我们要"把中国发展与世界发展联系起来,把中国人民利益同各国人民共同利益结合起来,不断扩大同各国的互利合作,以更加积极的姿态参与国际事务,共同应对全球性挑战,努力为全球发展作出贡献"。2014年11月17日,习近平在澳大利亚联邦议会演讲再次强调,"只有世界发展,各国才能发展;只有各国发展,世界才能发展";"中国愿意同各国共同发展、共同繁荣"。习近平将中国发展与世界发展相对接的思想,也是中国海洋发展的指导思想。即是说,中国海洋的发展要促进各国海洋的共同发展、共同繁荣。中国愿与世界携手共同构建海洋命运共同体,将海洋变成各国共享的和平之海。

(四)一个基本路径——海上丝绸之路倡议

2013 年 9 月和 10 月,习近平提出了建设"新丝绸之路经济带"和"21 世纪海上丝绸之路"的倡议。关于海上丝绸之路,2015 年习近平在博鳌论坛上提出,"要加强海上互联互通建设,推进亚洲海洋合作机制建设,促进海洋经济、环保、灾害管理、渔业等各领域合作,使海洋成为连接亚洲国家的和平、友好、合作之海"。2017 年习近平在"一带一路"国际合作高峰论坛圆桌峰会开幕式上提出"设施联通是合作发展的基础";在闭幕式上,习近平再次表示"'一带一路'建设国际合作要继续把互联互通作为重点""打造基础设施联通网络"。2017 年习近平在党的十九大报告中指出,"要以'一带一路'建设为重点,坚持引进来和走出去并重,遵循共商共建共享原则,加强创新能力开放合作,形成陆海内外联动、东西双向互济的开放格局"。2019 年在京津冀三省市考察并主持召开京津冀协同发展座谈会上,习近平强调"经济要发展,国家要强大,交通特别是海运首先要强起来"。2013 年 7 月 30 日中共中央政治局就建设海洋强国进行第八次集体学习,习近平指出,"当前,以海洋为载体和纽带的市场、技术、信息、文化等合作日益紧密,中国提出共建 21 世纪海上丝绸之路倡议,就是希望促进海上互联互通和各领域务实合作,推动蓝色经济发展,推动海洋文化交融,共同增进海洋福祉"。海洋发展离不开海运,海洋合作离不开互联互通,以互联互通为建设重点的"一带一路"承载着从古代就已形成的对沿线国家的和平友好传统,力图加强合作、共享发展成果,正是合作共赢的具体表现,既是中国实现海洋强国战略的必由之路,也是构建"海洋命运共同体"的有效路径。

总之,习近平关于海洋强国的论述已形成了包含"一个总目标、两个原则、两大任务、一个基本路径"的系统、完整的海洋发展观,是习近平新时代中国特色社会主义思想的重要组成部分,也是我国发展海洋事业、建设海洋强国、推动构建海洋命运共同体的指导思想。习近平新时代海洋发展观的形成,是习近平将马克思主义与中国革命实践相结合的产物,是对新中国海洋发展思想的继承与发展,也是习近平"究天人之际,通古今之变",鉴往知来,总结中外历史规律,结合历史与现实进行理论与实践创新的产物。

二、习近平新时代海洋发展观是世界海洋历史演进的产物

在古代，由于科学技术落后的局限，世界各个陆地被海洋所分割隔绝，汪洋大海成为人类活动和交往的最大障碍。从公元前 8 世纪开始，位于地中海的古希腊（公元前 8 世纪—公元前 2 世纪）、古罗马（公元前 2 世纪—公元 6 世纪）就已经开始利用近海海域提升国力，依海兴国初露端倪，地中海成为世界历史上第一个海洋文明圈，是公认的海洋文明摇篮。在东半球，中国自秦汉就开始探索一条从西太平洋至印度洋的海上通道，随着"海上丝绸之路"的开辟，东方海洋文明的画卷也徐徐展开。尽管如此，古代的海洋文明仍从属于陆地文明，因为这些近海海洋文明圈彼此之间并无联系，仍处于孤立发展状态，其影响十分有限。

15—16 世纪，资本主义萌芽在西欧兴起，西欧沿海国家开始向海洋发展，通过海路开拓世界市场、探寻原料产地，以满足资本主义发展的需求，人类历史进入了具有重大转折意义的大航海时期，标志着海洋文明开始兴起。

开展探险活动的航海家是大航海的最早开拓者。西欧濒海的葡萄牙和西班牙最先开启了探索海路的探险活动。从 1443 年起，葡萄牙航海家在皇室的支持下，开始摸索通往印度的海上航路，穿越了西非海岸的博哈多尔角，于 1487 年 7 月到达非洲的最南端好望角。1498 年，葡萄牙航海家达·伽马船队绕过好望角，经莫桑比克等地到达印度。这条航路的开辟促进了欧亚海上贸易的发展，也使葡萄牙崛起为世界海洋强国。相邻的西班牙也不甘落后，先后于 1492 年、1519 年派遣航海家哥伦布、麦哲伦探索新航路。哥伦布船队横渡大西洋，到达了美洲，发现了"新大陆"，美洲便成为西欧早期对外殖民侵略的主要对象。麦哲伦带领船队绕过南美洲，然后横渡太平洋，穿过亚洲马六甲海峡到达印度洋，又绕过非洲好望角回到西班牙。麦哲伦这次航行的意义在于他证明地球是圆的，通过海洋可以联接世界上所有的陆地。即是说，海洋不再是隔绝陆地的障碍，反而成为联通陆地最便利的航道，这是人类对海洋认知的重大突破。新航道的开辟极大地促进了葡、西两国势力所及地区的"贸易"，这些地区主要是美洲、非洲，然后是亚洲、大洋洲。这些地区尚处于落后的封建社会、奴隶社会甚至原始社会时期，无力抵抗正在向资本主义制度过渡的先进西欧国家的入侵。葡、西两国主要依靠暴力开路，强制航道沿线国家进行"贸易"，在各大洲建立殖民商业网点，实

际上是赤裸裸地掠夺航道沿线国家的香料、白银和黄金,通过剥夺落后国家的财富促进本国资本主义的发展,从而成为该时期的海洋大国。

继葡、西之后,处于西班牙统治下的尼德兰(今荷兰、比利时、卢森堡和法国北部),由于处在濒海的有利地理位置,以造船业和航海业为标志的工商业得到了迅速发展,资产阶级日渐壮大。1566—1581 年,尼德兰爆发了资产阶级革命,建立了世界历史上第一个资本主义制度国家——荷兰共和国。资本主义的一个重要属性是对外扩张。资本主义制度的确立进一步推动了荷兰面向海洋的发展。从 16 世纪末起,荷兰商船队往东航行到印度和爪哇,往西航行至非洲大陆南端。1622 年荷兰商船的活动地区到达北美东岸、中国台湾、中国东南沿海,1643 年到达大洋洲的新西兰。到 17 世纪中叶,荷兰造船业一度居世界首位,穿梭于世界各地的荷兰商船已达近万艘,贸易额占到全世界总贸易额的一半。同时,荷兰还建立了当时世界上最大的殖民帝国,成为名副其实的世界海洋强国。

接着,英国在海洋群雄争霸中脱颖而出。英国是一个岛国,面海发展意识强烈。16 世纪中期英国资产阶级迅速兴起,1640 年英国爆发了资产阶级革命,1688 年英国最终确立了资产阶级君主立宪制。资本主义制度的正式建立推动着英国对海外的扩张。16 世纪后期到 19 世纪,英国依靠工业革命的红利,建立起强大的海军。这使英国能在与其他海洋强国的厮杀角逐中,逐步取得世界海洋霸权和商业霸权。其中,英国先后在英西海战中击败西班牙的无敌舰队跻身海洋强国;通过三次海战将荷兰拉下了海洋霸主的宝座;与正在崛起的海洋强国法国展开五次激烈的海上交锋,均以胜利收场,从此成为当时的海洋霸主。18—19 世纪,英国利用两次科技革命的成果率先实现了近代化,以拥有世界上最强大的海军为后盾,疯狂进行征服战争,抢夺殖民地,扩大势力范围,建立了以海权为核心的庞大的殖民帝国,被称为"日不落帝国"。

19 世纪到 20 世纪初,美洲的美国、欧洲的德国与亚洲的日本,也以建立和扩充海上力量为先导,进入海洋大国的行列。其中,最引人注目的是美国。19 世纪末美国已发展成为世界第一经济大国,但当时的美国只是一个陆权大国,不是海权大国,因而也不是世界强国,它的影响所及仅仅是北美洲。于是,美国便把目光转向了海洋。美国总统西奥多·罗斯福在思考美国的发展道路时说过:"美国人要么甘心做二流国家,要么建立一支强大的海军。"之后,美国采用了马汉的海权理论,着力将建设海洋大国作为美国在20世纪的发展目标。马汉认为,大洋从地理上将美国与所有对手完全分隔,因此美国没有建立陆军的压力,但美国如果要加强与其他国家的交往,向外部世界扩张,又必须依赖于海洋。同时,他洞察历史,将浩瀚的人类活动史浓缩成一幅人类开发海洋的地图,指出:"以贸易(指商品输出)立国的国家,必须控制海洋。夺取并保持制海权,特别是与国家利益和海外贸易有关的主要交通线上的制海权,是国家强盛和繁荣的主要因素。"最终,马汉的海权理论为美国的发展指明了方向,美国确定了兼顾发展海权和陆权的国家战略,加快以战列舰建造为主要内容的海军建设,使海军力量迅速增强。1906年美国海军已跻身世界第三,1907年上升为世界第二,仅次于英国。

当美国海军实力增强之后,美国便以自己为中心,由近及远,向海洋拓展,逐渐确立了"一海两洋战略"。一海战略,即对加勒比海及南美洲海域实施控制战略,将其变成美国的"内海"。两洋战略,即太平洋战略和大西洋战略。为此,美国组建了太平洋舰队和大西洋舰队,形成了全球海洋战略网络,成功地完成了从"大陆扩张"到"海洋扩张"、从陆权国家到海权国家的转型,这标志着世界上又一个新兴海洋大国的诞生。

1914—1918年的第一次世界大战给美国带来了海权发展的良机。在战争后期,为了支持英、法、俄协约国在欧洲的作战,美国建立大西洋护航体系,远征欧陆,将数百万吨的战争物资和200万兵力送达欧洲,标志着美国海上的护航能力和运输能力已提升到其他国家难以企及的新高度。到"一战"结束时,美国的海军实力已达到世界一流,可以与英国平起平坐,并拉开了同其他国家海上力量的差距,这标志着美国实现了从海权大国向海权强国的转变。

1931—1945年的第二次世界大战给美国海权发展带来了又一次良机。"二战"海上争夺之激烈,海战规模之庞大,在世界历史上是空前的。出于反法西斯战争的需要,美国凭借世界上独一无二的经济实力,迅速发展海上力量,提升海上航运能力,以保证太平洋和大西洋海战的胜利以及对盟国租借物资的供应。到1945年8月31日,美国"海军陆战队人数达到48.5万,舰船数量达到68936艘,其中1166艘是主力舰",海外基地遍布各大洋,综合国力全面提升成为世界超级大国,终于取代英国成为世界上独一无二的海洋霸主。

战后在以美、苏两极为核心的两个阵营的冷战中美国始终占着上风。从总体上看,冷战期间以海权大国美国为首的资本主义阵营控制着世界的海洋,以海权包围封锁苏联及社会主义阵营,被称为"边缘战略";而以陆权大国苏联为首的社会主义阵营则控制着欧亚大片陆地中心地带,被称为"中心战略"。这一场持续了近半个世纪的冷战,最终以拥有强大海权的美国战胜海权偏弱的苏联而宣告结束。

上述可以发现,近代以来西方列强开辟海路的过程确实打破了长久以来各个大陆板块相互孤立、人类相互封闭的状态,为世界各地区的联通与交流作出了积极贡献。但同时我们也应看到,西方列强的兴起,是以牺牲海路沿线的美洲、非洲、亚洲、大洋洲等落后地区为代价的。二次世界大战后,西方殖民体系瓦解,殖民地纷纷独立,世界政治的大变局使得战后各国的面海发展方式逐渐转变为开发和利用海洋。当然,例外的是美国仍凭借其海洋霸主地位,利用强大的海上力量进行冷战,用武力干涉别国内政,在战后海洋史上写下了不和谐的一页。

20 世纪 50 年代末 60 年代初,世界各沿海国更加重视面海发展,把海洋发展战略提升到国家战略的高度。法国总统戴高乐提出向海洋进军的口号,成为当时西方发达国家的共识,各沿海国尤其是美国、英国、日本等发达国家,都纷纷制定海洋开发战略和长远规划,出台了海洋综合性的总政策,加快了海洋发展的步伐。1982 年《联合国海洋法公约》的诞生标志着现代国际海洋法制体系的确立,各沿海国家都在《公约》原则下扩展本国海域管辖范围,调整海洋发展战略,颁布本国海洋开发和管理的法律法规,以保障本国海洋事业的可持续发展。例如,自 20 世纪 90 年代以来,美国制定了一系列海洋发展战略规划。2000 年美国国会通过了《海洋法案》,2004 年《21 世纪海洋蓝图》《美国海洋行动计划》陆续公布,21 世纪的美国海洋事业的长期发展规划和具体行动纲领得以确定。日本作为岛国历来重视面海发展。20世纪 60 年代以来,日本强调"海洋立国"战略,经济发展重心逐渐从重工业、化工业过渡为开发海洋、发展海洋产业。2001 年日本政府制定了海洋开发战略计划,提出了 10 年海洋发展框架,把海洋开发确立为优先研究领域。2001 年欧盟制定了《欧洲海洋战略》,2007 年又制定了《欧盟海洋综合政策》(蓝皮书)及《"蓝皮书"行动计划》,推动了欧盟深度面海发展。2001 年,俄罗斯制订了《俄罗斯联邦 2020 年前海洋学说》,开始全面向海洋进军。总之,20

海洋软实力

世纪末以来,世界各沿海国面海发展的热潮持续高涨,催生了经济全球化浪潮,使世界进入了百年未有之大变局之中。

早在 2003 年 8 月 18 日,习近平就在浙江省海洋经济工作会议上讲话指出:"纵观世界经济发展的历史,一个明显的轨迹,就是由内陆走向海洋,由海洋走向世界,走向强盛"。2019 年 4 月 24 日,习近平又强调指出:"海洋孕育了生命、联通了世界、促进了发展。"这就高度归纳、概括了世界海洋发展的历史经验。可见,习近平新时代海洋发展观是符合世界历史发展大趋势的,是世界历史演进的产物。

三、习近平新时代海洋发展观是中国海洋历史演进的产物

中国既是陆地大国也是海洋大国,早在汉唐时期,中国就已成为东亚文明的中心,在近海的海洋活动十分频繁,海洋渔业、海洋航运、海洋贸易十分活跃。海洋贸易的发展,催生了古代海上丝绸之路。即商船以中国东南沿海为起点,从南海穿越东南亚马六甲海峡,经过印度洋、阿拉伯海、红海,抵达非洲东海岸,将中国的丝绸、茶叶、瓷器等产品,运往印度洋沿岸,再转运到地中海沿岸各国。

在秦代,中国已发明了帆船,用于海洋远航。据《史记》记载,秦始皇于公元前 221 年至前 210 年曾派徐福率数千童男童女乘船渡海,去蓬莱、方丈、瀛州(今日本)三座神山寻找长生不老仙药,因寻药不得,遂留居当地。现在,日本和歌县等地多处建有徐福墓。可见,2200 年前中日海路已经大通。汉代十分重视海上对外贸易航路的开拓,曾多次派遣贸易船队经过越南、马来西亚、新加坡、印度尼西亚、泰国、缅甸等国近海,到达印度洋东海岸,称之为"海上丝绸之路"。唐朝开辟的航路从广州出发沿东南亚,穿过波斯湾、红海,途经 30 多个国家和地区直至东非沿岸,航行 1.4 万多海里,是 16 世纪以前世界上最长的远洋航线。五代时期,中国商船开辟了经印度洋入红海,到达北非与东非的海上交通线。至此,海上丝绸之路全面超越陆上丝绸之路,成为当时中国同海外各国开展贸易的主要交通线。宋元时期,指南针运用于航海,使海上丝绸之路更加繁荣,中外贸易得到进一步发展。

明代前期永乐帝和宣德帝对远航行动的大力支持,成就了郑和七下西洋的壮举。但郑和下西洋与西欧大航海存在着诸多差异。从规模来看,哥伦布、麦哲伦的航海只是少量小型船只的探险活动,而从永乐三年(1405)到

宣德八年(1433)的28年间,郑和舰队七次远航,每一次具体的船只和人数虽各不相同,但至少都有60余艘主船、100余艘各式海船、27000名左右将士。郑和船队浩浩荡荡从东海出发,经南海、马六甲海峡、印度洋,最终到达过阿拉伯半岛和非洲东海岸,航行了近半个地球。不论从船队规模,还是航行距离来说,都可以称得上前无古人的壮举,在古代中国和世界航海史上留下了最绚烂的一笔。从目的来看,欧洲航海是出于资本主义发展的需求,开拓海外市场、掠夺资源,进行资本的原始积累,发展资本主义。而中国明代的封建制度十分完备,导致资本主义的萌芽在中国难以开花结果。郑和下西洋的主旨是宣扬国威而非拓展世界市场,对待朝贡的国家更是采取"薄来厚往"的贡赐形式,建立友好关系,从而也将中国文化传播到沿海各国。正如习近平所言:"15世纪初,中国明代著名航海家郑和七次远洋航海,到了东南亚很多国家,一直抵达非洲东海岸的肯尼亚,留下了中国同沿途各国人民友好交往的佳话"。

事实上,明朝中后期至清代中期,均采取了海禁政策,其实质无异于闭关锁国,其结果是在西欧资本主义兴起之际,中国仍滞留于封建社会,与发展机遇失之交臂,开始成为世界上落伍的大国。即是说,中国的落后并非始于鸦片战争,而是15—16世纪就初露端倪。

也是在西欧大航海之后,西方的殖民主义者,最早是葡萄牙、西班牙、荷兰,便开始借助海洋来到中国。其中,荷兰还在1624年武力侵占了中国台湾。但当时中国还是世界上综合国力强大的国家,葡、西、荷等国国力与中国比仍有限,所以尽管这一批西方殖民主义者对中国的安全造成了威胁,但未能撼动清王朝的根基。进入18世纪后,西欧兴起了第一次工业革命,英国脱颖而出,以炮舰为后盾,以商品为先导,开始向世界所有落后地区发动了剑与火的征服与掠夺,中国也未能幸免。19世纪世界迈入了海洋时代,欧美各国及后起的日本以商业殖民、传教、炮舰武力等多重手段,通过海洋向世界所有地区进行征服与掠夺,闭关锁国的中国进一步惨遭西方列强的欺凌。据统计,1840—1919年,日、英、法、美、俄、德等国从海上入侵中国达470余次,出动舰艇1860次。其中,有重大影响的海上入侵有鸦片战争、第二次鸦片战争、中法战争、甲午中日战争和八国联军侵华战争等。在西方列强炮舰的威胁下,清政府被迫签订了一系列不平等条约,中国沦为了列强共同支配的半殖民地国家。在此期间,清政府中的有识之士认识到中国的威胁主要来自海洋,开始强调海防的重要性。于是,北洋水师、南洋水师得以在清朝末年组建。至1881年,加上从英国购入的2艘快船、6艘跑船,再加上先后调进沪、闽两厂的5艘船,北洋水师共有13艘船,已粗具规模。但此后直到1894年甲午战争前,因清政府忽视海防,北洋水师没有添置一舰一炮,这成为甲午海战失利的重要原因之一。最终,自鸦片战争开始,中国国家主权严重受损,国土日益锐减,受尽屈辱,从世界泱泱大国变成了人见人欺的"东亚病夫"。

民国初期,孙中山在日本期间深受海权论的影响,主张建立海权。1912年中华民国宣告成立之后,海军部成为直属大总统的九部之一。1913年,民国海军组编为三个舰队,总计拥有舰艇42艘。1929年6月,南京国民政府成立海军部,把下辖的舰队整编为四个舰队,分别负责长江流域、东海海域、渤海海域和黄海海域、广东省沿海和珠江流域的海防任务。但国力衰弱的民国政府也无力保持稳定和足够的海防投入,因此近代以后中国"有海无防"的局面仍未得到根本改变,这给后来的抗日战争造成了极大的困难。1937年七七事变时,日本已成为东方的海洋强国,拥有包括航空母舰在内的总吨位达110余万吨的庞大舰队,而当时中国海军所有舰艇总吨位仅几万吨。抗战爆发后,日本海军以压倒性优势击败了中国海军,取得了中国近海的制空权和制海权,控制并封锁了中国沿海、沿江区域,协助日本陆军开展大规模登陆作战,在短短的一年多的时间里,占领了中国华北、华东、华中和华南的大片国土。可见,海权的缺失导致我国在抗日战争中付出了巨大代价,教训之惨痛难以言表。正如2014年6月27日习近平在接见第五次全国边海防工作会议代表时所指出的:"一提到边海防,就不禁想起了中国近代史。那个时候,中国积贫积弱,处于任人宰割的地步,外敌从我国陆地和海上入侵大大小小数百次,给中华民族造成了深重灾难。这一段屈辱历史,我们要永志不忘。"

新中国成立后,海洋事业与国家整体事业同步发展,也实现了从"站起来"到"富起来",再到"强起来"的转变。新中国成立前后,毛泽东对新中国的自身情况和外部安全环境作出了重要的判断。毛泽东表示"过去帝国主义侵略中国大都是从海上来的,现在太平洋还不太平";"我们的海岸线这么长","现在我们的海军还不够强大";"要看好我们国家的东、南大门";"有效地防御帝国主义的可能的侵略";"我们一定要建立强大的海军"。在《目前形势和党在 1949 年的任务》中，毛泽东指出："1949 年及 1950 年我们应当争取组成一支能够使用的空军及一支能够保卫沿海沿江的海军"。1949 年 4 月 23 日，华东军区海军正式成立，标志着新中国海军的诞生。之后，毛泽东又把目光聚焦于如何建设"强大的海军队伍"。1949 年 8 月，毛泽东召见华东军区海军相关人员商讨海军建设事宜，强调"我们要建立一支强大的海军！"1950 年元旦，毛泽东为《人民海军报》创刊号题词："我们一定要建立一支海军，这支海军要能保卫我们的海防，有效地防御帝国主义的可能的侵略。"1952 年 2 月，毛泽东与海军领导人一起探讨海军领导机关设置、装备发展、部队建设等问题。1953 年 2 月，毛主席搭乘海军舰艇巡阅长江沿线，他先后为"长江""洛阳""南昌"等军舰亲笔题词 5 次，都表达了一个核心意思——"为了反对帝国主义的侵略，我们一定要建立强大的海军。"在以毛泽东为首的党中央和中央军委的高度重视下，1955 年到 1960 年间海军东海、南海、北海三个舰队陆续建成，中国的海防能力得到大幅提升。

除了建成一支强大的海军队伍外，新中国也注意建构海洋产业。1949 年的《共同纲领》指出"保护沿海渔场，发展水产业"，明确对渔业经济发展提出要求。到 1953 年，海产品的比例已超水产品总量的 2/3。海洋交通运输业也得到了重视。1953 年以前，"内河只有很少的古老的轮船，几乎完全没有远洋的运输"，但短短一年的时间中国已与 17 个国家通航。海洋运输业的发展需要有良好的基础设施与设备的支撑，因此在国家政策的支持下，港口建设、船舶制造等产业也得到进一步发展。此外，海洋盐业也作为新中国成立初期海洋产业中一大支柱产业得到了重点关注。

在建设海防力量、恢复海洋产业的同时，新中国也着手成立了专门机构管理海洋事务。1964 年，国家科学技术委员会正式向中共提交成立国家海洋局的报告。同年 7 月，第二届全国人民代表大会常务委员会会议批准决议，国家海洋局得以成立。同时交通部、农业部、轻工业部等部门也把海上交通运输、海上渔业行业管理、海上盐业等纳入管理工作，初步构成中国的海洋事业管理体系。

以上可见，新中国成立后通过加强海防能力、构建海洋产业、设立涉海事务管理部门这三大措施，中国的海洋事业"站了起来"，不仅初步具备了防卫国家海洋安全的军事力量，还为进一步经略海洋、发展海洋事业奠定了基础。

改革开放后,在邓小平提出的"和平与发展"时代主题指导下,中国对外全面开放,海洋事业和国家整体事业一起迎来了"富起来"的新时期。早在1979年邓小平就指出:"当前世界各国争相把科技重点、经济发展的重点、威慑战略的重点转向海洋,我们不可掉以轻心。中国要富强,必须面向世界,必须走向海洋。"邓小平的这段话指明了我国海洋发展的三大任务:一是发展海洋经济,二是发展海洋科技,三是加强海上安全。在海军建设方面邓小平提出,"我们的海军应是近海作战,是防御性的",但"防御应当是积极的防御,积极防御本身就不只是一个防御,防御中有进攻"。在海洋领土争端方面,邓小平提出了"主权在我,搁置争议,共同开发"的新思路,把合作开发海洋资源放到首位,不仅为我国的海洋发展营造了有利的周边环境,也探索出一条我国与其他周边沿海国家开展海洋合作的道路。到20世纪80年代中期,"经济特区—沿海开放城市—沿海经济开放区—内地"的生产布局初具雏形,海洋与内陆联动、东部沿海经济带动国民经济发展的格局已经成型。

1991年1月,全国海洋工作会议指出"海洋开发时代"即将到来。"会议讨论并通过了《九十年代我国海洋政策和工作纲要》,提出20世纪90年代海洋工作要以开发利用海洋、发展海洋经济为中心,围绕权益、资源、环境和防灾减灾来展开,在2000年使海洋产值占到国民生产总值3%的目标。"同年,在国家计委的委托下,《全国海洋开发规划》编制工作全面铺开。1992年,党的十四大报告提出要坚决"维护国家海洋权益"。1995年,在国务院的授权下,国家计委、国家科委、国家海洋局联合颁发了《全国海洋开发规划》,这是我国发布的第一个具有全局性和战略性的海洋规划。同年10月,江泽民在青岛考察时,提出了"开发和利用海洋将对我国的长远发展产生深远影响"的指示。"1997年,中国的海洋渔业、海盐和盐化工业以及海洋运输业、造船业、油气业和旅游业等主要海洋产业的总产值达3000多亿元,成为国民经济发展的积极推动力量。"1998年5月28日,中国政府首次发表关于海洋方面的白皮书——《中国海洋事业的发展》,白皮书指出,"中国作为一个发展中的沿海大国,国民经济要持续发展,必须把海洋的开发和保护作为一项长期的战略任务。"2002年,江泽民在党的十六大报告中要求"实施海洋开发"。同年,国务院正式批准《全国海洋功能区划》,沿海省、市、县三级海洋功能区划工作也正式展开。2003年国务院印发了《全国海洋经济发展规纲要》,全国海洋规划办公室也正式成立,沿海海洋经济统筹协调工作全面开展。

2007年,胡锦涛在党的十七大报告中进一步强调要大力"发展海洋产业"。2008年,国家发改委和国家海洋局共同编制《国家海洋事业发展规划纲要》,国务院予以批复,海洋事业得到全方面的统筹规划。2012年11月8日,党的十八大报告中提出了"建设海洋强国"的目标和任务,及时将我国的海洋发展战略提升到了国家战略高度。由于国家对海洋的重视,我国一系列海洋法律法规也相继出台,如《中华人民共和国领海及毗连区法》(1992)、《中华人民共和国专属经济区和大陆架法》(1996)、《中华人民共和国政府关于中华人民共和国领海基线的声明》(1998)等,从法律上为我国维护海洋权益提供保障。

总之,改革开放以来,我国的海洋事业取得了长足的发展。进入21世纪后,我国海军力量的增长、海洋经济的繁荣、海洋科技的进步、海洋合作的加强、海洋环境的改善等,都达到新的高度,成为实现中华民族伟大复兴的重要组成部分。当前在习近平海洋发展思想的指引下,我国又迈开了建设海洋强国的步伐,迎来了海洋强国的新时期,这是中华民族实现伟大复兴的需要,也是中国历史演进的必然趋势。

综上所述,习近平统筹国际国内两个大局,统筹陆地与海洋两个方面,顺应世界海洋史、中国海洋史的发展趋势,创造性地提出了"一个总目标、两个原则、两大任务、一个基本路径"的海洋强国思想,已形成系统完整的新时代海洋发展观。这是习近平以马克思主义为指导,高屋建瓴进行的理论与实践的重大创新,是大时代、大格局、大战略、大智慧的体现,是我国实现海洋强国,进而推动中华民族伟大复兴的指导思想,也是引领世界海洋事业发展、构建海洋命运共同体的指导思想。

文章来源:原刊于《边界与海洋研究》2022年第2期。

海洋软实力

中国特色海洋文化建设与
软实力提升

■ 夏立平

论点撷萃

中国海洋文化历史悠久、源远流长、丰富多彩、特色鲜明,是中华文明的重要组成部分,也是中国软实力的重要组成部分。在社会主义现代化进程中,中国海洋文化的与时俱进是提升中国软实力中不可缺少的一环。建设好这一环,必须立足于中国传统海洋文化发展的历史,以习近平总书记关于建设海洋强国的重要论述为指引,汲取中国传统海洋文化精华,并重新赋予新时代中国特色海洋文化以内涵,提升中国的国际话语权。

新时代中国特色海洋文化建设应以中国传统海洋文化精华为基础,只有充分吸收中国传统海洋文化精华和其他国家海洋文化精华,才能构建出新时代中国特色海洋文化体系。第一,新时代中国特色海洋文化建设的目标是把中国海洋文化提升到新阶段。中国特色海洋文化建设是中国综合实力提升的必然要求,也是中华民族复兴道路上不可回避的任务与使命,因此,必须将中国特色海洋文化建设提到全新阶段。第二,新时代中国特色海洋文化建设必须推动传统海洋文化创造性转化和创新性发展。创造性转化,就是融合新时代中国特色的要求,对有价值的历史文化内涵赋予现代的表达形式,激发全民族创新活力;创新性发展,就是在原有的传统文化内涵基础上增添新时代元素,加强其影响力和感召力。第三,新时代中国特色海洋文化建设必须提升中国的吸引力和凝聚力。创新性海洋文化让中国故

作者:夏立平,同济大学政治与国际关系学院二级教授、中国战略研究院副院长,中国海洋发展研究中心研究员

事、中国品牌走向世界,为我国重塑海洋文化自信提供了条件,既增加了国民对海洋文化的认同感,也促进了其他国家对中国特色海洋文化的理解,对提高国家文化软实力、吸引力、凝聚力有着重要的现实意义。

新时代中国特色海洋文化建设将会极大提升中国的对外吸引力和对内凝聚力,促进中国软实力的大幅度提升。要以新时代中国特色海洋文化建设服务海洋强国战略的历史使命、推动构建海洋命运共同体、提高中国国家统一的文化向心力。

中国海洋文化历史悠久、源远流长、丰富多彩、特色鲜明,是中华文明的重要组成部分之一,也是中国软实力的重要组成部分之一。在社会主义现代化进程中,中国海洋文化的与时俱进是提升中国软实力中不可缺少的一环。建设好这一环,必须立足于中国传统海洋文化发展的历史,以习近平总书记关于建设海洋强国的重要论述为指引,汲取中国传统海洋文化精华,并重新赋予新时代中国特色海洋文化以内涵,提升中国的国际话语权。

一、中国海洋文化的发展与演变

中国海洋文化包括思想观念、物质文化与非物质文化遗产三大部分。思想观念是指与海洋相关的客观事物在大脑中的重现与反映,包括意识、精神、思想。物质文化是指人类创造与海洋相关的产品时所体现的文化,包括生产工具、生产技术、社会基础设施等;物质文化包括物质文化遗产,物质文化遗产指"历史上制作出来并以物态的形式保存至今的各种文物——(如)匠人制作出来的各种石雕、木雕、泥塑、面塑"等。根据联合国《保护非物质文化遗产公约》的定义,非物质文化遗产是指被各社区群体,有时为个人视为其文化遗产组成部分的各种传统文化表现形式,以及与传统文化表现形式相关的实物和场所。

与西方海洋文化相比,中国传统海洋文化主要有三个明显变化的特征:一是从神话向平民性转变;二是从以男性为主向男女同等转变;三是从民间向官方和民间并重转变。中国海洋文化的发展与演变大致分为以下三个阶段。

(一)中国海洋文化发展初期(从上古至秦)

这一阶段中国海洋文化演变包括:其一,中国海洋神话故事彰显了祖先与大海抗争的不屈意志与追求美好生活的精神。中国汉字"海"就有海洋就是"人类之母"的寓意,这不仅展现了中国祖先对海与人类关系的深刻认识,也从本质上体现了人类与"海"密不可分的联系。中国关于海洋的上古神话传说,对研究中国海洋文化的历史以及演变有重要的影响,对后代的海洋研究起到了一定启示性作用。与西方,特别是相较于古希腊、古罗马文化海洋神话传说,中国传统文化海洋神话传说呈现出自己的特色。首先,它强调人类不屈不挠的顽强抗争,展现出人类战胜大海的决心和勇气,如"精卫填海"、"鲲鹏展翅"、"哪吒闹海"、"龙伯钓鳌"和"八仙过海"等。其次,它寓意人类要从大海获取美好事物。例如,古代中国神话故事之一"张羽煮海",主要讲述了秀才张羽与龙女相爱,可受到东海龙王的阻拦,后张羽于九天玄女处获得宝物,煮沸整个大海,制服了东海龙王,终成眷属。

其二,中华民族祖先们很早就开始在利用海洋的同时发展海洋文化。在沿海,中华民族祖先创制生存工具可以追溯到旧石器时代,在萧山跨湖桥遗址出土的距今 8000 年的独木舟可以证明,它也是已知东亚地区最早的独木舟。正是从这一时期开始,在祖先们对海洋资源的开发和利用中衍生出了早期的海洋文化雏形。在自然条件限制下龙王治水传说广为流传,民间开始出现对龙的原始图腾信仰。

其三,中国古代大规模航海推动了海上人文和经济交流。从中华民族的历史来看,中国的规模性航海活动在 2000 多年前就开始了,正是出于对海洋的渴望,航海技术的不断发展,推进了海洋文化的发展以及与世界的经济往来。公元前 219 年,徐福率领三千童男童女自山东沿海东渡到达日本,为日本带去了农具、药物、百工、谷种、医术和生产技术,徐福也成为中国有史书记载的第一个航海家,日本传说将其尊称为"司农耕神"和"司药神"。

(二)中国海洋文化发展逐渐演变(从汉朝至中华人民共和国成立)

这一阶段中国海洋文化发展主要包括:其一,海上丝绸之路的诞生与繁荣有力推动中外交流。海上丝绸之路自古以来就是中国与世界其他国家之间的贸易文化交流海上通道。它始于商周,是有记载以来最为古老的海上航线。1913 年,法国东方学家埃玛纽埃尔-爱德华·沙畹(Emmanuel-èdouard Chavannes)首次提出这一名称,也有"海上陶瓷之路"和"海上香料之路"之称。

唐朝末年,连年的战乱纷争使得陆上丝绸之路的发展进入短暂的停滞期,政治与交通因素限制着陆上丝绸之路的发展。另外,这一时期的国家经济中心开始向南方转移,因此,海上丝绸之路发展的基本条件已经满足。在宋元时期,由于国家对航海活动的重视,航海技术不断发展,为对外经济、文化交流提供了物质条件。随着交流的愈发频繁,海上丝绸之路的发展日趋繁荣。从线路来看,海上丝绸之路主要分为两个方向,即东海与南海方向:东经朝鲜与日本;西经东南亚、南亚、北非。《全球通史》对海上丝绸之路有这样的评价:宋元时期的欧亚大陆凭借着高超的航海技术与世界进行了前所未有的物质、文化、思想交流,贸易网络四通八达,思想碰撞无处不在,这种无与伦比的经济文化思想交流,使得宋朝成为中国历史上最富有的时代。

海上丝绸之路一方面为沿线国家的贸易交流提供了通道,促进了经济的发展,另一方面也对国家的文化发展产生一定的影响。中世纪时,海上丝绸之路的繁荣盛况,激起了西方对于中国以及东方的向往,探索的种子也由此在欧洲人心中埋下。对经济交流与文化交融的渴望,在一定程度上促进了西方大航海时代的到来。

海上丝绸之路还推动了沿线国家文化的交流。其中,鉴真六渡日本是最为有名的航海事件。公元733年,日本留学僧侣作为日本使者前往大唐学习先进的文化,在此期间邀请唐朝僧侣赴日本讲学,弘扬大唐文化。鉴真作为扬州大明寺的主持,担此大任。在经历了五次失败之后,终于在公元754年第六次东渡进入日本的九州岛。进入日本之后,鉴真为日本带去了大唐佛法并建立了正规的佛教制度。此外,鉴真还将中医、书法、建筑、雕刻等中华文化,以及豆腐、茶叶、味增等日常用品传播至日本,成为中日两国人文交流的又一重要渊源。

其二,"郑和下西洋"作为中国航海时代的大事件,一定程度上代表了中国古代海洋文化发展的鼎盛时期。中国航海历史的新阶段由此打开,进一步拓展了古代海上丝绸之路。正是由于海上丝绸之路的繁荣发展,明朝与周边国家建立了友好和睦的关系。在这一历史背景下,郑和奉命率领舰队,访问了30多个非洲和南亚国家和地区。郑和下西洋不仅展示了国家形象,更重要的是在很大程度上促进了国家间文化交流。

首先,促进了中国传统文化对外传播。博大精深的中国传统文化本身就具有很强的吸引力,儒家思想、酒文化、茶文化等通过航行传播到西洋和东南亚,对沿途国家产生了文化冲击和深远影响,至今在东南亚民族文化体系中仍能找到与中国的内在关联性。其次,促进了外来文化传播。郑和下西洋是一个文化交流、文化互动、文化输出的过程,其中既有中国文化的向外输出,同时也包容了外来文化,一定程度上丰富了我国传统文化的继承与发展。最后,郑和下西洋向世界宣扬了中国的和谐海洋观念。中国的对外航海活动,从来都不是以争夺与掠取为目的,而是通过互相平等的交流,互相学习来促进各自的友好发展,这不仅是国家风度的体现,也是价值观念的宣扬。

其三,郑成功收复台湾显示了中国海洋文化维护国家统一的向心力。台湾自古以来就是中国的领土。明朝末年,欧洲的荷兰人趁明王朝腐败无能,霸占了台湾,修建城堡,勒索台湾人民、征收苛捐杂税。台湾人民不断反抗,遭到了荷兰侵略军的镇压。1661年,为达成收复台湾的目的,救人民于水深火热,郑成功率领2万多名将士乘船把握时机冲入鹿耳门,登上台湾岛,粉碎了荷兰殖民者的侵略野心。浩浩荡荡的气势与雄厚的实力使得荷兰殖民者知难而退,仅用了一年时间,就使得荷军投降,成功收复了台湾,使得中国的国土得以完整,这一壮举使得郑成功成为中华民族的伟大英雄,也充分彰显了中国海洋文化的强大影响力。

其四,妈祖成为中国古代的女海神。妈祖精神是优秀的中国古代海洋文化遗产。因其行善济世、舍己救人,宋代以来妈祖被尊为女海神,在郑和下西洋期间,曾两次到湄洲岛主持祭祀仪式并扩建妈祖庙,妈祖文化成为航海者的精神支撑。郑和下西洋使妈祖文化在亚洲广泛传播,妈祖文化涵盖了历史学、建筑学、海洋学、神话学、宗教学、经济学等领域,同时与儒学、道教相结合,形成了特有的妈祖文化体系。妈祖于20世纪80年代被联合国授予"和平女神"的称号,尽显中国海洋文化的"和平"内涵。

(三)中国海洋文化发展逐渐成熟(从中华人民共和国成立至今)

在这一阶段,中国海洋文化中崇尚和平、平等合作、勇于探索、维护国家统一等要素逐渐成熟。中国海洋文化不仅成为中国对外交往的软实力和沿海区域重要的经济社会增长动力,同时也成为当代中国社会重要的话语体系。

其一,中国海洋文化中的和平性。与中华文化一样,中国海洋文化也具有和平性。在中国历史长河中,中国从来没有从海上侵略其他国家的经历,也没有在海上称霸的历史,而是与其他国家进行和平交往,不搞殖民侵略。

中国一向坚决抵抗外来海上侵略。14 世纪初期,中国沿海地区倭寇猖獗肆虐。在此背景之下,明朝涌现出戚继光等多位抗倭名将,带领中国人民勇于抗争,与倭寇浴血奋战,抵制侵略,保卫国家。自鸦片战争以来,帝国主义绝大部分都是从海上,利用坚船利炮,打开了中国的大门,使中国沦为半殖民地半封建社会。近代林则徐、邓世昌等民族英雄都代表了中华民族在面对外敌入侵时不屈不挠的民族精神。新中国成立以后,中国奉行独立自主的和平外交政策,针对当时的国际形势,主张通过对话、谈判来解决国家领土包括海洋权益的争端。改革开放以来,中国将海洋作为对外开放的最重要通道。在 20 世纪 70 年代,邓小平同志针对中日领土争议,提出了"搁置争议,共同开发"的政策主张,前提是"主权属我",其目的是为最终解决领土问题创造条件。这一政策主张后来也运用于南海问题。中国的这一主张充分表明了中国海洋文化中的和平性。

其二,中国海洋文化中的合作性。和谐作为中国传统文化的核心,最早发端于《易经》。《易经》认为,阴阳和谐是宇宙运动变化的基础。和谐展现了唯物辩证法的规律,矛盾双方的对立统一推动了事物的变化发展。进入 21 世纪以来,中国国家领导人多次在国际公开场合向世界传达中华文化崇尚和谐的传统。而崇尚和谐也是中国海洋文化的核心价值观。以和为贵的处世理念已经深深植根于中国人的精神文化中,并切实影响中国人的行为。和平、和睦、和谐理念,融入中华民族的血脉,也塑造了新时代中国特色海洋文化的独特精神风范。中国海洋文化以和谐为基本价值取向,在正确认知自身的基础上,与其他文化形成平等的对话态势,在对话过程中,体现出交流的平等与共处的和谐。海洋文化的和谐力,就是运用和而不同的思维,平等对待一切域外文明,相互尊重、理解、融通,在差异、矛盾中实现有序发展,在化解分歧的过程中形成合作。

其三,中国海洋文化中的勇于探索性。开拓是海洋文化发展的本质趋向。人类对海洋的认知是伴随生产力的发展而不断拓宽的,从最初的近海探索到远洋航行,这种实践和认知就是一种开拓。在海洋经济发展中,利用海港发展造船、航海、捕捞等事业,是一种开拓进取精神的体现。海洋对人类充满吸引力,同时也充满危险。人类对海洋的每一步探索均是一种开拓,正是这份开拓的热情和能力,推动了人类文明的进程。在当今时代,人类在海洋所面临的问题是历史上前所未有的,如果没有开拓能力,没有探索精神与勇气，是难以发展的。当代中国海洋文化是开放性的，也是开拓性的，需要继续发挥探索、冒险等精神。同时，人类在海洋探索中形成的开拓进取精神与文化，对后续的开拓者也是一种激励。2005年，经国务院批准，将郑和下西洋首航纪念日7月11日确立为"中国航海日"，同时作为"世界海事日"在我国的实施日期。此后每逢7月11日，从政府到民间都举行纪念活动。

其四，中国海洋文化中的维护国家统一性。中华民族历来爱好和平，中国5000多年来的发展历程证明，只有国家统一才能安享太平。虽然中国曾在历史上出现短暂的分裂状态，但在全国各族人民共同努力下，我们创造了统一的多民族国家，统一是全体人民的共同利益。维护国家统一是中国海洋文化的最重要特点之一。1661年，郑成功出兵收复被荷兰侵占的台湾，就是一个很好的例子。时至今日，台湾仍然是维护国家主权和领土完整的最关键因素，中国始终以最大的诚意和努力争取和平统一。捍卫国家统一是中国人民的共同心愿，中国人民必然不惜一切代价坚决粉碎将台湾从中国分裂出去的臆想。新中国成立以后，以毛泽东同志为主要代表的中国共产党人，提出和平解决台湾问题的重要思想、基本原则和政策主张，进行了解放台湾的准备和斗争。党的十一届三中全会以后，以邓小平同志为主要代表的中国共产党人，从国家和民族的根本利益出发，确立了争取祖国和平统一的大政方针，创造性地提出了"一个国家，两种制度"的科学构想。党的十八大以来，以习近平同志为主要代表的中国共产党人，全面把握两岸关系时代变化，丰富和发展国家统一理论和对台方针政策，推动两岸关系朝着正确方向发展，形成新时代中国共产党解决台湾问题的总体方略。

二、新时代中国特色海洋文化建设的目标和方略

新时代中国特色海洋文化建设应以中国传统海洋文化精华为基础，只有充分吸收中国传统海洋文化精华和其他国家海洋文化精华，才能构建出新时代中国特色海洋文化体系。

（一）新时代中国特色海洋文化建设的目标是把中国海洋文化提升到新阶段

近代以来，面对帝国主义的海上侵略，中国海洋文化成为弱势文化。新中国成立之后，特别是改革开放以来中国特色海洋文化建设已经上了一个台阶，但仍存在一些不足和短板。中国特色海洋文化建设是中国综合实力

提升的必然要求,也是中华民族复兴道路上不可回避的任务与使命。因此,必须将中国特色海洋文化建设提到全新阶段。

第一,制定和执行新时代中国特色海洋文化建设规划。世界已经进入海洋工业文明时代,海洋与人类社会的关系愈发密切。针对这一世界趋势,中国有必要制定新时代中国特色海洋文化建设规划。这一规划的目标应是使新时代中国特色海洋文化到21世纪中叶建设成为在世界海洋文化中占有重要地位、有很大吸引力和感染力的文化。这一规划内容必须全面考虑中国特色海洋文化事业的发展,主要内容有促进海洋文化交流、加强海洋保护事业、推动海洋文化产业发展、健全海洋文化市场发展体系等。

第二,大幅提高全民热爱海洋、保护海洋和促进海洋可持续发展的意识和文化理念。由于中国长期以来是以大陆文明为主,特别是明代中期以后至清代末期,当时的统治者采取闭关政策,广大民众海洋观念薄弱,这种影响持续至今。新时代中国特色海洋文化建设必须通过新闻宣传、文学艺术、海洋文化惠民工程、群众性海洋文化活动、公共海洋文化服务体系等大力普及海洋知识和文化,使人民群众具有强烈的保卫国家海洋权益和保护海洋环境的意识,以及促进海洋可持续发展的理念。

第三,繁荣发展中国特色海洋文艺。海洋文艺博大精深,我们应坚持以人民为中心的创作导向,充分发掘中国特色的海洋民俗文化、民间文艺等文化资源和遗产,打造具有中国特色的海洋文化品牌。同时,重视海洋文艺作品开发,打磨一批有质量内涵的海洋题材文艺作品,再现亚洲海洋文明历史和英雄事迹,推动海洋文艺创新,促进两岸文化统一与融合。

第四,推动中国特色海洋文化事业和文化产业发展。应建立海洋文化产业促进机制,完善文化管理机制,加大文化产业开发力度,实现社会效益与经济效益的相统一,增强中国特色海洋文化事业的可持续性。完善公共海洋文化服务体系,提升海洋文化服务水平,增强海洋文化影响效应。同时,应加快建设中国特色海洋文化产业体系和市场体系,完善海洋文化产业经济政策、生产机制、经营机制。

(二)新时代中国特色海洋文化建设必须推动传统海洋文化创造性转化和创新性发展

建设新时代中国特色海洋文化,必须继承和发展中国优秀传统海洋文化的精华,结合新时代主流文化,使之实现创造性转化、创新性发展,实现符合时代潮流的进步。创造性转化,就是融合新时代中国特色的要求,对有价值的历史文化内涵赋予现代的表达形式,激发全民族创新活力。创新性发展,就是在原有的传统文化内涵基础上增添新时代元素,加强其影响力和感召力。从而做到"以古人之规矩,开自己之生面"。

第一,建设具有现代化特色以及民族特色的新时代中国特色海洋文化。现代海洋文化的打造与定型必须立足于中华民族的特色,汲取世界其他海洋文明的精华,建立与世界海洋大国的良好互动机制,促进海洋发展产业的快速转型。在中国和谐观念基础上,强调和而不同,在风云变化的世界中求同存异,利用各自的优势共同发展。在全球化时代大背景下,中国海洋文化创新要素和选择范围,仍要以中华民族为核心、以大众文化为基础,始终坚持以人民为中心的指导理念,反映人民心声,构建民主、自信、和谐的中国特色海洋文化。

第二,不断满足人民群众对美好精神生活的追求。立足于海洋文化发展目标,建设中国特色海洋文化,为中国人民提供优质的精神食粮,满足"软需求"。不仅要注重文化精神"脱贫",而且要深入关切各种利益,满足人民幸福生活的需要。

打造海洋特色文化品牌。海洋文化产品作为承载海洋文化最基本的载体,满足人民消费需求是产品最重要的意义。通过高水平、有创意、有内涵的文化产品加深消费者对海洋文化的认可,成功打造具有竞争力的海洋特色文化品牌。一是立足地区文化特色,精准定位地区资源优势,打造海洋文化主体和世界性海洋文化企业,建设海洋文化产业示范园区和示范基地。二是打造具有文化价值、经济价值、社会价值的中国特色海洋文化城市,吸引海洋文化产业投资,促进海洋文化产业集群形成。三是发挥政府和群众的资源优势,疏通"互联网+文化"媒介通道,加快海洋文化与实际效益的转换速度,满足人民需求。

第三,推动海洋文化产业的高质量发展。推动新时代中国特色海洋文化的发展与进步,必须充分认识到目前海洋文化发展中的不足。要正视不足,提升攻坚能力。要适度合理地开发海洋文化资源;加快科技创新,提升创新创意与文化产品结合的力度,利用市场机制统筹规划文化产业布局;要以创新为驱动力,重点突破相关难题,建设海洋文化服务基础工程,加快创意与科技融合,推动海洋文化产业高质量发展。

一是合理开发海洋文化资源。海洋文化资源包含的内容多样,诸如民俗、服饰、饮食等。合理配置这些资源,是发展海洋文化产业的物质基础,能够让人们从海洋文化中汲取营养,推动社会发展进步。合理开发海洋文化资源必须利用科技成果,以创新为驱动,运用互联网等手段推动海洋文化信息资源的整理与整合,从中挖掘海洋文化的价值与规律;必须注重海洋文化产业发展与生态和谐的关系。任何产业的发展都不能以牺牲环境为代价,海洋文化产业谋求发展的同时,必须注重海洋生态环境的保护,推动海洋文化产业的可持续发展;立足于沿海人民的满足感与幸福感,加强海洋文化产业的传承性,要在新时代的潮流中,勇立潮头,激流勇进。

二是统筹规划海洋文化产业布局。针对我国沿海地区发展布局中的诸多问题,需要统筹沿海地区功能定位。政府应全局性制定海洋文化产业发展战略,统一各地区海洋文化产业发展思路。①通过区域优势互补,实现区域资源整合和区域间协调发展;②推动国家间的有效沟通,积极对接"21世纪海上丝绸之路"倡议,构建海洋文化产业链,积极引导投资,推动资源共享;③为发挥海洋文化产业布局的最高效益,应处理好政府、企业、民众三方关系,达成统一共识,形成跨区域、跨行业、跨所有制的合作发展机制,保证海洋文化产业可持续输出,最终实现政府、企业、民众的三方共赢。

三是加快海洋文化资源与科技、创意融合。科技是第一驱动力,海洋文化资源的有效利用与转化离不开灵感与科技的支撑。要想海洋文化价值实现最大化效益,须将创新驱动注入文化创作的各个环节。新科技赋能传播流程和载体,将加速生产要素和文化资源高效率交流,从而形成多样化的新产品和新服务。因此,相关政策应引导文化企业选择正确的科技创新思路,加强产业输出高质量的创新性产品,增强竞争力。另外,加大对高科技机构和人才的扶持力度,建设高技能人才队伍,打造新业态、新模式的海洋产业创新平台。应始终关注文化产业市场需求,在以人民为中心的理念下开发海洋文化产品和产业项目,从而形成文化与科技、创意积极互动、深度融合的良好态势。

(三)新时代中国特色海洋文化建设必须提升中国的吸引力和凝聚力

新时代中国特色海洋文化继承了优秀传统文化的成果精华和民族智

慧,同时,又被赋予了新时代的中国价值,是中国特色社会主义文化的重要组成部分。创新性海洋文化让中国故事、中国品牌走向世界,为我国重塑海洋文化自信提供了条件,既增加了国民对海洋文化的认同感,也促进了其他国家对中国特色海洋文化的理解,对提高国家文化软实力、吸引力、凝聚力有着重要的现实意义。

第一,海洋文化产业发展特色化。新时代中国特色海洋文化的建设必须立足于海洋文化资源,它是海洋文化产业繁荣发展的基础。海洋文化资源包括观念、风俗、习惯等思维和行为方式,源于海洋相关的生产和生活实践。海洋文化资源具有地域特性和历史传承性,海洋文化产业应依据各地资源特色优化产品开发模式,打造特色海洋文化品牌,努力实现海洋文化与海洋经济结合,创造更多的社会效益和经济效益。

第二,海洋文化产业发展集群化。作为海洋文化产业发展的重要模式,产业集群需要在内部形成融合之势,打造协同配套的产业链,形成良好的产业生态,提升发展水平与质量。同时,应推动海洋产业集群海陆联动,加快与陆地产业资源共享和衔接。通过全球化市场和跨地区文化交流,拓宽资源要素和产业聚集形式,提升产业集群化水平。

第三,海洋文化产业发展创意化。海洋文化产业可持续发展的关键因素是资源的创新性开发与创造性转化,不是对资源的简单加工,而是将创意融入海洋文化产业。此过程必须以科技为引领,不断积累海洋文化产业模式发展的经验,推动产品的多样化与创新性。

第四,海洋文化产业发展生态化。经济发达地区和国家大都位于沿海,因此,密集的人口和人口需求导致海洋开发处于超负荷状态,从而导致海洋利用过度和生态破坏。对比之下,海洋文化产业的发展污染较小、收益较高,是对环境更加友好的产业。利用和开发文化资源,对自然资源的依赖度低,有助于减轻海洋开发负担和海洋生态保护,推动建设海洋生态文明。

第五,积极开展海洋文化对外交流。加强我国海洋文化建设,必须继承和弘扬中国优秀传统海洋文化,积极参与国际海洋文化交流与合作,引进和学习国外先进的海洋文化,借鉴先进的世界文化建设经验,为中国海洋文化建设服务。在学习和交流基础上进行创新,不断丰富新时代中国特色海洋文化的内涵。同时,不断加强与国外的文化交流,在互相沟通中汲取营养,发展特色。中国海洋文化的发展不能故步自封,需要拥抱世界,只有在交流中才能彰显中国海洋文化的底色。中国要加强对外传播能力建设,增强中国海洋文化软实力,讲述好立体、真实、全面的中国故事。

三、以新时代中国特色海洋文化建设促进中国软实力提升

国家综合实力包含硬实力与软实力,硬实力指传统的军事、经济实力等,软实力指一个国家的文化、价值观念等非物化要素所构成的实力,表现形式是吸引力、影响力和感召力。《论语·子路》记载:"叶公问政。子曰:'近者说(悦),远者来。'"孔子在这里讲的"近悦远来"便是指对外吸引力,即软实力。新时代中国特色海洋文化建设将会极大提升中国的对外吸引力和对内凝聚力,促进中国软实力的大幅度提升。

(一)以新时代中国特色海洋文化建设服务海洋强国战略的历史使命

新时代中国特色海洋文化建设既要以习近平总书记关于建设海洋强国重要论述为指引,也要为实现海洋强国的目标服务。应该把新时代中国特色海洋文化建设作为建设海洋强国的一个重要组成部分。中国建设海洋强国不能缺少新时代中国特色海洋文化建设,它是其中不可或缺的一环。因为随着软实力重要性的愈发提升,文化建设与海洋经济、军事实力建设是同等重要的。就其对内对外凝聚力和吸引力而言,海洋文化建设更重要。

新时代中国特色海洋文化建设有助于提升中国的国际话语权。国际话语权从一定程度上看是国家文化软实力和政治地位的现实反映,也是一个国家在国际社会上影响力的重要体现。国际话语权具体体现为国际话语的议题设置力、传播辐射力、理念引领力、形象影响力、方案贡献力以及制度创设力等方面。一是必须增强中国国际议题的设置力。国际议题设置力主要体现为议题的影响力,即能够在多大程度上得到国际重视和接受。二是必须增强中国国际传播的辐射力。国际传播辐射力体现为国际媒体品牌化发展水平,分众化、精准化、在地化传播的能力,以及协同发声辐射国际社会的能力。中国媒体需提升自身"走出去"的步伐,积极打造自身的品牌与影响力,提升协同效应。研究中国特色海洋文化的学者、企业界人士也可以走向国际社会,积极发声,逐渐形成多元主体传播的新格局。传播辐射力的提升有赖于传播手段与传播技巧的改进。新时代中国特色海洋文化建设可以促进中国对外媒体在分众传播、精准传播、在地传播的传播方式以及全媒体与

融媒体等传播手段取得良好成效。在新时代中国特色海洋文化对外传播中,中国应更加重视协同并进,在多元主体参与、及时发声,讲事实、讲道理、讲情感、讲故事,争取民心沟通、融通中外等方面均取得重要成效。三是必须增强中国理念的国际引领力。国际理念引领力体现为外交原则理念被国际社会响应、认同并写入国际文件中所产生的引领能力。中国作为一个和平发展的国家和负责任大国,坚守和平、发展、公平、正义、民主、自由的全人类共同价值。四是必须增强中国国际形象的影响力。形象影响力体现为影响国际社会对中国形象认同度与亲近度的能力。随着新时代中国特色海洋文化在世界范围内的不断推进,以及公众对于我国海洋理念的深入理解,中国的海洋形象得到了进一步的提升。五是必须增强中国国际方案的贡献力。国际方案贡献力体现为中国政府向国际社会倡议与实施中国方案的能力。新时代中国特色海洋文化建设将使中国提出有关海洋治理与合作的倡议更具有文化积淀,使中国倡导的包含"海洋命运共同体"理念的方案更容易为国际社会接受。六是必须增强中国的国际制度创设力。国际制度创设力体现为中国创设相关国际机制与规则的能力。国际话语权的竞争在很大程度上是"在国际规则制定中的话语权竞争"。新时代中国特色海洋文化建设有助于中国增加制度性话语权,通过创设有关海洋的国际组织和机构,改革和转变现有国际机制,使有关海洋的国际体系更加公正合理。

(二)以新时代中国特色海洋文化建设推动构建海洋命运共同体

习近平总书记关于构建海洋命运共同体的重要理念,对促进海洋可持续发展具有重要意义。推进海洋命运共同体建设,实现"和谐海洋"的美好愿景具有世界性和时代性的价值。

海洋命运共同体践行共商、共建、共享的协同治理理念,超越了单一国家和利益主体的狭隘利益观,寻求通过国际社会在海洋事务中的通力合作,共同应对海洋治理挑战。构建海洋命运共同体旨在共享海洋发展红利,通过各层级、多领域的海洋命运共同体建设,拓展合作范围、扩大合作的共同利益,持续共享海洋的空间和资源利益,进而夯实合作基础并实现人海共生的可持续发展目标。

建设新时代中国特色海洋文化是构建海洋命运共同体的重要组成部分。只有把新时代中国特色海洋文化提升到新阶段,使其具有强大的吸引力和凝聚力,才能使中国在构建海洋命运共同体进程中不仅有经济实力作为基础、以海洋工业实力作为支撑、以外交作为手段、以可持续发展作为方向,而且具有丰富的思想内涵,以及强大的文化吸引力和凝聚力。

需要提升各国对海洋命运共同体这一理念的接受程度。新时代中国特色海洋文化建设将拓展我国国际传播的海外布局,进一步提升中国和平、和谐、包容的海洋观和海洋命运共同体理念的国际影响力,使这些话语以及理念逐渐上升为国际共识,逐渐为国际社会熟知与认可,也可以促使中国提出的这些理念为国际社会所响应,并被写入相关国际文件中。

(三)以新时代中国特色海洋文化建设增强中国国家统一的文化向心力

维护国家统一是中国特色海洋文化最重要的内涵之一。新时代中国特色海洋文化建设可以增强民族认同感,从而提升国家统一的文化凝聚力和向心力。

第一,妈祖文化将在推进国家统一中发挥重要纽带和桥梁作用。妈祖文化在海峡两岸的传播历史悠久,对两岸人民产生了深刻的影响,这种影响更多的是心灵上与思想上的冲击。台湾民众最初将妈祖称为"开台妈祖",这彰显了妈祖与台湾之间的深刻关系。正是由于这样的历史渊源,妈祖在台湾广受信奉,信众达到1800多万。庞大的受众群体使得妈祖成为两岸之间联系紧密的情感纽带,更被人们亲切地称为"和平女神"。妈祖文化不仅成为台湾民众关于大陆的心灵寄托,更拉近了两岸之间的情感距离,为推动祖国统一大业发挥着强大的效用。目前,在台湾省内,共有1500多座妈祖庙,其中有400余座影响力较为广泛。台湾和大陆本是同根同祖,正是文化的历史传承,锻造了血浓于水的民族情感。妈祖文化的广泛传播,给予了两岸人民共同的寄托。妈祖文化纽带为促进国家和平统一大业提供了情感维系的重大功能。

第二,郑成功收复台湾成为维护国家统一文化的榜样。公元1661年,郑成功驱逐荷兰殖民者收复宝岛台湾。这已经成为中国特色海洋文化中维护国家统一的榜样。新时代中国特色海洋文化建设应突出郑成功收复台湾的榜样力量,增强中国人民维护国家统一的文化向心力。

第三,将推动全人类包括台海两岸人民共同价值的形成。和平、发展、公平、正义、民主、自由既是全人类的共同价值,也是海峡两岸人民的共同价值。新时代中国特色海洋文化建设将推动全人类包括海峡两岸人民共同价值的形成,从而有助于实现国家统一大业。新时代中国特色海洋文化建设不仅能够带来文化设施上的丰富,更重要的是能够互通民心,形成两岸共有的价值纽带,为祖国的统一大业提供情感基础。

文章来源:原刊于《人民论坛·学术前沿》2022 年第 17 期。

"共同体"视野下的
中国"海洋强国"建设

■ 朱雄,曲金良

论点撷萃

海洋文化是海洋发展的灵魂。海洋发展不但需要硬实力,更需要文化软实力的支撑、导向和引领。世界"海洋时代"的发展需要中国的海洋文化发展、繁荣作好"表率"。而中国的海洋文化发展、繁荣,需要有中国系统的海洋文化理论建构和引领,这不仅是为中国,也是为世界、为人类寻求和引领一条走向真正的"海洋文明"道路的时代使命。中国要建设的"海洋强国",不但是在海洋经济发展、海洋科技创新、海洋权益维护等"硬实力"上的"强",而且更是在海洋政治影响力、海洋文化感召力等"软实力"上的"强"。

"海洋强国"的海洋文明内涵,其基本要义就是要实现"海洋和谐""海洋可持续发展"。中国"海洋强国"建设的目标定位,就是建成中国"海洋文明强国"。中国海洋文明强国建设,就是在现代条件下,中国整体在精神文化、制度文化、社会文化和物质文化诸方面,都指向并体现为重视中国和直接的海洋发展,享用中国和世界的海洋发展文明。中国海洋文明强国建成的主要标志,就是对内实现海洋和谐社会,对外实现海洋和平世界。

中国要建设"海洋强国",就必须有中国的海洋发展和"海洋强国"话语,并大力打造中国自己的话语权。必须用始终秉持和平发展理念、走和平发展道路,将实现"人海和谐""海洋可持续发展""海洋命运共同体"等话语表

作者:朱雄,中国海洋大学文学与新闻传播学院博士、海洋文化研究所研究助理;
　　曲金良,中国海洋大学海洋文化研究所教授、海洋文化研究所所长

海洋软实力

达给世界。基于上述"海洋强国"的建设理念和目标定位，我国无论是决策层面还是智囊层面、民间层面，必须肩负起自己的主体责任，必须树立自己的文化理念，建立自己的话语权，构架自己的理论体系。从而真正确立自己的"海洋强国"目标，实现中华民族海洋复兴、文化复兴，在建设"人类命运共同体""海洋命运共同体"中发挥一个历史悠久，文化底蕴深厚的泱泱大国作用。中国作为世界上最重要的海洋大国和具有悠久而灿烂的海洋文明历史的大国，应该为世界海洋文化的发展、为世界海洋文明的构建率先垂范，担负起大国的责任，作出大国的贡献。

一、引言

2012年党的十八大报告正式提出建设"海洋强国"，将"海洋强国"建设确立为国家战略的重要内容。此后，中国国家领导人在不同场合提出建设"丝绸之路经济带"和"21世纪海上丝绸之路"(2013)、建设"人类命运共同体"(2013)和"海洋命运共同体"(2019)，都得到了国际社会的积极响应，为"海洋强国"战略赋予了新的重要内涵。对此，学界已有广泛、热烈的研究阐释，成果十分丰硕，主要集中于以下四个方面：一是对海洋强国战略的理论解读；二是对海洋强国战略的任务、面临的机遇与挑战的分析；三是对海洋强国建设中海洋软实力重要作用的强调；四是西方海洋强国模式对我国的启示与借鉴。以上四个方面的研究无疑都是重要的，提出的许多观点都具有重要的理论价值和实践意义。如对海洋强国建设的任务，紧紧围绕党的十八大报告中提出的"提高海洋资源开发能力，发展海洋经济，保护海洋生态环境，坚决维护国家海洋权益，建设海洋强国"，构建了海洋资源、海洋科技、海洋经济、海洋权益、海洋生态五个方面的指标体系。在对"海洋强国"之"强"的理解上，学者们除了重视"硬实力"的"强"之外，越来越重视"软实力"的"强"，强调海洋"软实力"之于实现和平崛起的重要性。这些研究论说无疑都十分重要。至于我国"海洋强国"国家战略，其建设目的、目标指向、文化内核、历史基础、理念逻辑是什么，学界迄今尚研究不充分。这样就难以解释我国的"海洋强国"国家战略与美国及西欧诸国的国家海洋战略，无论是其历史上的还是现代的海洋战略有何根本的不同、为什么不同，也难以解除美国和西方以及我国周边地区以"中国威胁论"炒作所提出的种种质疑。这些至关重要的定性、定位问题,是基本问题也是根本问题,需要从中国海洋文明的历史传统与内涵"基因"上作出系统明确的回答。

二、西方"海洋强国"理念及其模式绝非中国选项

关于什么是"海洋强国",无论是历史上还是在当代都存在着不同的理解,出于各自的立场,学术理念与价值观对于"海洋强国"的理解与认识是不同的,从而事实上造就了世界上不同类型的"海洋强国"。这些不同类型的"海洋强国"或出现在世界历史的不同时期,或同时出现在地球的不同地方。世界上的"海洋强国"概念和理论,是伴随着近代以来由于西方各国"冲出地中海"而四处航海"发现",实施殖民统治和为此在西方各国之间展开激烈的海洋霸权竞争,进而与世界各沿海主权国家和"后殖民"独立国家之间,展开海洋权力争夺和势力较量而形成的。其思想的来源和历史的渊源基于自古希腊、罗马时代即开始的对地中海贸易线路与港口商业争夺的海上战争传统;而其近代的"现实"思想观念,则来自在寻找东方"香料之路"的航海中"发现"了海外"新世界"地盘后,由于争相实施侵占、殖民而引发的这些西方"发现者"之间漫长而残酷的相互竞争吞并。这种"现实"思想观念的"代表作",就是1604年荷兰人雨果·格劳秀斯的《海洋自由论》、1635年英国人赛尔的《海洋封闭论或论海洋的所有权》、1819年德国人黑格尔的《历史哲学讲演录》之"地理环境决定论"及其"海洋欧洲中心论"、1890年美国人马汉的《海权对历史的影响》等。大肆鼓噪"谁占有海洋谁就占有了世界""谁拥有了海洋谁就拥有了一切"等海上霸权、海外殖民观先后出笼。

1604年荷兰人雨果·格劳秀斯的《海洋自由论》,攻击、否认的是在此之前西班牙、葡萄牙人的"海洋占有权"的理论。宣称"任何国家到任何他国并与之贸易都是合法的,上帝亲自在自然中证明了这一点""如果他们被禁止进行贸易,那么由此爆发战争是正当的"。这种理论看似主张"海洋自由""贸易自由",实际上是为打破别人已有的海洋霸权而为获得自己的海洋霸权制造的借口,至少事实上成为西方各国竞相争霸海洋而不惜发动战争的支撑理论。借此"海洋自由论"或曰"公海论"成了从别国手中抢夺地盘,瓜分财富的托辞,荷兰、英国等在这种理论支撑下先后成为"海上马车夫"和"日不落帝国"。与之相伴随的,是海洋世界中的无限杀戮、掠夺从未间断,而他们一旦达到了争霸海洋世界的目的,"海洋自由""贸易自由"的虚伪性、

两面性便暴露无遗。海洋霸主们一方面固守自己既得的海洋地盘,为此而拿来1635年英国人塞尔的《海洋封闭论或论海洋的所有权》作为说辞;另一方面则继续挥舞着"海洋自由""贸易自由"的大棒,继续向着别人的既得海洋地盘扩展、掠夺。西方世界海洋争霸的历史似乎在"昭示"着世人:无论什么国家,只要在这样的竞争中"脱颖而出"或者控制更大空间的海洋,成为打败老牌"海洋强国"的新生"海洋强国",以战争的手段完成新老霸权的交替,就只有建设强大的海军,形成占领和控制海洋的霸权力量。

黑格尔的《历史哲学讲演录》则通过"欧洲中心论""欧洲高贵论"鼓吹了以地中海为主的海洋欧洲及其航海殖民的天经地义,扬言"大海邀请人类从事征服,从事掠夺""这种超越土地限制、渡过大海的活动,是亚细亚各国所没有的,就算他们有多么美丽的政治建筑,就算他们自己也以大海为界——就像中国是一个例子。在他们看来,海洋只是陆地的中断,陆地的天限,他们和海洋不发生积极的关系";中国、印度和巴比伦"这些占有耕地的人民仍然闭关自守,并没有分享海洋所赋予的文明。既然他们的航海——不管这种航海发展到怎样的程度——没有影响他们的文化,所以他们和世界历史其他部分的关系,完全只是由于被其他民族寻找、发现和研究出来的缘故"。于是,非洲人的被奴役、被贩卖、被杀戮,亚洲人的被侵掠、被占领、被殖民,同样的被奴役、被杀戮,在黑格尔们看来,则是欧洲人这种高贵民族的上等"荣耀",非欧洲人的苦难、厄运和悲剧则是"活该"。

1890年美国马汉《海权对历史的影响》一书赫然出笼,既"总结历史",又强化海上力量的重要性,自然就成了揭示自大航海时代以来西方海洋争霸"历史昭示"的注脚。该书对西方人如何在这样的海洋竞争中"脱颖而出"而控制更大空间的海洋,成为打败老牌"海洋强国"的新生"海洋强国",提供了"理论武器"。一时被一些跃跃欲试要走强国之路者奉为"经典",先后至少对三个国家成为新的"海洋强国"产生了巨大的影响:一是美国,一是日本,一是德国,并由此影响了世界历史的进程。"海权论"的实质,就是通过强大的海洋军事力量即强大的海军及其海洋舰队和武器装备力量控制海洋,实现国家的海洋霸权意志,从而保障、强化和扩大国家的海洋贸易利益、海洋资源占有、海洋管辖权益、海洋安全空间、海外殖民权力等。美国、日本、德国等,走的都是这样一条"海洋大国""海洋强国"道路。但这样的道路并非"人间正道",其本质是非和平性、扩张性、掠夺性的。近代以来所谓的西方

"海洋强国"，如葡萄牙、西班牙、荷兰、英国等，先后一个个"眼见他起高楼，眼见他楼塌了"。20 世纪人类经历两次世界大战之后，德国、日本相继战败投降，被人类所不齿。美国实实在在得到了两次世界大战的"实惠"，成为靠海军及其支撑体系四处称霸世界的"海洋大国""海洋强国"。但是这一模式也终非长久之计，当前海洋世界的争端，海洋资源的无序开发利用，海洋环境等问题，与西方长期以来所主导的"海洋强国"发展模式密切相关。

自大航海以来，所谓的近代"海洋强国"先后有葡萄牙、西班牙、荷兰、英国、法国、俄国、德国、美国、日本等，在海洋世界像走马灯一样，"你方唱罢我登场"。与海洋大国崛起相伴随的，总是殖民扩张、瓜分和掠夺，给世界大多数国家带来了深重的灾难。这样的"现代文明"，只是西方殖民者所自珍、所自标榜的"文明"。这种"文明"恰恰是反人类的野蛮罪恶，造成的是世界上其他国家文明的颠覆、变形和毁灭，带来的是人类史上最为严重的灾难。对于人类文明发展的"人间正道"和未来归宿而言，西方近 500 年的"海洋强国"霸权老路、邪路应为中国所鄙夷、唾弃，绝不会取法。

三、中国"海洋强国"建设应有的理念与内涵把握

毋庸讳言，我国学界既有的"海洋强国"观念和理论，有不少是受西方观念、西方理论影响的结果，亟须破除。对于"海洋强国"之"强"，人们的关注点往往还是海洋经济、科技、国防等"硬实力"，习惯于将我国海洋的"硬实力"与其他海洋强国比"差距"。这种主动找差距的用心是好的，有些方面也的确存在差距，需要奋发有为，迎头赶上，但总觉得不如人、总是自我找差距、总是要"向国际看齐""与国际接轨"，总是找不到自己的独立性所在、优势所在，找不到自己在"世界""国际"上的位置的自我贬损的"原罪意识""落后意识"，这是十分有害的。特别是长期以来，我国学界、思想界尤其是现代经济、科技"精英"界由于受西方话语权、西方中心观、西方文化先进论、西方文化是海洋文化、西方文明是蓝色文明等似是而非观念的影响，一直有意或无意遮蔽、贬低中国自己的海洋文化，对自身海洋文化的悠久历史、丰富内涵和多方面的功能价值存在众多误读。这严重影响了国人对发展海洋、建设海洋强国、繁荣海洋文化的民族自觉与自信，也严重影响了学术界关于"中国海洋文化"的学术自觉与自信。

误读误解之一：认为凡是在近代历史上能够耀兵海上、争霸殖民的，都

是"海洋大国""海洋强国"。

误读误解之二:认为西方多国能够成为"海洋大国""海洋强国"的关键,是其强烈的海权观念和"坚船利炮"等强大的海军力量,而且认为这些"海洋强国"都是成功的"典范",看不到、至少是忽略了其"船坚利炮"所代表的"海洋文明"模式的畸形,给海外文明带来的灾难,最终导致的自身损失乃至毁灭。

误读误解之三:认为"落后就要挨打",弱肉强食、丛林法则不但是必然的,而且是天经地义的。从而缺失了对人类文明走向应有的摒弃野蛮,崇尚"文明"、正义的基本追求。

误读误解之四:由于以上基本理念的错误,导致的"结论"是:世界各沿海国家要成为"海洋强国",就必须向西方学习,摒弃自己的传统,走西化的霸权、殖民道路,只有这样才能"迎头赶上"。而事实上这样的理念,这样的主张是错误的,是危险的。

破除对西方"海洋强国"的误读误解,一方面既需要正本清源对西方"海洋强国"的发迹史、内涵和实质做系统梳理、评价,更为重要的是要对中国"海洋强国"的历史、现状,特别是悠久的海洋文明传统有一清晰的了解。吸收、借鉴传统优秀海洋文明的历史,结合当代海洋"国情""世情",走一条符合中国海洋文明特质,对内构建"海洋和谐",对外实现"海洋和平""命运与共"的海洋强国之路。

中国自古就是世界上幅员辽阔、海陆兼备的大国,自夏商鼎定"九州",至周分封天下,"四海"形成了统一的中国政治版图与文化版图,九州之中有五州临海。春秋战国时期,齐国实行"官山海",尽享"渔盐之利",有着"海王之国"的美誉,吴、越之地更是"一日不可废舟楫之用",海洋对中国历史的发展起到了重要的推动作用。"官山海"表现了历史上以国家为主体,国家对海洋的整体管控、治理能力。及至秦、汉帝国以降,更是以中央集权统一中原,以羁縻或封贡的政治形式、礼仪文化和儒家思想统一了沿海和海外地区。中国历史上长期对海洋的开发与利用,人海和谐的相处模式创造了丰富灿烂而又自成系统,对内对外都具有极强辐射力、影响力、感召力的海洋物质、海洋精神、海洋制度、海洋社会文化,构成了中国文化整体的重要内涵。在历史上长期发挥重要影响的"汉文化圈"及"朝贡体制"就是缘于中国历史上发达的造船、航海技术,中国历代中央王朝以"四海一家""协和万邦"的理念对海外世界的开放式、和平友好的政治经营和制度建构实现的。中国文化—中国海洋文化具有稳定的跨地区、跨海洋的文化认同力、向心力、感召力和影响力,这是当代建设"海洋强国"的文化之源。中国文化包括海洋文化的泱泱大国之风,谦谦君子之态,友好和平之德,兼容并包之体,不仅在历史上通过海陆互动发展、海外交通贸易、海外政治文化交流,曾经使东亚地区众多国家、民族自觉自愿地成为中国文化圈的一员,历史地显示了其强大的感召力。而且在当今全球性海洋竞争发展的世界格局中,也同样会越来越充分地显示出其令世界大多数爱好和平、向往和谐的人民赞赏、折服的精神魅力,并成为世界和平包括海洋和平的坚强依靠力量。

海洋文化是海洋发展的灵魂。海洋发展不但需要硬实力,更需要文化软实力的支撑、导向和引领。世界"海洋时代"的发展需要中国的海洋文化发展、繁荣作好"表率"。而中国的海洋文化发展、繁荣,需要有中国系统的海洋文化理论建构和引领,这不仅是为中国,也是为世界、为人类寻求和引领一条走向真正的"海洋文明"道路的时代使命。中国作为一个在世界历史上最为悠久的海洋大国,全面、美善地认知和感受海洋,和平、和谐地开发和利用海洋,是中华民族一以贯之,并在数千年中一直影响和惠及东亚世界,并曾长期影响和惠及西方世界的优秀的海洋文化传统。中华民族创造、传承、发展的海洋文化积淀深厚,内涵丰富,形态灿烂,成就辉煌。中国要建设的"海洋强国",不但是在海洋经济发展、海洋科技创新、海洋权益维护等"硬实力"上的"强",而且更是在海洋政治影响力、海洋文化感召力等"软实力"上的"强"。事实上,海洋政治影响力、海洋文化感召力是可以"不战而屈人之兵",令天下折服而归心的,这哪里是"软实力"? 这样的实力,是比"硬实力"还"硬"的。这样的"强",才是真正的强,才是不但中国需要,而且世界都需要的"合目的"的强。

四、中国"海洋强国"建设的目标定位与标志性体现

党的十八大提出了"中华民族伟大复兴中国梦"的时代命题。"中华民族伟大复兴"当然也包括"中国文化的伟大复兴"。中国文化复兴包括中国海洋文化的复兴,而中国文化包括中国海洋文化的精髓就是"天人合一"、社会和谐、"人海(自然)和谐"。"孔子的智慧"侧重于人伦,"老子的智慧"侧重于生态,"释家的智慧"侧重心灵,天人合一,人与人,人与自然的和谐共生,是其"共同智慧"。我们需要的"海洋强国",是要有可持续的、和谐、和平的

建构目标指向,并且起到逐渐主导世界海洋发展方向的作用。这是中国发展的需要,也是人类发展的需要。海洋的过度竞争、冲突加剧、资源枯竭、海洋霸权、海洋环境破坏、海洋社会凋敝,绝不是"应然"的海洋发展。"海洋强国"建设如果只重视"硬实力"的"强"化,而忽视文化"软实力"的基础性、导向性、引领性作用,一方面容易导致对海洋资源的破坏,海洋经济得不到高质量的发展,海洋科技利用效能低下等问题;另一方面,"中国崛起""海洋强国",往往被国际上误解为"中国威胁",甚至借以妖魔化中国,从而造成对我们发展的阻碍。"海洋强国"战略目标定位及其主要内涵,就总体而言,贯穿在党的十八大、十九大确立,并一再强调的经济建设、政治建设、文化建设、社会建设、生态文明建设的"五位一体"总体战略布局当中。今日中国的"海洋强国"建设,也理应体现于海洋物质文明、海洋政治文明、海洋精神文明、海洋社会文明和海洋生态文明五个方面,并赋予其独特的内涵。

海洋物质文明,就是不仅善于开发利用海洋资源发展经济,还要善于合理、合情、合法、可持续地适度开发利用,而不是一味追求海洋物质利益所导致的残酷竞争,涸泽而渔,造成海洋环境资源的破坏。海洋科技的发展,要从属于、服务于海洋物质文明的需要。

海洋政治文明,就是不仅善于管理、经略海洋,对内领导、管理好海洋事业的良性发展,对外坚决维护国家海洋主权和相关海洋权益不受侵犯,还要善于处理、化解海洋争端矛盾,以德教化、以法管控、以军为盾,敢于和善于利用优秀中国文化传统主导世界海洋和平。

海洋精神文明,就是不仅善于认知海洋,发展海洋科学、了解海洋知识,还要讲求海洋发展的道德伦理,善待海洋,热爱海洋,同时敬畏海洋、感恩海洋、赞美海洋、保护海洋,善于认同、传承民族本土海洋文化遗产,同时尊重、保护世界海洋文化的多样性。

海洋社会文明,就是要善于建设、维护海洋社会的稳定、和谐发展,建设海洋资源环境国家所有、人民共享共用共同保护、可持续发展的共同富裕社会。

海洋生态文明,就是从思想上、制度上建设人海和谐共生、海洋环境良好、海洋景观美丽、海洋资源丰富并可持续开发利用的发展模式,保障海洋自然与人文生态的文明发展与可持续状态。

"海洋强国"的海洋文明内涵,其基本要义就是要实现"海洋和谐""海洋可持续发展"。包括海洋自然生态的和谐,海洋人文生态的和谐,海洋社会关系的和谐,进而实现"海洋命运共同体",建成海洋和平世界。中国"海洋强国"的梦想是追求和平的梦,社会和谐,"共享太平之福"是中华民族绵延数千年的理想。历经苦难,中国人民珍惜和平,希望同世界各国一道共谋和平、共护和平、共享和平。"中国这头狮子已经醒了,但这是一只和平的、可亲的、文明的狮子。"中国在海洋上的发展,建设"海洋强国",也必然是、必须是致力于海洋社会和谐、海洋世界和平的"海洋强国"。无疑的,中国要建设的"海洋强国",就应该是中国人站在中国的立场上,按照中国的需要,建设符合中国人的文化认同,即符合中国人海洋发展理想的"海洋强国"。因为中国文化是讲求"天下大同""求同存异""四海一家""和谐和平""互利共赢"的,因此中国的"海洋强国"建设,是必然地既有利于中国,又有利于世界的,这才符合基于中国文化—海洋文化传统内涵要义,价值理念和目标定位。这就是中国能够为世界、为人类的"海洋时代"作出的贡献。

中国"海洋强国"建设的目标定位,就是建成中国"海洋文明强国"。海洋文明,就是一个文明整体在精神文化、制度文化、社会文化和物质文化诸方面,都指向并体现为重视海洋发展,享用海洋发展的文明。中国海洋文明强国建设,就是在现代条件下,中国整体在精神文化、制度文化、社会文化和物质文化诸方面,都指向并体现为重视中国和世界的海洋发展,享用中国和世界的海洋发展文明。中国海洋文明强国建成的主要标志,就是对内实现海洋和谐社会,对外实现海洋和平世界。具体体现是:

其一,和谐海洋。实现海洋社会(广义的)和谐、人际和谐、族际和谐,进而影响和拓展致国际社会的和谐与和平,尊重不同区域海洋社会文化传统及其自我选择,"己所不欲,勿施于人",四海祥和,天下共享太平之福。

其二,审美海洋。实现人(人类)对于海洋的精神感受、审美感受、幸福感受,而不再是对海洋资源、海洋利益的贪婪享受。同时也是中国历史悠久、内容丰富灿烂的海洋文化遗产得以有效传承、保护,能够让子孙后代世代传承、欣赏。

其三,休闲海洋。实现予民以休养生息,予海以休养生息,以替代快节奏快速率、紧张疲劳型海洋生产和社会人生的运转。

其四,生态海洋。保障海洋资源、海洋环境的可持续利用,资源、环境优先。全面保障海洋历史文化资源的存续和海洋精神文化与民俗文化的传承,使之文脉不断。

其五,安全海洋。保障国家海洋安全,既能够维护世界海洋和平,又能够以威武之师消除一切威胁国家安全的内外部因素。

总之,中国建设海洋强国的目标就是要将我们所赖以生存、发展的海洋,建设成为人之所以为"人"所需要的"合目的"的"人文海洋",不应该只被视为国家经济发展的物化抑或作为策略的国际合作的短期目标,其最终目标指向,应该先是区域的进而是全球的海洋和平、世界和平,进而实现"四海一家""天下大同"。毫无疑问,"人文海洋"的海洋文明强国的实现,是靠"人"亦即"合目的"的"人文社会"来建设发展的——"人"在建设发展"人文海洋"的过程中同时建设发展了"人文社会"自身。这是海洋文化建设发展的战略手段,也是战略目的。这也就是中国"海洋强国"建设的实质内涵与标志性体现。

五、结语

中国要建设"海洋强国",就必须有中国的海洋发展和"海洋强国"话语,并大力打造中国自己的话语权。近代以来,西方话语、西方话语权严重影响了中国的知识精英阶层进而民间社会。毋庸讳言,在西方思想、观念的主导下,国际上几乎所有的现代"国际海洋秩序"内容,没有一项是由我国发起、倡导的。中国作为一个世界海洋大国,要建设成为世界重要的"海洋强国",就必须有自己的不同于西方"海洋强国"的话语,必须用始终秉持和平发展理念、走和平发展道路,将实现"人海和谐""海洋可持续发展""海洋命运共同体"等话语表达给世界。基于上述"海洋强国"的建设理念和目标定位,我国无论是决策层面还是智囊层面、民间层面,必须肩负起自己的主体责任,必须树立自己的文化理念,建立自己的话语权,构架自己的理论体系。从而真正确立自己的"海洋强国"目标,实现中华民族海洋复兴、文化复兴,在建设"人类命运共同体""海洋命运共同体"中发挥一个历史悠久,文化底蕴深厚的泱泱大国作用。中国作为世界上最重要的海洋大国和具有悠久而灿烂的海洋文明历史的大国,应该为世界海洋文化的发展、为世界海洋文明的构建率先垂范,担负起大国的责任,作出大国的贡献。

此外,国家"海洋强国"战略的实施,还需要在以下几个方面具体加以推进。一是要加强国民海洋素质教育,提高全民族的"海洋强国"意识;二是要加强海洋文化遗产保护利用,提高国民海洋文明历史认同;三是要实现海洋科技、海洋经济的生态文明化发展;四是要弘扬"丝绸之路"精神,推进"一带一路"建设,作为"海洋强国"建设的题中应有之义,建设好"21世纪海上丝绸之路";五是要构建"海洋命运共同体",建设美好的"海洋文明"世界。"21世纪海上丝绸之路"建设和"海洋命运共同体"建设,无疑都是建设"海洋强国"国家战略内涵的升华和延展。有了美好的共同理念、共同目标,上下、中外为之共同努力,锲而不舍,就一定会将之变为美好的现实。

文章来源:原刊于《海交史研究》2022年第2期。

海洋文化建设的时代内涵
与路径选择

■ 侯毅

论点撷萃

　　建设海洋强国是中华民族共同的事业,全社会需进一步关心海洋、认识海洋,形成浓厚的海洋文化氛围,不断提升海洋意识自觉,大力加强海洋文化建设。

　　海洋文化是建设海洋强国的内在支撑和动力,建设海洋文化强国是建设海洋强国的重要组成部分。海洋文化建设是统筹国内国际两个大局,实现中华民族伟大复兴的现实需求,是历史发展的经验总结和战略选择,是传承和弘扬中华优秀文化的客观需求。

　　中国的海洋文化建设应主动因应时代要求,承载起普及海洋知识、塑造国民海洋意识、弘扬优秀中华文化、维护国家海洋权益、推动 21 世纪海上丝绸之路建设等社会功能,在充分展现中国海洋文化核心价值观的基础上,推动海洋文化的创新与繁荣,构建服务于建设海洋强国的海洋文化体系。在当前及相当长的一个时期内,我国海洋文化建设应紧紧围绕我国海洋事业的战略需求展开,这是建设海洋文化强国的根本任务与基本遵循。

　　当前,我国海洋文化建设还存在一些与实践需求不适应的情况,我们需要在深入挖掘中华海洋文化内涵、探索其发展变迁的历史经验和教训、寻找海洋文明盛衰规律的基础上,结合新形势、新任务不断创新中国海洋文化内容,促进海洋文化的大发展大繁荣,推进中国海洋文化走向世界,助推海洋强国建设。

作者:侯毅,中国社会科学院中国边疆研究所研究员,中国社会科学院大学教授需要指出的是,海洋文化建设是一项长期工作,需要坚持不懈,久久为功,坚持目标导向,明确建设方向,落实工作路径,推动我国的海洋文化建设取得新突破。

建设海洋强国是实现中华民族伟大复兴的重大战略任务,自2012年党的十八大报告提出建设海洋强国的战略目标以来,我国海洋事业取得显著进步,海洋经济持续增长,海洋科技不断创新,海防建设突飞猛进。我国正在由一个海洋大国阔步迈向海洋强国。习近平总书记多次强调,海洋事业关系民族的生存发展,国家的兴衰安危,对于实现中华民族伟大复兴具有重大战略意义。建设海洋强国是中华民族共同的事业,全社会需进一步关心海洋、认识海洋,形成浓厚的海洋文化氛围,不断提升海洋意识自觉,大力加强海洋文化建设。

一、海洋文化建设是建设海洋强国的重要组成部分

习近平总书记指出:"一个国家、一个民族的强盛,总是以文化兴盛为支撑的,中华民族伟大复兴需要以中华文化发展繁荣为条件。"海洋文化建设是建设海洋强国的重要组成部分。

海洋文化建设是统筹国内国际两个大局,实现中华民族伟大复兴的现实需求。占地球表面71%的海洋蕴藏着丰富的资源,是世界贸易往来的主要交通通道,任何一个融入世界经济体系的国家,都离不开海上交通。随着科学技术的进步,人类开发海洋的能力不断提升,海洋经济已经成为世界大国经济发展新的增长点。当今中国是世界第二大经济体、第一货物贸易大国、第二大对外投资国,向海图强、向海发展是实现中华民族伟大复兴的必经之路,提升全民的海洋资源意识、海洋经济意识、海洋空间意识,培养立体多面的海洋价值观离不开海洋科技发展、海洋文化教育。海洋文化建设,是建设海洋强国的思想基础,对于推动建设海洋强国,进而实现国家富强、民族复兴具有重要意义。

从国际局势来看,当今世界正处于百年未有之大变局,国际社会围绕海洋的竞争不断加剧,既有经济、科技和军事等领域的硬实力竞争,也存在文化、价值观和意识形态等方面的软实力较量。近年来,以美国为首的西方国家为了遏制我国发展,在我国南海、东海频频制造事端,企图破坏我国与周

边国家关系以及我国的和平统一事业,美国政客与媒体炮制出的"航行自由""灰色地带战略""小棒外交""切香肠"等论调对我国在南海的合法维权行动进行污名化。2014年和2022年,美国国务院在《海洋界限》刊物上两度发表研究报告,花费大量篇幅阐述中国在南海的历史性权利"不合法"。对此,全面讲述中国人海洋活动的历史,深入挖掘中国"和海""睦海"优良传统海洋文化,对于提升我国海洋软实力,有效应对海洋权益争端,实现祖国统一,积极参与全球海洋治理具有重要的作用。

海洋文化建设是历史发展的经验总结和战略选择。中国历史上曾是一个海洋强国,但明代中期以后,由于种种因素,封建统治者故步自封,重陆轻海,中国人向海发展的步伐迟滞了。面对来自西方世界的威胁,一些封建统治者也意识到海防的重要性,例如,清代康熙、乾隆就曾忧虑"海外如西洋等国,千百年后,中国恐受其累",但他们囿于狭隘的政治利益,又盲目自大、闭目塞听,不谙世界已进入海洋时代,没有研究海洋、经略海洋、开发海洋的意识,反而屡次实施"海禁"政策,限制对外交流;知识精英群体对海洋事关国家前途命运缺乏足够的认知和理解,鲜有影响世界的海洋战略学家出现;整个社会海洋意识淡漠,即使出现过蓝鼎元等少数倡导经略海疆的学者,但他们的著述并没有产生广泛的社会影响,更无法改变社会发展的进程,最终导致我国由一个海洋强国沦落成海洋弱国。鸦片战争后,中国的国门被西方列强从海上攻破,海疆危机频发。

与我国缺乏海洋战略意识形成鲜明对比的是,近代西方列强十分重视国家海洋发展战略,涌现出马汉(美)、科贝特(英)、约翰·塞尔登(英)、奥本海(英)、格劳秀斯(荷兰)、拉乌尔·卡斯泰(法)等一批海洋战略学家,他们的思想直接引导了国家实践,为英美等西方国家称霸海洋提供了理论支撑。马汉的海权论直到现在依然有着广泛的影响力,格劳秀斯和奥本海有关国际海洋秩序规则的论述已成为现代国际海洋法基本准则和国际海洋秩序构建的理论基石。西方国家普遍重视海洋教育和全民海洋意识的提升。日本于1996年确定"海洋日",并列为国家法定假日。2004年,美国发布《海洋行动计划》,提出除学校教育外,还需利用水族馆、博物馆等拓展海洋文化教育。

中国近代历史教训和世界海洋强国崛起的经验昭示我们,建设海洋强国必须有先进的海洋文化。新中国成立后,在中国共产党的领导下,我国实现了海疆主权自主和"向海兴国""依海富国"的目标,建设海洋强国是党中央谋划全局作出的重大战略抉择。党的十八大以来,以习近平同志为核心的党中央高度重视海洋工作,我国海洋事业发展取得了前所未有的成绩,我国正由海洋大国向海洋强国迈进。

海洋文化建设是传承和弘扬中华优秀文化的客观需求。中国人开发海洋、经营海洋有着数千年的历史,在长期的生产实践和生活过程中,形成了具有独具特色的中华海洋文化。经考古研究发现,早在8000—6000年前的史前时期,我国沿海地区的先民已有能力跨过台湾海峡,到达台湾岛,并以台湾岛为中转基地向南太平洋岛屿迁徙,在迁徙过程中遗留下了很多历史印迹。商周时期的金文中已出现了"海"字,大量海贝作为实物货币在市场流通,这说明当时中国人认知海洋、开发海洋的程度已经达到了一个较高水平。在先秦诸子的著述中,先贤们经常"以海喻人""以海喻政""以海喻道",阐述哲学理念和政治思想,留下众多经典篇章和名言警句。

西汉时期,中国人开辟了海上丝绸之路,中国船只航行可远达印度沿海及斯里兰卡。有学者统计,《汉书》中以"海中"为题名的文献有上百卷。秦始皇、汉武帝等封建帝王多次前往沿海地区巡游。

唐宋时期,随着海上丝绸之路的发展,中国的丝绸、茶叶和瓷器被运往世界各地,使得中国为世界所知。据《诸蕃志》记载,仅泉州一处港口销往海外的丝绸就达20多个国家和地区。唐宋时期,中国的航海技术十分发达。英国著名学者李约瑟认为,宋代中国航海技术比西方领先二至三个世纪,已经从"原始航海"时期进入了"定量航海"时期。

明代,郑和七下西洋创造了人类航海史上伟大奇迹。根据史料记载,郑和第五次下西洋回国时,随船带回17个国家和地区的贡使,第六次下西洋回国时,随船来华访问的有16国使节,超过1200人。郑和船队每次出访无论在船只数量还是人员数量上都远远超过16世纪初西方探险船队的规模。郑和船队所经之处,带给世界的是文化与贸易的平等交流,这是"和"的中华文化传统,正如习近平总书记所说:"中国人民崇尚'己所不欲,勿施于人'。中国不认同'国强必霸论',中国人的血脉中没有称王称霸、穷兵黩武的基因。"

尽管中国古人对海洋的认识和开发实践活动存在一定的局限性,但中国先民结绳为网、食海而渔,在利用自然,改造自然的过程中,识海而述、美海而歌、悟海而论,创造了独具特色的海洋文化,形成了与海共生、尚和敬海的具有中国特色的海洋文化,成为中华优秀传统文化的重要组成部分。传承和弘扬中华海洋文化,对于增强民族文化自信,向世人展示了中国人爱好和平,与世界人民和睦共处的良好形象具有重要意义。

二、海洋文化建设的时代内涵与根本任务

文化是一个民族的灵魂,中华民族伟大复兴必然伴随着中华文化的繁荣兴盛。当今世界,文化在综合国力竞争中的地位日益凸显,对社会经济发展的推动作用不断增强,其影响比以往任何时候都更加广泛而深刻。文化是价值观的反映,体现着时代特色,当前弘扬和发展中国海洋文化的时代意涵更加鲜明,内容更加丰富。

习近平总书记指出:"中华文明经历了 5000 多年的历史变迁,但始终一脉相承,积淀着中华民族最深层次的精神追求,代表着中华民族独特的精神标识,为中华民族生生不息、发展壮大提供了丰厚滋养。"中华优秀传统文化是中华民族凝心聚力、团结奋进的精神支柱,也是中华民族能在世界激荡变化中站稳脚跟的思想基础。中国海洋文化经历了数千年的积累沉淀,其中蕴涵的博大精深的传统价值对新时代中国海洋文化建设具有重要启示意义,我们应坚持在继承中发展,在发展中创新,以彰显中华文化的魅力,提升中华民族的文化自信。党的十八大以来,党中央就海洋开发、海洋经济、海洋生态、海洋科技和参与全球海洋治理等领域作出了相关工作部署,提出了建设海洋强国的战略目标和构建海洋命运共同体的理念,创新了海洋发展思想,形成了新时代具有中国特色的海洋观。新时代中国海洋文化建设需要在继承中国传统海洋文化基础上,阐释好新时代海洋观,向世界传播中国声音。

当今世界正处于百年未有之大变局,我国海洋事业面临的发展形势较为复杂,机遇与挑战并存。《"十四五"文化发展规划》中提出:"在错综复杂国际环境中化解新矛盾、迎接新挑战、形成新优势,文化是重要软实力,必须增强战略定力、讲好中国故事,为推动构建人类命运共同体提供持久而深厚的精神动力。"鉴于此,中国的海洋文化建设应主动因应时代要求,承载起普及海洋知识、塑造国民海洋意识、弘扬优秀中华文化、维护国家海洋权益、推动 21 世纪海上丝绸之路建设等社会功能,在充分展现中国海洋文化核心价值观的基础上,推动海洋文化的创新与繁荣,构建服务于建设海洋强国的海洋文化体系。在当前及相当长的一个时期内,我国海洋文化建设应紧紧围

绕我国海洋事业的战略需求展开,这是建设海洋文化强国的根本任务与基本遵循,概括来讲,主要包括以下几个方面。

第一,海洋文化建设需要服务于维护国家领土主权完整和海洋合法权益。近年来,我国与周边国家权益争端国际化、司法化趋势加强,海洋安全形势日益复杂,成为影响我国向外发展的主要障碍性因素之一。建设海洋文化强国,首要目标是为维护国家领土主权完整和合法海洋权益提供理论支撑和智力支持,向国际社会深入阐释我国海洋维权的政策立场和历史法理依据,提升海洋领域国际话语权。

第二,海洋文化建设需要服务于我国社会经济高质量发展。文化是推动经济发展和社会进步的重要力量。习近平总书记在参加十三届全国人大一次会议山东代表团审议时指出:"海洋是高质量发展战略要地"。《"十四五"文化发展规划》中提出:"贯彻新发展理念,构建新发展格局,推动高质量发展,文化是重要支点,必须进一步发展壮大文化产业,强化文化赋能,充分发挥文化在激活发展动能、提升发展品质、促进经济结构优化升级中的作用。"《中华人民共和国国民经济和社会发展第十四个五年规划和2035年远景目标纲要》中明确提出"提高海洋文化旅游开发水平"的任务要求。因此,建设海洋文化强国目标之一是要为我国社会发展服务,在充分发挥文化精神动能的基础上,一方面,调动智力资源,为海洋经济、海洋科技的发展服务;另一方面,增强社会海洋文化氛围,增强人们的海洋意识自觉。

第三,海洋文化建设需要服务于深化国际交流,推动海洋文化的交流互鉴。习近平总书记指出:"我们人类居住的这个蓝色星球,不是被海洋分割成了各个孤岛,而是被海洋连结成了命运共同体,各国人民安危与共。海洋的和平安宁关乎世界各国安危和利益,需要共同维护,倍加珍惜。"海洋是人类共同的家园,保护海洋环境,合理开发海洋资源,构建公平正义的全球海洋秩序已成为国际社会的共识和努力方向,向世界阐释中华传统海洋文化的新内涵,宣扬中国"与海共生,尚和敬海"的海洋价值观,推动构建海洋命运共同体,是海洋文化建设的重要目标。同时,我们也要积极开展文化交流,更多地了解国外海洋文化,在相互尊重的基础上交流互鉴。

第四,海洋文化建设需要服务于人海和谐发展。海洋拥有庞大的生态系统和丰富的自然资源,但也十分脆弱。由于人类的活动,特别是近百年来大规模工业化生产使得海洋环境恶化、海洋污染严重以及海洋资源破坏等问题日益突出,加强海洋生态建设,构建全球海洋生态安全体系是全人类需要共同承担的任务。党的十八大以来,党中央着力于推动生态建设与海洋强国建设有机融合,将海洋生态文明建设纳入海洋开发总体布局之中,从源头上治理,在过程中监督,有效控制陆源污染物入海排放。海洋文化建设应服务于推动构建科学可持续的海洋发展观,推动促进民众海洋环保意识的提升,使思想的共识化为行动上的合力,处理好开发与保护的关系,充分释放海洋潜力,实现海洋资源的永续利用,从而实现建设海洋强国的目标。

第五,海洋文化建设需要服务于推动中华海洋文化的创新性发展。中华海洋文化根植于中华民族数千年认识海洋、利用海洋、开发海洋的实践,是中华民族传统文化的优秀代表。随着实践的发展,中国的海洋文化也要结合时代而发展,这也是中华文化能够保持数千年传承不断和魅力不减的重要原因。海洋文化建设就是要根据时代的发展要求,在实践创造中进行文化创造,在历史进步中实现文化进步,不断增强中华海洋文化的影响力和感召力,为民族复兴提供强大支撑。

三、海洋文化建设的路径选择

马克思主义认为,文化发展建立在生产力发展的经济基础上,又反作用于生产力的发展。文化不是一成不变的,文化会随着人类社会的变迁不断发展和深化。在我国与周边国家海洋争端形势日趋复杂、国际海洋竞争加剧的新形势下,我们应进一步加强海洋文化建设,将我国建设成为海洋强国。为此,应从以下几个方面着手。

第一,强化顶层设计,明确发展方向。文化建设包含内容广泛,涉及领域广,我们应围绕国家海洋发展战略重大需求,制订科学、合理、可行的国家海洋文化建设方案,对于涉及领土海洋权益、全民海洋意识教育、中华优秀传统文化、海上丝绸之路建设等方面的项目给予重点支持,解决好海洋文化研究碎片化、分散化、海洋知识教育普及程度不高等问题。

第二,加强理论研究,夯实支撑基础。没有文化理论的支撑,海洋文化建设就难以深入。当前,海洋文化理论研究还存在诸多薄弱环节,在理论体系建设、学术体系建设和话语体系建设等方面需要进一步加强,使海洋文化研究能够产生广泛的政策影响力和社会影响力。推进中华海洋文明探源、中国历代海洋治理思想、中西海洋文化交流与比较、世界海洋文明交流等领域的研究,整合研究力量,开展专项研究。

第三,创新传播方式,讲好海洋故事。文化要形成影响力,关键在于广泛的传播和理念的认可。海洋文化建设的理念要更好地为广大群众所熟悉、了解、认可和接受需要在传播方式上进行创新。应积极拓宽传播渠道,借助于新媒体、互联网、大数据等高新技术和推进各类教育基地建设等方式,引导公众关注和讨论海洋文化。在发展好涉海高等教育的基础上,积极推动在基础教育阶段开展海洋教育。推进对外交流,提升中国海洋文化在世界文化活动中的知名度,让世界更多地了解中国海洋文化的内涵。

第四,推动产业发展,促进成果转换。中国沿海地区具有大量的海洋文化资源,很多文化资源具有开发利用的价值,特别是旅游资源极为丰富。本着科学开发、规范使用资源的原则,适度发展文旅产业,开发文化产品,有利于扩大海洋文化的社会影响力。加强海洋文化资源与科技、文创产业的融合,通过打造海洋特色文化品牌,形成示范效应。在沿海地区创办一批高水准的海洋文化遗产文创聚集区,推动海洋文化遗产资源的有效开发与利用。促进学术研究成果转换,做到研产结合,优先打造一批具有影响力的影视作品、文艺作品,加强对海洋文化遗产的宣介。

第五,健全法规制度,规范资源开发。文化遗产的开发利用需要完善的法律法规,涉及文化、教育、建设规划、旅游、宗教、文物等多个工作层面。在开发过程中,需要有规范的管理制度和科学的开发政策,才能达到文化资源开发的目标。应制定相关法规制度,为海洋文化建设工作的开展提供制度保障,使海洋文化资源的开发更加规范有序。

四、结语

当今的世界正处于一个转折时期,在新发展阶段,我国海洋事业发展面临的形势与任务有了很多新变化,强化海洋文化建设工作,构建服务于海洋强国战略的海洋文化体系的重要性日益凸显。

当前,我国海洋文化建设还存在一些与实践需求不适应的情况,我们需要在深入挖掘中华海洋文化内涵、探索其发展变迁的历史经验和教训、寻找海洋文明盛衰规律的基础上,结合新形势、新任务不断创新中华海洋文化内容,促进海洋文化的大发展大繁荣,推进中国海洋文化走向世界,助推海洋强国建设。

需要指出的是,海洋文化建设是一项长期工作,需要坚持不懈,久久为功,坚持目标导向,明确建设方向,落实工作路径,推动我国的海洋文化建设取得新突破。

文章来源:原刊于《人民论坛·学术前沿》2022 年第 17 期。

国家海洋战略教育：
海洋教育实践推进的新视域

■ 刘训华

论点撷萃

在我国海洋事业发展上，面临的根本性问题是海洋意识和素养不足的问题，海洋教育不足已成为海洋事业发展的基础性瓶颈，需要从国家层面加以重视。国家海洋战略教育直面的是培育海洋素养，塑造新型海洋观，从根本上建立海洋国家意识。

在新时代，我国亟须建立与国家长远发展目标和海洋事业发展相匹配的海洋观念、思维、素养的推进机制，以及相关涉海专业人才的成长环境。

国家海洋战略教育是海洋教育的战略性层面，是从国家层面在教育、文化、科技、社会等领域面向全体国民特别是大中小学生开展的以提升海洋意识和培育海洋素养为目标的教育活动的总和，主要有专业海洋教育、学校海洋教育、社会海洋教育、科技海洋教育、产业海洋教育、海洋文化教育等六大内容。国家海洋战略教育需积极改变传统海洋思维和观念，真正将中国人由大海带入大洋，建立起基于现代世界秩序的海洋观念。

国家海洋战略教育的重点是学校海洋教育，难点是社会海洋教育，基础是海洋文化教育。"海洋—国家—教科书"作为战略推进的关键逻辑，是指教科书作为国家意志体现，有效呈现在六种海洋战略教育内容中，并形成重要的战略推进效果。要立足学校海洋教育，构建青少年海洋教育的学校教育体系；发力于社会海洋教育，提升全民海洋意识和海洋素养；以专业海洋

作者：刘训华，宁波大学海洋教育研究中心主任、教授

教育为载体,在科技海洋教育和产业海洋教育发力,解决海洋事业的"最后一公里"问题;基于海洋文化教育视角,从启蒙处构建中华海洋文明图景。

走新型海洋国家道路,离不开海洋战略教育的基础性支撑。国家海洋战略教育路径有"学校—社会—家庭"的明线路径和通过海洋叙事调适海洋文明的暗线路径。实施国家海洋战略教育需基于国家力量全面推进中国海洋教育理论发展和实践创新。

世界由海洋连接成整体,近代世界史表明,对海洋重视程度往往也决定着一个国家在政治、经济、军事、文化等方面能达到的高度。当今世界是海洋文明而不是陆地文明主导的体系,有效经略海洋是真正成为海洋国家的基本要求。在我国海洋事业发展上,面临的根本性问题是海洋意识和素养不足的问题,海洋教育不足已成为海洋事业发展的基础性瓶颈,需要从国家层面加以重视。国家海洋战略教育直面的是培育海洋素养,塑造新型海洋观,从根本上建立海洋国家意识。

一、国家海洋战略教育的基本要义

习近平总书记提出"认识海洋、关心海洋和经略海洋"及海洋命运共同体意识,是新时代对海洋教育从政策、实践到成效方面提出新的要求。党的十八大首次提出海洋强国战略目标,党的十九大、二十大分别加以阐述,海洋教育作为海洋事业的基础作用不断受到关注。海洋教育是一个世界性话题,由于国内海洋教育意识的薄弱,常把它窄化为海洋专业教育或者中小学校的一般海洋科普教育。有研究者提出要尽快进行全民海洋观教育,中国受到的威胁主要来自海洋,需要加强国家海洋战略学习。从目前推进而言,在国家海洋教育政策、顶层设计和行政推动等方面总体薄弱,与海洋强国建设目标和时代对海洋教育的需求有不小距离。在新时代,我国亟须建立与国家长远发展目标和海洋事业发展相匹配的海洋观念、思维、素养的推进机制,以及相关涉海专业人才的成长环境。

国家海洋战略教育是海洋教育的战略性层面,国家海洋战略教育与海洋教育的区别在于:一是突出海洋教育的国家战略属性,海洋思维是国家在全球视野中的思维方位,其关涉国民海洋意识基础,又与民族复兴相牵连,与其他一般性专题教育有本质不同;二是国家海洋战略教育更加突出了国家主体、社会和学校主导的实施原则,强调国家在海洋教育实践推进中的主体性;三是基于海洋教育实践容易被忽视而言,中国自古以来长期受陆地思维影响,唯有将海洋教育从战略层面加以落实和推进,才能从当前的一般性海洋知识普及中摆脱出来,才能大力提升国民海洋意识、培育国民海洋素养。

(一)国家海洋战略教育的概念

国家海洋战略教育是从国家层面在教育、文化、科技、社会等领域面向全体国民特别是大中小学生开展的以提升海洋意识和培育海洋素养为目标的教育活动的总和,包括专业海洋教育、学校海洋教育、社会海洋教育、科技海洋教育、产业海洋教育、海洋文化教育等内容,总体目标指向培育海洋国家意识、锻造新型海洋观。从广义上来讲,凡是可以上升到国家、民族和个体思维、精神、品质层面的海洋教育内容,都属于海洋战略教育范畴,它在战略上服务国家发展需要,在视野上着眼于民族伟大复兴,在措施上重建中国海洋话语体系,是构建国家海洋软实力的重要手段。

作为一种资源教育,国家海洋战略教育通过提升国民海洋意识达成培育海洋素养。积极建构中国海洋叙事,讲好中国海洋故事,形成愿意听、听得懂的中国海洋话语的世界表达,增强在国际海洋事务交流中的主动权、引领力。

国家海洋战略教育指向民众的海洋素养培育,海洋素养分为社会素养、人文素养、生态素养和科学素养四个维度。海洋既是公共领域,也是私人领地,海洋进入是基于与人有关的日常海洋生活。开展海洋探索有利于新时期海洋文明新发现,重塑中国立场中的海洋常识。

从学科视域而言,国家海洋战略教育涵盖了"海洋教育学"内容体系,包含海洋教育学科理论、海洋教育史与海洋比较教育、中国海洋素养体系、中小学海洋教育实践、高校海洋通识教育、专业海洋教育、社会海洋教育、海洋资源保护和开发、海洋意识与安全、海洋与国家战略等丰富资源库,古今中外与人文社科知识交叉融合,跨学科、跨界是它的典型特点。

(二)国家海洋战略教育的主要内容

国家海洋战略教育是海洋教育的战略性呈现,是海洋教育的发展战略,从具体内容上来说,主要有专业海洋教育、学校海洋教育、社会海洋教育、科技海洋教育、产业海洋教育、海洋文化教育等六大内容。其中,专业海洋教育是战略教育推进的核心,学校海洋教育是重点,社会海洋教育是难点,科技海洋教育是保障,产业海洋教育是支撑,海洋文化教育是基础,这些内容形成国家海洋软实力的重要资源。

专业海洋教育是国计民生在海洋人才需求、科技需求最具体的体现,表现为各中高等学校和科研院所的涉海专业人才培养,它是战略教育的核心组成部分。专业海洋教育的蓬勃开展,需要在中小学阶段撒下海洋的种子,需要通过创设环境让更多优秀人才进入。

学校海洋教育是指大中小幼学校开展的基于一般性增强海洋意识、拓展海洋知识、培养海洋素养的教育形式。其中,中小学校是国家海洋战略教育开展的重中之重。利用教科书及相关教学形式,是开展学校海洋教育的主要手段。

社会海洋教育是指通过涉海博物馆、场所等社会机构开展的相关海洋教育活动,它具有鲜明的社会普及内容,是培育国民海洋国家意识、锻造新型海洋观的主要途径之一。通过社会、家庭等途径开展海洋教育是具体实践方式。

科技海洋教育是指聚焦海洋科技研发、专业化程度较深的海洋教育形式,是海洋科技鼎固革新的重要保障。聚焦涉海的核心技术和卡脖子技术的研发,也是解决当前海洋领域技术问题的关键。

海洋产业教育是指以海洋经济为主体的知识、内涵及产业布局等融合为主的教育。海洋经济是海洋强国战略的重要支柱,海洋产业教育是海洋经济建设的有效支撑。

海洋文化教育是指以海洋文化作为主要传播内容而开展的海洋教育形式,是对中华海洋文明的梳理和补充。海洋文化资源是重要战略资源,是构成国家软实力的要件,具有重要战略价值。对现有海洋文化开展研究,赓续中华海洋文明,讲好中国海洋故事,需要开展好海洋文化教育,同时对其他五个领域起到补充作用。

在六大内容中,专业海洋教育是国家持之以恒推进和发展的事业,这从不断增加的海洋大学数量亦见一斑。科技海洋教育和产业海洋教育是发展国家经济孜孜以求的内容,虽部分寄托于专业海洋教育,但其发展根本受限于学校海洋教育的薄弱、社会海洋教育的不足,难以形成有效人才支撑。海洋文化教育是学校海洋教育、社会海洋教育的文化基础,三者间正向联动。从当前国家海洋教育推进情势来看,需首先把着力点放在学校海洋教育、社会海洋教育和海洋文化教育上,这三者也是海洋教育领域总体薄弱又亟须高度重视的内容。只有这三者有明确提升,才能对专业海洋教育、科技海洋教育、产业海洋教育形成真正支撑和促进,见表1。

表 1 国家海洋战略教育的主要内容与推进层级

	内涵	战略定位	发展层级		推进层级
专业海洋教育	涉海中高等院校和科研院所开展的专业教育	核心	第二层级	发展性	加大力度
学校海洋教育	大中小幼学校开展的一般性海洋教育	重点	第一层级	基础性	薄弱,优先推进
社会海洋教育	面向全民以各种形式开展的海洋教育	难点	第一层级	全民性	不足,优先推进
科技海洋教育	聚焦涉海的核心技术和卡脖子技术的研发	保障	第二层级	发展性	加大力度
产业海洋教育	聚焦海洋经济知识、内涵及产业布局等	支撑	第二层级	发展性	加大力度
海洋文化教育	传播海洋文化,赓续中华海洋文明,提升国家软实力	基础	第一层级	文化性	已有,优先推进

我国通过开展各种类型海洋战略教育,逐步形成中国海洋话语体系的当代建构。当前学校海洋教育已有丰富实践,全国 3000 所左右的大中小幼学校开展了丰富的海洋教育课程和实践活动,为形成海洋国家意识和新型海洋观奠定良好基础。在我国经济社会快速发展的今天,社会海洋教育是开展全民海洋教育的主要渠道。进行经略海洋过程中的关键技术研发,大经略和大航海需要有尖端海洋技术的有力支持。海洋经济在国内生产总值中占有一定比重,是国计民生的重要组成部分。海洋文化教育基于中华海洋文明立场,建构包容其他海洋文明的话语体系,对提升我国民众海洋意识和民族自豪感具有方向性意义。

（三）由海向洋是改变中国传统陆地观念的第一步

中国人海和洋概念常混淆在一起，中国传统海洋观念在实质上是大海而非大洋图景，大洋图像多在神话传说中有所提及，这也和对大洋的认识有关。无论是海洋文化或是海洋文学，鲜见大洋图像。中国人地理上的海洋主要是指近海，很少真正将视野伸向远洋，这也造成了中国人海洋观先天不足的一面，当然这种不足的原因有很多。真正意义上的海洋观，既重视海，更重视洋。中国人只有将视野和关注点真正投向大洋，才是在真正意义上改变陆地传统观念。

除了海洋器物、海洋技术等硬核力量外，在生产关系与上层建筑的矛盾中，海洋意识形态的形成，才是决定一个国家海洋实力强弱的关键。历史上国家拥有海洋硬实力并不能够拥有海洋，郑和七下西洋虽然在技术、规模和时间上均早于西方的"地理大发现"，但却没有成为中国崛起的契机，反而揭幕了近代中国由兴而衰，其重要原因就在于中国缺失了海权的软实力部分。

国家海洋战略教育是服务国家战略的基本概念，如对海洋事业发展给予揭榜挂帅式扶持，1714年英国议会通过《经度法案》对在海上精准确定经度的人给予两万英镑的奖励，从而激励人们积极尝试拓展新事物。海洋是国家地理的自然屏障，海洋国家意识需要探索未知、不断创新。李鸿章《筹议海防折》中曾说："轮船电报之速，瞬息千里；军器机事之精，工力百倍，炮弹所到无坚不摧，水陆关隘不足限制，又为数千年来未有之强敌。"也因为此，我国重新审视和筹划海防问题。

海洋强国亟须注重中国在远洋的观念和利益。海洋观念和海洋技术之间，技术是硬核，观念是地基，没有地基，再好的硬核也无法发挥作用。俄国彼得一世曾在发展初期建立数学和海洋学校，服务国家的发展步伐。自从世界连接一体后，海洋比陆地具有更为强大的资源动员力量的重要性日益凸显。从葡萄牙成为第一个海洋国家开始，直到世界从陆地体系进入海洋体系，全球各国对海洋资源的争夺和利用就没有停歇，当前世界主要发达体也多为海洋国家，这些海洋发达国家在远洋的进入、开采、研发和占有等方面，具有重要影响力。

二、海洋国家意识和新型海洋观：国家海洋战略教育的总体目标

国家海洋战略教育需积极改变传统海洋思维和观念，真正将中国人由

大海带入大洋,建立起基于现代世界秩序的海洋观念。如何培育国民海洋国家意识和新型海洋观？有研究指出,将正规的海洋理论知识教育和非正规的海洋科普知识教育有机地结合起来,系统、全面地建立国民海洋观教育体系。开展国家海洋战略教育的目标指向和价值依归,是建构海洋国家意识和培育新型海洋观。

所谓海洋国家,笔者以为不仅是指具有海洋主权,并且还应有强烈的海洋拓展意识和运用海洋向世界施加影响的强大能力。我国存在海洋意识淡薄、海权措施不力、海域争端激烈等问题,塑造海洋观是一种举措。有研究认为,海洋观是人类在与海洋打交道的长期实践活动中,通过不断总结、凝练、思考和升华等理性活动,所形成的认识、利用、开发与管控海洋的主观思维集群,海洋观是人类与海洋辩证关系的核心内涵。在推进海洋观建设方面,有研究提出,将海洋基础知识纳入基础教育课程,提高青少年海洋意识,鼓励各方面开展多种形式的海洋文化活动,完善公众参与机制,形成全民共同促进海洋命运共同体建设的新局面。人类历史上有以大陆审视海洋的"黄色海洋观"和以海岛含沿海狭域审视海洋的"蓝色海洋观",前者多为海陆兼备、资源丰富具有广阔陆地腹域和漫长海岸线的国家和地区,后者多为区域狭窄、土地稀少、资源贫乏的海岛或沿海国家和地区。在新时代要跳出中国历史"黄色海洋观"与西方历史上"蓝色海洋观"的时代局限,将两者合理内涵有机整合,并将视野投向远洋。

（一）海洋国家意识是推进国家海洋战略教育的基本目标

海洋国家意识是指作为国民所应具有海洋国家的意识、思想、行为等总和,是海洋思维、理念和特征在国民意识中的总的体现。海洋国家意识体现在海洋领土意识、海洋战略意识、海洋思维意识和经略海洋意识,其核心在于经略海洋意识。国民海洋国家意识需要通过教育、文化、社会等多种渠道加以长期熏陶而成,并深刻烙印在民族性中。

国家海洋战略教育在战略目标上面向全民开展海洋意识提升和海洋素养培育,总目标是提升民众海洋国家意识,培育新型海洋观。宏观推进目标与具体六大领域,是宏观与微观、目标与载体、根本与抓手的关系。战略教育推进在内容、目标、方法、平台等需与时俱进,借助国家、学校、社会等资源作为推进保障。

战略教育目标的实现,还需要借助海洋叙事形成文化软实力,讲好中国海洋故事,教科书是向民众讲好中国海洋故事的最好的载体。如《西游记》中孙悟空是在海边出生、泛海学艺等,都隐藏着海洋的影子。

需要指出的是,海洋国家意识不是指在海边生活的国民意识或将其确定为国家意志,而是指在思考国家或区域发展中,要将中国视为一个海洋大国,海洋资源置于国家资源运用的重要位置,向海定陆、由海向洋,积极运用海洋资源经营自己国家,在生活中也有运用海洋资源的这种意识状态。

(二)海洋战略教育指向海洋软实力

海洋软实力是重要的国家资源。有学者认为,海洋软实力是指一国在国际国内海洋事务中通过非强制的方式运用各种资源,争取他国理解、认同、支持、合作,最终实现和维护国家海洋权益的一种能力和影响力。韩增林等也都给出了大致类似的答案。笔者认为,海洋软实力的非强制性,不仅体现在海洋资源观、海洋价值观,更体现在其海洋话语权方面。软实力的表现形式是一种潜移默化的话语体系,相较于海洋硬实力,更是影响深远并需要持之以恒加以培育。

向陆还是向海是一道重要选择题。郑和曾说:"国家欲富强,不可置海洋于不顾。财富取自于海上,危险亦来自海上。"该时期明成祖朱棣五次北伐的战术性胜利,带来的是中国失去海洋近 500 年的战略性失误,以及海洋视野消亡所造成的落后挨打局面。走向海洋是中国国家发展的大战略。在当前世界多极化趋势下,中国是世界主要大国中还没有真正成为海洋国家的极少数之一,俄罗斯是另外一个国家,但俄罗斯有着传统海洋强国的底子。中国要实现中华民族伟大复兴的中国梦,必然要从关心海洋、认识海洋着手,有效经略海洋,走向海洋国家。

朝向土地和朝向海洋将造就两种截然不同的国民性,前者保守、视野向内、严谨慎重,后者则开放、冒险、善于开拓。朝向海洋是一种改造国民性和国民家国观念的重要路向,在世界一体化的规则中,赢得海洋比赢得陆地更为重要。学校海洋教育是开展国家海洋战略教育的主要途径,社会海洋教育是海洋战略教育实施的薄弱环节,这些教育内容需要通过国家战略方式加以改善,以适应新时代的要求。

中国虽有漫长海岸线,但中国整个文化特征和文明特征是黄土的,是陆地的。即使在现代交通相当发达的情况下，中国仍有独特的相对封闭性。将中国的国防由传统的三线推向海防，加强中国战略纵深，实施远洋防御战略，将国家战略前沿大大推向了海洋。中国如何在未来发展中取得比较优势地位，成为海洋国家只是必须经历的目标之一。"尽管中国不可避免也必须成为海洋国家，但从海洋国家的历史看，这会是一个艰苦的过程。"唯有保持海洋发展势能、变通海洋发展理念和措施途径，才能更好实现对传统海洋国家的超越。

（三）"路口理论"是我国培育海洋国家意识实现新时代赶超的内在逻辑

中国真正成为海洋国家既是国家和民族发展核心利益，也是国家发展目标的必然要求。中国将基于"路口理论"寻找赶超现有海洋国家的方式和途径。从"大航海时期"的葡萄牙、迈向新世界"无敌舰队"的西班牙、"海上马车夫"的荷兰、"日不落帝国"的英国，扎根大陆"蓝百合"的法国、"为出海口而战"的俄国、"脱亚入欧"的日本、"日耳曼战车"的德国再到如今世界超级大国的美国，这些海洋大国无一例外都形成自己的海洋国家发展模式。

"路口理论"是指多辆车在通过十字路口时，尽管有红绿灯的限制，但那个维持势能的车辆，即使在一路落后的情况下，只要能保持势能和坚定不移的目标，由于红灯及车辆等待等因素，该车辆最终一定能够超越其他对手，并到达自己的目的地。维持海洋势能需要有良好的发展基础，理念、思维和路径是决定海洋模式的根基。后发海洋国家明晰势能和动能所在，改变传统海洋观念，实现完善和超越，在理论和实践上均已被历史所证明。

海权是经略海洋的基础条件，海洋国家是当今世界体系的主要受益者，经济发达国家几乎都是海洋国家。日本在海洋身份的形成中，政治、知识精英起了巨大的作用，日本海洋身份还是一种文化抉择，满足了近世日本国民的心理需求。当前全球的贸易体系依靠海洋并以国际制度为支撑的开放系统，"海洋国家"也是一种国与国斗争的重要体系。

（四）新型海洋观的核心是向海定陆、由海向洋

海洋观是指人们对于海洋的总的看法和根本观点。传统中国的海洋观总的来说是作为陆地的附属，在经济上是可有可无的状态。当前我国提出了陆海统筹的海洋观，虽是并重，但还是以陆地为主。在未来，新型海洋观应更加重视海洋，向海定陆、由海向洋。海洋观的核心是人、海与社会的关

系,而不单是人海关系。

新型海洋观的价值核心是向海定陆、由海向洋,是推进国家海洋战略教育的思维目标。向海定陆是新型海洋观的第一层级,涵盖了在陆海统筹基础上优先基于海洋思维的总体认识论,是定位陆海关系的基本原则和出发点;由海向洋是新型海洋观的第二层级,指在向海定陆基础上需要建立起远洋思维,将中国人对海洋的视野、思维和思想上从大海转向大洋,经略海洋既包括近海也包括远洋。海洋观的核心是价值观问题,价值论包含海洋命运共同体、可持续发展、海洋战略价值等,新型海洋观需要回答这些涉及中国海洋事业发展的根本问题。

三、"海洋—国家—教科书":深入推进海洋教育的关键逻辑

国家海洋战略教育的重点是学校海洋教育,难点是社会海洋教育,基础是海洋文化教育。国家海洋战略教育实施很大程度上依赖学校教育体系的承载,特别是从教科书出发的课程教育体系。教科书特别是统编本教科书是国家事权和意志力的高度体现,需要将国家对于海洋图景、意识和素养等诉求有效融入教科书中,把中华海洋文明生动形象地呈现在教科书里,形塑国民的海洋国家意识,同时为开展好专业海洋教育、科技海洋教育和产业海洋教育形成有效教育基础。"海洋—国家—教科书"作为战略推进的关键逻辑,是指教科书作为国家意志体现,有效呈现在六种海洋战略教育内容中,并形成重要的战略推进效果。

(一)立足学校海洋教育,构建青少年海洋教育的学校教育体系

教科书等是承载海洋战略教育的最有效着力点。世界主要国家在完成国民海洋意识提升和海洋素养培养的过程中,多进行相应的国家顶层设计,并形成了相应的国家海洋教育战略思想和推进路线。中国在历史上深受海洋观念淡薄之苦,观念是制约中国海洋事业发展的重要因素,而中国人海洋观念的改变,需要有强大的教科书作为推动力。与世界大航海同起步的明朝统治者,在张弛交替的"禁海"过程中逐步从海洋上退缩,严厉的"禁海"政策不仅使民间海外贸易沦为非法而逼商为"寇",并扭曲了原本正常发展的海洋观念。积极做好教科书的国家海洋意识的启蒙工作,突出教科书中的东海、南海等海洋文明,将海洋图景浸润在青少年潜意识中。海洋战略教育

将落脚于教科书等国家意志形式,如国土意识教育中的"大公鸡"地图,应容纳进海洋的图景,这些都能够起到事半功倍的教育效果。

(二)发力于社会海洋教育,提升全民海洋意识和海洋素养

社会海洋教育是从更广泛的全局视域,通过相关涉海机构和场所,提升全民海洋意识和海洋素养。海洋国家不是以海岸线长短为依据,而应以其国民的海洋意识和海洋控制能力为准。凡是不能决胜于海洋的,都会遭到失败。德国在两次世界大战中都想冲出北海,"一战"与英国、"二战"与美国争夺,均遭遇失败了,而恰恰因为海上失败,最终导致陆地上的溃败。如果没有全民海洋意识和海洋素养的总体提升,今天既有的海洋教育成绩,也可能退回过去。社会海洋教育虽是整个战略推进的难点,但其教育样态生动、形式丰富,在载体上有大量的涉海博物馆、体验场所,还有图书馆等机构举办的各类涉海知识宣讲活动,将起到其他类型不可替代的效果。

(三)以专业海洋教育为载体,在科技海洋教育和产业海洋教育发力,解决海洋事业的"最后一公里"问题

学校、社会海洋教育指向青少年和全民海洋教育路径问题,海洋文化教育指向海洋战略教育实施的"根"文化问题,而这三者教育均直面并服务于专业、科技和产业海洋教育,为专业类海洋教育培育优秀人才土壤。在专业人才培养中,重点着力于科技和经济两大领域。在科技海洋教育方面,着力解决相关海洋技术等"卡脖子"领域难题,在产业海洋教育方面,解决如何发展海洋经济,做强做大海洋经济版图问题。海洋事业发展问题归根结底也是人才问题。中国古代官方对海洋解释注重"天下"秩序和华夷观念,民间是在海洋实践中获得,注重为航海实践服务。要改变对海洋事业"最后一公里"的效力发挥,需要进一步发挥国家意志的效力,在体现国家意志的各层级教科书等出版物中做好教育文章。

(四)基于海洋文化教育视角,从启蒙处构建中华海洋文明图景

战略教育从娃娃抓起,从儿童启蒙出发。海洋文化教育需要以文化人,通过中华海洋文明的现代建构,从启蒙处构建中华海洋文明新内涵,调适蓝色文明,突出向海定陆、由海向洋观念。中国的图腾"龙"来自海里或者深渊里,这是中华文明根深蒂固的海洋内涵。正如卜正民在《挣扎的帝国:元与明》中所说的龙见一样,西方汉学家更把龙看作解读中华民族的密码。海洋

文明是中华文明的固有资源,中国和西方在海洋文化的表述上存在极大差异。西方文化对待海洋更为直接,如卜正民对中国古代的"南海世界经济体"一说,这在中国的官方叙事里是很难体现的。讲好海洋故事,首先是讲给本国国民听,特别是大中小学学生,走由内而外的路径,内外兼修然后形成相应表达效果。中国古代的"海"长期是一种兼具天下与政治、地理及民族认同的感念,海洋想象是人的日常,而自然的海则被认为是因遥远从而被视为世界的边缘。海洋国家意识和新型海洋观的培育,讲好海洋故事、构建海洋图景是最为便捷的方式。

四、基于国家力量的顶层设计:国家海洋战略教育的推进路径

走新型海洋国家道路,离不开海洋战略教育的基础性支撑。国家海洋战略教育路径有"学校—社会—家庭"的明线路径和通过海洋叙事调适海洋文明的暗线路径。实施国家海洋战略教育需基于国家力量全面推进中国海洋教育理论发展和实践创新。

(一)构建全国层面的海洋教育工作统一体系

建议由教育部牵头成立全国海洋教育工作委员会,统一从国家层面推进海洋教育工作。整合自然资源部宣传教育中心、教育部宣传教育中心等部门资源,自然资源部宣传教育中心可作为委员会秘书处,并由目前单纯的宣传职能加上行政推进职能,便于在全国范围内统筹学校海洋教育、社会海洋教育、海洋文化教育等资源,形成统一的设计、决策和执行体系。国家顶层设计内容包括在全国统一工作体系中,加强海洋教育的政府、学校、社会及研究主体的联系和合作,逐步推动形成全国性的《中国海洋素养体系》《海洋教育课程指导标准》《中国海洋教育机构、知识和区域评价体系》,推动相关行业标准出台,积极参与国际海洋教育并形成具有"中国特色"海洋战略教育实践体系。加强中国海洋教育的学科体系、学术体系和话语体系的研究,并在课程、教材、师资、经费、研究、评价等方面加以落实。

(二)通过国家力量夯实民众的新型海洋国家道路的认知基础

国家海洋战略教育是提升民众海洋意识和素养的不二法门。海洋国家来自西方,是西方中心的海权论话语,深入挖掘我国海洋文化资源,重构海洋国家话语体系。从地理位置和国际法上看,中国不仅是一个海洋国家,还

是一个海洋大国。建构海洋国家意识,需要大力倡导开放、自由、包容的海洋文明,需要在现有民族性方面进行海洋时代的新建构。2006年法国政府颁布的《法国的海洋抱负》海洋政策报告显示,法国有许多海外领地,其专属经济区面积居世界第二,法国海洋产业创造很高的附加值,提供众多就业机会,法国海洋科研在世界海洋科技领域占有重要地位,法国海军在世界大洋上占有显赫地位。《联合国海洋法公约》在给予了法国海洋利益的同时,也是建立在法国有意识和有能力保护自己海洋权益的基础上。海洋利益即是国家利益,需要有基于国家利益的自主抉择。谋求国家利益是海洋战略的核心目标,需要警惕海洋领域意识形态化的束缚,把海洋所具有的国家性有效构筑起来。

(三)海洋教育"学校—家庭—社会"实践体系是战略推进的主要路径

建构新型海洋观是构建海洋命运共同体的时代命题,海洋在人文层面构筑人类精神家园,形塑精神世界是海洋人文美的教育意蕴。向海定陆,由海向洋是国家海洋战略教育的具体思维方法,重视海洋科学家,开展海洋资源大发现,是经略好海洋的关键因素,如魏格纳的探险精神和大陆漂移学说。世界面积71%是海洋,海洋中只有5%为人类所认识,海洋世界对人类来说依然是巨大的未知体。在"学校—家庭—社会"海洋教育实践体系中,学校是主体,社会是难点,家庭则是增长点。中国古代李淳风的《海岛精算》、王充的《论衡·书虚篇》、王震的《南州异物志》中,不凡对人与海洋命运的思考,在海洋事业发展中,要优先考虑人的因素。日本将海洋教育作为海洋立国战略的有机组成部分,在深入推进海洋教育中,形成了涵盖学校海洋教育和社会公众海洋教育的相对完整的海洋教育体系。加强海洋教育实践研究,进行国家层面顶层设计,有效借助国家力量推动海洋战略教育的有效开展。

(四)由海向洋,通过有效海洋叙事积极调适中华海洋文明

中国传统海洋文化主要是海文化,洋文化成分较低。充分利用中华海洋文化资源,讲好中国海洋故事。中外海洋叙事方式不一致,中国往往是宏观表达,而西方多从个体叙事进入,是"人—事—海洋"方式。中国现代海洋文明具有较大的包容性,海洋自信的核心是中华文明的自信。具有国际视野的海洋叙事,关注海洋故事的本体建构与叙事,告别悲情叙事,讲好鲜活

生动的中国海洋故事。提高海洋国家意识需要繁荣海洋文化,海洋文化是人与海洋互动的总和。培育国民海洋国家意识和新型海洋观,需要有超常规路径来调适海洋文明,从中华文化的重塑到意识的重塑,是一个长期的过程。新时期海洋国家意识的路径指向,警惕从政治道德与意识形态层面对新事物合法性的否定。提升海洋文化和海洋意识中的海洋叙事,是我国海洋战略教育的重要方式。海洋叙事在世界历史上叙事建构有着很多生动案例,如美国开国前的"五月花号"叙事,就是建构而成的海洋叙事,它也成为美国开国精神的重要背景。日本的海洋国家意识主要包括海洋权益意思、海洋战略意识和海洋文化意识。中国海洋故事既不是回到中国传统,也不是亦趋于西方,而是重构中华文明海洋叙事,形成新时代的中国海洋话语表达。郑若曾的《筹海图编》就有远洋出击与近洋防御的战略思想,在其《松江府海洋设备》中记载,"查得沿海民灶,原有采捕鱼虾小船,并不过海通番。且人船惯习,不畏风涛,合行示谕沿海有船之家,赴府报名,给与照身牌面。无事听其在海生理,遇警随同兵船追剿。"深刻反映了因地制宜、兵民一体的海防战术思想。中国提出了共建21世纪海上丝绸之路的倡议,通过全面参与联合国框架内的海洋治理机制和相关规则制定与实施。解决中国未来问题的出路在海洋,基于现实需求的有效海洋叙事,是中国走新型海洋国家道路的重要方式。

(五)传习海洋思维,为海洋科技创新提供人才支持

海洋思维具有典型的开放包容、互动交换、协同合作、勇于创新等特征,是高水平海洋教育、高质量发展英才、高层级海陆发展的重要标志,海洋教育的核心是海洋思维的教育与传习。关注海洋文明主体可能给民族文化、心理和长远发展带来的巨大推动力,国家海洋意识需要有强大的心理投资,全面提高海洋国家意识,就要少谈康乾盛世,中国要重返海洋。关注海洋可以舒缓人们对陆地上地价、房价的关注度,积极从利益层面保证海洋从业人员的利益,改善从事海洋工作人员的待遇,促进更多的人参与和热爱海洋事业。从国家战略层面开展的海洋教育,服务于全体国民海洋素养提升,服务于大中小学生的海洋素养培育,服务于人才培养中的"立德树人"与"家国情怀",海洋教育贯穿于德智体美劳发展的全过程,是新时代的海洋观、劳动观和实践观的重要资源载体。海洋专业教育所需的优秀生源和海洋科技创新

所需的优秀人才,只有在国家海洋战略教育推进到一定阶段,社会形成众多共识,才更能为我国海洋事业源源不断地提供。

海洋技术是海洋事业发展的关键力量,海洋意识和海洋思维是海洋事业稳健发展的核心保障,意识、观念和思维层面的问题需要通过国家海洋战略教育的途径加以解决。国家海洋战略教育作为新时期海洋教育实践推进的新视域,是保障我国海洋事业长远发展和战略目标顺利实现的重要依托。

文章来源:原刊于《浙江社会科学》2023 年第 2 期。

海洋软实力

海洋战略新疆域

北冰洋中央海域 200 海里外
大陆架划界新形势与中国因应

■ 刘惠荣,张志军

◎ 论点撷萃

北冰洋中央海域 200 海里外大陆架划界问题是当前北极地区最敏感、复杂的地缘政治议题之一,其已超出北极国家间问题和区域问题的范畴,不单纯是北极国家的"家事",划界趋势走向和最终结果将对包括中国在内的域外国家在北极的一系列国际法权利和利益产生重要影响涉及域外国家利益和国际社会的整体利益,因而受到世界各国的普遍关注。

当前,尽管当事国皆已提交划界申请,但大陆架界限委员会尚未作出任何可能对最终划界结果产生决定性影响的建议。各方科学证据在多大程度上能得到委员会的认可,环北冰洋各国普遍援引海底高地条款突破 350 海里限制的主张能否得到委员会支持,最终会不会出现域内国家一致反对外部干预进而利用《联合国海洋法公约》对北极大陆架进行内部瓜分等关键性问题在目前看来仍充满变数,划界前景十分不明朗。北极海域外大陆架划界争端是当今世界百年未有之大变局在北极问题上的具体体现,面对这一时代变局,我国应提前谋划、做好应对。应在准确把握当前北冰洋中央海域外大陆架划界最新动向的基础上,对其特征趋势和未来走向进行合理预判,并借此进一步明确我国参与北极事务的战略定位和谋划我国处理外大陆架划界问题的基本立场。

我国是国际法的积极践行者和坚定维护者,也是北极事务的重要利益

作者:刘惠荣,中国海洋大学法学院教授,中国海洋发展研究中心海洋权益研究室副主任;
　　　张志军,中国海洋大学海洋发展研究院讲师

攸关方。在尊重环北冰洋各国依据《联合国海洋法公约》合理争取北极大陆架权利的基础上,提出鼓励各国开展临时安排、支持大陆架界限委员会严格依据《联合国海洋法公约》授权履职并审慎对待科学证据、积极促成北极科考国际合作等建设性方案,这既有助于域内国家间争端的解决,也维护了我国和国际社会在北极的整体利益。

涉北极国际法争端突出体现在北极海域 200 海里外大陆架划界问题上。北极海域外大陆架划界争端既覆盖北冰洋也涉及太平洋,既囊括北冰洋各边缘海也涵盖北冰洋中央海域,其中牵扯利益最为重大、各国争夺最为激烈、划界形势最为复杂的是有关北冰洋中央海域的部分。北冰洋中央海域外大陆架的归属问题是北极海域外大陆架争端的核心矛盾所在,其背后是一场科学与法律问题交织、经济与政治问题并存、域内国家利益与国际社会整体利益你进我退、当下现实利益与长远战略利益难以把握的国际政治博弈,划界的趋势走向和最终结果将对北极地缘政治形势和世界格局产生深远影响。

一、外大陆架的国际法概念与北极大陆架的资源权属利益

(一)国际法意义上的外大陆架

地质学上,大陆与大洋盆地是地壳表面的两种基本形态,两者之间存在的过渡地带称"大陆边缘",大陆架是大陆边缘的一种地形单元。在地质性质上,大陆架本身是连贯统一的,并无"内外大陆架"之分别。但《联合国海洋法公约》(以下简称《公约》)在设计大陆架法律制度时,以 200 海里为界对大陆架权利的获取规则与权利内容做了区分对待:根据《公约》第 76 条第 1款,对于 200 海里以内大陆架主权权利的范围,沿海国可自行划定而无须向任何机构提出申请,且从测算领海宽度的基线量起至大陆边外缘距离不到 200 海里的自动扩展至 200 海里。200 海里以外大陆架外部界限的划定规则就复杂许多。对此,《公约》第 76 条、《公约》附件二、《大陆架界限委员会议事规则》(以下简称《议事规则》)和《大陆架界限委员会科学和技术准则》(以下简称《科学和技术准则》)作了详尽的规定。概而言之,沿海国需要依据《公约》第 76 条第 4 至 6 款规定的科学标准先自行确定本国 200 海里外大陆架

外部界限之各定点,随后向按照《公约》附件二组建的大陆架界限委员会提交《科学和技术准则》中要求的地质学、地球物理学等科学与技术数据,以证明该区域确为其本国陆地领土向海洋的自然延伸,最终大陆架界限委员会将综合考虑申请案是否涉及海洋划界争议以及沿海国提交的科学证据是否可信、充分等因素后作出沿海国划定200海里外大陆架外部界限的建议。沿海国在大陆架界限委员会建议基础上划定的外大陆架界限具有确定性和拘束力。

(二)北极大陆架的资源权属利益

当前,各国海洋权益之争实质上就是海洋资源之争。海洋资源,尤其是海洋能源储量最丰富的区域就在大陆架。北极大陆架又因其资源开发条件相对成熟以及特殊的地理位置成为北极各国竞争角力的焦点。美国能源局的地质勘探数据显示,北极拥有的油气资源占世界因技术原因未能开采的总油气资源的22%,其中未开采石油占13%、未开采天然气占30%,且超过84%的油气资源都储存在开采深度不足500米的大陆架浅水区,开采难度与开采成本相对较低。

北极地区丰富资源的权属争议是北极争议的焦点所在,其法制化载体即为北极外大陆架划界法律问题。事实上,《公约》设立大陆架制度的初衷不是为了瓜分海洋主权,而是专为解决海底自然资源的勘探、开发产生的相关经济利益的分配问题。北极大陆架是世界上最后一块具有大规模开发潜力的油气资源处女地,拥有北极大陆架的国家将拥有世界上最大的油气资源储备基地,对这一资源战略要地的争夺自然成为北极地缘政治的敏感话题。

二、北冰洋中央海域的外大陆架划界争端现状

北冰洋中央海域的外大陆架划界争端目前主要涉及俄罗斯、丹麦、加拿大和美国四个国家。其中俄罗斯、丹麦、加拿大三国为外大陆架划界法律争端的直接当事方,三国作为《公约》缔约国,均向大陆架界限委员会提交了涉及北冰洋中央海域的外大陆架划界案。划界案中三国都基于北冰洋洋底脊状隆起为本国陆地领土自然延伸这一主张提出了大范围的大陆架划界申请,且互相存在大面积的主张重叠。本部分将从三国划界申请案的视角切

入,对当前北冰洋中央海域外大陆架划界争端的现实状况进行系统梳理,并对三国具体主张进行对比分析,以作为判断当前该海域外大陆架划界趋势特征之事实依据。

(一)俄罗斯关于北冰洋中央海域的系列划界案

俄罗斯最早通过大陆架界限委员会提出涉北冰洋中央海域外大陆架划界主张,并且是俄罗斯、丹麦、加拿大三国中主张面积最大和提出申请案次数最多的国家。俄罗斯广袤的领土带来了蜿蜒绵长的海岸线,其中近 2/3 的部分位于北冰洋,占到北冰洋海岸线总长度的一半以上。这成为俄罗斯在北冰洋外大陆架划界争端中的最大优势所在。俄罗斯涉及北冰洋中央海域的外大陆架划界主张主要依托一次完整的申请案、一次修订申请案以及 2021 年提交的两份科学证据补遗。

1. 俄罗斯 2001 年外大陆架划界案

俄罗斯 2001 年提交的 200 海里外大陆架划界申请案既是北极国家申请北冰洋外大陆架第一案,也是大陆架界限委员会自成立以来收到的全球首份外大陆架划界申请案。不论是从申请国提交划界案的角度还是从委员会审议划界案的角度看,该案都对全球外大陆架划界的未来走向起到重要的指向性作用。

该案涉及两洋四海,分别是位于太平洋海域的白令海和鄂霍次克海以及位于北冰洋海域的巴伦支海与北冰洋中央海域。俄对上述海域中约 158 万平方千米的海底提出了外大陆架主张,其中涉及北冰洋的部分涵盖了包括北极点在内的超过 120 万平方千米的海底。整个申请案中,位于北冰洋中央海域的罗蒙诺索夫海岭和阿尔法门捷列夫海岭为争议焦点。作为北冰洋仅有的两大海岭,均在申请案中被划入俄罗斯大陆架范围内。但由于俄罗斯北极科考因财政问题直至申请案提交时仍未恢复,因此在申请案中俄并未提供《公约》所要求的充分的科学与技术数据支撑。这也成为俄主张未得到委员会认可的最直接原因。委员会经过半年的审议,最后认为俄罗斯对北冰洋中央海域的海底地质状况描述不清,所提供的地质与地球物理数据无法证明阿尔法门捷列夫与罗蒙诺索夫两大海岭与俄罗斯陆地领土存在自然延伸关系。建议俄就划界案中涉及北冰洋中央海域的部分进行全面修订,并依照《科学和技术准则》的标准与要求补充相关科学证据资料后再次提交。俄罗斯北极研究所所长帕夫连科曾表示，"2001 年的外大陆架申请被驳回是完全合理的，因为俄罗斯几乎没有提供任何准确数据，我们很难期待会有其他结果"。

从俄罗斯的立场出发，此次申请案虽因科学证据不足而以失败告终，但其背后的政治宣示意义远大于实际法律意义。一方面，在明知自身科学证据严重缺失的情况下，俄通过提交划界案这一试探性行动，认识到科学证据在北极外大陆架划界实践中的重要分量，为其后续不断加大北极科考投入提供了动力支撑；另一方面，在全球外大陆架划界这块"新蛋糕"的竞争博弈中，俄罗斯主动出击，率先提交大陆架申请，宣示了本国北极大陆架的政策立场。尽管划界案引起国际社会的强烈反应，甚至遭到了其他北极国家的激烈反对，但俄罗斯在北极大陆架这场激烈博弈中赢得了战略上的主动。此次申请案提交后至今 20 年的北极大陆架竞争实践也充分表明，俄罗斯已经成为北极大陆架争端中的核心角色。

但从国际社会的角度看，俄罗斯通过该案将其在北冰洋外大陆架划界问题上的野心和盘托出，为随后环北冰洋各国层层加码、不断扩大本国外大陆架主张拔高了阈值。从这个意义上讲，俄罗斯也成为北极外大陆架划界争端不断升级、各国主张范围不断扩大的"始作俑者"。但与此同时，我们必须清楚认识到，俄罗斯的外大陆架划界主张在国际法程序上是完全合法的，至于在实质审议阶段大陆架界限委员会将对北极海底地质状况如何认定、俄主张能否得到委员会支持还有待进一步观察。

2. 俄罗斯 2015 年关于北冰洋的部分修订划界案

在 2002 年被大陆架界限委员会全盘否定后，俄罗斯在处理其他海域外大陆架划界争端的同时，把主要力量集中在北冰洋中央海域大陆架科学证据的获取上。2015 年 8 月 3 日，俄罗斯向大陆架界限委员会提交了关于北冰洋海域的部分修订案，核心主张是：罗蒙诺索夫海岭、阿尔法门捷列夫海隆、楚科奇海台以及作为三者分界岭的楚科齐盆地和波德沃德尼科夫盆地在地貌上是连续的，它们共同构成了"中北冰洋海底高地复合体"；该海底区域与亚欧大陆存在地质学上的相似性与延续性，且应当被认定为《公约》第 76 条规定的作为大陆边缘自然延伸的海底高地。据此，俄认为该区域不但属于俄罗斯西伯利亚大陆架的自然延伸，且在划定大陆架范围时不应受《公约》规定的"在海底洋脊上的大陆架外部界限不应超过从测算领海宽度的基线量起三百五十海里"的限制。

2015 年关于北冰洋的部分修订划界案是俄罗斯对于北冰洋外大陆架野心的又一次全面展示。相较于 2001 年初次提交划界申请,经过十余年的北极科考,俄罗斯并未在主张范围上有任何缩减。这难免让国际社会质疑:未经严谨科考提出的主张范围和经过科考后提出的主张范围竟能如此相像?是基于科学证据提出划界主张,还是基于政治上的划界主张去搜罗所需科学证据?北极大陆架划界问题是科学主导还是政治主导? 截至目前,该案提交虽已逾七年,但由于其涉及区域的广泛性、利益的复杂性以及科学证明上的困难性,俄罗斯此次修订申请案的实质审议仍未被列入大会议程。该案关乎北极大陆架划界全局,委员会最终将对该案作出何种建议值得国际社会持续关注。

3. 俄罗斯 2021 年科学证据补遗

2021 年 3 月,俄罗斯向大陆架界限委员会就其 2015 年有关北冰洋的外大陆架划界修订案提交了两份科学证据补遗。本次向委员会补充提交的科学证据是俄自 2015 年提交修订案以来最新北极科考成果的集中展示,其中既汇集了世界范围内公开发表的关于北冰洋大陆架海底地质状况的最新研究进展,又涵盖了俄罗斯在本国实地科考中获得的测深学、地球物理学、海洋地质学等最新科研数据。两份补遗将作为 2015 年划界案审议材料的一部分供委员会一并审议。科学证据补遗中最引人关注的一点是俄罗斯基于这些最新科学证据扩大了 2015 年划界案中的大陆架主张范围,其中既包括了此前未主张的加科尔海脊的部分,也涵盖了已经主张但此次再次扩大的"中北冰洋海底高地复合体"的部分。这一主张加大了北极外大陆架划界最终走向的不确定性。

(二)2014 年丹麦关于格陵兰北部的部分划界案

虽然格陵兰已经成为一个内政完全独立,只有防务、外交事务暂由丹麦代管的过渡性政治实体,面积也不计算在丹麦领土范围内,但其并非一个国际法意义上的主权国家。因此,借助与格陵兰在主权上的隶属关系,丹麦在北冰洋提出外大陆架划界主张是具有国际法依据的。依照《公约》解决包括外大陆架在内的北冰洋划界争端,也成为丹麦北极战略中的优先任务。把格陵兰作为其实施北极战略的基石,丹麦在北极外大陆架争夺战中表现得十分积极。随着几次外大陆架划界案的提交,其在北极地缘政治经济格局中的影响力也不断提升。

丹麦在 2009 年首先提交了其海外自治领地法罗群岛北部的外大陆架划界申请案后,于 2012 年、2013 年和 2014 年连续三年分别就格陵兰南部、东北部以及北部外大陆架向委员会提交了划界申请。其中丹麦王国政府与格陵兰自治政府在 2014 年 12 月共同提交的关于格陵兰北部的申请案对北极外大陆架提出权利主张,与俄罗斯在北冰洋中央海域的外大陆架主张存在大面积重叠。丹麦认为,从罗蒙诺索夫海岭获得的岩石样本以及海洋地质与地球物理数据充分表明该海岭同格陵兰地质构造相似,属于格陵兰北部大陆边缘的组成部分,且属于《公约》第 76 条第 6 款中不受 350 海里法律线限制的海底高地。丹麦在此次申请案中的主张范围涵盖了包括北极点在内的罗蒙诺索夫海岭的几乎全部区域,主张面积达 90 万平方千米。

比较作为大陆架权利基础的三国北冰洋海岸线的长度可以发现,丹麦事实上较俄罗斯和加拿大在北极大陆架划界问题上展现出了更大的野心。但丹麦的综合国力、经济实力和科考能力却同俄罗斯、加拿大两国存在较大差距。北冰洋海底地质状况复杂难辨,为外大陆架划界主张提供可靠证据的科学考察背后是国家间综合国力、财政投入和科研能力的较量。丹麦务实地审视自身在北极地缘政治经济格局中的优劣势,从本国实际出发,在北冰洋外大陆架划界问题上表现出高度的灵活性。其在依据国际法向大陆架界限委员会提出权利主张以争取战略主动的同时,战术上没有选择同俄、加两大海洋强国进行硬碰硬的科考竞争,而是主动同其他北极大国开展北极划界外交,主张划界争端当事国开展对话与合作以达成共识的方式来解决海洋划界难题,其认为这种灵活的处理方式最符合丹麦和其他北冰洋沿岸国的利益。

(三)2019 年加拿大关于北冰洋的部分划界案

2001 年俄罗斯外大陆架划界案的提交对一直视北冰洋为自家后院的加拿大来说,是一种极大的刺激。加拿大本对是否加入《公约》持观望态度,在俄案提交后,加入《公约》并依据国际法申请本国的专属经济区与外大陆架权利成为加拿大北极战略的优先方向之一。此后,加拿大逐渐启动了大西洋和北冰洋外大陆架申请案的准备工作。十余年间,加拿大投入大量的人力、物力、财力,依托一系列规模化的北极科考,为申请案做了扎实的基础科研工作,集中完成了相关区域的海底地质和地球物理调查。2019年5月,加拿大正式提交了关于北冰洋中央海域的外大陆架划界申请。申请文书达2100页之巨,文书使用大量沉积岩厚度数据、海底地质构造数据以及对北极冰川运动的监测与分析数据,来证明罗蒙诺索夫海岭与阿尔法门捷列夫海岭共同构成的中北冰洋海台是加拿大陆地领土向北冰洋的自然延伸,并据此主张约120万平方千米的外大陆架,这与俄罗斯在北冰洋主张的外大陆架面积相当。

加拿大拥有雄厚的经济实力和强劲的科研能力,其在外大陆架申请上最大的特点就是非常重视科学证据,并在北极科考实践中表现出高度的开放性。加拿大同北极国家甚至域外国家开展了广泛的北极科考合作,尤其值得注意的是在申请案正式提交前加拿大就申请案中部分关键性科学证据同北极争端各国提前进行了深入的外交协商。尽管该案已于2019年提交,但为进一步完善科学证据以巩固甚至扩大其权利主张,加拿大未停止北极科考的步伐。加拿大海岸警卫队已于2021年购置了一艘造价高达9.66亿美元的科学考察船,完工后,它将成为世界上造价最高的科考船之一。这也昭示出加拿大在北极大陆架划界问题上的勃勃野心。加拿大今后在北极科考上的系列重要动作将是观察北极外大陆架划界趋势走向的重要看点,其同俄罗斯在北极地质科学证据上的较量将成为决定北冰洋外大陆架划界结果的重要因素。

三、当前北冰洋中央海域外大陆架划界的趋势走向

当前北冰洋中央海域外大陆架划界问题的焦点在于大陆架界限委员会对各国划界案作出何种建议,建议内容将对该海域外大陆架的最终归属产生决定性影响。截至目前,委员会收到的针对北冰洋中央海域的划界案主要涉及环北冰洋国家中的俄罗斯、丹麦和加拿大三国。美国作为非《公约》缔约国,虽未提交正式的划界申请,但在北冰洋外大陆架划界争夺战中同样扮演举足轻重的角色。从整体上考察当前各国提交划界案的情况,有四点新动向值得关注。

(一)北极国际海底区域未来存在被"侵蚀"殆尽的可能

当前环北冰洋各国外大陆架主张范围呈明显扩大趋势,北冰洋国际海

底区域未来有被瓜分殆尽的危险。截至目前,俄罗斯、丹麦和加拿大三国都向大陆架界限委员会提出了动辄百万平方千米计的外大陆架权利申请,三国均基于北冰洋洋底脊状隆起为本国陆地领土自然延伸这一科学主张将大陆架申请范围扩大到涵盖北极点在内的广阔区域。回顾环北冰洋国家申请外大陆架权利的历史,可以发现普遍存在各国对《公约》中涉及外大陆架划界规则的条款进行扩大化解释的倾向。据统计,如果俄罗斯、加拿大和丹麦三国主张的海底脊状隆起被委员会认定为《公约》意义上的大陆架,尤其是通过海底高地条款突破了 350 海里的范围限制,北冰洋洋底所剩国际海底区域的面积将少于 15 万平方千米,不及北冰洋总面积的 1%。未来随着各国北极科考的进一步深入,北冰洋的海底地质构造证据将不断更新,不排除三国主张范围进一步扩大的可能。环北冰洋国家外大陆架范围与北极国际海底区域之间是一场你进我退的零和博弈,而北极国际海底区域关乎全人类在北极的共同利益,域外各国对此应当高度关注。

(二)通过部分划界案分区域提交划界申请成为主流选择

作为全球第一个外大陆架划界申请案,俄罗斯在 2001 年采取了将涉及多个海域的外大陆架划界主张打包为一个完整申请案的方式提交委员会。由于申请案涉及多个海域,与数个国家存在划界争端,因此招致了环北冰洋国家的同时反对;加之申请案涉及区域过广,科学证据十分欠缺,提交后的第二年即被委员会全盘否决。但委员会在建议中表示,支持俄罗斯后续采取部分划界案修订相关主张。此后,越来越多沿海国开始依据《议事规则》相关规定,通过部分申请案的方式分区域、分阶段提出划界主张,灵活解决本国外大陆架划界问题。这也是当前全球外大陆架划界国家实践中表现出的突出特点和主要趋势之一。

在涉及北冰洋中央海域的外大陆架划界申请案中,俄罗斯、丹麦、加拿大三国都是以部分申请案的形式向委员会提交。采取此方式首先是为了规避争端,以使划界案能够尽快进入实质审议阶段;除此以外还有科学证据方面的考虑。外大陆架主权权利是否得到认可高度依赖科学证据,而科学证据的获取是建立在大量的科学调查之上的。尤其是北冰洋海底地质情况的高度复杂已成为科学界共识,整体上摊子铺得过大势必会对一国的科研、财政带来较大压力,最终影响科学证据的质量。采取部分申请案的方式分区域、分阶段提交划界申请,能够集中科研力量获得更加扎实、权威的科学证据,进而提高划界主张得到委员会认可的成功率。在委员会审议程序层面,部分申请案这一方式涉及的科学数据相对较少,审议难度较低,委员会作出建议的时间通常也较短。

（三）域内国家就各国申请案进入实质审议阶段达成内部共识

根据《议事规则》附件一第 5 条 a 项,除非得到争端当事国同意,否则委员会不应对已存在陆地或海洋争端区域的划界案进行审议。该条款是外大陆架国际法制度中最为重要的程序性安排之一,在北冰洋这片各国外大陆架主张高度重叠的海域更是具有举足轻重的意义,对北冰洋外大陆架划界结果的最终走向影响深远。根据上述程序性规则,如果在一方提交划界申请案后有其他争端当事国表示反对,大陆架界限委员会将无法开展实质审议,三国关于北冰洋外大陆架的争端就会陷入死循环。而这正是环北冰洋国家所极力避免出现的情况。梳理各国申请案提交后争端国外交照会的内容可以发现,在北极海域外大陆架划界问题上,目前环北冰洋国家内部已就互不反对对方将争端海域提交大陆架界限委员会审议达成共识。俄罗斯2015 年关于北冰洋的修订划界案提交后,争端国尽管都发出外交照会,但均未表示反对委员会就此开展实质审议。同样的情况在丹麦 2014 年划界案和加拿大 2019 年划界案提交后也可看到。虽然这背后反映出环北冰洋各国在一定程度上企图通过将北极外大陆架划界问题"区域化"以排斥国际社会干预的倾向,但在国际法层面各国申请案进入委员会实质审议阶段已经不存在障碍,这为北冰洋外大陆架争端的法律解决创造了必要前提。

（四）美国作为局外人对划界形势的发展和最终走向影响重大

美国虽因 1867 年从俄罗斯处购得阿拉斯加而成为北极国家,但其至今仍未批准加入《公约》,因此也就没有向大陆架界限委员会申请北极外大陆架并获得国际社会认可的法律依据。从国际法层面讲,美国是名副其实的北极外大陆架划界局外人。但面对环北冰洋各国间激烈的北极大陆架争夺战,美国自始便积极参与。在俄罗斯、丹麦和加拿大提交的关于北冰洋中央海域的四个申请案中,美国全都发出外交照会并多次就实质的科学证据问题发表意见。美国依据其对北冰洋海床的地质研究结果认为,俄罗斯、丹麦和加拿大三国存在大面积权利主张重叠的门捷列夫海岭与罗蒙诺索夫海岭都是独立的地质类型,与亚欧大陆不存在地质学上的相似性与延续性,并非亚欧大陆向北冰洋的自然延伸,因此不能被认定为任何一国的大陆架。通过梳理美国的系列外交照会可以发现,美在北冰洋中央海域外大陆架划界问题上并非专门打压俄罗斯而支持作为其政治盟友的丹麦与加拿大,美不支持任何一方,因为北冰洋大陆架花落任何国家都将严重蚕食美国在北极的整体利益。

美国对北冰洋外大陆架划界走向的影响不仅直接体现在发出外交照会这一政治操作上,作为当今世界极地科考能力最强大的国家,美国科学家公开发表的关于北冰洋海底地质的相关科研成果,还将成为大陆架界限委员会作出建议的重要参考因素,最终会对俄罗斯、丹麦和加拿大三国提交的科学证据能否得到委员会认可产生关键性影响。俄罗斯、丹麦和加拿大三国博弈的同时,美国作为局外人的参与使北冰洋中央海域的外大陆架划界前景更加不明朗。

四、北冰洋外大陆架划界对域外国家的影响与中国因应

北冰洋海域 200 海里外大陆架外部界限的划定不单纯是北极国家的“家事”,划界趋势走向和最终结果将对包括中国在内的域外国家在北极的一系列国际法权利和利益产生重要影响。应在准确把握当前北冰洋中央海域外大陆架划界最新动向的基础上,对其特征趋势和未来走向进行合理预判,并借此进一步明确我国参与北极事务的战略定位和谋划我国处理外大陆架划界问题的基本立场。

(一)国际法上对非北极国家在北极活动空间的影响

根据《公约》,大陆架外部界限的终点即为国际海底区域的起点,二者是此消彼长的关系。因此,北极外大陆架的划界结果将直接决定北极国际海底区域范围的大小。而国际海底区域作为国际法上的“人类共同继承财产”,世界各国在北冰洋多大范围内享有国际海底区域赋予各国科研、勘探开发并获取收益的权利,与北冰洋洋底在多大范围内被划分为北极国家的大陆架息息相关。与此同时,依据《公约》关于“在专属经济区内和大陆架上进行海洋科学研究,应经沿海国同意”的规定,一旦包括北极点在内的北冰洋海底区域被划为一国或多国的大陆架,域外各国将不再享有完全的科学

研究自由,能否获得在该区域内开展海洋科学研究的权利将取决于沿海国是否允许。综上,北冰洋海域200海里外大陆架划界结果关乎包括我国在内的所有非北极沿岸国的切身利益。国际社会应在支持环北冰洋国家依据《公约》获得外大陆架权利的同时,密切关注其发展趋势,避免对域外国家和国际社会在北极的利益造成损害。

(二)我国的因应策略和对我国外大陆架政策的启示

中国在地缘上是"近北极国家",是陆上最接近北极圈的国家之一,并依据《公约》《斯匹次卑尔根群岛条约》等国际条约和一般国际法在北冰洋公海、国际海底区域等海域和特定区域享有科研、航行、飞越、捕鱼、铺设海底电缆和管道、资源勘探与开发等自由或权利。中国不会越位介入完全属于北极国家之间的事务,但在北极跨区域和全球性问题上,中国也不会缺位,可以并且愿意发挥建设性作用。北冰洋的外大陆架划界结果关系我国在政治、经济、生态等领域诸多方面的利益。通过对当前北冰洋中央海域外大陆架划界趋势走向的分析研判,笔者认为在明确我国参与北极事务战略定位和应对与邻国外大陆架划界争端问题上可采取如下因应策略:

第一,尊重北冰洋沿岸各国依据《公约》获得本国在北极的大陆架权利。《公约》赋予北冰洋沿岸各国依据国际法划定本国大陆架外部界限的权利,这一权利应当得到国际社会的尊重。中国是国际法的积极践行者和坚定维护者,中国尊重北冰洋周边各国在国际法规则下取得的海洋划界成果和主权以及主权权利、管辖权的行使。北冰洋沿岸各国在《公约》框架内合理划定本国大陆架的外部边界,在实现域内国家间安定有序的同时,也为域外国家有效参与北极外大陆架开发提供了基础性条件。这既是践行国际法的要求,也符合国际社会的共同利益。

第二,敦促大陆架界限委员会严格依据《公约》授权履职,划界程序和建议应充分考虑域外国家和国际社会的整体利益。大陆架界限委员会是处理各国外大陆架划界申请案的专门机构,其对于各国提交的关于北冰洋海底地质构造证据的认可程度对北极地区的大陆架划界走向会产生决定性影响。罗蒙诺索夫海岭和阿尔法门捷列夫海岭是贯穿北冰洋的两大海岭,地质构造高度复杂,对该区域地质属性的认定不仅关系北冰洋大陆架在域内国家间将如何分配,更关乎国际社会在北极的整体利益。这一问题同时具有科学上的极端复杂性和国际政治上的高度敏感性,委员会对此应当十分谨慎,避免自身陷入复杂敏感争议。在程序性问题上,委员会应当坚持《议事规则》附件一第 5 条 a 项的"有争议、不审议"原则,审慎处理存有争议的划界案;进入实质审议阶段后,委员会应当谨慎适用洋脊规则,尤其警惕各国对海底高地条款的滥用,避免对国际社会的整体利益造成损害。

第三,鼓励当事国优先通过外交谈判解决海洋划界争端。从国际实践来看,相关国家间通过政治谈判达成最后海域划界协议是当前解决海洋划界争端最主要的方式。大陆架划界是海洋划界的一种,且外大陆架权利不同于完全意义上的主权,本质上是一种以经济利益为导向的主权权利。因此,相较于陆地划界和领海划界,大陆架划界政治敏感度相对较低,实践中各国就此达成划界协议的难度更小。从条约层面看,《公约》本身鼓励优先以协议的方式来解决海洋划界问题。《公约》规定,海岸相向国或相邻国家间大陆架的界限,应在国际法院规约第 38 条所指国际法的基础上以协议划定,以便得到公平解决。此外,根据《议事规则》,如果当事国之间存在陆地或海洋划界争议而未达成一致意见,外大陆架争端就会陷入所谓"乒乓式程序问题"的死循环。从委员会的职能定位来看,委员会并非一种第三方争端解决机制,涉及争端的外大陆架划界纠纷的解决最终还是依赖于争端国之间政治上共识的达成。总之,优先通过外交谈判的方式解决外大陆架划界争端,符合《公约》精神,契合设立大陆架界限委员会的初衷,也是实践中最现实可行的做法。

第四,支持当事国在达成海洋划界协议之前作出临时安排,实行共同开发。合作是未来北冰洋海域划界的趋势,这是由各国在北极地区的共同利益所决定的。设立大陆架制度的初衷本就是为了规制海床及其底土矿物资源的开发活动,而临时安排则是在相关争端未得到有效解决的前提下,为实现各国对资源的共同开发而引入的临时处理划界争议的专门手段。《公约》规定,在达成划界协议以前,有关各国应基于谅解和合作的精神,尽一切努力作出实际性的临时安排,并在此过渡期间内,不危害或阻碍最后协议的达成。北极地区的能源资源价值已为世界公认,对北极资源的大规模开发将对世界经济产生积极的促进作用。北冰洋沿岸各国在尚未达成最终海洋划界协议之前,暂时搁置主权争议,作出实际可行的临时安排,实施共同开发是对域内域外各国都有益的选择。我国不仅是能源需求大国,而且在能源开发方面具有技术和资金上的优势。我国同当事国家达成政府间协议,以第三方身份参与北极油气资源勘探开发合作是实现各方共赢的现实路径。

第五,积极参与国际北极科学合作,推动实现北极科考国际化。北极科考不是一个纯粹的科学问题,科考获得的相关科学证据将成为委员会作出外大陆架划界案建议的最重要依据,关乎北极外大陆架划界的最终结果。当前,环北冰洋各国已就互不反对对方将北冰洋海域外大陆架问题提交大陆架界限委员会达成共识,这的确会加快北极外大陆架争端的解决,但该做法也为域外国家与国际社会的利益遭受损害埋下了隐患。一方面,实现北极科考国际化是对域内国家提供的科学证据进行监督的重要手段,这在一定程度上能够有效避免环北冰洋各国从地区利益出发,在科学证据问题上串通一气而对国际社会整体利益造成损害的情况发生;另一方面,域外国家的充分参与能为北极科考注入新鲜血液,这有助于在科学上更加高效、准确地认定北冰洋洋底的地质属性,进而推动北极域内国家间大陆架争端的加速解决。中国应通过北极科学部长级会议等现有北极多边机制积极参与国际北极科学合作,促进北极国家间、北极国家与域外国家间开展实质性技术与信息交流,推动实现北极科考国际化。

五、结语

北冰洋中央海域200海里外大陆架划界问题是当前北极地区最敏感、复杂的地缘政治议题之一,其已超出北极国家间问题和区域问题的范畴,涉及域外国家利益和国际社会的整体利益,因而受到世界各国的普遍关注。当前,尽管当事国皆已提交划界申请,但大陆架界限委员会尚未作出任何可能对最终划界结果产生决定性影响的建议。各方科学证据在多大程度上能得到委员会的认可,环北冰洋各国普遍援引海底高地条款突破350海里限制的主张能否得到委员会支持,最终会不会出现域内国家一致反对外部干预进而利用《公约》对北极大陆架进行内部瓜分等关键性问题在目前看来仍充满变数,划界前景十分不明朗。北极海域外大陆架划界争端是当今世界百年未有之大变局在北极问题上的具体体现,面对这一时代变局,我国应提前谋划、做好应对。我国是国际法的积极践行者和坚定维护者,也是北极事务的重要利益攸关方。在尊重环北冰洋各国依据《公约》合理争取北极大陆架权利的基础上,提出鼓励各国开展临时安排、支持大陆架界限委员会严格依据《公约》授权履职并审慎对待科学证据、积极促成北极科考国际合作等建设性方案,这既有助于域内国家间争端的解决,也维护了我国和国际社会在北极的整体利益。

文章来源:原刊于《安徽大学学报(哲学社会科学版)》2022年第5期。

国际海底区域活动之国际环境法规制

■ 林灿铃，张玉沛

论点撷萃

　　"区域"是指国家管辖范围以外的海床和洋底及其底土，是建设海洋强国重点关注的战略方向，是大国战略博弈的前沿。伴随着"区域"资源探矿、勘探和开发技术的迅猛发展，"区域"采矿时代已经到来。对此，如何最大限度地减少由"区域"活动产生的环境损害风险，限制、减轻相关环境损害后果带来的不利影响成为摆在国际社会面前不可回避的关键问题。

　　尽管在国际社会的共同努力下，当前"区域"环境保护国际立法制度正不断细化和发展，但在"区域"环境保护范围、相关环境标准明晰、统一和适用以及"区域"环境监管和责任制度方面仍然存在不足，"区域"活动之国际环境法律制度尚未能满足开展商业化、产业化的"区域"采矿活动的现实要求。对此，国际社会应加强国际合作，在"人类共同继承财产"原则指导下将"国际海底管理局企业部和发展中国家"纳入"区域"活动主体范围并对其加强能力建设，统一"区域"资源"探矿"以及"勘探"和"开发"阶段相关环境标准和制度，以预防原则为核心促进包括"区域"资源"探矿"在内的"区域"活动环境标准合乎《联合国海洋法公约》及其《关于执行1982年12月10日〈联合国海洋法公约〉第十一部分的协定》的要求，同时以普遍接受的国际标准和原则为参照加强"区域"活动环境监管并应以诸多国际环境条约中所确立的环境赔偿或补偿基金制度为理论指南进一步细化"环境补偿基金"有关事

作者：林灿铃，中国政法大学教授，国际环境法研究中心主任；
　　　张玉沛，中国政法大学国际法学院博士

项，最大限度地避免包括"区域"在内的海洋环境遭受污染和破坏，以旨在规制"'区域'资源探矿和勘探活动"的三部勘探规章为基础，囊括"区域"资源的探矿、勘探和开发等一整套规章制度最终形成一部完整的"'区域'采矿法典"，为"区域"活动之国际环境法规制提供相应的制度保障。

国际海底区域是指国家管辖范围以外的海床和洋底及其底土（以下简称"区域"）。1982 年《联合国海洋法公约》（以下简称《公约》）在其第十一部分明确规定"区域"为"人类共同继承财产"，确立了"区域"及其资源的基本制度，同时也为"区域"资源的勘探和开发奠定了法律基础。然而，一直以来，国际社会对"区域"的探矿、勘探和开发活动可能造成的环境影响没有足够重视，只关注经济效益忽略了环境效应。"区域"活动关乎人类整体利益，而"区域"活动所产生的环境影响于人类生存而言其意义则是不容忽视的。由此，必须进一步完善"区域"活动的相关国际环境法律制度以规范之。

一、"区域"活动及其环境影响

被誉为"生命摇篮"的浩瀚海洋蕴藏着丰富的生物资源、矿物资源和能源资源，对人类生存和社会发展具有重要意义。与海洋资源的开发获取密切相关，伴随着陆地资源的日渐枯竭以及可带来可观经济收益亦可显著增加世界资源基础的新海洋矿源知识和海洋资源勘探开发技术的迅速发展，人类开发利用海洋资源的步伐逐步由近海向深海、由海洋水体向海洋洋底迈进。自 1873 年英国军舰挑战者号在其航海探险中首次观测到深海区域蕴藏富含一定的镍、钴、铁和锰的多金属结核矿物资源以来，能源储量充足、开发难度较大的"区域"逐渐成为海洋探矿、勘探者关注的焦点。

（一）"区域"活动的发展现状

与领海或 200 海里专属经济区中水深较浅的滨外地区不同，国家管辖范围以外的"区域"蕴藏的矿物资源并不限于大陆上的岩石经过机械或化学侵蚀形成的固体海洋矿物，且比任何陆地矿床都更加丰富。"区域"矿物资源形成于部分来自陆地，部分产生于海洋内部和洋底之下的自然过程，主要包括多金属结核、富钴铁锰结壳以及多金属块状硫化物等海洋固体和非固体矿物。除矿物资源以外，"区域"储量丰富的石油、天然气、可燃冰和生物基因等自然资源亦为当前各国激烈争夺的关乎国家经济发展和国防建设的不可或缺的重要战略物资。研究表明，"区域"蕴藏的丰富能源资源足以使地球上的工厂运转几个世纪；生物及其基因资源亦可在健康产业、工业生产和生物修复等应用中发挥重要作用；矿物资源中含有的金属和稀土元素更是远远超过陆地水平，其中大多为发展现代高科技、绿色技术和新兴技术必不可少的原材料。以21世纪最具商业开发前景的"区域"矿物资源为例，仅东北太平洋赤道附近的克拉里昂—克利珀顿区多金属结核的估计矿产储量就高达210亿吨，大型多金属块状硫化物矿床的数量更是多达1000～5000个。此外，根据采矿和冶炼技术的发展程度，储量约达3万亿吨的钴铁锰结壳的一个海底矿址的产量最多可达每年全球钴（用于生产耐蚀合金、轻合金和强力合金以及涂料）需求量的25%。在如此广阔发展潜力和巨大经济利益的驱动下，以美国为代表的发达国家利用自身资金和技术等发展优势，先后在"区域"开展活动，制订相关国家战略、计划和国内法律，在当前"区域"国际法律制度框架下掀起了新一轮"蓝色圈地运动"。

所谓"区域"活动指勘探和开发"区域"内矿物资源的一切活动，主要包括利用遥感设备和探测技术观察、测量、记录和采集矿物样品的勘探活动以及利用海面浮式平台和相关采矿设备坑道掘进或铲扩、挖掘和抽取海底矿物的采矿活动。在联合国大会（General Assembly of the United Nations，以下简称"联大"）第2749号决议所确立的"区域"及其资源具有"人类共同继承财产"的法律地位的指导下，1982年《公约》第153条最终确立由国际海底管理局（International Seabed Authority）主导实施的"区域"资源平行开发制度。截至目前，国际海底管理局已与22个承包者签订了共计31份为期15年的"区域"资源开发合同，开发范围由最初确定的多金属结核开采扩展至钴铁锰结壳和多金属块状硫化物，开发技术也已从大多数仅适用于浅水区表层矿床开采逐步向纵深发展，在深海钻探能力、管道铺设技术和深海油田生产等方面均取得了明显的进展。"区域"活动逐步向商业化和产业化方向发展，当前，在国际海底管理局主导下开展的"区域"活动每年可产生约1万亿美元的经济效益。

（二）"区域"活动的环境影响

伴随着采矿技术的蓬勃发展以及矿物资源开采的持续发展，由"区域"

活动带来的可观经济效益仍具有巨大的增长空间。然而，在日渐深入的"区域"活动带来巨大经济效益的同时亦有可能对保持微妙生态平衡的海洋生态系统造成诸如海洋生物资源损害和物种灭绝、海水使用质量损坏以及海洋环境退化等难以逆转、难以恢复的环境损害。国际海底管理局就此确定了三项可能造成环境影响的"区域"活动：①勘探有商业价值的矿床；②商业回收采矿系统的小规模试验和原型试验；③在"区域"内可能进行的冶金加工处理。在当前"区域"采矿技术发展水平下，多金属结核开采造成的环境影响最小。鉴于多金属块状硫化物赖以存在的物质基础——被誉为"孕育地球生命的温床"的"海底热泉"周围具有极端环境适应性的海洋微生物和动植物的富集性极高，包括数百种化能自养微生物、深海管虫、软体动物和无眼虾蟹以及 500 余种不为人知的海洋生物，因此"区域"活动对海底热泉及其生物群落造成的严重物理威胁无疑将导致稀有海洋生物物种灭绝等最为显著的环境影响。而开发钴铁锰结壳可能造成的环境影响则介于前两者之间。然而，无论何种矿物资源开采均有可能造成沉积粒子流量增加、有毒重金属释放、温度和光线传输变化、海洋噪声污染以及海洋化学成分、营养物质、细菌活动、氧气消耗和光合作用的改变，进而导致海洋浮游动植物、鱼类和海洋哺乳动物等各级海洋生物数量、组成及其栖息环境的改变，最终对"区域"海洋环境乃至整个海洋生态系统造成严重破坏。

全球生态环境是一个整体，海洋、陆面和大气的相互作用以及大气的环流效应决定"区域"活动的环境影响不仅局限于海洋环境领域。一方面，与"区域"活动相关的陆上作业以及随之产生的废物的处理和处置可能导致某些化学物质释放，进而引发诸如空气质量影响等不利环境后果，在某些情形下这些物质甚至可能进入大气并进一步加剧全球气候变化。另一方面，由"区域"活动造成的温室气体的重要缓冲区——"区域"海洋生态系统的环境损害必将反作用于大气环境系统，从而提升全球气候变化的速率。

在"区域"活动日益蓬勃发展，"区域"环境影响持续加剧的时代背景下，如何平衡资源开发与环境影响之间的关系，在现有国际法律制度框架下通过进一步规范开发主体的环境行为进而有效遏制"区域"环境破坏和环境污染，不断推进"区域"活动之国际环境治理进程向前发展，成为摆在国际社会面前亟待解决的现实问题。

二、"区域"活动之国际环境立法进程

与1969年格劳秀斯《海洋自由论》发表以来被奉为圭臬的"海洋自由"原则相区别,"区域"活动之国际环境治理以体现人类共同利益价值取向的人类共同继承财产原则为理论基础。人类共同继承财产原则中所蕴含的环境保护要素指导"区域"环境保护国际法律制度的不断细化和发展,相关"区域"环境保护国际立法体系的不断发展和完善使蕴含于人类共同继承财产原则中的环境保护要素逐步得以诠释。

(一)人类共同继承财产原则中环境保护要素的初步诠释

1982年《公约》继承并发展了联大第2749号决议所确立的人类共同继承财产原则,其中第136条规定"区域"及其资源是人类的共同继承财产。该原则根植于"可供人类共同享用的物"——"共有物"(res communis)这一充分表征物之使用权的古罗马法概念,强调"物"之共同共有。人类共同继承财产原则在此基础上进一步发展,突出全球所有国家于"区域"领域享有国际法上的"共同主权",具有共同共有、共同管理和共同分享几个核心特征。

"人类共同遗产"概念的提出直接导源于国际海底矿产资源的发现和可开采性。自1960年苏联成功发射世界上首枚海基导弹以来,为避免海底成为"可怕的战场"并为促进实现"区域"资源开发的国际管制,秉持不同海洋利益诉求及价值取向的发达国家与发展中国家逐步在建立和平的、有秩序的"区域"资源开发制度上达成共识,认为"区域"资源的开发利用应为全人类谋福利。与开发利用"区域"资源密切联系,尽管国际社会曾就是否应将"环境保护"视为人类共同继承财产原则的核心要素之一展开激烈争论,但从该原则的产生、确立和发展历程来看,有关"区域"环境保护的思想与"区域"资源的开发利用相辅相成、相伴而生。马耳他代表团于1967年联大第22届会议首次提出人类共同继承财产原则之时即明确表示对"区域"活动可能造成的海洋环境影响的担忧。此后召开的历次联大会议和海洋法会议几乎均涉及"区域"环境保护议题,有关"区域"环境保护的思想得以不断丰富和发展。1967年联大通过的第2340(XXII)号决议指出"区域"及其资源之开发利用应为人类谋福利并应采取"免受有害人类共同利益之行动及使用"。此后通过的第2467B(XXII)号决议进一步呼吁为避免"区域"及其资源之勘

探开发活动对海洋环境造成威胁，各国应以国际合作原则为指导并应采取适当预防方法达此目的。1970年联大第2749号决议通过《关于各国管辖范围以外海洋底床与下层土壤之原则宣言》正式确立"区域"及其资源之人类共同继承财产法律地位，指出各国应采取适当措施防止相关"区域"活动的开展对包括海岸在内的海洋环境、海洋动植物和海洋生态平衡造成损害。此后为促进编制包括"区域"及其资源国际法律制度在内的海洋法条约草案所涉事项及问题之详细清单，联合国海底委员会特别设立旨在负责海洋法一般问题、"区域"及其资源国际法律制度和海洋环境保护及科学研究的小组委员会，推进秉持不同海洋权利和义务主张的海洋利益集团就构建国际海洋法律制度达成一致。环境保护能够最大限度地体现人类的共同利益，因此与其他议题争议不断相反，要求海底区域开发中保护海洋环境成了争议最小的议题，有关"区域"环境的保护义务被各海洋利益集团公认为行使"区域"权利时所应承担的当然义务。鉴此，在各利益集团共同合意的基础上，在联合国海底委员会主持召开的第三次海洋法会议以及此后召开的历次会议中充分体现人类共同继承财产原则的有关"区域"环境保护的条款草案不断更新和细化，相关"区域"环境保护标准不断提高，最终形成1982年《公约》第145条的规定。人类共同继承财产原则中的环境保护要素得以初步诠释。

（二）"区域"环境保护国际立法的细化与发展

伴随着国际社会对"区域"采矿的持续关注及其相关活动的不断深入发展，以《公约》为基础的"区域"及其资源国际法律制度亦不断深化发展。"区域"环境保护作为其中的重要组成部分，在逐步更新理念、明确义务和责任过程中逐渐走向规范。

1926年于美国华盛顿召开的"防止海洋航行水域石油污染"专家会议揭开了海洋环境保护的序幕，自此在全球和区域范围内掀起了召开海洋环境保护国际会议、制订相关国际法律文件以规制日益加剧的海洋环境污染和破坏问题的热潮。在现行海洋环境保护国际立法框架下，诸多全球性和区域性国际条约，如《保护水下文化遗产公约》《生物多样性公约》《波罗的海地区海洋环境保护公约》《保护东北大西洋海洋环境公约》《保护南太平洋自然资源和环境公约》等多边环境条约以及国际和区域组织或机构通过的相关决议、计划和方案等均适用于"区域"环境保护领域。其中,1982 年《公约》在防止由"区域"活动造成海洋环境影响方面作出了专门规定,在包括"区域"在内的海洋环境保护方面以综合性的方式作出回答,为全面保护海洋环境做了基础性工作。

根据《公约》的规定,"区域"及其资源的一切权利由国际海底管理局代表全人类行使。国际海底管理局在《公约》及其《关于执行 1982 年 12 月 10 日〈联合国海洋法公约〉第十一部分的协定》(以下简称《执行协定》)所确立的基本法律框架下,制订必要的规则、规章和程序以规范"区域"活动,保护海洋环境免受影响。在"区域"环境保护和保全方面,《公约》第十二部分第五节专门规定了防止、减少和控制海洋环境污染的国际规则和国内立法问题,其中第 209 条具体规定了来自"区域"内活动的污染。根据该条规定,各国应按照《公约》第十一部分有关"区域"的规定制定法律和规章,以实现对"区域"活动可能造成的海洋环境污染的有效控制。此外,由国际海底管理局制订的相关"区域"活动规则还应根据现实发展需要随时重新审查。

伴随着《公约》通过以后国际社会政治、经济和"区域"采矿国际治理格局发生的根本转变,联大于 1994 年通过《执行协定》,对"区域"国际法律制度中有关强制性转让技术、国际海底管理局表决机制和"区域"资源生产限额等问题作出重大修改以解决发达国家和广大发展中国家之间悬而未决的分歧,为发达国家提供与其所能带来的经济效益相称的"发言权"。在"区域"环境保护方面,《执行协定》进一步细化《公约》第 145 条有关"海洋环境的保护"规定,进一步指出国际海底管理局应在其职能范围内促进和鼓励包括"区域"环境影响在内的海洋科学研究;监测、获取和评估与"区域"环境保护有关的数据和技术并研究"区域"活动对可能受到最严重影响的发展中国家产生的经济影响。关于"区域"勘探活动所面临的环境问题,国际海底管理局列举了包括"区域"活动可能造成环境影响的程度、环境基线的确定和对其未来变化的监测、对这些活动开展何种海洋科学研究等问题,并在相关资源勘探领域主持制订了三部勘探规章,分别用于规范"区域"探矿、勘探和管理主体于多金属结核、钴铁锰结壳和多金属块状硫化物勘探活动中所应承担的权利和义务,促进了"区域"及其资源国际法律制度向纵深化发展。此后,为适应海洋技术不断发展以及人类需求不断扩大的深海采矿的现实情况,同时为实现国际海底管理局在组织和监测"区域"活动方面的法定作用并避免多项监管文书可能造成的重复和矛盾,自 2011 年斐济代表提请国际海底管理局理事会审议"'区域'内矿物资源开发规章草案"(以下简称"草案")至今,在国际海底管理局理事会、秘书处、法律和技术委员会(以下简称"法技委")以及国际海底管理局成员方和其他利益攸关方的共同努力下,更能充分体现国际海底管理局监督和管理职能的更加简洁、综合化和体系化的"草案"历经四次拟定和反复磋商,逐渐形成旨在规制"'区域'资源开发活动"的 2019 年版"草案"。其中有关环境保护的规定不断细化和强化,重点涉及环境保护的一般义务、环境影响报告以及环境管理和监测计划、环境污染控制和废物管理以及环境补偿基金等方面。"区域"环境保护制度的制定和实施不仅影响或改变"区域"采矿项目的固定投资和运行成本,甚至可能决定项目是否可以开始或继续执行。为弥合各方争议并满足各方期待以推动"草案"尽早出台,"草案"中有关环境保护的规定侧重于规制环境管理程序性方面的内容,而环境技术指标等具体操作方面的内容则被列入规章的附件中。2020 年,国际海底管理局理事会在审议各方评论意见和起草建议的基础上决定就环境保护有关的"草案"条款进一步开展工作,并行制订相关环境标准和准则以确保采用尽可能高的环境标准,为此专设包括保护和保全海洋环境非正式工作组在内的三个专题工作组,以期完成"2022 年和 2023 年拟议路线图"中最迟于 2023 年 7 月正式通过"草案"以及相关的第一阶段标准和准则的工作计划。

三、"区域"活动之国际环境法义务与责任

在人类共同继承财产原则指导下,世界各国在作为"区域"及其资源的"共同共有人"共同分享该地区内活动所取得的财政及其他经济利益的同时,亦应承担相应的环境保护义务。现行"区域"环境保护国际立法侧重于以规范"义务＋责任"的模式实现"区域"活动之国际环境治理。其中,代表世界各国行使"区域"及其资源管理职能的国际海底管理局、实际开展"区域"活动的承包者以及为承包者具体开展的可能造成环境损害的"区域"活动提供担保的担保国,在"区域"资源探勘和开发活动中承担既有"共性"又有"区别"的环境保护义务,并对其环境不法行为或损害行为承担相应的环境损害责任。

（一）"区域"活动之环境义务

在"区域"活动领域，由于海洋环境的整体性，仅强调共同分享"区域"及其资源共同财产的共同收益是无法实现保护"区域"环境的目的的。课予"区域"活动主体环境保护义务，直接要求其作为或者不作为才是实现"区域"环境保护并遏制环境污染和环境破坏的最佳途径。

首先是"区域"环境保护之"共性"义务。正如前述，在《公约》奠定基础、《执行协定》修改完善、三部勘探规章和"区域"采矿法典草案补充细化的"区域"国际立法发展进程中，有关"区域"环境保护的国际法律制度也得以不断丰富和发展。在现行"区域"环境保护国际立法框架下，"区域"活动的承包者、担保国和国际海底管理局应当共同采取预防性做法、最佳环境做法并应进行环境影响评价，确保包括海岸在内的海洋环境免受"区域"活动的有害影响。

其中，预防性做法（precautionary approach）作为国际环境法的基本原则之一——"预防原则"的具体体现，起源于 1992 年《里约热内卢环境与发展宣言》第 15 项原则。在"预防原则"指导下确立的预防性做法要求采取与"先污染、后治理"为特征的末端控制原则相对应的损害控制原则。对于可能产生的环境损害，应当采取积极的事前预防措施以避免损害性行为或事件的发生（减少环境损害风险），并在无法实现这一首要目标的情形下"退而求其次"，将不可避免和已经产生的环境损害控制在法律允许的范围内（限制、减轻环境损害后果）。在国际海底管理局主持制订的三部勘探规章中，都明确并直接援引预防性做法作为国际海底管理局、担保国和承包者的共同义务。预防性做法作为一项担保国的直接义务（direct obligation），使得作为"区域"活动参与者的承包者，亦通过担保国直接义务作为纽带，以遵守各国国内立法和执行本国行政措施的方式直接履行采取预防性做法的义务。而就最佳环境做法（best environmental practices）而言，其作为"区域"活动主体在探矿、勘探和采矿阶段所应承担的国际环境法义务之一，是指在环境保护和风险管理中广为接受的相关规则或习惯，规定于国际海底管理局主持制订的三部勘探规章中。要求各探矿者在"区域"勘探活动的初步阶段，每一承包者、担保国和国际海底管理局在"区域"活动的实际开展过程中采用最佳环境做法，采取合理的必要措施防止、减少和控制相关活动对海洋环境造成有害影响、污染和其他危害并避免对正在进行或计划进行的海洋科学研究活动造成实际或潜在的冲突或干扰。在缺乏充分信息或既有最佳实践的情况下，最佳环境做法还要求采取预防性做法。2011 年国际海洋法法庭（ITLOS）在就担保国对"区域"活动的责任和义务发表的咨询意见（以下简称"2011 年咨询意见"）中亦对此项义务加以肯定，明确采取最佳环境做法乃担保国所应承担的最重要的直接义务之一。此外，环境影响评价（EIA）更是《公约》规定的各缔约国的直接义务。《公约》第 206 条规定各国应对其管辖或控制下的可能造成海洋环境污染的活动进行环境影响评价。《执行协定》附件二第一节第 7 条亦对此项义务加以明确，规定承包者有义务"请求核准工作计划的申请"，并应"附上对所提议的活动可能造成的环境影响的评估"。对此，国际海底管理局主持制订的三部勘探规章也将进行环境影响评价规定为在"区域"内开展探矿和勘探活动的义务之一，明确承包者、担保国和其他有关国家或实体应与国际海底管理局开展合作，制订并实施监测和评价"区域"采矿对海洋环境的影响的方案。

对于预防性做法、最佳环境做法和环境影响评价三项共同构成"区域"活动主体的环境义务，国际海底管理局法技委曾在其"深海矿产资源勘探环境管理需要"报告中建议，在未来"采矿法典"制订中应以灵活的方式对预防性做法和最佳环境做法作出规定，包括允许承包者通过监测和评估其采矿活动，并根据将来取得的新的科学信息，修改或改善其环境管理工作计划的方式履行此种义务。2019 年版"草案"对此作出回应，规定"区域"活动主体应在资源开发中承担适用《里约热内卢环境与发展宣言》第 15 项原则所反映的预防性做法，评估和管理"区域"活动的环境影响风险并适用最佳可得技术和最佳环境做法保护海洋环境免受有害影响的一般义务，并进一步提升相关环境标准，要求采矿申请者在完成环境影响评估的基础上进一步编制环境影响报告和环境管理计划以量化和管理"区域"活动的环境影响符合相关环境目标和标准。其中，环境影响评价作为涉及"区域"采矿成本效益的关键问题持续受到各方活动主体的广泛关注，有关环境影响评估流程、报告编制以及环境管理和监测计划编制的标准和准则以 2019 年版"草案"为基础在国际海底管理局法技委的推动下不断细化和发展，目前已形成第一阶段标准和准则修订草案供国际海底管理局理事会审议和核准。

其次是"区域"环境保护之"区别"义务。基于各"区域"活动主体开展活动的范围和方式以及职责分工方面所具有的差异性,除"区域"环境保护之"共性"义务以外,各活动主体亦应承担"确保义务"(ensure compliance)/"尽责义务"(due diligence)、通知义务以及国际合作义务等相互区别而又相互联系的"区别"义务。

对此,《公约》第 139 条明确指出缔约国负有确保其管辖和控制下的"区域"活动的开展以遵守公约相关义务的方式进行。如此"确保义务"要求担保国以国际海底管理局制订的防止、减少和控制"区域"活动造成海洋环境污染的国际规则、规章和程序为依据制定相应的国内法律和规章并应采取包括行政措施在内的一切必要措施协助国际海底管理局行使对"区域"活动的必要控制。在此方面,根据《公约》规定,此种法律和规章应在其法律制度范围内达到"可以合理地认为足以使"其所担保的承包者遵守的必要限度。2011 年咨询意见对担保国的国际义务进一步加以明晰,指出担保国除应承担"直接义务",即采取预防性做法、最佳环境做法、对其保护海洋环境紧急命令的保证义务以及提供补偿的义务以外,亦负有应"尽最大努力"确保承包者遵守合同条款以及公约和相关国际法律文书的规定的"确保义务"/"尽责义务"。此外,根据充分体现"尊重国家主权但不损害国外环境"原则的《公约》第 194 条第 2 款以及第 198 条的规定,担保国还应承担防止发生"区域"及跨界环境损害并在相关损害发生时及时通知的义务。基于"区域"探矿活动可能造成环境影响的风险性,国际海底管理局主持制订的三部勘探规章均对探矿者在探矿过程中保护和保全海洋环境作出了专门规定,明确指出除"区域"环境保护之"共性"义务以外,各探矿者亦应承担"区域"及跨界环境损害的通知义务,要求探矿者采取最有效手段,及时将探矿活动造成或可能造成的环境损害危急情势通知国际海底管理局秘书长。

2019 年版"草案"重点对承包者所应承担的环境保护义务进行细化。在减少环境损害风险方面,该草案着重规定承包者应在采用包括预防性做法、最佳可得技术、做法和证据等当前环境保护领域的先进理念和最高标准的基础上,进行环境影响评价并编制报告,据此制定相关环境标准、实施和维护环境管理系统并应为确保将"区域"活动的环境影响控制在合理范围内制定环境管理和监测计划并对其执行情况进行评估。而在限制、减轻环境损害后果方面,对于已经发生的环境损害,承包者则应及时执行和实施具备"实时性和适足性"的应急和应变计划以及国际海底管理局发布的紧急命令并应与国际海底管理局和担保国就有关知识、信息和经验展开事后协商以编写和修改相关环境标准和作业准则从而实现环境损害的风险控制。为达此目的,担保国应以国际合作原则为指导"个别或联合地"采取一切必要措施并依其能力使用"最切实可行方法"以防止、减少和控制"区域"环境污染。

（二）"区域"活动之环境责任

为达到保护和保全包括"区域"在内的海洋环境的终极目的,"区域"活动主体应对其环境不法行为或环境损害行为承担相应的环境损害赔偿责任。

根据《公约》附件三第 22 条的规定,承包者和国际海底管理局均应对其环境不法行为承担相应的责任。其中,对于承包者在进行"区域"活动时由于其不法行为所造成的损害,其责任应由承包者承担,并应在责任追究过程中妥为顾及国际海底管理局在行使权力和职务时的行为或不行为对损害后果的贡献。同时,对于国际海底管理局在行使权力和职务时由于其不法行为所造成的损害,包括依据《公约》第 168 条第 2 款的规定,秘书长及工作人员与"区域"活动有任何财务上的利益,以及在任职期间和职务终止后泄露任何工业秘密、专有性资料或任何其他秘密情报的违职行为,其责任应由国际海底管理局承担,并应顾及有辅助作用的承包者的行为或不行为。在任何情形下,承包者和国际海底管理局均应各自对其所造成的实际损害承担相应的赔偿责任。

而担保国的环境损害责任主要源于担保国未履行《公约》和相关国际法律文书规定的义务以及由其管辖或控制下的"区域"活动造成跨界环境损害的事实。在由环境不法行为导致的环境损害责任方面,根据《公约》第 139 条以及 2011 年咨询意见的相关规定,当担保国未能履行其"确保义务"/"尽责义务"——以国际海底管理局制订的国际规则、规章和程序为依据制订"足以"使其所担保的承包者遵守的相应国内法律和规章并采取行政措施——且由此导致环境损害实际发生时,应当承担相应的损害赔偿责任。此种"足以"对担保国相关国内法律和规章的制定提出了实质要求,"可以包括建立适当的执法机制以对承包者的活动予以监督、对担保国和国际海底管理局的活动加以协调等并应当贯穿'区域'资源开发合同和'区域'资源开发活动始终"。在此种情形下,担保国赔偿责任的承担仅以其是否履行相关"确保义务"/"尽责义务"为充要条件,由其提供担保的承包者的环境不法行为并不能直接引起担保国的赔偿责任,担保国与承包者的赔偿责任并行存在而非连带责任。对于担保国充分履行其"确保义务"/"尽责义务"且承包者未能对其开展的"区域"活动造成的环境损害提供充分赔偿的情形,2011年咨询意见指出,"可以通过设立一个信托基金来填补缺口"。2019年版"草案"就此专设"环境补偿基金",主要用以弥补无法从承包者或担保国回收的有关"区域"环境损害的任何费用。但这亦不能否认"国际不法行为的国家责任"的适用性。在承包者所实施的不当行为可归因于担保国,且该不当行为构成对担保国所应承担的国际义务的违反时,无论该项国际义务是基于国际条约,还是习惯国际法,担保国均应对其违反国际法规则的国际不法行为承担相应的国家责任。而在由环境损害行为导致的环境损害责任方面,《公约》第194条第2款明确规定,国家应采取一切必要措施,确保在其管辖或控制下的活动或事件不对该国行使主权权利以外地区的环境造成损害。与"国际不法行为的国家责任"相对,基于"区域"资源开发活动所致海洋环境损害的潜在危险性,即使由国家管辖或控制下开展的相关"区域"活动并未违反其所应承担的国际义务,但基于相关活动造成该国管辖或控制范围以外地区的环境损害的客观事实,国家亦应对其跨界环境损害行为承担相应的国家责任,即跨界损害责任。在此情形下,与"国际不法行为的国家责任"理论中国家需基于国家的授权或"相当的注意"的有无而对私人行为承担国家责任不同,承包者行为之国家责任承担以担保国置承包者行为于自己的管辖或控制之下为依据,并以管辖和控制程度的不同而承担不同程度的责任。此外,基于"区域"采矿的工业活动属性,对于由担保国管辖或控制下的"区域"资源开发活动过程中发生的工业事故造成的跨界环境影响,即造成该国管辖或控制范围以外地区的环境影响,亦不应排除"工业事故跨界影响的国家责任"的适用。对此,《公约》第194条第2款亦明确指出,"各国应……确保在其管辖或控制范围内的事件……所造成的污染不致扩大到其按照本公约行使主权权利的区域之外"。

四、"区域"活动之国际环境法制的完善

如前所述,在由《公约》及其《执行协定》、国际海底管理局主持制订的三部勘探规章以及"'区域'内矿物资源开发规章草案"及其第一阶段标准和准则确立的"区域"国际立法框架下,"区域"环境保护国际法律制度已初成体

系。但随着"区域"采矿活动的日益蓬勃发展,"区域"活动所产生的环境影响将面临更大的挑战,亟须在现有基础上不断推进与完善。

（一）扩大"区域"活动主体范围并加强能力建设

在当前"区域"国际立法框架下,有关"区域"环境保护的法律制度无法调整"区域"资源开发活动的所有方面。在"区域"平行开发制度下,当前"区域"活动主体范围受限,有关环境保护义务和损害责任承担者并不包括"国际海底管理局企业部和发展中国家",并且由承包者对"国际海底管理局企业部和发展中国家"人员"持续进行和开展培训"的义务要求尚不能满足"分享收益""促进所有国家特别是发展中国家的全面发展"的实际需求,广大发展中国家有效参与"区域"资源开发利用面临潜在的"环境壁垒"。此外,在开展活动范围方面,"区域"活动仅涵盖"区域"资源"勘探"和"开发"阶段。根据《公约》以及 2011 年咨询意见第 98 段的规定,"探矿"并不属于"区域"内活动,其仅仅作为勘探活动的初步阶段,并不会使探矿者取得任何资源性权利。这意味着《公约》体系下与"'区域'活动"相关的环境保护规则均无法适用于除矿物资源开采以外的其他资源开发活动以及矿物资源开采的"探矿"阶段。例如,《公约》第 145 条保护"区域"海洋环境、第 209 条防止、减少和控制来自"区域"活动的污染以及《执行协定》附件二第 1 节第 5 条(g)(h)(i)款等规定。尽管《公约》第 194 条第 3 款(c)项将防止、减少和控制海洋环境污染的措施扩展至"来自在用于勘探或开发海床和底土的自然资源的设施装置的污染",但缺乏明确性的用语表述和侧重于保障海上操作安全的立法原意使"区域"环境保护范围受限。在国际海底管理局主持制订的三部勘探规章对"探矿过程中保护和保全海洋环境"所作出的原则性规定下,"区域"资源探勘活动中的海洋环境保护尚无法得到有效规制。还有就资源开发种类而言,"区域"资源仅包括"'区域'内在海床及其下原来位置的一切固体、液体或气体矿物资源",且根据国际海底管理局主持制定的三部勘探规章的规定,主要包括多金属结核、钴铁锰结壳以及多金属块状硫化物三种类型,而将其他生物资源、能源资源和自然资源排除在外。

鉴于"区域"活动应以"有助于世界经济的健全发展和国际贸易的均衡增长……特别是发展中国家的全面发展"方式开展并考虑到"区域"环境保护的迫切需要,有关"区域"活动国际环境立法应扩大"区域"活动的主体范围,在现有基础上将"国际海底管理局企业部和发展中国家"纳入"区域"环境保护义务和环境责任承担主体范围。此外,亦应在承包者"对(国际海底管理局)企业部和发展中国家作技术转让"并对其人员"持续进行和开展培训"的基础上进一步加强"(国际海底管理局)企业部和发展中国家"勘探和开发"区域"资源能力建设。从资金支助、技术援助和转让、信息通报以及人员培训等方面加强相关能力建设支持,真正落实以人类共同继承财产原则为指导、以国际合作原则为核心的"区域"资源开发目标,促进实现发展中国家的全面发展。

(二)加强对"区域"探矿活动的环境监管

以承包者是否与国际海底管理局订立"区域"资源开发合同,是否对相关合同区域内资源享有"专属权利"为依据,当前"区域"国际立法将"与海洋学研究类似"的"侧重点是调查开发的可能性"的"区域"资源开发前置活动进一步区分为"区域"资源"探矿"和"勘探"活动。"区域"资源探矿作为"区域"活动开展的初级阶段,在当前"区域"国际立法框架下主要由国际海底管理局主持制订的三部旨在规范"区域"资源探矿和勘探活动的勘探规章调整。然而,三部勘探规章中确立的有关"区域"探矿活动环境标准与《公约》并不相适应。根据《公约》第 145 条、第 194 条、第 198 条和第 209 条的规定,"区域"环境标准应以"防止、减少和控制'区域'内活动对海洋环境的污染",即避免对包括河口湾在内的海洋环境造成有害影响为限度,并应在即将或实际发生损害时将相关损害风险或情况通知可能受到此种损害影响的其他国家以及各主管国际组织。而三部勘探规章中规定的相关探矿活动的开展却以避免对"海洋环境造成严重损害",即避免"任何使海洋环境出现显著不良变化的影响"为标准,并规定探矿者应将探矿活动引发的任何事故可能或实际造成严重海洋环境损害的危急情势通知国际海底管理局秘书长。此外,如何"就保护海洋环境有关的规章条款进一步开展工作,以确保采用尽可能高的环境标准"也仍处于协商进程之中。整体而言,与"区域"资源探矿活动相关的环境保护国际规则所具有的原则性、缺乏协调性和执行力及其采用的环境标准与《公约》相关规定的不相适应性导致当前对于"区域"探矿活动的监管落后于"区域"资源勘探和目前正在推进制订规章草案的"区域"资源开发活动。

"区域"资源探矿作为勘探活动的初步阶段,应在环境保护方面将两者作为整体考虑,在采取的环境标准以及相关活动主体所应承担的环境保护义务和责任等方面与"区域"资源勘探阶段相协调并应符合《公约》下的相关原则、规则和标准。对此,无论是美国政府还是国际海底管理局法技委对"区域"资源探矿和勘探活动可能造成的环境影响的评价所得结论均表明,"这些活动预期不会造成严重环境损害,至少在没有挖掘活动的情况下是如此"。如此看来,当前针对"区域"探矿活动所采取的区别于"区域"资源勘探以及低于《公约》要求的在防止"对海洋环境造成严重损害"的情形下开展探矿活动以及探矿者所应承担的环境危急情势通知义务显然已远远不能满足"区域"国际环境保护的现实要求。对国际海底管理局主持制订的三部勘探规章的相关条款进行修正,加强对"区域"资源探矿活动的环境监管,在《公约》体系下构建与"区域"资源勘探相统一的"区域"资源探矿环境保护法律制度已成为当前开展与协调"区域"国际环境立法的当然选择。对此,国际海底管理局在订立三部勘探规章时就已表明,随着知识增加或技术改进若规章显然不敷使用,则在任何缔约国、国际海底管理局法技委或任何承包者通过其担保国提出修正请求时,国际海底管理局理事会可对规章作出修订。

　　(三)统一相关"区域"活动环境标准

　　当前由国际海底管理局主持制订的三部勘探规章中的相关环境标准低于《公约》的要求。其中,规定的由国际海底管理局法技委制订并执行有关程序以确定相关勘探活动"是否会对脆弱的海洋生态系统造成严重的有害影响",以及承包者所应承担的可能或已经"对海洋环境造成严重损害"的通知和遵从紧急命令义务中的环境标准不符合《公约》中规定的国际海底管理局和承包者应采取措施"有效保护海洋环境,使其免受'区域'内活动可能造成的有害影响"的环境限度。此外,尽管 2011 年咨询意见明确表明为确保"最高环境标准"的适用并避免发达国家为逃避更为严格的监管而将"区域"资源开发企业转移至发展中国家设立,取得类似"方便旗船舶所有者"地位成为"方便担保国",发达国家与资金、技术等综合发展水平较为落后的发展中国家在为"区域"活动提供担保时不应以各国处理全球环境责任分担问题的"共同但有区别的责任原则"为指导而应遵循"平等原则"承担相同的环境保护义务和责任,但在实践中类似此种"借壳上市"的情形时有发生。

如前所述,2019年举行的利益攸关方磋商的关键成果之一是,许多利益攸关方一致认为,规章草案的实施标准和准则必须与规章文本并行制定。截至目前,国际海底管理局法技委已将环境影响报告编制以及环境管理和监测计划编制、环境管理系统的制订和应用等六项环境标准和准则草案修正案提交理事会审议和核准。针对"区域"活动制定相关环境标准不仅有助于确保承包者群体能有一个公平的竞争环境、特定风险得到一致的处理,亦有利于加强"区域"活动的环境监管、扩大相关行业和利益攸关方的广泛参与。

就相关"区域"活动环境标准的制定而言,除应当合乎《公约》及其《执行协定》的要求外,普遍接受的国际标准和原则,如兄弟行业、国家监管机构和标准制定组织通过并公布的大量标准和准则可为有关"区域"环境标准的制定提供重要参考。此外,全球汇报计划、联合国全球契约、国际金融公司关于环境、社会可持续性、健康和安全的各种准则和标准、赤道原则、采掘业透明度倡议等当中产生的涵盖面广泛的国际标准和原则亦可为制定相关"区域"环境标准提供遵循。其中,如何充分贯彻和落实预防原则,尽可能地减少"区域"环境损害风险,限制、减轻相关环境损害后果是制定"区域"活动环境标准面临的关键问题。预防原则旨在对于那些可能会产生的环境损害,应当采取积极的事前预防措施以避免损害性行为或事件的发生,或将不可避免和已经产生的环境损害控制在法律允许的范围内,其着眼于可能产生环境损害的物质或行为,反映完全避免和有效控制潜在的和实际的环境不利影响的概念和意愿。以此原则为基础推动制定的相关"区域"活动环境标准不仅应适用于"区域"资源开发活动,亦应参照适用于"区域"资源探矿和勘探阶段,在"区域"国际环境法规制上将相关"区域"活动视为整体,统一"区域"资源探矿、勘探和开发活动的环境标准,加强国际海底管理局、担保国对于"区域"活动的环境监管,推进"区域"活动之国际环境治理进程不断向前发展。

(四)细化"环境补偿基金"有关事项

根据《公约》第235条第2款,为对海洋环境损害保证"迅速而适当"的补偿,各国应在适当情形下"拟订诸如强制保险或补偿基金等关于给付适当补偿的标准和程序",以及2011年咨询意见中指出的"设立相应基金以弥补在环境赔付责任方面可能出现的缺口"、2019 年版"草案"专设"环境补偿基金"并对该基金的主要宗旨和供资作出专门规定。

就基金的宗旨而言,除 2011 年咨询意见中指出的旨在设立一项专项基金以填补环境赔付责任缺口外,2019 年版"草案"扩大基金的适用范围,规定除用于实施其费用无法从承包者或担保国回收的必要措施外,还包括促进研究海洋采矿工程方法和做法、海洋环境保护教育和培训方案、最佳可得技术以及在适当条件下恢复和修复"区域"海洋环境等。而在基金供资方面,草案指出基金主要来源于向国际海底管理局缴纳的费用与罚款、按照国际海底管理局理事会的指示存入基金的任何资金以及通过投资获得的任何收入等。"环境补偿基金"作为相关"区域"活动主体提供的环境赔付不足以填补环境损害缺口时确保"区域"海洋环境得以恢复和修复的重要救济手段以及促进"区域"采矿做法、方法和技术发展的重要保障手段,在当前"区域"国际立法不断发展的进程中,国际海底管理局、相关利益攸关方应在 2019 年版"草案"对"环境补偿基金"所作出的原则性、片面性规定的基础上进一步研究和明确包括基金宗旨、基金法律地位及其运作模式、寻求基金赔偿主体、基金来源和管理以及基金充资和如何保持最优资金水平等问题,进一步细化环境补偿基金有关事项,不断促进"区域"国际环境治理发展。在此方面,20 世纪中叶以来国际社会推动制定的诸多国际环境条约中所确立的相关环境赔偿或补偿基金制度可为"区域"领域环境补偿基金的设立提供重要参考。例如,根据 1972 年《设立赔偿油污损害国际基金的国际公约》设立的油污国际基金、根据 1989 年《控制危险废物越境转移及其处置的巴塞尔公约》设立的循环基金以及根据 1996 年《国际海上运输有害物质的损害责任和赔偿公约》设立的国际危险和有毒物质基金等。

五、结语

"区域"乃建设海洋强国重点关注的战略方向,是大国战略博弈的前沿。伴随着"区域"资源探矿、勘探和开发技术的迅猛发展,"区域"采矿时代已经到来。对此,如何最大限度地减少由"区域"活动产生的环境损害风险,限制、减轻相关环境损害后果带来的不利影响成为摆在国际社会面前不可回避的关键问题。尽管在国际社会的共同努力下,当前"区域"环境保护国际立法制度正不断细化和发展,但在"区域"环境保护范围、相关环境标准明晰、统一和适用以及"区域"环境监管和责任制度方面仍然存在不足,"区域"活动之国际环境法律制度尚未能满足开展商业化、产业化的"区域"采矿活动的现实要求。对此,国际社会应加强国际合作,在"人类共同继承财产"原则指导下将"国际海底管理局企业部和发展中国家"纳入"区域"活动主体范围并对其加强能力建设,统一"区域"资源"探矿"以及"勘探"和"开发"阶段相关环境标准和制度,以预防原则为核心促进包括"区域"资源"探矿"在内的"区域"活动环境标准合乎《公约》及其《执行协定》的要求,同时以普遍接受的国际标准和原则为参照加强"区域"活动环境监管并应以诸多国际环境条约中所确立的环境赔偿或补偿基金制度为理论指南进一步细化"环境补偿基金"有关事项,最大限度地避免包括"区域"在内的海洋环境遭受污染和破坏,以旨在规制"'区域'资源探矿和勘探活动"的三部勘探规章为基础,囊括"区域"资源的探矿、勘探和开发等一整套规章制度最终形成一部完整的"'区域'采矿法典",为"区域"活动之国际环境法规制提供相应的制度保障。

文章来源: 原刊于《太平洋学报》2022 年第 12 期。

新时期中国与南极门户国家的后勤合作及对策建议

■ 单琰焱,刘明

论点颇萃

科技进步使人类与南极距离不再遥远,但进出南极仍存在后勤和技术上的挑战。澳大利亚、新西兰、阿根廷、智利以及南非等因穷的地理位置相对靠近南极,被称作进出南极的"门户"。各国到南极的大多数船只和人员需在上述国家海港和空港停留、中转,为船只进行必要补给或从门户国家乘坐洲际航班进出南极。近年来美国遏制中国发展,给中国与传统后勤合作伙伴间政治关系带来不利影响,影响中国南极后勤保障计划的顺利执行,而随着我国南极考察规模的扩大以及考察站点数量的增加,提高南极考察效率势在必行。

五个门户国家位于南极不同的地理方向,代表了进出南极的四个通道。中国南极后勤合作伙伴的选取不仅应考虑中国现有和未来南极考察站布局,还应结合近年来国际政治形势尤其中美关系变化以及提升南极考察效率的需求,充分认识到中国与各门户国家在合作方面的不同诉求。未来如何开展中国与南极门户国家的后勤合作,短期来看,中国应持续维护与五个南极门户国家的后勤合作,广泛利用门户国家海、空港与南极的联系,拓展与门户国家在南极事务上的协调与合作,加大中国对南极事务的深入参与,提升影响力;同时,在稳固与传统门户国家合作基础上,积极探索与非南极门户国家的合作。长期来看,随着未来中国考察规模扩大,以及考察站点数量

作者:单琰焱,中国极地研究中心工程师,中国海洋发展研究会极地发展分会秘书长;
刘明,大连理工大学马克思主义学院副研究员

海洋战略新疆域

增加,亟须考虑航空和海运相结合的交通物流模式,提升极地科考后勤装备建设,进一步夯实与南极门户国家后勤合作网络建设,提高南极考察综合效率。

科技进步使人类与南极距离不再遥远,但进出南极仍存在后勤和技术上的挑战。澳大利亚、新西兰、阿根廷、智利以及南非等国家的地理位置相对靠近南极,被称作进出南极的"门户"(以下简称"南极门户国家")。各国到南极的大多数船只和人员需在上述国家海港和空港停留、中转,为船只进行必要补给或从门户国家乘坐洲际航班进出南极。中国自 1984 年开展第一次南极考察以来,主要依托考察船执行任务,途中经过南极周边国家港口进行物资、淡水、油料补给和人员轮换,部分考察队员通过航空方式进出南极。近年来美国遏制中国发展,给中国与传统后勤合作伙伴间政治关系带来不利影响,影响中国南极后勤保障计划的顺利执行,而随着我国南极考察规模的扩大以及考察站点数量的增加,提高南极考察效率势在必行。

目前国内学术界对中国与南极门户国家合作的研究较少,一些学者关注了中国与某个地区或单个门户国家的合作,但缺乏对主要南极门户国家的全面评估,尤其在后勤合作方面的专门研究很少。国外学者中仅新西兰坎特伯雷大学的一位学者通过其博士论文对五个门户国家进行了定义和比较研究,缺少与其他国家的合作与互动分析。由此,本文在回顾中国与南极门户国家的后勤合作历史后,从政治基础、基础设施和地理区位、合作意愿等多个方面对中国与前述五个南极门户国家开展的后勤合作加以评估,以为构建新时期中国与南极门户国家的后勤合作提供基础和依据。

一、中国与南极门户国家合作概况与评价维度

(一)中国与南极门户国家的合作概况

1984 年至今,中国每年组织考察队赴南极开展科学考察,迄今已派出 38 支国家考察队,共 5000 余人次。中国南极考察主要依靠船舶开展,先后有"向阳红 10""J121""极地""雪龙"和"雪龙 2"等船只执行过考察任务。2020 年新冠疫情暴发前,赴南极半岛方向的队员多乘国际航班抵达智利蓬塔阿雷纳斯,再转乘智利空军或商业运营的包机进入南极。部分前往东南极中山站方向的队员有时也乘坐国际航班,中途从澳大利亚霍巴特或新西兰基

督城登上中国科考船,极少时候也会乘坐澳大利亚考察船或换乘澳大利亚运营的洲际航班进出南极。疫情暴发后,为减少接触,中国考察队员全程乘坐本国船舶进出南极,中途不再换乘。考察船进出南极途中,为进行物资、淡水、油料补给和人员轮换,通常根据考察队当次任务、航线距离、港口条件、停港收费高低、港口安全等条件选择南极周边港口进行停靠补给。历年来,中国考察船在阿根廷、智利、澳大利亚、新西兰、南非、韩国、新加坡、越南、马来西亚、毛里求斯等 10 个国家的 14 个港口进行了 101 次停靠补给,其中在门户国家港口的停靠达 80% 以上(表1)。

表 1　中国南极考察队停靠南极门户国家港口统计(1984—2022)

国家	城市	停靠次数
澳大利亚	弗里曼特尔	38
	霍巴特	12
	墨尔本	2
新西兰	基督城	12
阿根廷	布宜诺斯艾利斯	4
	乌斯怀亚	3
智利	蓬塔阿雷纳斯	7
	瓦尔帕莱索	4
南非	开普敦	2

资料来源:笔者根据"双龙探极网络信息平台"网站编制,网址:http://x.hbaa.cn/Long/,访问时间:2022 年 8 月 1 日。

除丰富的靠港实践外,中国与五个门户国家积累了深厚的南极合作基础。

第一,门户国家为中国南极考察起步提供了慷慨支持。1977 年,国家海洋局根据"查清中国海、进军三大洋、登上南极洲"的规划目标,着手南极科学考察准备工作,为学习国外先进经验,这一时期开展了密集的国际交流。当时,澳大利亚、新西兰、智利、阿根廷等《南极条约》原始缔约国正面临来自联合国大会关于《南极条约》"俱乐部"的挑战。出于倡导条约开放性,澳大利亚、智利、阿根廷等国家积极邀请中国在南极建站,并帮助中国专家掌握了第一手南极资料。1980—1989 年,应澳大利亚南极局(AAD)邀请,每年有 2～3 名中国科学家参加澳大利亚南极考察项目(ANARE),随船开展海洋科学调查或在考察站开展越冬观测,为中国南极考察顺利起步积累了宝贵经验;20 世纪 80 年代,新西兰南极局(AntNZ)局长曾两次应邀来华,举行报告会、介绍南极现场建站和考察经验,中国也多次派出科学家赴新西兰斯科特站进行考察和学习;阿根廷在中国长城站选址和建设过程中给予了极大支持,中方在 1982 和 1984 年先后派出两个代表团考察了阿根廷的南极管理机构和阿根廷各南极考察站,使中国对南设得兰群岛及南极半岛的自然环境有了直接认识,为长城站选址提供了依据;中智南极考察友好往来始于 1982 年,长城站毗邻智利多个考察站,站区互相支援,智利往返马尔什站的飞机帮助长城站与国内邮政信件及物资转运,并多次免费提供直升机,协助长城站执行紧急交通运输和救援任务。

第二,中国与门户国家在科学研究、后勤保障、紧急救援、南极治理等方面开展了密切的合作。在科学研究方面,长城站和中山站建成后,中国与澳大利亚、智利、新西兰等国科学家在冰川、空间物理、气象、天文等多个学科领域开展了合作交流。在后勤保障和紧急救援方面,考虑到智利、澳大利亚在中国南极考察进出方面的重要地位,国家海洋局极地考察办公室于 1990 年和 2010 年分别在智利圣地亚哥和澳大利亚悉尼设立了办事处,派遣常驻南极事务代表,协调中国南极考察队进出。中国首架固定翼飞机"雪鹰 601"投入使用后,飞机经智利蓬塔阿雷纳斯转场进出南极;中澳依托两国固定翼飞机互助合作(Quid Pro Quo,QPQ)协议,通过机时交换,开展南极地区后勤互助和应急救援,2020 年"雪鹰 601"成功协助澳大利亚南极戴维斯站伤员撤离南极地区。在南极治理和环境保护方面,中国与澳大利亚、印度等国于 2007 年联合提请设立了东南极拉斯曼丘陵南极特别管理区;随后,中澳又联合提出设立了阿曼达湾南极特别保护区。

第三,中国与门户国家的南极合作受到政府层面的高度支持。长城站建成之初,中阿两国便签署了《中华人民共和国政府和阿根廷共和国政府南极合作协定》,开启了中国与拉美国家南极合作的序幕。2013 年,习近平主席访问南非,中国国家海洋局与南非环境事务部共同签署了《海洋与海岸带领域合作谅解备忘录》,致力于加强中南双方在海洋环境保护、南极研究等领域的交流与合作。近年来,在金砖机制下,中国、南非等五国签署《金砖国家科技创新框架计划》和《实施方案》,致力推动"金砖"框架下海洋与极地科学技术领域的合作。2014 年,习近平主席对澳大利亚、新西兰进行国事访间,与两国分别签署了《中华人民共和国政府与澳大利亚联邦政府关于南极与南大洋合作的谅解备忘录》《中国国家海洋局与澳大利亚塔斯马尼亚州政府南极门户合作执行计划》《中新两国政府关于南极合作的安排》,声明将进一步加强中国与澳大利亚、新西兰在南极科学研究、环境保护、后勤支持以及南极事务等领域的合作,为深化、扩大与澳、新两国的南极友好合作开创了广阔前景。2017年"一带一路"国际合作高峰论坛期间,在双方领导人见证下,国家海洋局与智利外交部签署了《中华人民共和国政府与智利共和国政府关于南极合作的谅解备忘录》,确认优先推动双方在南极科研、环保、法律政策以及后勤保障等领域的合作。除政府间合作备忘录外,中国与南极门户国家还相继成立了南极合作联委会,目前有中澳南极和南大洋合作联委会、中国—新西兰南极合作联委会以及中智政府间科技合作联委会等,在南极科学与后勤合作方面也签署了机构间合作协议,就双方合作的优先领域达成共识,在《南极条约》体系下开展具体合作。

（二）中国与南极门户国家后勤合作的评价维度

为进一步分析中国与五个门户国家的南极后勤合作关系及未来合作前景,本文将从政治基础、基础设施和地理区位、合作意愿这几个维度对五个门户国家进行全面研究和评估。在政治基础方面,门户国家中澳大利亚、新西兰属美国盟国,对美国的安全依赖性强,随着中美关系由合作转向竞争甚至对抗,中国与澳、新两国尤其澳大利亚的南极合作关系存在变冷甚至对立的风险;而中国与智利、阿根廷、南非等发展中国家间政治基础较好,受到中美竞争与对抗的不利影响相对较小。在基础设施和地理区位方面,五个门户国家都拥有海运和航空方面的基础设施,各门户国家海港和空港基础设施完善程度不同;门户国家的良好地缘区位能够帮助中国南极考察有效节省考察时间、降低考察成本。从合作意愿角度来看,近年来五个门户国家均出台了自己的南极门户战略,表达了加强和其他南极考察国家开展后勤合作的意愿。在这些评价维度中,由于政治基础是开展其他评估的重要前提,对中国与南极门户国家的可持续合作具有一票否决权,因此在接下来的具体分析中,笔者将中国与南极门户国家的后勤合作分成与美国盟友之间的合作以及与发展中国家的合作两类来研究,分别探讨中国与五个南极门户国家的后勤合作关系及未来前景。

二、中国与美国盟国之间的南极后勤合作

（一）从密切合作到相对冷淡：中国与澳大利亚的合作

在政治基础方面，中澳建交50年来，两国关系取得了巨大成就。2009年以来，中国成为澳大利亚货物贸易第一伙伴国；疫情前，中国还是澳大利亚最大入境和旅游客源国。在南极领域，澳大利亚过去一直是中国南极考察活动的重要科学与后勤合作伙伴，澳大利亚帮助中国南极考察顺利起步，在20世纪80年代通过接收人员赴澳大利亚考察站合作交流的方式培育了一批中国科学家开展南极研究，并邀请中国在其南极声索区域建立了中山站，为从澳大利亚进出南极的中国队员提供船位或机位以及考察船补给等后勤保障。2016年，澳大利亚政府发布《澳大利亚南极战略及20年行动计划》(*Australia Antarctic Strategy and 20 Year Action Plan*)，强调在双边外交领域积极开展与中国等南极事务大国的双边合作。近年来由于受中美关系影响，中澳外交关系过去三年持续降温，在政治、经济、军事层面两国关系均跌至冰点。过去几年来，莫里森政府的对华政策加上澳大利亚一些媒体、智库学者的助推，刺激了澳国内对华的负面情绪，这种情况也波及两国在南极后勤领域的合作。2017年中国"雪龙"号停靠澳大利亚弗里曼特尔港口期间，经历了澳大利亚当地海关部门的严格检查，致使考察队在之后的港口选择上更倾向于政策相对宽松的新西兰和其他门户国家。近年来，由于中国南极实力和国际影响力上升，也引发了美、澳等老牌《南极条约》协商国的警惕，担心《南极条约》体系内利益均衡局面被打破，冲击其南极事务领导者的传统角色。

在基础设施和地理区位方面，塔斯马尼亚州（简称"塔州"）有支持南极相关活动的良好基础设施，隶属塔斯马尼亚州的霍巴特港为过境船只提供了全方位的专业服务，如全年泊位、检疫、加油以及储存措施和办公空间。2007年以来，从霍巴特到凯西站威尔金斯机场开通了常规航空服务，通过包机运送澳大利亚考察站人员，重型设备主要由澳大利亚皇家空军(RAAF)运输。1997年，由政府与私营部门联合成立了塔斯马尼亚极地网络(TPN)，为从澳大利亚进出南极的考察项目提供技术支持和服务，包括船舶服务、物资供应、电器和废物管理服务以及法律中介等。澳大利亚位于中国南极考察

队前往中山站的航线上,对中国进出南极具有突出地理区位优势,是东南极地区科考站和基地理想的补给点。自中国开展南极考察以来,考察船在澳大利亚港口共停靠 52 次,中国队员曾多次乘坐澳大利亚洲际航班进入凯西站,再换乘小型固定翼飞机前往中山站。从霍巴特港航行至中山站仅需 9 天时间,距新站也相对较近(表 2)。空运方面,澳大利亚南极局主要通过民航飞机 A319 将考察队员运往南极凯西站,随后再使用加拿大 KBA 公司运营的小型固定翼飞机将队员运往其他考察站。未来,中国第五个南极考察站建成后,中国南极考察队从凯西站也具备乘坐固定翼飞机前往罗斯海新站的可行性(表 3)。

表 2　南极门户国家距离中国考察站海运航程及航行时间(单位:海里,天)

港口/考察站	中山		长城		新站	
	航程	航行时间	航程	航行时间	航程	航行时间
霍巴特	3300	9.2	5200	14.4	2800	7.8
基督城	3990	11.1	4480	12.4	2180	6.1
乌斯怀亚	4400	12.2	650	1.8	3290	9.1
蓬塔阿雷纳斯	4620	12.8	870	2.4	3550	9.9
开普敦	3650	10.1	3850	10.7	6880	19.1

资料来源:由中国极地研究中心"雪龙"号船长朱兵编制,航程以习惯航法进行测量,航行时间以 15 节航速计算,未考虑天气、海况、浮冰等情况的影响。

在合作意愿方面,澳大利亚把自己塑造成一个与南极有天然联系的国家,着重突出塔斯马尼亚州作为进出东南极和南大洋的门户枢纽作用。2017 年 12 月,塔斯马尼亚州发展部发布了《塔斯马尼亚州南极门户战略》(*Tasmania Antarctic Gateway Strategy*),拟从州政府层面加强塔斯马尼亚州科研中心的地位,从而推动国际南极外交和后勤能力增长,吸引更多国家在塔斯马尼亚州进行后勤补给和科学访问。疫情前,塔斯马尼亚州州长多次带团访华,邀请中国考察队停靠霍巴特,商讨船舶和固定翼飞机运输等后勤合作意向除科学研究与后勤合作外,澳大利亚在参与南极事务的实践中建立了完备的政策与法律制度,在南极条约体系完善与发展过程中也发挥了重要作用,为我国参与南极治理提供了有益借鉴。然而,在中美战略竞争大背景下,两国外交关系持续走低。中央层面,澳大利亚近年来逐步收紧对中国队员的过境签证政策,加强了过境船舶的港口国管制(PSC)等海事检查,提高了本国后勤进出和使用门槛。地方层面,澳大利亚各州出台了疫情管控政策,考察船停靠澳大利亚,除需向澳外交贸易部申请船舶外交清关待遇、为考察队员办理签证外,还需获得港口所在州卫生部门的同意,以及向边境局申请入境隔离豁免,官方手续冗长缓慢,加上缺少当地政府支持,致使中国考察队望而却步。

表3　南极门户国家距离中国考察站飞行距离及时间(单位:千米,小时)

空港/考察站	洲际航线		洲内航线					
			中山站		长城站		罗斯海新站	
	航程	飞行时间	航程	飞行时间	航程	飞行时间	航程	飞行时间
霍巴特	3443	4.3	1460	4.4	6690	20.3	2180	6.6
基督城	3840	4.8	2770	8.4	4590	13.9	340	1.1
乌斯怀亚	1240	2.1	5380	16.3	260	0.8	4820	14.6
蓬塔阿雷纳斯	1240	2.1	5530	16.8	0	0	4930	14.9
开普敦	4110	5.1	2820	8.5	3860	11.7	3780	11.5

资料来源:由中国极地研究中心"雪鹰"固定翼飞机主管时小松编制,按照南极当前主流机型计算,未考虑天气影响和中途停留时间。

(二)相对务实的中国与新西兰南极后勤合作

在政治基础方面,同为与美国结盟国家,新西兰秉持相对务实的对华政策,是第一个承认中国市场经济地位,也是第一个签署"一带一路"协议的西方国家。与澳大利亚不同,新西兰人口不到500万,缺少强大的内销市场,出口是其必然选择。作为新西兰第一大贸易伙伴,新西兰十分重视与中国的双边关系,这也时常招致澳大利亚和美国的批评。2022年中新建交50周年,新方在两国外长视频会晤中表示致力于发展两国全面战略伙伴关系,继续推动各领域务实合作。新西兰是中国在南极事务中友好交往较早的国家之一,1981—1985年,新西兰曾接待9名中国科学家到新西兰考察站开展科学考察。在南极领域,由于自身国力和经济等因素,历届新西兰政府普遍寻求与美国合作。新西兰在现有南极条约秩序中拥有既得利益,管理罗斯属地的意识也日益增强,包括发表白皮书、加强南极科研调查活动、承担罗斯海地区国际搜救以及保护区管理等。近年来，由于中国在罗斯海区域建设考察站，与新西兰开展了密切后勤合作，中国考察船在利特尔顿港口停靠也给当地带来了可观的经济收益。鉴于新西兰在南极拥有重要的主权、环境、安全和商业利益，新西兰对中国参与南极活动持一种既欢迎又警惕的矛盾心理。即使如此，新西兰在处理对华南极合作问题上，总体上持相对务实的态度，受意识形态和盟友干扰所带来的不利影响相对较少。

在基础设施和地理区位方面，基督城是新西兰连接南极的天然门户。1955 年，美国"深冻行动"（Operation Deep Freeze）开始，后勤基地建在基督城，向这里派遣了大批飞机、船舶和工作人员。如今，基督城是通往罗斯海地区繁忙的航空门户，每年有来自新西兰皇家空军、意大利空军、美国空军的 100 多个直飞航班。基督城作为连接南极地区海港的作用相对薄弱。20世纪 80 年代中期，新西兰禁止核动力和携带核武器船舶进入港口，美国南极补给船自 1984 年起不再停靠基督城，改用澳大利业霍巴特港，一定程度上限制了基督城作为南极海上门户的发展。20 世纪 90 年代，基督城在机场附近建立了国际南极中心（IAC），用以支持南极科学研究，入驻该中心的有新西兰南极局（AN-TANZ）、美国南极规划署（USAP）和新西兰南极研究所（NZARI）以及意大利和韩国南极项目办公室。中国极地科考船曾十数次在利特尔顿港进行人员轮换和物资补给，新西兰南极局也曾邀请中国在国际南极中心设立基地，加强两国科研与后勤合作。中国第五个南极考察站选址罗斯海地区的恩克斯堡岛，已完成相关地勘和基础工作，新站建成后从利特尔顿港出发至罗斯海新站将是最佳航线，从基督城到中山站和长城站也相对便利。空运方面，中国考察队员可从基督城乘坐美国、意大利或新西兰飞机进出新站，也可通过中间经停法国—意大利康科迪亚（Dome C）考察站飞往中山站，但目前尚不具备从基督城飞抵长城站的航空可行性。

在合作意愿方面，中国第五个考察站建成后，中新南极后勤合作将迎来新契机。一方面，新西兰近年来在南极门户战略上力求摆脱传统上对美国一家独大的依赖，希望拓展与中、韩、意、德等国的多元合作，从而实现新西兰"大国外交平衡"。基督城市议会和新西兰南极局多次邀请中国考察队在基督城停靠，2018 年新西兰基督城市议会发布的《基督城南极门户战略》选取南极洲灯会作为封面图片，灯会是中国传统文化的象征，寓意与中方开展南极友好合作。另一方面，双方在南极治理、科学研究、后勤合作、环境监测与保护、南极历史遗产和文化保护等方面都有宽广的合作前景。中方希望新西兰成为中国执行罗斯海区域考察的重要合作伙伴和后勤中转地,而新西兰近年来大力开展南极历史遗迹保护项目,中国南极考察队可以帮助新方在基督城及罗斯海区域运输人员和物资,协助新方开展阿代尔角等历史遗迹保护项目。

三、中国与发展中国家之间的后勤合作

(一)亟待加强的中国与阿根廷南极合作

在政治基础方面,2022年中阿两国同样迎来建交50周年,两国在传统领域合作不断深化,为促进中国与拉美整体合作发挥了引领作用。阿方坚持一个中国原则,中方支持阿方在马尔维纳斯群岛的主权要求。2022年初,两国政府发表《关于深化中阿全面战略伙伴关系的联合声明》,强调在政府间常设委员会框架下设立海洋、南极和养护分委会,加强中阿在海洋、海洋资源养护和南极领域的合作。早在1988年,两国政府便签订《中华人民共和国政府和阿根廷共和国政府南极合作协定》,约定双方就南极条约体系范围内共同关心的政治、法律、科学等问题进行协商。30多年来,双方相互尊重对方在南极洲的合法利益,在有关南极问题上积极协调行动,建立了良好政治合作基础。中阿两国在包括南极在内的全球事务中合作,有利于维护两国乃至发展中国家的整体利益。

在基础设施和地理区位方面,1991年火地岛省政府将乌斯怀亚定位为"南极门户",改善了港口设施,修建了机场。乌斯怀亚港总体规模较小、无拖轮、加油慢,码头主要停靠邮轮,由于内水道难走实行强制引航制度。随着南极旅游活动兴起,从乌斯怀亚出发的旅游船只占据了所有船载南极旅游业务的90%。乌斯怀亚机场较小,其与南极的空中联系缺乏官方认可。与其他门户城市不同的是,阿根廷本国南极考察项目不从这里出发,该城市也缺少阿根廷南极管理机构入驻。为改善仅服务于旅游业的单一局面,2020年8月,阿根廷行政内阁签批了乌斯怀亚南极后勤基地建设首笔预算资金,将阿根廷南极研究所(AAA)从布宜诺斯艾利斯迁至乌斯怀亚,并通过建造码头、南极后勤基地、维修车间、储存空间、科学实验室、燃料厂、机库等设施,以及联通公共和企业资金来源等方式助推乌斯怀亚南极门户城市全

面发展。中国长城站考察队员主要从智利通过航空方式进出南极,中国与阿根廷的海港和空港后勤合作有限,截至目前中国考察船在阿根廷过境仅有7次。根据表2,海运方面从乌斯怀亚航行至长城站仅需一天多时间,至罗斯海新站距离适中,到达中山站距离稍远。空运方面,阿根廷空军利用3架C-130飞机运作从阿根廷城市奥加耶戈斯(Rio Gallegos)至南极马拉姆比奥机场的航线。该航线每年仅有少量航班,且不对他国开放使用,乌斯怀亚旅游公司也主要通过购买智利DAP公司航班来实现少量游客通过航空方式进出南极。

在合作意愿方面,阿根廷在中国挺进南极进程中扮演了重要角色,近年来两国在后勤保障、科研交流、环境治理以及旅游方面的合作逐步推进。阿根廷不仅具备独一无二的南极地缘区位优势,在南极事务中占据重要地位,其国内南极政策法规完善,在国际制度博弈中也积累了丰富经验;而中国拥有改善乌斯怀亚基础设施建设的资金与技术,阿根廷在推进南极半岛保护区设立、稳健发展南极旅游业方面也需中国支持。基于中阿现有合作基础和优势互补需求,以及两国参与南极事务面临的不利政治环境和复杂国际形势,作为互相潜在合作伙伴,双方均有意加强在南极事务领域的有效沟通和务实合作。2017年,中国主办南极条约协商会议之际,国家海洋局极地考察办公室与阿根廷南极局签署双边合作协议,约定两国在人员进出、物资运输方面建立联系机制。随着未来中国南极活动能力不断增强,两国在加强基础设施建设、南极渔业、南大洋环境保护以及南极旅游等领域都将有巨大合作潜力。

(二)前景广阔的中国与智利南极合作

在政治基础方面,智利是第一个同中国建交的南美洲国家,在中国同拉美合作中发挥了重要推动作用。52年来两国关系发展顺利,双方高层接触频繁,在国际多边领域保持着良好合作。智利坚定地拥护南极条约体系,秉持开放、理智的外交政策和合作战略,主权维护、科学研究、国际合作、资源利用和环境保护是智利南极立场的重点。2017年,国家海洋局与智利外交部签署《中华人民共和国政府与智利共和国政府关于南极合作的谅解备忘录》,指出中智两国均为《南极条约》协商国和《南极海洋生物资源养护公约》缔约方,双方在南极科考、后勤保障、环境保护等领域有长期合作基础,并取得了务实成效。在备忘录基础上,双方近年来又成立了中智南极合作联合委员会,不断协调实施有关活动,深化推进两国南极事务合作。

在基础设施和地理区位方面,蓬塔阿雷纳斯港是智利南部最大港口,港口码头设施基本完善,由于海上航行时间比乌斯怀亚多一天,不太受各国南极考察船欢迎。从蓬塔阿雷纳斯向南航行,通过麦哲伦海峡需要雇用当地引航员,大大增加了运营成本。卡洛斯·伊瓦涅斯坎波总统国际机场(Pres Ibanez International Airport)较小,仅有两条跑道,却与乔治王岛建立了高效的空中桥梁。除智利空军外,从事南极航空物流的机构还包括以海外资金来源为主的南极物流考察公司(ALE)以及当地DAP公司和"Antarctica21"旅行公司,它们保障了智利、中国、韩国、美国、俄罗斯、德国、英国等国南极考察项目进出南极半岛。总体设施上,智利不如澳大利亚和新西兰,即使如此,中国南极考察船有10余次从智利过境停靠和补给的经历。长城站位于南极半岛乔治王岛西部的菲尔德斯半岛,考察队员主要通过购买智利、乌拉圭空军或韩国从智利DAP公司租赁的包机座位以航空方式进出南极,长城站常规物资补给也主要由智利空军以及智利商业公司船舶、飞机实现。海运方面,从蓬塔阿雷纳斯出发到达中国各考察站方向的航行时间与从乌斯怀亚出发类似;空运方面,智利有丰富的空中航班往来南极半岛,但暂未开通其他方向航线。

在合作意愿方面,智利政府于2000年便作出发展蓬塔阿雷纳斯作为"南极门户"的重要决定,将智利南极研究所(INACH)迁至此,加强与从该地进出的南极考察国家的联系。智利近期发布的《智利2035南极战略愿景》(2015)、《智利国家南极政策》(2021)以及《智利南极战略计划(2021—2025)》均提出应加强智利作为通往南极洲的"门户"和桥梁作用。2021年8月,智利社会发展部批复在蓬塔阿雷纳斯建设"国际南极中心(IAC)"这一重要举措,预算约7000万欧元,建成后将包括科研设施、后勤支撑平台和博物馆。中国在南极半岛方向的考察站布局亟须一个稳定的后勤合作中心,而智利在南极治理、地缘区位、后勤运营、科学研究、制图和测绘技术以及救援等领域均存在优势。智利着力将自己打造成南极物流中心和西南极进出门户,由于智利一贯目标是通过其开放的外交政策保证本国生存与发展,与中国合作也能够满足智利需求,如智利航空和海运码头港口设施不足,考察站设施老旧,资金技术缺乏,通过成为中国前往南极洲主要出发点之一,智利可以利用中国对其港口设施投资和技术支持,加强两国经济联系;此外,在

2018 年南极海洋生物资源养护委员会上,智利和阿根廷提出了建立南极半岛海洋保护区提案,也需要得到中方支持。

(三)稳步提升的中国与南非南极合作

在政治基础方面,中南两国自 1998 年建交以来双边关系全面、快速发展。2008 年,两国建立战略对话机制,并举行多次战略对话。2014 年南非总统访华期间,双方签署了《中华人民共和国和南非共和国 5～10 年合作战略规划(2015—2024)》,为中南关系深入发展注入新动力。南非南极地缘政治色彩较弱,是五个门户国家中唯一未提出南极领土声索的,也是南极条约体系下影响力和话语权最弱的一个(表 4)。南非坚持南极条约体系是南极治理的核心制度构架,主张通过多边合作,以和平方式合理利用南极洲及南大洋,期待南极条约体系中各国力量保持平衡。作为唯一加入《南极条约》的非洲国家,历年来南非政府高度重视南极工作,对南极国际治理、生态系统和环境保护以及开普敦的门户作用等议题较为关注。中南两国作为世界两大新兴经济体,同为"金砖"国家和"二十国集团"成员国,在南极事务中两国利益诉求相似,在南极治理关键性议题领域密切沟通、相互支持符合两国共同利益。

表 4　南极门户国家参与南极事务比较

门户国家	关注区域	考察站数量	提交ATCM文件数	开展南极视察次数	提交环评数量	设立保护区数量			承担的南极组织秘书处
						ASMA	ASPA	HSM	
澳大利亚	澳大利亚南极属地	3	606	10	41	2	12	5	CCAMLR
新西兰	罗斯属地	1	516	5	148	1	12	19	COMNAP
阿根廷	南极半岛	13	435	6	19	1	3	14	ATCM
智利	南极半岛	9	544	6	19	1	8	13	/
南非	毛德皇后地	1	108	1	75	0	0	0	/

资料来源:根据南极条约协商会议(ATCM)、国家南极局局长理事会(COMNAP)和各门户国家南极机构官网整理,其中独立提交或共同提交的 ATCM 文件均计数 1,统计范围为 1961—2021 年;独立开展或参与的南极视察均计数为 1,统计范围为 1962/1963—2019/2020 年;提交环评的统计范围为 1988/1989—2021/2022 年;保护区包括:南极特别管理区(ASMA)、南极特别保护区(ASPA)和历史遗迹与纪念物(HSM),独自或参与设立的保护区均计数为 1。

在基础设施和地理区位方面,立法首都开普敦被南非称为通往南极的"新门户",其海港和空港设施完善,海港配有相对完备的码头设施、高效的货物运输和海上服务,由于开普敦拥有专业的修造船工业,德国、瑞典的极地考察船也经常在开普敦进行维修。开普敦国际机场是南非第二大机场,2002 年,在毛德皇后地附近设有考察基地的 11 个国家签署了"毛德皇后地航空网络"(Dronning Maud Land Air Network Project,DROMLAN)。开普敦在门户国家中拥有洲际航班最多,开通了飞往毛德皇后地方向的 4 条南极航线,已有 100 多架洲际航班运送了数千名科学家和后勤支撑人员。由于南非在五个门户国家中距南极洲最远,除长距离航行外,南非以南南极海岸线几乎全年被冰覆盖,对船舶要求高。不过中国考察船破冰能力较强、考察站布局分散,从南非进出南极各个考察站仍不失为一个合理选择。南非虽是距离南极大陆最远的门户国家,却是比利时、俄罗斯、德国、挪威等欧洲国家开展南极科考的重要保障基地,也是欧洲公民前往南极旅游的重要中转中心,中国南极考察船"雪龙"和"雪龙 2"号曾分别于 2012 年和 2020 年停靠开普敦港补给。海运方面,从开普敦出发到达中国长城站和中山站距离适中,尤其中美竞争态势下与澳、新关系不确定,南非为中国进出南极中山站提供了额外选项。空运方面,中国可与南非开展航空合作,考察队员从开普敦乘坐俄罗斯、英国、挪威飞机至毛德皇后地的蓝冰洲际机场,然后乘坐中国"雪鹰 601"固定翼飞机进入中山站。

在合作意愿方面,2019 年南非通过机构调整加强对南极事务管理,把环境部(DOE)和部分农业、森林、渔业部(DAFF)职责合并,成立了森林、渔业与环境部(DFFE)。2020 年森林、渔业与环境部发布《南极和南大洋战略》(Antarctic and Southern Ocean Strategy),提出利用南非南极门户国家地理优势,打造一个充满活力的南极国家,提升政治影响力,加强科技创新,创造经济利益,其中"门户"建设主要通过改善当地基础设施,建立南极中心,提升南非科研和后勤服务等措施实现。2019 年以来,环境、林业与渔业部每年都召开"南非南极科学、后勤及门户建设研讨会",邀请中国、俄罗斯、德国、印度、挪威等过境开普敦前往南极的极地管理机构代表参会,希望发挥开普敦门户优势,为各国南极活动从南非进出提供保障。由于历史原因,中南两国南极合作起步较晚。对中国来说,南非具有《南极条约》原始缔约国身份优势和"南极门户"地理优势;对南非来说,与中国合作能够提升其在南极事务中的政治影响力,促进科研能力增长,挖掘南极经济机遇。中南两国在南极事务中保持密切接触和沟通,在南极治理关键性议题领域寻求相互支持,符合两国共同利益,属于典型的"南南合作"。

四、对评估效果的分析及对策建议

(一)中国与南极门户国家后勤合作的评估效果分析

门户国家特殊地缘区位优势,不仅为自身迎来了政治、经济利益,在南极事务中也发挥着举足轻重的作用。近年来,由于国际形势发展、政府支持以及当地与南极联系的增长,门户国家纷纷通过发展基础设施、建立国际南极中心、出台门户战略等措施使得自己的南极门户功能日趋成熟、完善。五个门户国家在门户定位、支撑人员及物资进出南极方面各有侧重(表5),澳大利亚是进出东南极方向的重要门户,拥有完善的后勤基础设施,智利是进出南极半岛的门户,疫情前有近20个国家的南极考察队通过智利蓬塔阿雷纳斯进出南极;新西兰是罗斯海地区南极项目的后勤中心,在后勤保障方面主要依赖美国航空力量;南非由于距离南极最远,通过发展毛德皇后地航空网络,成为进出南极的航空门户;阿根廷是最大的南极旅游门户,乌斯怀亚承担了船载南极旅游业务的90%,由于乌斯怀亚缺少国家政策、后勤网络以及南极考察机构等支撑,在保障各国南极项目方面表现较弱。

中国自1982年开展南极考察活动以来,与五个南极门户国家都建立了不同程度的深入合作,不仅开展了丰富的靠港实践,门户国家在我国南极考察起步阶段、起步后南极事务各个领域的合作以及政府高层支持方面都有深厚的积累。为全面分析中国与五个门户国家的后勤合作关系,本文从政治基础、基础设施和地理区位以及合作意愿等多个维度开展了评估,评估结果将为今后中国与南极门户国家后勤合作布局提供判断基础和政策依据。

在政治基础方面,受中美关系影响,澳、新等美国传统盟友对中国外交政策出现了一些调整,这些调整给中国常规南极后勤合作模式带来了不可预见的政治风险以及考察计划的不确定性。相比之下,中国与智利、阿根廷、南非等发展中国家存在稳固的政治合作基础,中国与这三个门户国家在南极领域的双边和区域协调机制不断提升,通过签署合作协定、建立南极合作联委会等形式稳固发展。

在基础设施和地理区位方面,澳大利亚海港和空港基础设施最为完善,由政府和企业组成的塔斯马尼亚极地网络(TPN)专门为从霍巴特进出的南极考察项目提供专业服务。新西兰后勤设施是在美国进军南极的历史进程中发展起来的,是通往罗斯海地区的空中门户,每年有100多个直飞罗斯海地区航班。阿根廷、智利基础设施规模相对较小,海运方面都实行强制引航制度,智利是连接南极半岛高效的空中桥梁,阿根廷侧重南极船载旅游业发展。南非基础设施强于两个南美国家,近年来成立了"毛德皇后地航空网络",保障了毛德皇后地方向的航空进出。由于中国南极考察站布局分布广泛,长城站在南极半岛区域,临近智利、阿根廷;中山站、泰山站、昆仑站在东南极澳大利亚方向,并形成了以中山站为大本营,逐步向内陆进发的格局;在建的第五个考察站位于新西兰附近的罗斯海区域。虽然南非距中国几个考察站没有突出优势,受未来政治形势影响,开普敦可成为中国南极考察队进出中山站的备用后勤中转站。

表5 南极门户国家基础条件比较(单位:千米)

门户国家	距离南极	港口	航空支撑	后勤支撑	机构支撑	门户特点	合作国家
澳大利亚	2609	霍巴特港	澳大利亚皇家空军(RAAF)和商业公司	塔斯马尼亚极地网络(TPN)	澳大利亚南极局(AAD)	进出东南极重要门户,拥有最完善的基础设施	法国、中国、意大利、俄罗斯、美国、挪威、日本、德国
新西兰	2852	利特尔顿港	新西兰国防军、美国空军	坎特伯雷南极商业利益网络(CABIN)	新西兰南极局(AntNZ)	进出罗斯海地区门户	美国、韩国、意大利、中国、德国、法国、日本
阿根廷	1131	乌斯怀亚港	阿根廷空军	主要依赖布宜诺斯艾利斯和附近的军事基地	阿根廷南极研究所(DNA)	南极旅游门户	巴西、西班牙、中国

（续表）

门户国家	距离南极	港口	航空支撑	后勤支撑	机构支撑	门户特点	合作国家
智利	1371	蓬塔阿雷纳斯港	智利空军、商业公司（DAP，ALE）	南极信息网络（CHAIN）	智利南极研究所（INACH）	进出西南极重要门户，兼顾国家南极项目和旅游	德国、巴西、保加利亚、中国、韩国、厄瓜多尔、美国、西班牙、秘鲁、波兰、捷克、乌克兰、乌拉圭
南非	3811	开普敦港	商业公司（AL-CI）	西开普省投资和贸易促进局（WESGRO）	南非国家南极项目（SANAP）	南极航空门户	比利时、芬兰、印度、挪威、俄罗斯、英国、瑞典、德国、日本、荷兰

资料来源：笔者根据国家南极局局长理事会网站及各国南极机构官网统计。

在合作意愿方面，受中美战略竞争影响，澳大利亚逐步收紧了对华过境政策，加强了船舶海事检查，提高了从澳大利亚门户后勤进出的使用门槛，两国后勤合作面临困难局面；新西兰虽秉持务实的南极合作战略，近年来为摆脱传统上对美国一家独大的依赖也屡屡向中国抛出橄榄枝，然而面临美国和澳大利亚的压力，与中国的合作存在较大变数；中国与南美国家阿根廷与智利在双边或多边层面有巨大合作潜力，中国具有提升两国后勤基础设施建设的资金和技术，而阿根廷和智利在南极治理、地缘区位、后勤运营以及搜救等领域存在优势；南非同中国在"金砖"框架下已开始商讨南极合作，南非能够满足中国在南极事务中政治和后勤需求，与中国合作也能提升南非在南极事务中的政治影响力、拉动当地经济以及提升科研合作能力。因此，未来南极合作将是中国与南非、阿根廷、智利等发展中国家开展合作的重要增长点。

（二）进一步发展中国与南极门户国家后勤合作的对策

五个门户国家位于南极不同的地理方向，代表了进出南极的四个通道，分别是澳大利亚霍巴特连通的东南极方向、新西兰基督城连通的罗斯海方向、南非开普敦连通的毛德皇后地方向以及智利蓬塔阿雷纳斯和阿根廷乌斯怀亚连通的南极半岛方向。中国南极后勤合作伙伴的选取不仅应考虑中国现有和未来南极考察站布局，还应结合近年来国际政治形势尤其中美关系变化以及提升南极考察效率的需求，充分认识到中国与各门户国家在合作方面的不同诉求。就未来如何开展中国与南极门户国家的后勤合作，笔者从短期和长期两个时间范围提出以下几点思考和建议。

（1）短期来看，中国应持续维护与五个南极门户国家的后勤合作，广泛利用门户国家海、空港与南极的联系，拓展与门户国家在南极事务上的协调与合作，加大中国对南极事务的深入参与，提升影响力；同时，在稳固与传统门户国家合作基础上，积极探索与非南极门户国家的合作。

第一，继续加强与五个传统门户国家的后勤合作。中国现有后勤支撑保障能力决定了考察船和海运运输仍将是中国一段时期内开展南极考察的主要途径；中国五个南极考察站的地理分布决定着持续加强与五个传统门户国家的良好后勤合作有利于中国南极考察工作顺利开展。近期，中澳关系出现一些复苏萌芽，澳大利亚华裔外长黄英贤在"二十国集团"外长会议和联合国大会期间两次与中国时任国务委员兼外交部长王毅举行会晤，未来两国人员流动与交流带来的理解与互信或将进一步加大中澳两国关系修复的可能性。新西兰在涉华问题上向来慎重，与中国开展了一些务实的南极后勤领域合作，其"小国平衡外交"与澳大利亚"一边倒"的局面形成了鲜明对比。未来，中国应一方面积极应对与美国盟友澳大利亚、新西兰的关系，把握住后勤合作机遇；另一方面，为避免中国南极后勤运输受国际政治影响出现受制于人的局面，宜在与南极门户国家的合作布局中加强与阿根廷、智利和南非等发展中国家的后勤合作。

第二，积极探索与毛里求斯、乌拉圭等非南极门户国家的后勤合作。毛里求斯、乌拉圭等国家位于五个南极门户国家的外围，属于非南极门户国家。毛里求斯虽距南极较远，不如传统南极门户国家经济，但毛里求斯实行签证免签政策，手续简便，且非南极门户国家政治敏感度低，商业运营稳定，"安全"性高，近几年中国南极考察已有两次停靠毛里求斯的成功尝试。乌拉圭与中国外交关系良好，在南极问题的国际立场上两国有许多共识，中国长城站与乌拉圭阿蒂加斯站同位于南极菲尔德斯半岛，后勤和科研合作交流频繁。2016年,双方政府签订了《中华人民共和国政府与乌拉圭东岸共和国政府关于南极领域合作的谅解备忘录》,就进一步加强中乌在海洋环保、科学研究与后勤保障等领域的交流合作达成共识。因此,在现有后勤合作框架基础上,适时拓展与非南极门户国家合作无疑将是中国与南极门户国家后勤合作的有益补充。

(2)长期来看,随着未来中国考察规模扩大,以及考察站点数量增加,亟须考虑航空和海运相结合的交通物流模式,提升极地科考后勤装备建设,进一步夯实与南极门户国家后勤合作网络建设,提高南极考察综合效率。

第一,优化中国南极考察运作方式。随着中国南极考察基础研究投入增加和南极业务化调查工作开展,中国南极考察人数规模在疫情过后一段时间内将有平稳提升。从更长远趋势看,随着智能、遥感、无人、能源、建筑等技术进步,必将推动各国南极考察朝无人或少人值守站点设施装置方向发展,人员规模达到一定峰值后将再次下降。为支持南极考察规模水平发展,实行人员和物资分离将是一种高效的后勤运作方式,美国每年维持几千人南极考察规模也是采用了该模式。受空间、环境保护以及站区规模等条件所限,如将目前海运为主的运输方式改成更多人员通过航空方式进出,可以延长考察站夏季作业时间,从而大幅增加考察人次。

第二,大力提升极地科考后勤装备建设。从18世纪库克船长乘坐的独桅帆船,到当今先进的核动力破冰船、高冰级极地科考船、极地运输船、极地邮轮等先进船型不断涌现,以及侧向破冰、激光破冰等新兴技术日益发展,科技进步使船舶续航力和破冰能力显著提高。疫情防控期间,为避免非必要接触,有些国家如日本已实现考察船直接往返南极的尝试,中途不再停靠补给。各国在极区的到达能力与现实存在,关系到在相关极地事务的话语权。近年来,我国极地科考后勤装备虽在多个方向取得一些突破,打造出来一批"国之重器",但是与美、俄等国家相比仍存在很大不足;我国极地航空发展也处在起步阶段,目前仅有一架固定翼飞机执行南极内陆飞行任务,洲际航空运输仍依托澳大利亚等国家。加大极地船舶、飞机等考察装备建设,逐步提升自主开展南极活动的后勤保障能力,能够减少对南极门户国家的依赖。

第三,进一步夯实与南极门户国家后勤合作网络建设。长期来看,随着我国南极考察后勤运作模式优化以及考察运输装备能力大力提升,对门户国家的依赖将逐步降低,然而门户国家的地理位置在后勤补给、人员进出、紧急救援等方面仍具有其他地区不可比拟的优势。未来,在与门户国家开展后勤合作方面,中国应逐步聚焦与南极门户国家的合作,形成一个以3～4个海港和2～3个空港为支撑、海运和空运相结合的高效后勤合作网络,网络的构建需要结合未来政治形势、科技发展等要素重新评估、合理布局,从而满足未来中国海洋强国建设的需求,真正跻身极地强国行列。

文章来源:原刊于《太平洋学报》2023年第2期。

论国际海底管理局在"区域"资源开发机制中的角色定位

——国际组织法的视角

■ 周江

论点撷萃

《联合国海洋法公约》确立了人类共同继承财产原则,并将其作为支配国际海底区域制度的基本原则。为使这一原则得以有效实施,《联合国海洋法公约》设立国际海底管理局作为组织、管理"区域"内活动的独立的国际组织。

国际海底管理局作为推行国际海底区域制度的独立的国际组织,负有代表全人类行使对国际海底区域及其资源的权利的使命,但其在国际海底资源开发机制中的角色定位还不甚明朗。以国际组织法为视角,从国际海底管理局的职责、主要机关的权力配置来看,1982 年《联合国海洋法公约》将国际海底管理局定位成一个理想的全能者的角色;1994 年《关于执行〈联合国海洋法公约〉第十一部分的协定》,打破了国际海底管理局的全能幻想,使其更加精简。从国际海底管理局的规章制定过程、勘探规章和开发规章的内容来看,国际海底管理局正在纵向和横向地探索一个适当的角色定位。而在国际海底开发时代,国际海底管理局在开发机制中的角色定位应当是有执行力的分享者,这种执行力至少体现为对惠益分享规则的细化和对国际海底管理局内部机构分工的明确。

检视《联合国海洋法公约》及成立后的国际海底管理局不难发现,立约者和管理局自身对其功能和角色的定位一直处在不断调适的过程中,对这

作者:周江,西南政法大学海洋与自然资源法研究所教授

海洋战略新疆域

一现象的分析将丰富国际组织法中对国际组织微观运转的研究。并且,在《"区域"内矿物资源开发规章草案》讨论与修改之际梳理管理局的角色定位,亦可更好地评价管理局的既有工作,并预判管理局未来在"区域"资源开发时代的工作重心。

《联合国海洋法公约》(以下称《公约》)确立了人类共同继承财产原则,并将其作为支配国际海底区域(以下称"区域")制度的基本原则。为使这一原则得以有效实施,《公约》设立国际海底管理局(以下称"管理局")作为组织、管理"区域"内活动的独立的国际组织。

检视《公约》及成立后的管理局不难发现,立约者和管理局自身对其功能和角色的定位一直处在不断调适的过程中,对这一现象的分析将丰富国际组织法中对国际组织微观运转的研究。并且,在《"区域"内矿物资源开发规章草案》(以下称《开发规章草案》)讨论与修改之际梳理管理局的角色定位,亦可更好地评价管理局的既有工作,并预判管理局未来在"区域"资源开发时代的工作重心。

基于上述考虑,笔者拟在国际组织法的视角下,按时间线索分析管理局历次角色转换,并探讨其在今后"区域"资源开发机制中的定位。

一、理想的全能者——《公约》中的定位

国际组织并非天然的国际法主体,它的权力由成员国所赋予,并服务于成员国创建该组织的共同目的。这些目的往往形成于成员国广泛而深入的讨论过程中,并会清晰地载于成员国之间缔结的公约或条约,但国际组织的权力边界与角色定位有时并不能够被这些目的准确地反映出来,而是更多地体现在公约或条约为国际组织规定的职责、主要机关权力配置上。对管理局而言,这一点尤为显著。

《公约》第十一部分国际海底制度的基础是"区域"及其资源是"人类共同继承财产"。《公约》在明确"区域"内资源的一切权利属于全人类的同时,将代表全人类行使权利的使命交给了管理局,要求管理局按照《公约》及管理局的规则、规章和程序安排(organize)、进行(carry out)和控制(control)"区域"内活动。

但是,"安排、进行和控制'区域'内活动"这一表述并没有给管理局一个

十分清晰的定位,《公约》的规定也没有说明管理局在这方面该如何行事。具体而言,管理局之于"区域"内的活动,究竟是管理控制者,还是监督协调者,《公约》并未直面这一问题。然而,从国际海底制度成形的过程来看,管理局的职能和角色定位并非一开始就被忽视,相反,该问题曾是海底委员会和第三次联合国海洋法会议热烈讨论的内容。

在国际海底制度的谈判过程中,发展中国家主张成立一个有完全的国际法律人格和广泛职能权力的管理局,它们认为一个软弱的国际机构不足以防止发达国家瓜分海底。但发达国家反对管理局拥有广泛的权力,反对管理局直接进行开发和控制活动,主张管理局的主要任务是负责颁发执照等行政事务,或者只是协调或监督有关海底资源的活动。例如,在海底委员会 1971 年会议上,拉丁美洲 13 国的一项提案提出,"应该使依照《公约》规定所建立之管理局代表全人类行使对'区域'的专属管辖权,以及对'区域'之资源的管理权"。依此提案,管理局将拥有对"区域"的"专属管辖权"以及对其资源的管理权。由苏联提交的一项提案则提出了不同的看法:"国际海底资源机构"(即管理局)对海底既没有管辖权,也没有"考虑其拥有、占有、利用或处置海底及海底资源的权利或法律依据",而缔约国将负责确保所有活动将按照"区域"的制度进行,国际海底资源机构将提供行政监督、协调以及其他技术服务。

在争论的过程中,发展中国家的意见逐渐占据了主导地位,然而,问题并未得到根本的解决。在海底委员会 1977 年第六期会议上,第一委员会主席报告说:"正在出现的一个普遍一致的意见是'区域'活动必须在管理局的组织和控制之下。这代表了向前迈进的重要一步。但是,关于管理局在活动进行中的作用范围,它是否应起到支配的、充分有效的作用,还是协调和全面监督的作用,仍然没有达成可以确认的意见。"

1982 年,"安排、进行和控制"作为管理局对待"区域"内活动的方式被写入《公约》正式文本。同时,《公约》将管理局运转的目的确定为组织和控制"区域"内活动,特别是管理"区域"资源。表面上看,似乎是发展中国家坚持的意见占了上风,但细究《公约》中关于管理局职责、主要机关权力配置的规定,会发现管理局并没有被明确定位为一个管理控制者或一个监督协调者,而是以一种全能者的角色贯穿《公约》"区域"制度的各个部分。

《公约》就管理局对"区域"及其资源的责任规定如下:第一,制定规则。

缔约国进行"区域"内资源的勘探开发活动时,除了要遵守《公约》第十一部分的规定外,还要按照管理局的规则、规章和程序行事。国际海底制度初步建立之时,国际社会虽然无法预知将来"区域"内相关问题的状况,但可以确信的是,一旦"区域"内活动进入实质的勘探和开发阶段,必然会出现诸多始料未及的情形,《公约》提前将应对这些情况的任务交给了管理局,使其能够通过制定规则的方式建立《公约》中基础政策的实施机制。这里的制定规则还包括管理局可以根据需要建立自己的机构,例如,《公约》第 140 条第 2 款为管理局规定了对从"区域"内活动所得之各项经济利益予以公平分配的义务,而用于利益分配的"适当的机构"可由管理局自行决定。管理局可以建立自己的利益分配机构,也可利用联合国开发计划署、世界银行等现有的地区性或全球性机构。这在《公约》对国际海底制度缺少具体详细规定的情况下,实际上给了管理局安排、进行和控制"区域"内活动的极大的空间和弹性。

第二,参与生产分配。《公约》在第十一部分第三节"区域"内资源开发制度中,第 150 条关于"区域"内活动的政策明确管理局分享收益,而从第 151 条的具体生产政策来看,管理局对生产活动的参与也是深入而广泛的,这容易导致管理局在参与生产分配活动时难以分清主次。

第三,促进"区域"内的海洋科学研究。《公约》第 143 条规定,对于"区域"及其资源的海洋科学研究、协调和研究或分析结果的传播,管理局应促进和鼓励。为履行这一职责,管理局可进行有关"区域"及其资源的海洋科学研究,并可为此目的订立合同。这里使用许可性的语言而不是义务性的语言,给予了管理局更大的灵活性。管理局亦得自行组织海洋科学研究,可以与缔约国及国际组织合作进行海洋科学研究,还可以鼓励缔约国及其人员进行海洋科学研究,无论通过何种方式,管理局都必须尽到协调和传播研究结果的义务。

第四,促进技术转让。相比管理局可以通过灵活的方式促进"区域"内海洋科学研究,促进"区域"内活动的技术转让有更多硬性的程序和规则。尤其体现在《公约》附件三第 5 条的规定上。技术转让曾是《公约》第十一部分的中心问题。为了使管理局促进技术转让的活动可行,企业部需要获得海底采矿技术和有效利用该技术的必要技能。而这些技术主要是由在自由市场原则下运作的私营公司所开发,强制性技术转让将产生不切实际的期望并对承包者和技术的所有者施加难以履行的义务,因此工业化国家不同意要求强制性技术转让的任何制度。在技术转让问题上（主要是在附件三第5条）所产生的僵局，是第十一部分未被美国和其他国家接受的主要原因。而附件三第5条也的确因后来的《关于执行〈联合国海洋法公约〉第十一部分的协定》（以下称《执行协定》）而不予适用。由于第144条措辞比附件三第5条更加笼统概括，因此就较少有争议。但如果仅依照第144条行事，管理局则又成了理想的全能者：一方面，管理局需要获取技术和科学知识，又要促进和鼓励向发展中国家转让这些技术和科学知识；另一方面，管理局需要保证企业部和发展中国家在取得相关技术和知识的过程中，遵守"公平合理的条款和条件"，且可以保证所有缔约国可以在其中获益。也就是说，管理局所要做的，是在"区域"内技术强制转让的过程中，使所有参与方得到利益且满意，这种要求和定位看起来可能太过苛刻。

第五，保护海洋环境。管理局要为"区域"内矿产资源的勘探与开发顺利进行制定规则；不仅如此，为了防范海洋环境因"区域"内活动而遭受不利的影响，管理局同样也需要制定适当的规则、规章和程序。海洋环境保护问题在《公约》的序言中就被提出并在整部公约中反复出现，保护海洋环境当然不是管理局一己之任，事实上《执行协定》以及管理局此后制定的勘探规章都相当详细地阐明了承包者、担保国和管理局就海洋环境保护应当履行的义务。但如果仅从《公约》的规定来看，管理局应当对采取措施保护海洋环境承担主要责任。

管理局履行上述职责的起点是"代表全人类行使权利"，所指向的终点是"公平分享"。

关于管理局在履行上述职责时应秉持的原则，《公约》的规定看上去似乎有些矛盾。其第十一部分第157条规定了管理局的性质，一方面，其第2款强调管理局应具有《公约》明确赋予其的权力和职务；另一方面又允许管理局拥有一些附带权力。这在一定程度上表明，《公约》并不打算划出管理局的权力边界。考虑到《公约》通过时受各种条件限制无法预估国际海底未来的景象，这一点倒是可以理解。此外，涉及管理局行事原则的规定还有"无歧视"和"为发展中国家作特别考虑"。无歧视原本意在重申在海底采矿问题上各国平等，并确保所有缔约国有平等的机会开展"区域"内活动。这一初衷并无不妥之处，但若考虑到"公平分享"并涉及实施层面的问题，便会不可避免地出现各种复杂的状况，第152条第2款的但书就展示了作为无歧

海洋战略新疆域

视例外的一种情况,即管理局因经济、地理、技术等原因对发展中国家的特别考虑。如果说为发展中国家作特别考虑呼应了发展中国家对建立管理局的期待,无歧视就会对管理局在具体行事过程中提出更高的要求。这自然也是折中发达国家和发展中国家诉求的结果,但如此便使得管理局看起来应无所不能:既能够确保"区域"内活动合理有序地进行,尤其是协调发达国家与发展中国家的利益,充分公平地分享财政及其他经济利益,又能尊重平等的国家主权,避免歧视。

管理局主要机关的权力配置,也曾经是其成员国,尤其是发展中国家与发达国家之间争论不休的问题。发展中国家极力主张强化大会的职权,而发达国家则试图削弱大会的职权,强化理事会权限。协商的结果是,《公约》一方面规定了大会是管理局的权力机关,各机关都要对它负责;另一方面,赋予了作为行政执行机构的理事会相当重要且广泛的诸如制定具体政策等权力。这样看上去十分理想,却极易在管理局的运作中产生机关职能的重叠以及效率低下等问题。

《公约》作为一揽子计划的成果,本身就处处体现了妥协与折中,第十一部分如此,有关管理局的规定也不例外,但是,作为《公约》中最能够转化为实践的部分的国际海底制度,由一个看上去全能的、理想化的国际组织去推动实施,实际的结果很有可能是管理局机构越发烦冗并因缺乏方向与执行力而使得争议颇多。所幸,《执行协定》打破了《公约》对管理局的全能幻想,并使管理局在"区域"资源开发机制中的角色有所改变。

二、打破全能幻想——《执行协定》的修正

各种国际组织固然是国际合作的重要形式,同时也是各方政治力量博弈的场所。博弈的成果最初会表现在国际组织据以成立的公约或条约中,上文所述《公约》的妥协与折中,就是典型的例证。作为具有专门职能的国际组织,管理局所受政治影响可能少于综合性的国际组织,但是,当国际组织赖以存在的法律基础——政府间的协议发生改变时,仍然不可避免地在角色定位上发生改变。

为了促进《公约》的普遍化进程,《执行协定》对"区域"制度进行了大幅修改,包括与管理局相关的诸多规定。《执行协定》虽然没有动摇支配"区域"原则及管理局的基本性质,但从根本上改变了《公约》第十一部分创建的

原始"区域"管理体系,相应地,管理局在"区域"内资源开发机制中的角色定位也发生了变化。笔者将继续基于《执行协定》中有关管理局职责、主要机关权力配置的规定来讨论这一问题。

《执行协定》中,管理局仍然要履行《公约》为其设定的职责,但是行事方式有诸多改变。第一,制定规则时,最显著的变化在于,若管理局自行决定建立"适当的机构",则不得不遵从成本效益原则,并且在机构的设立和运作方面遵循渐进的方法,以便这些机构可以在"区域"内活动的各个阶段各行其是、有效运作。

第二,在参与生产分配上,管理局得以从复杂的生产政策中解脱出来,《公约》第151条的大部分内容因《执行协定》而失效,取而代之的是符合商业原则的生产政策和更具可行性的分配政策。如此一来,管理局在具体规划对生产和分配活动的参与事业时,就能够尽可能做到收放有度,而不是对每一环节事无巨细地安排与监管。

第三,关于技术的转让,《执行协定》取消了《公约》中承包者强制将技术转让给企业部的义务,代之以更具可行性的规定:首先,企业部或发展中国家获取相关技术的渠道是公开市场或联合企业安排,并且需要遵循公平合理的商业条件。其次,管理局可以请所有或任何承包者及其中一个或多个担保国提供合作,按照公平合理的商业条件,在与知识产权的有效保护相符的情况下,便利企业部、联合企业或发展中国家获得这种技术。在《公约》强制性技术转让的规定下,强制向企业部转让技术对商业经营者来说十分困难,特别是当它们不是技术的所有者时。这很容易使管理局在技术转让的过程中举步维艰,甚至引起争端。而《执行协定》用更富于激励性的语言鼓励缔约国同管理局合作,以便使管理局能获得在海底采矿经营所必需的技术。《执行协定》对技术转让规则所作的改变在很大程度上使管理局远离管理控制者的角色。

第四,《公约》强调保护海洋环境的重要性,并要求管理局制定规则、规章和程序以达到保护海洋环境不受"区域"内活动可能产生的污染影响。《执行协定》进一步强调这一问题,并且细化了管理局的职责,比如,要求管理局尤其要监测与保护海洋环境有关的技术发展,审查申请工作计划的环境影响评估。其在细化管理局环境保护职责的同时,实际上也加重了承包者和担保国的责任。

从上述管理局在"区域"资源开发机制中职责的变化可以看出,国际社会已不打算单纯依靠管理局使"区域"资源开发顺利进行,管理局不再像在《公约》中那样需要面面俱到。

《公约》规定的管理"区域"及其资源的一般原则仍然有效,只是在管理局如何去执行这些原则方面,发生了重大改变。首先,《执行协定》增加了"成本效益原则",该原则一方面要求尽量减少缔约国的成本负担;另一方面,也要求相关机关或附属机构从经济的角度出发,实现成本效益。该项原则在会议议程、会议周期等方面同样适用。为了使管理局机关和各附属机构能够各行其是,其设立和运作均应采取渐进的方式。这就为管理局行使其依据《公约》所得之职权,以及行使其职权所含的必要的其他附带权力划出了部分边界。其次,在管理局的生产方面,《执行协定》规定了"商业原则"。这在一定程度上与无歧视的规定相呼应,只是更多运用在管理局对生产活动的参与中。另外,虽然《执行协定》并未改变"为发展中国家作特别考虑"的表述,但附件第七节的经济援助制度实际上使"为发展中国家作特别考虑"有了更加明确的方向,即重点在分配活动中"为发展中国家作特别考虑"。

在主要机关权力配置方面,《执行协定》对管理局大会和理事会的权力与职责进行了重新划分,并且确立了理事会的决策机制,使实际权力掌握在理事会手中。《执行协定》附件三第一节第1条规定,一般的政策通常由管理局大会和管理局理事会共同制定。但其实《执行协定》禁止大会对同理事会有冲突矛盾的实质问题作出任何决议。虚化大会权力,使理事会成为事实上的管理局决策者,所带来最显著的效果可能是,利益集团对管理局活动的参与度更高,使管理局决策的可执行性更强。《执行协定》也对理事会的决策程序作了重大的修改,使其越来越独立。《执行协定》强调某一事项在提交理事会之前应当竭尽一切努力达到协商一致。在该种努力没有达成,且相关问题属于实质问题时,《执行协定》规定了绝对多数等表决程序,使之得以妥善解决。这样的安排,可以达成管理局所希望的让各个利益集团参与管理局重要机构以获得保障感的目的。这些规定与《公约》的规定相比,大大简化了管理局的决策过程,并且使管理局决策更具执行性,有更高的效率,是可喜的改变。

总体上讲,相比《公约》,《执行协定》使管理局成为一个更加精简的组织,看起来没有从前权力大、任务重,对"区域"内活动少了掌控力,更多地向一个监督协调者的角色靠拢。但管理局对"区域"内活动仍有一定的管理权限，又不能简单地被定位成仅是监督协调的角色。这一改变更为重大的意义在于，其从根本上推翻了《公约》最初对管理局不切实际、理想化的定位，使它能够朝着更加务实和专门化的方向行进，更能因时因势而变。

三、权力的探索者——管理局规章的进展

很少有国际组织被赋予明确的造法权力，且除了在一些被严格限定的法律领域，只有为数很少的国际组织兼具明确的委任造法权力以及在无须获得所有成员方特别同意的情况下进行造法的权力。除此之外，尚有国际组织基本文件隐含的所谓必要的暗含权力，用以实现组织的宗旨、职能。在行使这些权力的时候，国际组织作为行使自己权力的政治角色，能够取得一定程度的自主权与影响力。这种自主权与影响力反过来会重新定位国际组织的功能，同时塑造国际组织的新角色。

《公约》明确赋予管理局为"区域"内活动制定规则、规章的权力。管理局自成立以来，制定了一系列规制"区域"内探矿、勘探等实践活动的勘探规章。随着管理局第一批为期15年的结核勘探合同到期，管理局的工作重心也逐步向矿产资源开发转移，并着手制定开发规章。2019年3月，管理局审议并公布了最新的《开发规章草案》。管理局的规章制定工作卓有成效，在这一过程中，管理局不断对《公约》和《执行协定》中概括性的规定进行实践，探索权力的边界。

《结核规章》《硫化物规章》《结壳规章》仅适用于矿产勘探活动，而不适用于开发活动。从这三个规章条款规定的内容来看，一方面，它们是对《公约》和《执行协定》在专门领域的落实，实用且符合规定；另一方面，它们在合理的范围内填补了《公约》和《执行协定》的一些空白。以《结核规章》中有关海洋环境保护的规定为例，《结核规章》将海洋环境保护的要求细化在探矿和勘探活动从申请到进行的大部分内容中，同时明确了管理局、承包者以及担保国各自的义务。

就探矿而言，首先，探矿者应当在其提交的探矿通知中承诺对海洋环境进行保护和保全，并在具备可行性和可操作性的前提下，尽量向管理局提供相关数据。其次，在探矿过程中，各探矿者应采用预防性办法和最佳环境做法，即在具备可行性、可操作性等条件下采取必要的措施以预防或抑制探矿

活动对海洋环境的危害,并与管理局一同制订并实施保护海洋环境的方案,对相关活动的影响进行监控、评价。最后,在探矿者的年度报告中,应对其相关承诺的践行情况进行明确记载,其中所涉及的数据和资料,尤其是来源于环境检测的,不会被认定为探矿者的机密。

就勘探而言,首先,申请者应向管理局提供相关行为可能给海洋环境带来的威胁或危害的初步评估报告,并对其所欲采取的污染防治措施进行说明。同时,《结核规章》要求申请者提交其在应对资源勘探中潜在的严重海洋环境损害事件时,妥善处理相关问题所具备的财政和技术能力情况的说明。申请书将交由管理局法律和技术委员会核准。法律和技术委员会在对申请书中的勘探工作计划进行核准时,需要确定该计划中的应对手段是否可以切实有效地对海洋环境进行保护,如果存在相关实质证据证明工作计划所涉区域会因勘探活动而致使海洋环境遭受严重损害的,该工作计划将不会得到通过。其次,若勘探工作计划得到核准,管理局应与申请者确定环境基线,为相关活动的影响提供对比评价依据。承包者在这一过程中不仅需要收集环境基线的相关数据,还需要针对勘探活动可能产生的影响制订监测和报告的方案,并且每年需要向管理局报告相关方案的执行情况,相关报告须经审议。对于勘探过程中已经发生的严重损害,或面临严重损害持续状态及可能的风险时,管理局应综合考虑法律和技术委员会的建议,以及承包者提供的材料,并可适时发布紧急命令。

从上述规定可以很明显地看出,进行"区域"内活动的环境保护要求在《公约》和《执行协定》的基础上被一再细化,可操作性和保障性都有所增强,不仅管理局在保护海洋环境中的责任相对承包者和担保国有了更加明确的规定,管理局内部的理事会、秘书长及法律和技术委员会在与海洋环境相关事项上也有了具体的分工。

《结核规章》《硫化物规章》《结壳规章》在基本结构和内容上大体保持了一致,它们较为显著的差异在于,《硫化物规章》和《结壳规章》中引入了联合企业安排的相关规定,这是《结核规章》中没有的。因此,下面再以《硫化物规章》中的联合企业安排为例进行分析。

联合企业安排是《公约》中联合安排的一种形式,《公约》在勘探和开发制度中对联合安排规定得十分笼统,但附件三第13条的大部分规定因《执行协定》而不再适用。由此可见,《公约》对联合企业安排还停留在"一个可能的制度"的层面,没有操作性可言。这一制度被管理局在《硫化物规章》中予以落实。将联合企业安排纳入《硫化物规章》本身就体现了管理局试图最大限度行使权力,将《公约》中的抽象制度转化为实践;而从《硫化物规章》对联合企业安排的规定来看,管理局为自身参与勘探活动规划了明确的路径,这有利于为其在之后的惠益分享环节发挥作用提供便利。

《结核规章》《硫化物规章》《结壳规章》是管理局履行职责的重大成果。三个勘探规章充分回应了《公约》赋予管理局的权力,是对《公约》和《执行协定》内容进行的合理化落实。在这一过程中,管理局并未有丝毫逾越,只是尽量将模糊的权力落到实处,同时不断加大对勘探合同的监督力度。但到了《开发规章草案》,这一情况似乎有所改变,管理局已经开始挖掘其可能的暗含权力。与三个勘探规章相比,《开发规章草案》规定了一些新的制度,如环境补偿基金,开发合同抵押,开发合同权利和义务的转让,承包者购买保险,检查、遵守和强制执行制度等。这些制度是否符合《公约》和《执行协定》还有待讨论,亦可能对管理局在"区域"资源开发机制中的作用有实质性的影响,因此目前尚存有不少争议。

以检查、遵守和强制执行制度为例,该制度被规定在《开发规章草案》第十一部分,争议较大的是检查、强制执行和处罚的相关规定。检查实质上是督促各方遵守管理局规则和开发合同条款的制度。检查是强制的,承包者必须为检查员的工作提供便利,包括允许检查员对任何相关文件、物品、人员、设备设施进行检查,容忍检查员进入任何设施、办公场所等。同时,检查员在检查过程中也拥有极大的权力,甚至可以要求任何人披露任何相关密码,或要求任何人在任何地点出示相关文件等。强制执行和处罚适用的情况是,如果秘书长有合理理由认定承包者在执行开发合同和工作计划的过程中违反了合同的条款或者条件,则可以向其发出遵循通知,并且要求承包者按照遵循通知中的相关内容纠正其违约、违规行为,或采取其规定的行动;而遵循通知发出后,承包者仍然不纠正其违约、违规行为,或者未按照遵循通知的规定采取相关措施的,管理局可以根据合同的规定,以书面形式通知承包者暂停或终止合同。同时,若承包者拒不遵照遵循通知,管理局可以以防止或减轻承包者行为不利影响为目的,采取其认为合理且必要的措施,或者开展任何补救工作。

检查、遵守和强制执行这一制度最大的问题在于,它赋予了管理局《公约》和《执行协定》中不曾存在的对"区域"内活动带有强制色彩的管控权力，使管理局相对承包者处于绝对强势地位。开发合同由秘书长代表管理局与承包者签订，以管理局在《公约》和《执行协定》中确立的"安排、进行和控制'区域'内活动"的职责来看，似乎无法指望开发合同双方完全平等，但出于健全商业原则及合同性质的考虑，至少要维持作为开发合同一方的管理局和承包者最大限度的平等，而检查制度给承包者施加了近乎苛刻的义务，同时也给予检查员过于巨大的权力，明显打破了这种平等。同样地，虽然《开发规章草案》在管理局执行罚款或关于暂停、终止合同前，给予了承包者合理机会以充分地寻求司法救济，但合理机会在整个强制执行和处罚制度中显得太过模糊，缺少明确的期限和适用场景，在操作层面存在困难。这使得管理局在面临争端时享有充分的主动权，承包者作为"被管理者"的身份被强化了，管理局的权力也随之扩大，超出了《公约》和《执行协定》为其划定的权力边界。

如果说《结核规章》《硫化物规章》《结壳规章》的制定是管理局在《公约》和《执行协定》为其搭建的框架内纵向地探索权力，那么努力使其权力具象化，是符合国际社会的期望的。《开发规章草案》反映出来的则是管理局正在横向探索权力，追求权力的扩大而不是加深，这可能会使管理局、缔约国、承包者之间的权利义务关系发生质变，使管理局的角色偏离它在"区域"资源开发机制中该有的定位，是值得警惕的。

四、有执行力的分享者——开发时代到来之际的重新定位

国际组织的功能与角色不会一成不变，尤其是专门性的国际组织，除了依循公约或条约以外，还应将其基本文件中生发出的理念与精神结合其专门领域的新发展予以发扬，进而准确定位其符合时代背景的功能与角色。

"区域"及其资源是"人类共同继承财产"，《公约》第十一部分本质上强调了国际社会全体在"区域"内的利益分享。但是《公约》并未规定该利益如何分配，仅概括性地规定应公平地予以分配，至于其详细规则将由管理局进一步规定。管理局不仅要分配国际海底利益，还要管制生产活动，以一种理想化的全能者形象示人。《执行协定》考虑了各个利益集团的不同利益要求，尤其照顾了主要发达国家和潜在"区域"内采矿国的利益和要求，大幅改变了《公约》中对国际海底制度带有强烈计划经济色彩的规定，强调"区域"

的资源应按照健全的商业原则进行开发,同时打破了《公约》对管理局的全能定位,使其更加精简,更能够适应环境变化。管理局自 1994 年成立至今,一方面积极收集和传播有关深海海床矿产、金属市场、非专利性海床采矿技术以及深海环境的公开信息,另一方面致力于制定规范"区域"内活动的规则、规章和程序,并且都取得了不凡的成绩。从管理局制定规章的过程以及三个勘探规章和《开发规章草案》的内容来看,管理局一直在随着情况的变化探索纵向上和横向上的权力,寻找其在"区域"资源开发机制中的角色定位。那么,管理局应该有怎样的角色定位?

国际组织的实际作用是与其存在所依托的基本文件密不可分的,因为这些基本文件载明了国际组织的宗旨和职权。虽然有关"区域"的法律制度一直经历着调整与发展,但支配"区域"的原则——"区域"及其资源是人类共同继承财产这一原则,却一直不曾改变;管理局所担负的代表全人类行使其间一切权利的使命也不曾改变。管理局前秘书长南丹在就职演说中也提出:"简单来说,管理局的职能是为管理作为人类共同继承财产的深海底资源提供一套机制,其目标是鼓励这些资源的有序开发以使国际社会作为一个整体能从中受益。"

不论是从《公约》还是从《执行协定》来看,代表全人类行使权利、使全人类从共同继承财产中受益的核心无外乎"分享"二字。因此,管理局无论一开始、现在还是将来,都无疑应当是一个"分享者"。《公约》虽然无处不在强调分享,但由于具体惠益分享规则的缺失,以及给管理局规定了过分繁重的任务,致使我们无法看清管理局究竟是以控制为主的分享者还是以协调为主的分享者。《执行协定》删除了《公约》中大部分带有强制性的规定,在一定程度上将管理局推向一个以监督协调为主的分享者的位置。而《开发规章草案》中的诸多条款又显示出管理局在扩大管理权上的趋势。可见,一个"分享者"的定位不足以明确管理局在"区域"资源开发机制中的角色。现在需要考虑的问题是,在"区域"内矿产资源的开发时代来临之际,管理局需要成为一个怎样的"分享者"?

一旦"区域"内资源真正被商业开发,"区域"内活动就会与实际的收益挂钩,而有资本和技术开采"区域"资源的国家会成为利益的直接获得者;没有能力进行"区域"内资源开发的发展中国家,尤其是内陆国和地理不利国,若期望享有对"区域"内资源的权利,只得依赖于利益再分配。按照《公约》

和《执行协定》对国际海底制度的设计,管理局有两种实现人类共同继承财产再分配的途径:其一,企业部可以利用其要求技术转让的权利,自己从事开发活动,也可以和其他商业开发者合资开发。通过企业部的开发活动,先进技术和技术诀窍便可转让给发展中国家,促进海底的进一步开发。其二,在所有国家中,特别是在发展中国家中收集和分配管理局企业部进行海底开发活动所获得的利润。这两种途径,无论哪一种都不容易操作,因此在惠益分享的环节,管理局最需要的是执行力。联合国前秘书长加利在管理局成立大会致辞时就曾指出:"当商业开采从经济角度成为可能时,管理局将逐步发展壮大。在管理国际海底资源方面,它将肩负起更重要的责任,国际社会也将期待管理局行使有效的监督和成本效益管理。"执行力是管理局发展壮大的必要条件,也是管理局行使有效监督和成本效益管理的前提。

值得注意的是,强调执行力并非意在使管理局能够支配"区域"内活动,事实上,有效协调和监督"区域"内活动同样需要执行力,只是在"分享"成为管理局"区域"资源开发时代最关键的任务时,执行力的重要性变得更不容忽视。如果管理局缺乏执行力,很可能出现决策转化为实践的速度慢甚至决策失灵,无法使分享落到实处。另外,有执行力也不意味着管理局可以横向拓宽权力,比如,为承包者施加更多义务以及使自身成为开发合同的绝对优势方。那么,管理局在"区域"资源开发时代作为一个分享者的执行力体现在何处,是一个亟须探讨的问题。笔者认为,管理局的执行力至少体现在以下两点。

第一,对"区域"资源惠益分享规则的细化。制定规则作为管理局的基础职责,是管理局成立至今以及现阶段最主要且最为重要的工作内容。勘探规章和《开发规章草案》的制定作为管理局近年来最显著的工作成果反过来也使管理局自身获得成长,但一个不可忽视的问题是,从《公约》到《执行协定》再到管理局规章,具体的惠益分享规则始终处于缺席状态。惠益分享机制的具体化至少应当包括对缴费机制、经济援助、联合企业安排以及海洋环境保护等制度的细化。《开发规章草案》对这些问题都有涉及,但仍然不够清晰,在实施层面仍有困难。进入开发时代,开发规章事实上会成为将人类共同继承财产原则具体落实的决定性规则,其应当具有不同于《公约》带有呼吁色彩的概括性规定的具体惠益分享规则,以供缔约国、承包者和管理局严格操作,这样的规则一旦缺失,管理局很可能会陷入对模糊规则无止境的解释争端中。因此,可供严密执行的规则,是管理局作为一个分享者富有执行力的根基。既然管理局本身享有制定规则的权力,则应把细化惠益分享规则作为提升执行力的首要工作。

第二,对管理局内部机构分工的明确。现阶段,理事会和秘书长仍然承担着管理局的大部分工作,法律和技术委员会、财务委员会并没有发挥足够的作用。就管理局的规则制定而言,根据《公约》的规定,管理局制定的规章先由法律和技术委员会起草,可以认为,法律和技术委员会行使其职权是管理局规章得以成型的前提条件。但在实践中,法律和技术委员会在管理局规则制定方面的职能则有待强化,其过于倚重秘书处所提供的草案文本的状况可能使得理事会成为事实上的规则制定进程的控制者和关键内容的决定者。财务委员会一直以来只是侧重于提出建议,如《执行协定》附件第九节第 7 条(f)项规定,对"区域"内活动所得经济利益进行公平分配的相关规则、规章和程序以及决定,大会和理事会应考虑到财务委员会的建议;又如《开发规章草案》第 54 条第 2 款规定,环境补偿基金的规则和程序由理事会根据财务委员会的建议制定。随着开发时代的到来,无论是在管理局的规则制定活动中还是在承包者从申请到实际开采"区域"资源的过程中,都会涌现越来越多复杂和专业的法律、技术、财务问题,这需要法律和技术委员会以及财务委员会真实有效地发挥自身功能,为此目的,管理局亦可对委员会的成员构成加以把控,保证专业人才所占比重。除此之外,一个更为显著的问题是企业部的独立运作。依照《公约》和《执行协定》的规定,企业部是直接进行"区域"内活动以及相关经营活动的管理局机关,是平行开发制的重要机构,也是发展中国家参与"区域"资源开发的重要渠道。企业部的独立运作会在很大程度上改变管理局的分工体系,在开发时代会对"区域"资源共享格局产生重要影响,但遗憾的是,《开发规章草案》并未详细规定企业部的职权职责等问题,其独立运作仍未被真正提上议程。

文章来源:原刊于《武大国际法评论》2022 年第 6 期。

韬海论丛

北极渔业"软治理"的硬法规制及对我国的启示

■ 刘丹

论点撷萃

《预防中北冰洋不管制公海渔业协定》作为一部具有法律约束力的国际法文件,旨在对 A5 渔业管辖区域周边的北冰洋中部公海海域"不受管制的捕捞"进行规范,并对该海域的渔业资源实施养护和管理措施,它开启了北冰洋沿海五国与其他五个北极"利益攸关方"谈判磋商的治理模式,即"A5＋5"模式。

目前我国对北极治理的参与程度和话语权都仍有较大的提升空间,北极渔业治理所创制的"A5＋5"模式或可成为我国全面参与北极事务的突破口。中国要拓宽参与北极治理的渠道,需要在加强自身实力建设的基础上通过多选项来拓展话语权的内容。北极渔业"硬规制"转型中"A5＋5 模式"赋予了北极其他重要利益攸关方平等参与渔业规则制定的平台,这一模式必将对北极航运、环保等重要议题产生影响。渔业在内的海洋生物资源养护在北极诸多事务中表面上并非紧迫和关键的议题,但这却为我国带来了持续、平等地参与北极事务的机会;更重要的是,渔业议题已成为我国全面参与北极其他事务的突破口,将为我国参与其他北极事务提供支持。

《预防中北冰洋不管制公海渔业协定》的达成,既是北极域内外国家合作处理北极事务的一次成功实践,也是对北极国际合作模式的积极探索,表明缔约方在多种改革选项中采取了法律规制的"硬法"选项。《协定》要求在中北冰洋公海渔业捕捞到来之前采取措施,是第一部真正建立在预警机制

作者:刘丹,上海交通大学凯原法学院副研究员,中国海洋发展研究中心研究员

上的国际渔业法律文件。未来,在人类命运共同体理念的指引下,中国国际法学界在《协定》的养护与管理措施、探捕和 JPSRM 规则的细化、推动区域性渔业组织建设、履约机制、争端解决等后续事项中必将有所作为。

近年来,全球变暖已影响到北极夏季海冰的消融状况,北极开始从国际政治的边缘地带走向各国视域的中心。气候变化使得中北冰洋公海渔业资源具有开发的潜力,但鉴于目前尚不可能在该海域大规模进行商业捕捞等原因,相较于北极航道、矿产资源开发,渔业问题在北极事务中似乎并不是一个紧迫且关键的议题。然而,2018 年 12 月 3 日,在第六轮北冰洋公海渔业谈判中,北冰洋沿海五国(俄罗斯、美国、加拿大、挪威、丹麦,简称"A5")以及冰岛、中国、日本、韩国、欧盟共十方通过了《预防中北冰洋不管制公海渔业协定》(以下简称《协定》)。作为一部具有法律约束力的国际法文件,《协定》旨在对 A5 渔业管辖区域周边的北冰洋中部公海海域"不受管制的捕捞"进行规范,并对该海域的渔业资源实施养护和管理措施,它开启了北冰洋沿海五国与五个北极"利益攸关方"谈判磋商的治理模式,即"A5+5"模式。

鉴于北极地区复杂的地缘政治和法律秩序,一方面,北极治理各方对北极事务达成"硬法"性质的国际条约相对困难,另一方面,北极尤其是其公海海域却是我国倡导的"人类命运共同体"理念在全球公域事务中最能得到适用和细化的领域之一。国际法中的"软法"规范一度曾是北极理事会和北极区域内外国家对北极事务进行治理的首选政策工具。渔业作为北极事务的重要组成部分,经历了从早期"软治理"模式到如今"硬法规制"的调整过程,《协定》的通过则标志着这一进程的完成。2018 年,《协定》的签订无疑开启了我国和其他北极利益攸关方一起与北冰洋沿海五国平等谈判、磋商并达成"硬法"协议的"先例"。北极渔业资源治理是海洋治理的内容之一,已成为构建人类命运共同体的前沿议题。人类命运共同体理念的提出源于 2013 年 10 月 24—25 日的中国周边外交工作座谈会。如今,中国国家主席习近平亲自倡导并促进发展的"推动构建人类命运共同体"的指导思想已成为中国共产党和中国政府指导中国特色社会主义现代化建设的重要对外方针和行动指南。《中国的北极政策》白皮书指出,中国依法合理利用北极资源,其中包括对渔业生物资源等的养护和利用。《协定》使北极作为构建人类命运共同体的最佳实践区的地位日益显现。"A5+5"参与北极渔业治理的开放性模式,对我国参与北极其他事务也具有启发作用。那么,《协定》缔结的背后体现出北极渔业法律规制和治理模式的哪些转变?《协定》与国际渔业法之间存在哪些互动,又有哪些不足?北极渔业治理模式的转变将对我国未来参与北极事务产生哪些影响?本文将对这些前沿问题展开分析论证,以期巩固北极治理研究的理论基础,为我国参与北极渔业的机制建设与规则制定提供务实的建议。

一、北极渔业治理现状及《预防中北冰洋不管制公海渔业协定》缔结历程

北冰洋公海固然具有"公共产品"属性,但北冰洋公海的渔业却具有其特殊性:首先鱼类种群容易受到北极地区特殊气候环境和生态环境的影响,相对脆弱而敏感;其次,北极海域内的渔业除要受全球层面的普遍性机制规范,还须遵守相应的地区性机制规范。在归属国管辖海域须按照可持续发展的基本原则进行渔业相关活动,而在共享渔区则可适用合作管理制度。北极渔业的治理因而属于"半公共"性质的管理。作为北极生态的一部分,北极渔业资源和其他北极自然资源一样,正受到气候变化的深远影响,随之带来的是北极渔业治理方式的变化。

（一）北冰洋渔业概况

一般意义上,北纬 66°32′北极圈以北的海域统称为"北极海域",联合国粮农组织也以此为分界线统计北极渔业产量。北极理事会六个工作组之一"北极监测与评价项目"（Arctic Monitoring and Assessment Program, AMAP）提供的"北极海域"的定义更为广泛,既包括北冰洋,也包括北冰洋周边陆架海域、北方海（格陵兰、冰岛和挪威海域）、加拿大北极群岛海域,以及白令海等海域。AMAP定义的"北极海域"相对可以更合理的体现北极渔业及其治理的全貌。北冰洋公海共有四个海域——挪威海域的"香蕉洞"、巴伦支海的"漏洞"和中白令海的"多纳圈洞",以及北冰洋公海中央的"核心区"。本文讨论的"中北冰洋",指的是北冰洋公海部分周边完全被海水覆盖的,隶属于加拿大、丹麦（格陵兰）、挪威、俄罗斯和美国北冰洋沿海五国渔业管辖的海域。

北极海域有 150 余种鱼类种群,其中以格陵兰大比目鱼、北极鳕鱼、大西

洋和太平洋鳕鱼、格陵兰鳕鱼、狭鳕、太平洋毛鳞鱼、黄金鲽、大西洋鲱鱼和太平洋鲱鱼等种群为主。历史上中北冰洋公海海域常年被海冰所覆盖,但近年来气候变化加剧引发海冰融化的趋势明显。如2012年,融化的海冰曾达到其总面积的40%以上。极地鳕、雪蟹、大西洋鲑鱼、白令海牙鲆、北极鳐等种群向北迁移的可能性非常大。大西洋鳕鱼则早已向北迁移并出现在巴伦支海,商业捕捞也已经在斯瓦尔巴群岛附近展开。这些新趋势正引发北极生态的巨大变迁,对于那些一直寻求在北极海域从事商业捕捞的从业者和国家来说,这些新趋势将带来潜在的机会。海冰融化和鱼类种群北移的综合趋势,使得北极渔业未来可期。然而,由于缺乏科学调查和数据支撑,鱼类种群北移至中北冰洋公海的具体数量和确切时间仍是未知数。20世纪80—90年代的过度捕捞和不管制捕捞导致白令海鳕鱼种群"崩溃"的教训,至今仍对北冰洋沿海国的渔业政策产生着影响。因此,除非通过国际协议"冻结"捕捞或对中北冰洋公海海域渔业进行规制,否则根据1982年《联合国海洋法公约》(以下简称《海洋法公约》)的"捕鱼自由"原则,理论上该海域未来将成为捕鱼的"自由地"。总体上看,气候变化对北极渔业资源的作用不容忽视,全球变暖将使北极地区可持续渔业发展受到严峻挑战,未来北极渔业的持续繁荣很大程度上将取决于北极国家有效的治理和实践。

(二)北极渔业的"软治理"特征

当前,北极治理形成"全球—区域—国家"三个层次、"多个利益攸关方"(Stakeholders)参与的多元格局。北极渔业属于区域层面的治理,其治理主体以主权国家为主,可分为两大类:第一,参与北极事务集体抉择且对北极事务享有实际决策、管辖和治理权的北极内部成员国,包括北冰洋沿海五国以及北极圈内的其他三国,即芬兰、冰岛和瑞典;第二,不参与北极事务集体抉择的"利益攸关方",代表性的如中国、日本、韩国等,其虽然对北极事务并无实质性决策、管辖和管理权,但均有北极海域的捕鱼历史和极地远洋捕捞利益。由于主权让渡困境和普遍性权威缺失等系列问题,北极治理中非制度性安排的对话和不具有强制性特征的"软性治理"成为治理手段的一大特点,这尤其体现在北极渔业治理中。在2018年《协定》签署前,北极渔业的"软治理"具有以下几个特征。

第一,国际渔业条约机制对北极渔业缺乏针对性,规制作用有限。一些重要的国际渔业法律文件,如《海洋法公约》《联合国鱼类种群协定》(以下简称《鱼类种群协定》)、《负责任渔业行为守则》等规定大多具有原则性,虽然可以适用于北冰洋公海,但只对缔约国有效,对非缔约国缺乏约束力。这些公约也并非针对中北冰洋公海的渔业资源而专门制定。从治理属性来看,《海洋法公约》《负责任渔业行为守则》中涉及北冰洋公海渔业管理和捕捞制度时,更多使用的是"建议""有义务"等软性措辞,大多以"在适当情形下"为前提,并且未建立相关的惩罚机制和措施。相关渔业条约的"碎片化"和缺乏针对性的缺陷,使其对北极渔业的法律规制作用有限。

第二,A5 的北极渔业政策呈现出各自为政和排他特征,A5 对中北冰洋公海渔业的封闭机制使其有效性大打折扣。A5 在过去有关中北冰洋公海渔业问题的谈判和磋商中处于核心地位。2015 年《关于预防中北冰洋公海不管制渔业宣言》(简称《奥斯陆宣言》)签署前,北极渔业的正式外交谈判仅限于 A5 参加,但这五国的国内渔业政策却不尽相同。美国属于北极渔业管理中的"另类派"和"激进者",加拿大是"理性的实用主义者",挪威和俄罗斯在巴伦支海争议海域有悠久的渔业合作历史并有排他管理的倾向,重视捕鱼产业的丹麦(格陵兰)并不支持禁捕。A5 对北极渔业采取了半封闭式并具有相当排他性的内自主治理模式。A5 在 2008 年《伊卢利萨特宣言》中强调,阻止建立"新的综合性国际法律制度来治理北冰洋",这透露出其主导北极事务的强烈意愿,也体现了域内的集体身份认同和治理权的排他性。中北冰洋公海渔业牵涉跨界和洄游鱼类种群的养护、气候变化、海洋生态保护、渔业科学技术共享等全球性议题,将其限制于北极五国封闭的治理模式中,排除 A5 以外的北极国家和非北极国家参与,不仅不利于实现渔业资源的可持续养护,而且一度影响了北极渔业区域治理的有效性。

第三,北极渔业缺乏专门的区域性渔业管理组织,相关的区域渔业组织和协议分散,并不能完全覆盖中北冰洋公海区域。对中北冰洋公海渔业的区域性渔业安排或协议包括北太平洋溯河鱼类委员会(North Pacific Anadromous Fish Commission,NPAFC)、北大西洋渔业组织(Northwest Atlantic Fisheries Organization,NAFO)、《保护北大西洋海洋环境公约》(以下简称《OSPAR 公约》)、挪威—俄罗斯联合渔业委员会(Joint Norwegian-Russian Fisheries Commission,以下简称"挪俄联合渔业委员会")等。这些区域渔业组织中,即使 NPAFC 也不能完全覆盖北冰洋,而其他的渔业组织或是管辖鱼类种群有限,或是成员国有限。因此,中北冰洋并没有一个专门的渔业组织或协议对渔业资源进行管理和规范,难以形成完善的渔业治理机制。

第四,北极理事会在北极渔业治理中起的是协调作用而非核心主导作用。1996年成立的北极理事会是松散型的政府间论坛,8个北极国家是其成员国,6个代表土著居民的组织是其永久参加者,中国、日本、韩国以及欧盟的法国、意大利、德国等国家则是其观察员。北极理事会往往通过发布研究报告、提出政策建议等方式来影响北极国家的政策,倾向于颁布无约束力的"软法"而非"硬法"规则来规范北极事务。2011年至今是北极理事会的转型阶段,该组织相继主导并通过《北极海空搜救合作协定》(2011)、《北极海洋油污预防与反应合作协定》(2013)和《加强北极国际科学合作协定》(2017)三个具有法律约束力的协定。北极环境治理中"软法"文件的"硬法化"成为一种新的治理态势,气候变化和环保问题仍是北极理事会加强北极治理的主要依托。不过,军事、国家安全、领土和自然资源等领域的软法规定并未有实质性突破。原因有两点:一是这些领域仍是高政治敏感领域,二是北极特殊的地缘政治属性使这些议题易引发资源或领土争端。2007年11月,北极理事会的高官会议报告中提出,北极渔业问题"应在已有机制的框架下予以考虑";2009年,北极理事会第6次部长会议在挪威发表的《特罗姆瑟宣言》及北极高级官员会议关注了包括渔业在内的自然资源问题,但这主要基于海洋生态系统和促进人类对其认知的角度,与北极渔业资源养护和管理的关联并不紧密。可见,北极理事会对北极渔业起到的是协调而非主导作用。

整体看,北极渔业并没有明确的组织来统一管理,作为北极治理主要机构的北极理事会对渔业发挥着协调而非主导作用,A5将渔业议题纳入封闭和排他的谈判磋商机制中,北极渔业只能依照《海洋法公约》等国际渔业法的原则性规定来规范。北极渔业因而呈现出治理模式分散、治理方式不成体系、治理效果缺乏约束力的"软治理"特征。

(三)《预防中北冰洋不管制公海渔业协定》缔结进程:从"软治理"到"硬法规制"的转型

北极渔业在原先"软治理"的框架下逐渐向"硬法规制"的模式转变并非

偶然。由于早期治理效果不佳、困境重重,北极渔业亟须探讨出一种北极域内外国家所能接受并具有法律约束力的治理模式,形成将科学、政治与法律相关联的治理机制。A5 主导的北极渔业治理的转变经历了近 10 年的进程,以 2015 年 A5 发布不具有约束力的《奥斯陆宣言》为界,该进程可分为两个阶段。

第一阶段(2007—2015)为《协定》酝酿阶段。美国对《协定》的最终达成起到了主导和推动作用,2007 年在阿拉斯加州议会的推动下,美国参众两院第 17 号"联合议案"提出,美国将和其他国家一起就制定有关北冰洋跨境和洄游鱼类种群管理的国际协议启动谈判并采取必要的步骤。在该议案基础上,2008 年美国率先立法在波弗特海和楚科奇海的本国管辖海域一侧建立"零捕捞制度"。此后,A5 于 2008 年在伊卢利萨特和 2010 年在切尔西就北极渔业议题召开了两次部长级会议,其间发布的《伊卢利萨特宣言》强调"A5 对保护北冰洋生态具有管理职能",主张 A5 的领导地位。2012 年"国际极地年会议"2000 多名科学家联名签署的公开信中就曾呼吁北极各国领导人制定关于中北冰洋的渔业协定并采取以下措施:①制定一份基于预警机制的渔业管理的国际协定;②在有充分科学证据评估渔业对中北冰洋生态产生的影响前开始在该海域采取"零捕捞"措施;③在中北冰洋渔业捕捞开始前建立强有力的渔业管理、监督和执行机制。与科学界的倡议相呼应,2010 年起 A5 以封闭的形式召开了一系列筹备性质的会议讨论中北冰洋公海渔业问题,如在奥斯陆(2010)、华盛顿(2013)和努克(2014)召开的三次高官会议,又如在安克雷奇(2011)、特罗姆瑟(2013)和西雅图(2015)召开的三次科学家会议。2015 年,A5 达成了阶段性成果——《奥斯陆宣言》,宣言中 A5 不仅倡导推行中北冰洋未经管制渔业临时措施的执行,还共同承诺将就此设立系列暂时不具有约束力的临时措施。

第二阶段(2015—2017)为《协定》起草和签署阶段。由于中北冰洋公海渔业谈判一度存在封闭和排他的缺点,A5 面临来自其他北极国家和非北极国家的压力,因此五国在 2015 年《奥斯陆宣言》中特别提及"承认未经管制的北极渔业有关国家的利益,希望通过'扩员进程'(Broader Process)与它们一起制定渔业措施"。在此后三年的起草阶段,A5 通过"扩员进程"将冰岛、中国、日本、韩国和欧盟以及对北极渔业有"真正兴趣"的国家和实体邀请进来。这一阶段的谈判主要包括 2015 年 12 月和 2016 年 4 月的华盛顿会议、

2016 年 7 月的努纳武特会议、2016 年 11—12 月的托尔斯港会议、2017 年 3 月的雷克雅未克会议，以及 2017 年 11 月的华盛顿会议。与谈判有关的科学家会议又分别于 2016 年和 2017 年在特罗姆瑟和渥太华召开了两次。五次正式谈判后，各方在 2017 年 11 月华盛顿会议上达成了《协定》最终文本。

对于中北冰洋渔业的谈判方来说，从共同签署"软法"形式的《奥斯陆宣言》到缔结"硬法"形式的《协定》并非一蹴而就。对于协议的形式，谈判方最初讨论过三种方案：①将《奥斯陆宣言》调整为内容更广泛但不具有法律约束力的声明；②通过谈判达成具有法律约束力的国际协议，缔约方在协议中承诺采取和《奥斯陆宣言》一样的渔业措施；③在中北冰洋建立一个或多个渔业管理组织或安排。最后，融合了三种方案的"进阶式"方案得到采纳。《协定》的"扩员进程"还表明，与其"一步到位"地成立新的区域性渔业组织，还不如采取"渐进方法"，即先达成有约束力的协定，将来再成立区域性渔业组织。事实上正是上述因素使得《协定》在最后的谈判中顺利通过。

中北冰洋公海渔业有关的法律文件从软法到硬法缔结进程背后的政治因素耐人寻味。表面上，促使 A5 对北极渔业采取措施的"加速器"似乎是上述 2012 年科学界对中北冰洋公海渔业的倡议。但结合缔约历史看，2018 年《协定》所实施的渔业养护与管理措施最早可以追溯到部分北冰洋沿海国的国内渔业政策，而北极理事会、欧盟和联合国大会都曾对未来北极渔业治理方向提出过建议，但 A5 都不予接受。对此学者的评价不一：一部分国际政治学者认为，这一进程使得北极渔业捕捞开始前避免了"公地悲剧"的发生；但也有观点提出，《协定》实质是 A5 以防止"不管制捕捞"为名达到保障未来北冰洋公海生物资源养护与利用的优势和主导地位的目的。尽管存在争议，《协定》无疑开启了北极渔业治理的新模式。

二、《预防中北冰洋不管制公海渔业协定》体现的北极渔业治理新模式

《协定》包括序言和正文两部分，共有 15 个条款。《协定》以中、英、法、俄文本作准，其中规定"在 10 个缔约方（含欧盟）将有关批准、接受、同意或加入协定的所有文书交存后的 30 天生效"。加拿大政府承担了今后《协定》的交存工作。有别于此前北极渔业"软治理"的特征，《协定》以具有法律约束力的"硬法"形式开启了中北冰洋公海渔业治理的新模式，制度和规则设计中

既有科学和法律的综合因素,又体现出对 A5 和其他重要"利益攸关方"利益的平衡。

第一,在中北冰洋公海渔业捕捞到来前,缔约方基于预警原则采取了临时措施,但其规则设计仍力图在原则性和灵活性之间取得平衡。国际环境法的"预警原则",是指在缺乏科学确定地证明人类的行为会损害环境的情况下采取措施,以免造成难以挽回的损害。《协定》吸取了其他地区渔业捕捞"开发在前、管理在后"的教训,对中北冰洋公海不管制渔业的措施建立在预警方法和生态系统管理基础之上,这主要体现在缔约方对捕捞设置临时渔业措施,以及措施附设的"日落条款"等方面:首先,《协定》对其适用海域的捕捞并没有实施完全的"禁渔令",而是把未来中北冰洋公海捕捞分为商业捕捞和非商业捕捞两大类进行规制。第 3 条规定,原则上"渔业养护与管理临时措施"针对的是商业捕捞。未来缔约方只有在遵守以下临时措施的情况下可以授权悬挂该国国旗的船只在适用海域进行捕捞:①为实现鱼类种群的可持续管理,由区域或次区域渔业管理组织或安排(regional or subregional fisheries management organizations or arrangements,RFMO/As)所采取的养护与管理措施;②缔约方内部制定的临时养护与管理措施。《协定》将非商业目的的捕捞列为例外,如探捕(exploratory fishing)和科研目的捕捞行为就不适用第 3 条的规定。其次,类似于南极海洋生物保护委员会对罗斯海海洋保护区的做法,《协定》为临时渔业措施设置了"日落条款",即《协定》自生效后将持续 16 年有效,除非缔约方反对,到期后"自动顺延"5 年继续有效。

第二,在中北冰洋公海渔业捕捞到来前,缔约方以科学为导向建立"联合科研与监督项目"制度。为获取更多鱼类种群的科学信息,《协定》鼓励缔约方通过"联合科研与监督项目"(Joint Program of Scientific Research and Monitoring,JPSRM)或其国内科学项目展开对中北冰洋公海渔业的科学研究。JPSRM 将在《协定》生效的 2 年后启动,缔约方届时不仅将另行制定一份"数据分享议定书",还应每两年召开联合科学会议。JPSRM 有两个目标:其一是搜集一切有关浮游生物、鱼类、鲸鱼、海鸟、海豹甚至北极熊的重要数据,包括物种间的互动和气候变化对生态系统动态、种群数量可能产生影响的信息;其二是考虑生态系统和预警措施后,决定鱼类种群的存在是否足以在可持续的基础上对其进行商业捕捞且不会对生态系统造成负面影响,进而决定是否有对新的区域性渔业管理组织进行谈判的需要。总之,北极融冰加速有利于 JPSRM 的实施,以科学证据为导向的 JPSRM 未来将影响缔约方决定中北冰洋商业捕捞的时间表和条件。

第三,《协定》实际承担了过渡期"区域性渔业安排"的角色,为将来设立中北冰洋公海的区域性渔业组织提供可能。对于跨界鱼类种群和高度洄游鱼类种群,《海洋法公约》和《鱼类种群协定》都要求成员方建立区域性渔业组织(RFMOs)或区域性渔业安排(RFMAs)对渔业实施养护和管理措施。是否应为中北冰洋渔业建立一个专门的区域性渔业组织一度是北极研究的争议性话题。RFMAs 是《鱼类种群协定》项下"旨在实施渔业养护与管理措施的,由两个或两个以上国家建立的渔业合作机制",往往通过正式的条约来建立;RFMOs 指的是政府间国际组织,是通过条约由成员国建立的具有独立机构与职责的组织。RFMOs 相较 RFMAs 而言具有更为牢固和固定的机构,如拥有自己的秘书处和决策机制,等等。例如,北太平洋溯河鱼类委员会和北大西洋渔业组织是区域性渔业组织,而"《中白令海峡鳕资源养护与管理公约》(*Convention on the Conservation and Management of Pollock Resources in the Central Bering Sea*,CCBSP)缔约方年会"则是典型的区域性渔业安排。《协定》的序言提及,"按目前情况,(中北冰洋)再建立另外的区域或次区域渔业组织或安排的条件并不成熟",表面看缔约方并未明确《协定》是 RFMO 还是 RFMA。但结合第 5 条第 1 款"缔约方应自协定生效后 3 年内为适用海域的探捕建立养护与管理措施"的规定,《协定》实质上符合国际渔业法定义的 RFMA,或者至少在缔约方成立中北冰洋公海区域性渔业管理组织之前承担了过渡期 RFMA 的角色。

第四,有别于过去封闭和排他的模式,《协定》不仅在谈判中开创了"A5＋5"的"扩员进程"模式,条款中也涵盖了多类"利益攸关方"的关切,体现为:①《协定》开启了"A5＋5"谈判磋商机制。正如 2016 年加拿大渔业与海洋部前部长助理彼得·海生在韩国举行的"北冰洋公海渔业圆桌会议"提及,"中日韩等利益攸关方拥有雄厚的极地科研实力,北冰洋公海渔业科研合作和未来的管理中没有它们的参与,对渔业采取的预警措施就无从谈起"。2015 年,A5"闭门谈判"发布《奥斯陆宣言》后意识到了上述问题,它们将"软法"性质的《奥斯陆宣言》升级为"硬法"性质的《协定》时加强了"A5＋5"的"扩员进程"。A5 选择中国、韩国、日本、冰岛、欧盟 5 个利益攸关方加入谈判的原因很多,如它们不仅表明参加谈判的意愿也符合《鱼类种群协定》"(渔业)真实兴趣国"的法律要件,它们既是东北大西洋渔业委员会(North-East Atlantic Fisheries Commission,NEAFC),也是 CCBSP 的成员方,等等。以渔业为契机,"A5+5"机制无疑开创了 A5 和北极重要利益攸关方共同讨论、协商北极事务的新模式。②《协定》的适用范围是审慎评估缔约方对挪威斯瓦尔巴群岛渔业保护区的立场后确定的。《协定》第 1 条显示其"适用区域"为:中北冰洋公海部分周边完全被海水覆盖的、由加拿大、丹麦(格陵兰)、挪威、俄罗斯和美国"实施渔业管辖权"(exercise fisheries jurisdiction)的海域。这一地理范围涵盖北冰洋近 110 万平方千米的公海面积。挪威早于 1976 年根据《斯匹次卑尔根群岛的条约》(现称《斯瓦尔巴德条约》,以下简称《斯约》)设立斯瓦尔巴群岛 200 海里的渔业保护区,但缔约国对挪威渔业管辖权的合法性存在分歧和争议。A5 在内的《协定》缔约方有很多也是《斯约》的缔约方,它们对挪威单方设定渔业保护区的立场不一。"'实施渔业管辖权'的海域"的用语,是缔约方考虑到挪威斯瓦尔巴群岛渔业保护区的因素,并谨慎参考包括《鱼类种群协定》等国际渔业法之后的结果。③决策程序、到期"自动续期"机制和协定加入问题。《协定》规定,缔约方对实质性问题的决定采取"协商一致"原则,如《协定》生效需得到所有 9 个国家和欧盟的批准,这样避免将 A5 与其他利益攸关方区别对待,每方都有一票否决权。同时,为防止《协定》生效后中北冰洋公海的"临时性禁渔措施"演变成"无限期禁渔措施",缔约方对其中的"日落条款"附加"自动续期"机制,即该机制的内涵为:①任何缔约方在到期后初始期限或此后任何一次延长期届满前最后一次缔约方会议上,就延期议题提交书面反对意见;②任何缔约方在上述两类期限届满前 6 个月提交书面反对意见。"日落条款"虽设定了《协定》的初步有效期限,但又有"自动续期"机制的严格限制,进而使未来建立正式的区域渔业管理组织成为可能,这再次体现了缔约方对各"利益攸关方"关切的权衡。《协定》还提供了未来新成员加入的可能。第 10 条规定,"本《协定》生效后,任何缔约方都可以邀请其他有'真正兴趣'的国家加入",这意味着非 A5 甚至非北极国家的缔约方享有平等的邀请其他国家加入《协定》的权利。

2018 年《协定》不同于北极理事会牵头制定的 3 个有法律约束力的国际协议,也不同于国际海事组织的《国际极地水域船舶作业规则》,它是根据包括国际渔业法在内的国际法规则,由北冰洋沿海国和非沿海国以及欧盟平等磋商后达成的针对中北冰洋公海的渔业治理规则,从而大大丰富了北极国际治理的内容。更重要的是,《协议》开启了"A5＋5"机制这种北极治理的新模式。通过"扩员进程",《协定》将北冰洋沿海五国和其他重要利益攸关方汇聚起来商谈北极渔业议题,未来还将吸收更多新的成员加入。这不同于北极理事会机制"多边疆、多主体、多议题"和"软治理"的特征,更有别于过去 A5 排他和封闭的北极治理机制。未来这种模式在条件成熟时或可推广到其他北极事务的治理,如北极航道、北极的环境和气候变化,等等。从这个层面看,《协定》填补了国际海洋渔业治理和北极国际治理的空白,为未来北冰洋公海渔业的科学管理打下了坚实基础。

三、《预防中北冰洋不管制公海渔业协定》与国际渔业法:争议与不足

《协定》明确提及适用于北冰洋的国际渔业法律文件是 1982 年《海洋法公约》、1995 年《鱼类种群协定》和 1995 年《负责任渔业行为守则》。作为具有"硬法"性质且专门针对北极的区域性渔业协定,《协定》的整体条款和制度设计在呼应上述渔业法规则的同时,争议与不足也显而易见。

第一,《协定》的"适用范围"条款未能处理好沿海国的渔业管理措施和公海渔业管理措施间的"兼容性"(compatibility)问题。跨界和高度洄游鱼类种群的生物特性决定其不会受到人类划定的公海、专属经济区等管辖区域的限制,沿海国的单边或多边渔业措施因此不能相互抵触或相互减损,否则无法实现对种群提供有效的养护和管理的目标。鉴于此,《鱼类种群协定》第 7 条的"兼容性原则"特指缔约方需确保适用于国家管辖海域内的专属经济区和公海的跨界与高度洄游鱼类种群的养护和管理措施互不抵触,即确保种群养护和管理措施的整体性。《协定》适用范围仅覆盖中北冰洋公海的规定备受争议,原因是和国际渔业法的"兼容性"原则不符:首先,缔约方对适用范围的考虑更多基于法律技术,却较少顾及生态系统乃至鱼类种群的管理因素;其次,鉴于跨界和高度洄游鱼类种群的迁徙性以及鱼类种群之间、鱼类种群和伴生或附属物种之间的关联性,《协定》将适用范围完全聚焦于公海而非其他海域的做法可能将对鱼类种群的有效管理造成挑战。

第二,《协定》虽"承认"缔约方有根据国际渔业法建立区域性渔业组织或安排的责任,但并未对缔约方施加强制性义务。《协定》第 14 条用概括的

方式规定,"缔约方承认将继续承担国际法中相关条款的义务",明示指向的是《海洋法公约》和《鱼类种群协定》项下的国际法义务。为确保一般国际法义务的实施,第1款还规定,"即使在《协定》到期或因未能为中北冰洋公海建立新的 RFMO/A 达成任何协议而终止时",缔约方也"承认"上述国际法义务中"继续合作的重要性";第3款继续规定,协定不应损害任何缔约方在现行国际法机制下的权利、管辖权和义务,尤其是对中北冰洋公海建立RFMOs/As 的"提议权"(right to propose)。对于 A5 所关心的"不管制捕捞",根据粮农组织《国际行动计划》的定义正是由于缺少相关区域或次区域渔业管理组织所致,解决问题的关键就是建立《海洋法公约》《鱼类种群协定》等国际渔业条约所要求的区域或次区域渔业组织或安排。从《协定》的"日落条款"看,该协定在16年有效期届满后终止的可能性较大。然而,由于第 14 条使用了"承认""提议"等劝导而非义务性的用语,《协定》到期后缔约方所承担的建立开放式(而非封闭式)的渔业管理组织的义务实际上大打折扣。

第三,《协定》承认中北冰洋公海已有的 RFMO/As 职能,但无意解决与其覆盖地理区域重叠的问题。第 14 条规定:"既不会改变根据与《协定》相符的任何其他协议缔约方的权利与义务,也不会影响其他缔约方在《协定》项下享有的权利和履行的义务。"该条款还特别强调,本协定"不会减损也不会和'已有渔业管理相关国际机制'的作用和职能产生冲突"。《协定》的序言明确,"对北冰洋公海部分区域具有采取养护和管理措施职能的渔业管理机制"是"NEAFC 和其他根据国际法、国际组织和项目所建立的相关机制",还强调"确保缔约方与 NEAFC 间的合作和协调的重要性"。结合该表述,第14 条"已有渔业管理相关国际机制"指的是地理范围覆盖中北冰洋公海部分区域的其他渔业组织或安排,如 NEAFC、国际大西洋金枪鱼养护委员会(International Commission for the Conservation of Atlantic Tunas, ICCAT)、挪俄联合渔业委员会等。表面上看,《协定》似乎与缔约谈判中各方避免两种渔业管理机制冲突的意愿相呼应。然而,《协定》不仅在第 1 条"适用区域"没有排除 NEAFC 职权覆盖区域,其他多个条款中"建立一个新的 RFMO/A"的规定也表明,至少在现阶段缔约方并没有解决《协定》与其他 RFMO/As 地理区域重叠的意愿。

第四,《协定》对"联合科研与监督项目"的规定宽泛,细节仍有待完善。

无论对渔业探捕还是对 JPSRM 的规定,《协定》有关北冰洋渔业科学研究的内容涉及国际渔业法框架下的公海捕鱼自由和海洋科学研究自由,这两种类型的"公海自由"的内涵和限制有所区别。结合《海洋法公约》和《鱼类种群协定》的相关规定,公海捕鱼自由受鱼类种群养护义务的限制,养护是主导,"自由"的意涵减弱;而公海海洋科学研究以"自由"为主导,所受限制相对较少。如果 A5 推动的渔业研究涉及的是前者,目的是为公海捕鱼自由打下基础,则活动应受区域渔业管理组织管制,实施的平台是渔业船舶;如果涉及的是后者,则各国都享有此类自由,原则上相互合作,但不是绝对义务,实施的平台是国家科学考察船舶。2015 年 4 月《协定》筹备阶段的第三次科学家会议表明,JPSRM 的目标是解决未来中北冰洋公海生物资源养护与可持续利用的问题,针对的是未来存在商业性捕捞可能的鱼类种群,属于所受限制较多、与海洋生物资源开发利用相关的渔业研究。然而,《协定》第 4~5 条对 JPSRM 的规定过于原则和宽泛,JPSRM 的法律性质、实施主体、限制等细节仍需要两年一次的联合科学会议予以完善。

第五,《协定》在引入渔业争端解决机制方面具有创新性,但在纳入预警机制上却难以对国际渔业法形成示范效应。《协定》第 7 条规定,无论争端方是否为《鱼类种群协定》的缔约方,缔约方之间有关《协定》解释或适用的争端比照适用《鱼类种群协定》第 8 部分有关争端解决的规定。"无论争端方是否为《鱼类种群协定》的缔约方"这一措辞指向的是还未签署《鱼类种群协定》的中国。《协定》吸纳了晚近一些融入强制争端解决条款的区域性渔业组织的规定,如《北太平洋公海渔业资源养护与管理公约》(NPFC)第 19 条、NAFO 公约第 15 条等。因此《协定》的争端解决条款相对具有创新性,这也代表了区域性渔业协定强制争端解决程序已有之趋势。此外,《协定》是真正意义上第一个纳入"预警机制"的区域性渔业协定,《协定》"制定的目标"是"将作为长期战略的一部分来适用预警的养护与管理措施,从而保障健康的海洋生态系统和确保鱼类种群的养护和可持续利用"。不少国际渔业协定是在鱼类种群数量锐减或崩溃之后制定的,《协定》缔约方却在科学界对中北冰洋公海渔业捕捞是否可行以及将何时启动、如何启动缺乏明确认知的情况下,在捕捞活动开始前达成协议,《协定》具有超前性,但这并不意味着对国际渔业法具有示范效应。与其他动物种群相比,由于对种群状态和事实层面的评估存在显著差别,鱼类种群特别难以监测,渔业领域的国际条约在采纳养护和管理措施时可能会考虑预警方法。有学者建议,未来各国的渔业协议在纳入预警方法时需要个案分析,即具体问题具体分析,以决定如何将预警方法融入条约框架中,而非照搬《协定》的做法。

四、北极渔业治理模式转变对我国的影响与启示

2018 年 1 月国务院新闻办公室发布《中国的北极政策》白皮书(以下简称《白皮书》),将我国定位为"近北极国家"和北极事务的"重要利益攸关方"。《白皮书》出台前后一段时期,《协定》正经历谈判、草拟和最后签约的过程。北极的自然状况及其变化关系中国在航运、渔业、农业、林业等多个领域的经济利益,不难理解为何《白皮书》将北极渔业这一新动态吸纳进来,并在正文中 14 处明确提到渔业问题。《协定》开启的北极渔业治理新模式对我国未来参与北极事务具有重要意义。

我国最早是以科考为切入点展开和北极国家之间的合作,新的阶段渔业是增强我国在北极"实质性存在"和深化北极合作的重要途径。我国于1996 年成为国际北极科学委员会成员国;2004 年在斯瓦尔巴群岛的新奥尔松建成首个北极科考站"黄河站";2013 年取得北极理事会的观察员身份。2013 年中国代表团团长高风在北极理事会部长级会议上对中国参与北极合作提出"三步走"路径,其中第三步为北极的可持续开发和利用,其中涉及北极航道、北极资源开发和极地渔业问题等。《白皮书》的发布,标志着我国已经步入与北极国家合作开发自然资源的深度融合阶段,渔业属于自然资源可持续开发的合作范围。我国是 1994 年《中白令海峡鳕资源养护与管理公约》的成员国,不仅有渔船在西北白令海俄罗斯专属经济区内和北太平洋公海进行渔业生产,也有渔船通过其他合法途径进入法罗群岛和格陵兰岛渔业管辖海域进行作业,是《协定》项下北极渔业的"有兴趣国家"和利益攸关方。根据《海洋法公约》等国际渔业法律文件赋予我国的权利与义务,渔业已经成为我国在北极海域实现"实质性存在"和继续深化与北极国家合作的路径选择。

我国对北极治理的参与程度和话语权都仍有较大的提升空间,北极渔业治理所创制的"A5+5"模式或可成为我国全面参与北极事务的突破口。目前,北极理事会的改革正朝着加强"硬法"性质多边协定的制定发展,理事会也在逐步扩大观察员的范围和权限。但北极八国主导的半开放或封闭式

开放状态不仅对北极理事会机制化发展造成障碍,对域外国家话语权的提高也形成桎梏,这一现实短期内不会有质的改变。中国要拓宽参与北极治理的渠道,需要在加强自身实力建设的基础上通过多选项来拓展话语权的内容。北极渔业"硬规制"转型中"A5＋5模式"赋予了北极其他重要利益攸关方平等参与渔业规则制定的平台,这一模式必将对北极航运、环保等重要议题产生影响。渔业在内的海洋生物资源养护在北极诸多事务中表面上并非紧迫和关键的议题,但这却为我国带来了持续、平等地参与北极事务的机会;更重要的是,渔业议题已成为我国全面参与北极其他事务的突破口,将为我国参与其他北极事务提供支持。

在中北冰洋公海开展渔业相关活动既符合我国拓展极地权益的需要,也和政府"扶持壮大远洋渔业"的指导方针相契合,我国应在《协定》基础上推进参与北极渔业治理。"渔权即海权"揭示出渔业在海洋权益博弈中的关键作用。在北冰洋公海渔业问题上,中国政府秉承"科学养护、合理利用"的立场,积极参与全部四轮北冰洋公海渔业磋商和北冰洋渔业科学会议。《协定》的达成并非北极渔业治理的终点,我国应从规则利用、深化治理和科技先行三方面采取以下举措,从而保障未来在北冰洋海域的相关权益。

首先,利用《协定》对探捕和科学研究的例外性规定,鼓励我国相关产业或科研团体开展中北冰洋的探捕活动。《白皮书》指出,我国应"致力于加强对北冰洋公海渔业资源的调查与研究",在适当的时候"开展探捕活动"。《协定》禁止不受管制的商业捕捞,但并不禁止探捕和科研目的的捕捞,还规定了缔约方授权探捕的两个条件:一是探捕以合理的科学研究为基础;二是和JPSRM以及本国科学项目相符。因此,探捕和科学研究为目的的捕捞属于《协定》的例外性规定,而探捕又和缔约方采取的重要措施——JPSRM研究活动密切相关。JPSRM的法律性质不同决定了国内主管部门的差异:如果这种研究活动属于公海捕鱼自由的养护义务,则主管部门应为农业农村部渔业渔政管理局;如果是一般海洋科学研究,则国内主管部门应为自然资源部国家海洋局。《协定》生效后,我国主管部门应运用《协定》赋予缔约方探捕的合法权利,在南极、太平洋等海域探捕经验的基础上积极开展中北冰洋公海的探捕和科学研究。

其次,应从机制和规则两个层面继续积极参与和推动北极渔业治理。《白皮书》指出,"中国支持基于《海洋法公约》建立北冰洋公海渔业管理组织或出台有关制度安排"。在中北冰洋公海建立区域性渔业组织符合国际渔业法对该海域渔业养护和管理的要求。但从缔约过程和《协定》措辞看，A5认为目前建立这类组织的时机并不成熟，进而大力主张推动JPSRM科研活动，其实透露了隐含的政治用意。我国应继续和北极国家保持良好的合作关系，加强和其他重要利益攸关方的沟通，积极参与今后相关渔业管理机制的构建。目前从务实角度看，建立协调JPSRM研究活动的联合科学委员会或中北冰洋公海渔业开发与管理基金委员会，都不失为我国参与和推动中北冰洋渔业机制建设的选项。此外，《协定》是对A5和多个利益攸关方妥协的产物，其中仍需要细化的内容包括：临时养护和管理措施；JPSRM的属性、实施主体与限制；JPSRM的数据共享协议；联合科学会议的职责范围和运作程序；针对探捕的养护和管理措施；《协定》终止后的过渡办法等。在后续缔约方会议中，我国应就上述内容提出基于国家立场的规则完善建议。

最后，科技先行，为北极渔业治理提供科学支撑。2017年农业部发布的《"十三五"全国远洋渔业发展规划》将区域和产业布局拓展到极地并提出应"关注并积极参与北极渔业事务，积极参与北极渔业资源调查与管理研究"。科学知识本身对"全球公域"的定义和规则制定至关重要，目前北极渔业治理的阻碍之一就是鱼类种群科学信息和数据的缺乏。增强对北极的科学认知成为北极多元合作格局中的主要内容。中国应当以《协定》对JPSRM研究活动的规定为契机，依靠中国科学家包括渔业专家群体的力量，加强对中北冰洋公海渔业资源的调查与研究，在北极渔业合作与管理中发挥作用；此外还应加强极地科考及科研能力的投入与建设，实时监控北极海域气候变化状况，分析气候变化对渔业的影响，并对渔业资源进行系统评估，为北极渔业治理提供科学支撑，从而在渔业治理和北极事务中实现国家利益。

五、结论

随着气候变化、北极海冰消融速度加剧，包括鱼类种群在内，海洋生物的生存环境正在发生变化。海洋生态系统的变化将影响传统渔场和渔获量，北冰洋海域鱼类种群呈现向北迁徙的趋势。因为潜在的商业捕捞机会，在中北冰洋公海未来或将成为新渔场的同时，无序和不管制捕捞也可能会使其重演"公地悲剧"。全球变暖给北极渔业治理带来挑战，由于国际渔业法适用的有限性，A5渔业议题磋商谈判机制的封闭性以及区域性渔业管理组织的缺位,北极渔业"软治理"因其短板已难以应对北极日渐变化的生态环境。北极理事会是北极事务治理的核心机构,但是在渔业问题上却难免"退让"为尴尬的"边缘"角色。困境意味着变革,2015 年北冰洋沿海五国发布不具有法律约束力的《奥斯陆宣言》,此后通过执行具有包容性的"扩员进程",将北极重要的利益攸关方纳入其中,以便后续针对渔业问题开展磋商和谈判。

2018 年《协定》的达成,既是北极域内外国家合作处理北极事务的一次成功实践,也是对北极国际合作模式的积极探索,表明缔约方在多种改革选项中采取了法律规制的"硬法"选项。《协定》要求在中北冰洋公海渔业捕捞到来之前采取措施,是第一部真正建立在预警机制上的国际渔业法律文件,原因在于:承诺禁止商业捕捞并采取严格养护措施的同时,又用例外条款和协议初始的 16 年期限加以限制;在表明建立新的区域性渔业管理组织尚不成熟的同时也不排除未来组建的可能性;《协定》各项条款吸纳国际渔业法若干规则的同时又存在不少争议与不足。我国已于 2021 年 5 月 8 日履行了对《协定》的国内批准程序。未来,在人类命运共同体理念的指引下,中国国际法学界在《协定》的养护与管理措施、探捕和 JPSRM 规则的细化、推动区域性渔业组织建设、履约机制、争端解决等后续事项中必将有所作为。

文章来源:原刊于《上海交通大学学报(哲学社会科学版)》2023 年第 3 期。